シリーズ 群集生態学 2

進化生物学からせまる

Community Ecology

大串隆之
近藤倫生
吉田丈人 編

京都大学学術出版会

ワムシ（*Brachionus calyciflorus*, 約200μm）雌個体とその餌のクロレラ（緑藻の *Chlorella vulgaris*, 約3μm）．クロレラの個体群中にはワムシによる捕食を防御できるタイプと防御できないタイプが存在し，その頻度の変化（迅速な進化）が，ワムシとクロレラの個体群動態に大きく影響することが知られている．（第1章）

和歌山県高野口町にある紀ノ川のヤナギ河畔林．植食者による食害や河川の氾濫は，ヤナギの形質を変化させることによって，ヤナギ上に生息するさまざまな生物たちに間接効果を及ぼすことになる．（第2章）

ブラウンアノール．アノールトカゲは，樹幹，枝，幹，草地などの異なるニッチに対応して，後肢の長さや尾の長さなどの形態が急速に適応放散し，異なるエコモルフに進化している．これらのニッチへの適応に関わる形態は進化しづらいのか（ニッチの保守性）どうかで議論がある．（第3章）

形態の可塑性をもつエゾアカガエルのオタマジャクシ．丸呑み型捕食者のエゾサンショウウオ幼生の捕食危機にさらされたオタマジャクシは，頭胴部を膨満化させて捕食を防ぐ（右）．（第4章）

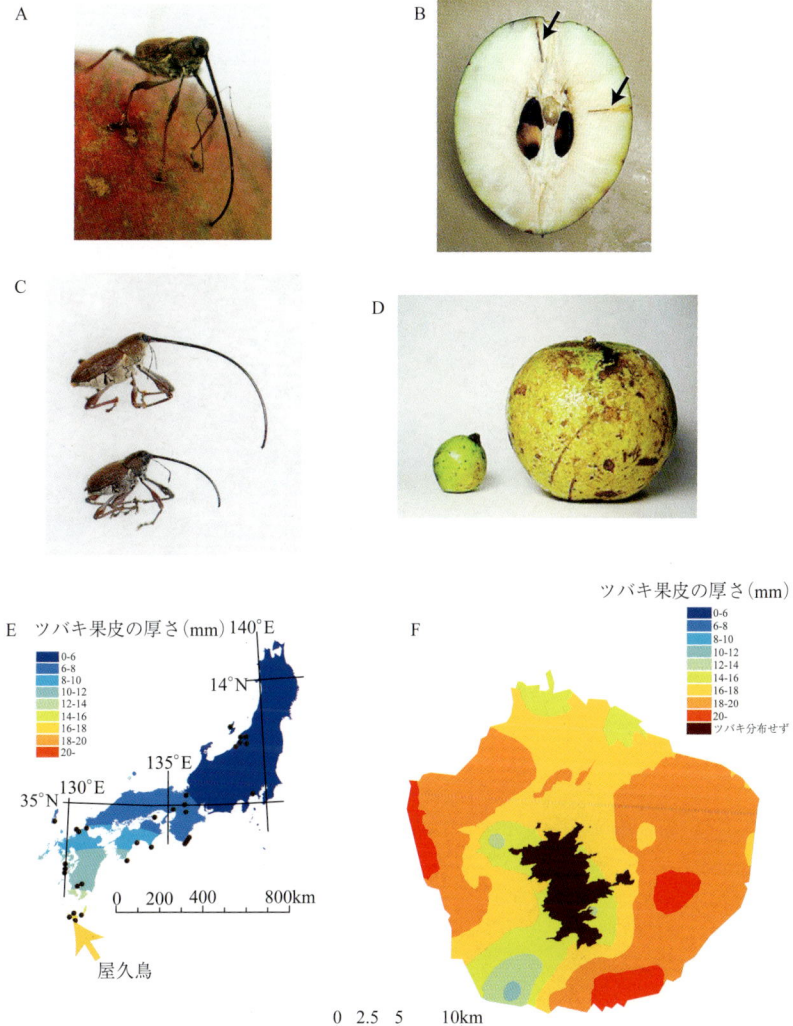

(A) ヤブツバキの果実を穿孔するツバキシギゾウムシの雌. (B) ヤブツバキ果実の断面. 厚い果皮にツバキシギゾウムシによる穿孔（矢印）が見える. (C) ツバキシギゾウムシの口吻長にみられる地理変異. 屋久島産（上）と兵庫県産（下）. (D) ヤブツバキの果実の大きさにみられる地理変異. 屋久島産（右）と京都産（左）. (E) 日本全体でみたヤブツバキの果皮の厚さの変異. ●は調査地を示す. (F) 屋久島内にみられるヤブツバキの果皮の厚さの変異. Toju and Sota (2006a) および Toju (2008) より一部改変. （第5章）

熱帯雨林に生育するアリ植物オオバギ属（*Macaranga*）の幹内．特定種の共生アリが住み込んでおり，植物を植食者から防衛している．内壁上には扁平なだ円形の共生カイガラムシがいて師管液を吸汁しており，アリに甘露を提供することで3者から成る相利共生系の一端を担っている．この3者系の進化と多様化は，「群集の進化」を理解するためのヒントとなる．（第6章）

はじめに

　群集生態学は，生物群集におけるパターンとそれを生み出す機構の解明を目指す学問分野である．なかでも，「群集構造」，「個体群動態」，「種間相互作用」は生物群集のとくに重要なパターンであり，これらは互いに密接に関連づけられている．「群集構造」は，複数種の個体群を結びつけている「種間相互作用」によって特徴づけられる．さらに，「種間相互作用」で結びつけられた複数の種の個体群は，互いに影響を与えあうことで，生物群集の中で独自の「個体群動態」を見せる．

　これまでの群集生態学では，生物の環境変化に対する可塑的な反応や進化が生物群集に果たす役割については，十分に取り上げられてこなかった．しかし，可塑性や進化といった生物の「適応」は，「種間相互作用」が生み出される過程，「種間相互作用」がそれぞれの種の「個体群動態」を作り出す過程，異なる空間スケールにおける「個体群動態」やそのつながり，さらに進化の歴史の結果として「群集構造」が形づくられる過程，のいずれにも深く関わっている．生物は，他種との相互作用や環境の変化に対応して，可塑的な反応や迅速な小進化により，表現型をさまざまに変化させる．この短い時間スケールの中で生じる適応は，生物間相互作用や環境への彼らの関わり方を変え，それがさらに生物群集の構造や動態にまで波及する．つまり，可塑性や進化による適応が生物群集の成り立ちや構造までも変える可能性があるのだ．一方，長い時間スケールで生じる大進化も，本質的には形質の変化をもたらす小進化の積み重ねにほかならない．小進化による形質の変化が長期にわたって繰り返されることにより，新しい種が形づくられ，やがて悠久の時間の後に多種多様な生物が生み出される．この大進化によって創出された生物多様性が，現在の生物群集を形づくる基盤にもなっている．このように，生物群集はさまざまな時間スケールでみられる「適応」の結果であると同時に，適応を引き起こす原因にもなっている．また，生物の適応は遺伝子・表現型・個体群・群集といった異なる生物学的な階層をつなぐ掛け橋であり，多様な生物からなる群集の構造やダイナミクスを理解するうえで欠かすこと

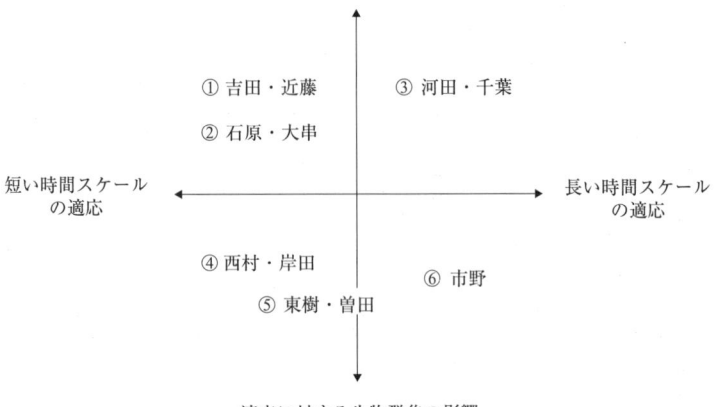

図1 各章の位置づけ.
各章の内容は,適応の時間スケールを表した軸と生物群集と適応の因果関係を表した軸をもつ二次元空間に分類できる.本巻のテーマである群集生態学と進化生物学の統合的な理解は,今後取り組むべき重要な課題であると認識されつつある(たとえば,Johnson and Stinchcombe 2007).

のできない現象である.

　本巻は,六つの各論とその内容に関わる二つの方法論についてのコラム,さらに緒言と終章からなる.本巻の特長は,生物群集と適応の関係を二つの視点からとらえていることである(図1).1〜3章では,進化や可塑性による適応が生物群集に与える影響について,さまざまな観点から考える.つづく4〜6章では,生物群集の振る舞いがどのような生物の適応を引き起こすかについて考える.ここでは,それぞれの章の内容について簡単に紹介したい.

第1章(吉田・近藤),第2章(石原・大串)
　生物群集の構造や動態と表現型の変化は,相互に密接に関連している.生物種の形態・行動・生活史などの形質は,表現型可塑性や迅速な進化によってダイナミックに変化し,生物間相互作用や生物の環境への関わり方を変えてしまう.第1章では,適応による生物間相互作用の改変が個体群動態に与える影響を解説する.第2章では,第三者を介する間接的な効果に焦点をあ

てる．とくに，捕食や競争などの直接的な相互作用と同じように，間接的な相互作用が生物の適応によっていかに変わり，さらに生物群集にどのように波及するかについて説明する．

第3章（河田・千葉）

　ニッチ分化など生物群集における適応過程を通して新しい種が形成され，それが蓄積して生物多様性が生み出された．また，大量絶滅のような過去の特定の時代だけにはたらいた進化史イベントも，生物多様性の形成に大きな影響を与えてきた．これらの歴史の一つひとつが系統樹に刻まれている．現在の生物群集は，このような進化の歴史的な影響を受けて成り立っているのである．また，生物の移動分散は，進化の歴史的影響をより広い範囲にわたって波及させる役割を担っている．このような種の形成と大進化の歴史や生物地理についての知見が，現在の生物群集を理解するうえでいかに大事かを考える．

第4章（西村・岸田）

　生物群集の中に見られる多様な相互作用は，群集の構成種にさまざまな淘汰圧を与えることによって，表現型の可塑的な反応や遺伝的組成の変化をともなう進化を引き起こす．このような生物の適応は，これまで，強い相互作用で結ばれた2種の生物を対象として研究されてきた．この章では，まず2種の生物の相互作用によって生じる表現型可塑性の事例を紹介する．しかし，複雑な生物群集の中では，ある生物はしばしば他の多くの生物と直接的あるいは間接的な関係をもっている．そのため，淘汰圧の方向と強さが，生物群集の構造や動態によって大きく変化することで，単純な2種の系で見られるものとは異なる可塑的反応や進化的反応を導くだろう．そのような複雑な相互作用の中で生じる表現型可塑性についても議論する．

第5章（東樹・曽田）

　生物群集が生み出す淘汰圧は時間的に変化するだけでなく，空間的にも変わりうる．このため，生物群集の構造が場所によって変化すると，自然淘

汰の様式も変わるだろう．この自然淘汰の空間的な変異（モザイク構造）は，生物の（共）進化を通して，生物群集の生物地理学的なパターンを作り出す．一方，広い空間に散在する局所的な集団は，個体の移動分散によって相互に結ばれたより大きなスケールのメタ個体群を形成する．個体の移動分散は，適応的な遺伝子型の移入を通して局所集団の適応を促進するだけでなく，不適応な遺伝子型の移入によって，適応を妨げる効果も合わせもつ．さらに，移動分散能力が異なる生物種によって構成されているメタ群集では，局所個体群の適応反応に与える移動分散の影響はより複雑な結果を招くだろう．生物の共進化やその群集構造に与える影響に関して実例を挙げながら，群集生態学において生物の適応の意義を理解するうえで，空間を考えることがいかに重要であるかを説明する．

第6章（市野）

　分子系統樹を利用した近年の研究は，革新的な生態形質を獲得した系統群が古い形質をもつ系統群に比べて急速に分化し，多様化してきたことを明らかにしている．群集の進化とは，このような多様化率の系統間での違いを反映した進化的遷移といえよう．多種による淘汰圧や自然淘汰の空間的な変異（モザイク構造）は，種分化をはじめ大進化にも影響する．種分化によって生まれる新しい相互作用は，生物群集に中に捕食や競争といった敵対関係だけではなく，共生関係や社会的な協力関係も生み出す．このような種分化を通した生物群集の進化的な変化を理解するためには，分子地理系統樹の作成を通した群集生態学と系統学の融合が不可欠であることを強調する．

コラム1（清水・竹内）

　近年の分子生物学的な手法の発展により，生物がもつ大量のゲノム情報を利用することが可能になりつつある．ゲノムDNAに刻まれた適応進化の歴史を紐といたり，生物の形質に関わる遺伝子の特定やその働きが調べられるなど，ゲノミクスと生態学や進化学との融合が進んでいる．生態ゲノミクスや進化ゲノミクスとよばれる新しい分野において利用される手法を，具体的な研究例に基づいて解説する．

コラム2（佐々木）

　適応と生物群集の関係を調べる強力な手法の一つに，数理モデルを用いた理論研究がある．数理モデルの利点は，仮説に基づいて具体的に実証が可能な予測を提案したり，実証研究で観察されたパターンの裏にひそむメカニズムにせまれることである．生物の適応過程と生物群集の振る舞いの両方を組み込んだ数理モデルにより，適応と生物群集の関係が詳しく調べられてきた．ここでは，生物の適応が生物群集における資源競争とニッチ分割に与える影響に注目して，このアプローチの有効性を示す．

　本巻の原稿は章ごとに複数の査読者による校閲を受けた．校閲は，本巻の編集者および他章の執筆者のほかに，石井弓美子，伊藤洋，入江貴博，内海俊介，大橋一晴，齊藤隆，鮫島由佳，高田まゆら，津田みどり，土松隆志，徳永幸彦，土畑重人，難波利幸，福井眞，三浦徹，宮下直，宮竹貴久，森長真一，矢原徹一，山村則男，山本智子，亘悠哉の各氏が担当した．ここに厚くお礼申し上げる．また，本巻の刊行にあたっては，京都大学学術出版会の高垣重和氏，桃夭舎の高瀬桃子氏に一方ならぬご支援とご協力をいただいた．心からお礼申し上げたい．

2009年2月
　　　　　　　　　　　　　　　　　吉田丈人・近藤倫生・大串隆之

目　次

口絵　　i

はじめに　　v

第 1 章　適応による形質の変化が個体群と群集の動態に影響する

吉田丈人・近藤倫生　　1

1　適応による形質変化が生物間相互作用に影響する　　2
　(1)　適応とは　　2
　(2)　適応のメカニズムと形質変化　　2
　(3)　形質変化による相互作用の改変　　5

2　形質変化が個体群動態に影響する
　　　—— 単純な系の場合　　8
　(1)　可塑性が引き起こす個体群動態　　8
　(2)　学習が引き起こす個体群動態　　9
　(3)　進化が引き起こす個体群動態　　10
　(4)　個体群動態への影響は形質変化のメカニズムに依存するか？　　13

3　複雑な生物群集における形質変化の役割　　14
　(1)　群集における適応　　14
　(2)　食物網における適応　　16
　(3)　適応的捕食と食物網の構造　　18
　(4)　適応的な形質の変化と栄養モジュールの動態　　20
　(5)　食物網の動態と適応　　26

4　今後の展望　　30
　(1)　形質変化の群集内不均一性　　30
　(2)　形質変化の時空間スケールと個体群や群集への影響　　34
　(3)　トレードオフの重要性　　37
　(4)　まとめ　　39

第2章　適応と生物群集をむすぶ間接相互作用
石原道博・大串隆之　41

1　はじめに　42
2　間接相互作用とは何か？　43
3　形質介在型の間接相互作用はなぜ普遍的か？　44
　(1)　陸域生態系における間接相互作用　45
　(2)　水域生態系における間接相互作用　50
　(3)　密度介在型と形質介在型の相対的な重要性　53
4　間接相互作用と進化　55
　(1)　間接相互作用が生み出す共進化　55
　(2)　間接相互作用が進化の方向を変える　58
5　今後の展望　60
　(1)　個体の形質から生物多様性の維持創出機構を解明する　60
　(2)　進化的な観点から生物群集を理解する　61
　(3)　生物の適応が間接相互作用を通して生物群集を変える　62

第3章　生物群集を形作る進化の歴史　河田雅圭・千葉　聡　65

1　群集構造と系統的・進化的な制約　66
　(1)　進化プロセスと群集形成　66
　(2)　群集の構成と系統関係　69
　(3)　ニッチ形質の保守性（niche conservatism）とニッチの分化　72
　(4)　系統関係とニッチ形質の進化はどのように群集に影響するか？　77
　(5)　種分化・絶滅・移動分散と種多様性　79
　(6)　種分化率に影響する要因　82
2　大規模イベントの生物群集への影響　84
　(1)　大量絶滅　85
　(2)　絶滅の選択性　87
　(3)　群集の復帰過程　95
　(4)　現代における絶滅とその生物群集への影響　99
3　将来の研究への展望　109

第4章　多種系における表現型可塑性

西村欣也・岸田　治　111

1　はじめに　112
2　食物網における捕食者-被食者の攻防　114
　(1) オタマジャクシの池　114
　(2) エゾサンショウウオ幼生の捕食危機に対処するオタマジャクシ　117
　(3) ヤゴの捕食危機に対処するオタマジャクシ　123
　(4) オタマジャクシの誘導防御形態の臨機応変性　125
　(5) エゾサンショウウオ幼生の誘導捕食形態　133
　(6) 防御-攻撃の共進化　135
　(7) サンショウウオのジレンマ ── 攻撃か防御か？　138
3　生態学における表現型可塑性研究の方向性　140
　(1) 誘導防御形質の遺伝的基盤　140
　(2) エコゲノミクスの発展と可塑性研究　142
　(3) 表現型可塑性の個体群動態・群集構造への波及　145
　(4) 生物群集の中の表現型可塑性　147

第5章　共進化の地理的モザイクと生物群集

東樹宏和・曽田貞滋　151

1　共進化の地理的変異　152
　(1) 種レベルでの共進化と個体群レベルでの共進化　152
　(2) 共進化の地理的モザイク仮説　153
　(3) ツバキとゾウムシの軍拡競走　154
2　自然淘汰の地理的モザイクとその形成要因　157
　(1) 「遺伝子型×遺伝子型×環境」の相互作用　157
　(2) 軍拡競走の生産性勾配 ── 細菌と溶菌性ファージの実験　159
　(3) 軍拡競走の生産性勾配 ── ツバキとシギゾウムシの野外研究　160
3　適応進化と群集構造　161
　(1) 群集の種構成が適応進化を左右する　161
　(2) 適応進化から群集構造へのフィードバック　165
4　移動分散とメタ群集レベルでみた共進化　168
　(1) 遺伝子流動や遺伝的浮動と局所適応　168

（2）移動・分散能力が異なる種で構成されるメタ群集　171
　　（3）遺伝子流動が共進化を加速する　172
5　地理的モザイクの視点による異分野の統合　174
　　（1）群集生態学・進化生物学・遺伝学における空間構造の解明　174
　　（2）群集生態学と共進化研究の共同 ── 拡散共進化への展開　177
　　（3）群集生態学への分子遺伝学的手法の導入（群集遺伝学）　179
　　（4）共進化研究と遺伝学の融合（共進化遺伝学）　180
6　さいごに　182

第6章　生物群集の進化
　　　　系統学的アプローチ　　　　　　　　　　　市野隆雄　185

1　はじめに　186
2　系統レベルではたらく進化のプロセス　190
　　（1）系統進化と小進化　190
　　（2）系統淘汰と自然淘汰　193
　　（3）なぜ系統淘汰が重要か？　197
3　系統淘汰を検出するための手法
　　　── 姉妹群比較法　198
4　群集の進化的遷移　202
　　（1）ダーウィンの分岐の原理　203
　　（2）群集の進化的遷移とは何か？　205
　　（3）群集の進化的遷移の証拠　206
　　（4）進化的遷移の方向 ── 姉妹群比較からの示唆　208
　　（5）どのような群集でどのような種間関係が進化するか？
　　　　 ── 熱帯における相利関係の進化　209
5　群集が多様化していくプロセスの解明に向けて　213
　　（1）種間系統樹からの研究方向　217
　　（2）種内の分子地理系統樹からの研究方向 ── 共進化の影響　218

目 次

コラム1　生態ゲノミクス
適応・群集研究への新たなアプローチ

　　　　　　　　　　　　　　　　　　清水健太郎・竹内やよい　223

1 はじめに　224
2 ゲノミクスと分子遺伝学の手法　225
　（1）QTL マッピング（量的形質遺伝子座マッピング，Quantitative Trait Locus Mapping）　225
　（2）ポジショナルクローニング　226
　（3）連鎖不平衡マッピング　226
　（4）トランスジェニック技術（形質転換技術）　227
　（5）マイクロアレイ（DNA チップ）解析　227
　（6）次世代の塩基配列決定装置（次世代シークエンサー）　227
3 ゲノミクスを用いた自然淘汰の解析
　　　―― シロイヌナズナの適応を例に　228
　（1）集団の DNA 変異を用いた自然淘汰の検出法　228
　（2）シロイヌナズナを用いた統合的研究例　230
4 群集遺伝学
　　　―― ポプラを例に　234
　（1）集団内の遺伝的多様性が群集に与える影響　235
　（2）生物・生態系と相互作用をもつ遺伝子の特定　235
5 群集ゲノミクス
　　　―― 群集構造と機能の把握　238
6 展望
　　　―― ゲノミクスのインパクト　239

コラム2　群集生態モデルと進化動態
資源分割理論を例に

　　　　　　　　　　　　　　　　　　　　　　　　佐々木　顕　243

1 はじめに　244
2 連続ニッチ空間の競争方程式　246
　（1）侵入可能性　247

（2）1 種群集への侵入可能性と限界類似度　248
　　（3）Adaptive Dynamics 入門　249
3　資源競争による群集の構築と Adaptive Dynamics　251
　　（1）進化的安定性　252
　　（2）到達可能性と進化的安定性は違う　253
　　（3）進化的分岐　254
　　（4）離散原理　256
　　（5）PIP　259
　　（6）分断淘汰と生殖隔離による種分化　259
4　MacArthur の群集理論と最小原理　260
5　群集の進化の理論化にむけて　262

終　章　群集生態学と進化生物学の融合から見えてくるもの
吉田丈人・近藤倫生・大串隆之　263

1　生物群集に対する適応の影響　264
2　適応に対する生物群集の影響　265
3　新たな課題　267
　　（1）さまざまな相互作用への適応の影響　267
　　（2）多種系の動態への適応の影響　267
　　（3）系統的・生物地理的な制約と生態的・局所的な制約の相対的な重要性　268
　　（4）多種系における適応　268
　　（5）大進化をもたらした生物群集　269
4　あらためて適応とは？　270
　　（1）変異 ── 適応をもたらす源　270
　　（2）適応と不適応　272
　　（3）広義の適応　272
5　おわりに　273

引用文献　275
索引　323

第1章
適応による形質の変化が個体群と群集の動態に影響する

吉田丈人・近藤倫生

Key Word

適応　進化　表現型可塑性　学習　個体群動態

　生物のもっとも重要な特徴の一つは「適応する」ということであろう．生物は行動や形態などを変化させることで，不適な生息環境でもうまく乗り越えていくことができる．生物種が相互作用のあり方を適応的に互いに変化させることで，生物群集における種間相互作用は，きわめて柔軟なものになりうる．では，この適応に由来する相互作用の柔軟性は，生物群集の動態に対してどのような役割を果たしているのだろう．この章では，学習・表現型可塑性・進化の三つのメカニズムに由来する適応的な形質の変化に着目し，それらが生物種間の関わりあいにどのような影響を与え，その結果，成立する生物群集にはどのような特徴が生じるかを論じる．まず，さまざまな適応メカニズムによって生じる種間相互作用の変化の具体例を紹介する．そのうえで，この相互作用の変化が2種からなる単純な系の個体群動態に及ぼす影響について概観し，さらに，より多くの生物種からなる複雑な生物群集において適応的な形質の変化が果たす役割について論じたい．最後に，適応的な形質の変化と個体群動態の関係について，今後どのような切り口で研究を展開すべきかを議論する．

1 適応による形質変化が生物間相互作用に影響する

(1) 適応とは

　生物は，生息環境の変化や，競争者や捕食者といった他の生物からの影響にいつもさらされている．季節や昼夜の移り変わりに見られるように，温度や明るさ，栄養塩などの物理化学的な環境はいつも変化する．同様に，他の生物から受ける捕食や競争といった影響も，たえず変化している．そのような変動する条件の中で生き長らえ，成長し，子孫を残してきた生物は，生存や繁殖に際して有利にはたらくような性質を数多く備えている．ある生物が生涯のうちに繁殖して残した次世代の子孫の数は，「生涯繁殖成功 (lifetime reproductive success)」あるいは「適応度 (fitness)」とよばれる．生き長らえて成長すること（生存）も多くの子孫を残すこと（繁殖）も，どちらも適応度に貢献する重要な生活史の側面である．

　生物は，しばしばその形質を変化させることで，適応度を増加させたり，その低下を軽減させたりする．この現象は「適応 (adaptation)」とよばれる．適応は生物のさまざまな形質 (trait) において見られ，それらには，生物の大きさや形などの「形態形質 (morphological trait)」，動物の動きのパターンである「行動形質 (behavioral trait)」，代謝などの「生理形質 (physiological trait)」などがある．生物は種々の形態・行動・生理に関する形質をもつが，これらの形質は最終的には生物の生存や繁殖に関わる「生活史形質 (life history trait)」（たとえば，どのくらい早く成熟するか，何匹の子供を何回にわたって産むか，どれだけ長く生きるか，など）に影響する．したがって，生活史形質と生物の適応度は直接に関連しているが，形態・行動・生理の形質と適応度の関係はより間接的なものであるといえよう．

(2) 適応のメカニズムと形質変化

　形質を変化させる適応は，さまざまなやり方で達成される．これらを大別すれば，「可塑的反応 (plastic response)」・「学習 (learning)」・「進化 (evolution)」

の三つが挙げられるだろう．それぞれの過程とその例を以下に簡単に紹介する．

可塑的反応：ある一つの遺伝子型が，生息環境に応じて，複数の異なる形質（あるいはその集合である表現型）をみせることをいう．表現型を変化させる要因には，物理化学的な環境要因のほかに，体からの分泌物や捕食される刺激といった他の生物からの影響も含まれる．これらの誘導要因は可塑的な反応をみせる個体自身によって感知され，その個体のその後の発生（形質の発現）に影響を与える．可塑的反応の一例として，動物プランクトンであるミジンコの捕食者に対する防御形質がある．ミジンコは，無脊椎動物の捕食者がいると背首に歯状の突起を，プランクトン食の魚がいると尾部に長い殻刺や頭部に尖頭を発達させる．これは捕食者に対する有効な防御形態としてはたらくことから適応的であり，捕食者の存在を示す水中の化学物質の信号（カイロモン）によって可塑的に誘導されることが知られている（Lass and Spaak 2003）．

誘導要因の可塑的反応に対する影響は，世代を越えることもある．たとえば，ミジンコがみせる防御形態は，カイロモンの信号を受け取った個体だけではなく，その個体から産まれる次世代の娘個体にも発現する（Agrawal et al. 1999）．ある個体の祖先（1～数世代前）によって誘導要因が感知され，可塑的反応が子孫の個体にまで現れる反応は，母方の祖先から引き継がれたものであれば「母性効果（maternal effect）」，父方の祖先からのもであれば「父性効果（paternal effect）」，または両方を合わせて「多世代効果（multigenerational effect）」あるいは「継世代効果（transgenerational effect）」とよばれる．

ところで，可塑的な反応がいつも適応的であるとは限らない．たとえば，栄養が少ない条件で育った生物は当然大きくなれない．環境の変化に応答したという点ではこれも可塑的な反応の一つかもしれないが，このような反応は必ずしも適応的とはよべないだろう．

学習：生物は過去の経験から学習することによって，その後の行動パターンを変化させる．この行動パターンの変化は，広義には行動形質の可塑的反応の一つに数えられるだろう．しかし，行動の変化がその時の環境刺激だけでなく，学習という過去の経験に基づく認知過程にも影響を受けるという点

で，他の可塑的反応とは異なる．摂餌・防御・繁殖など，生物の適応度に影響する行動形質は数多くあるが，それらがどの程度，学習を通して過去の経験に依存しているのかはよくわかっていない（Dukas 2004）．より高度な情報処理ができる脳をもつ脊椎動物では，学習による行動パターンの変化が普遍的にみられるのかもしれない．

　学習による行動形質の変化の一例として，ヘラジカの捕食者に対する行動を紹介しよう．捕食者であるクマやオオカミが絶滅した地域で育ったヘラジカは，捕食の危険に出会ったことがなく，捕食者に対する警戒や捕食者がいる餌場の放棄といった行動があまりみられない．しかし，そのようなヘラジカが捕食の危険を経験していったん学習すると，捕食者の匂いや鳴き声に反応して，捕食者に対する回避行動が活発になる（Berger et al. 2001）．

進化：個体間に見られる形質の違いが遺伝的に決まっている場合は多く，このとき，表現型（phenotype）は遺伝子型（genotype）をよく反映する（つまり，広義の遺伝率が高い）．表現型間に適応度の差異があり，表現型が遺伝子型の影響を受けるとき（つまり遺伝子型間に適応度の差異があるとき），個体群内における遺伝子型の頻度は時間的に変化する．これが進化と定義される．進化は1世代という短い時間でも起こりうる生物の形質変化である．

　進化のメカニズムや多様な形質が進化によっていかに説明されるかは，これまでの進化生態学の中心的な課題であった．一方，生物のさまざまな形質は，生活史形質を通して個体群や群集の動態といった生態学的な現象に影響する．その意味では，形質の進化は生態学的な現象に影響するといえるが，本章で注目するのは，生態学的な現象と同じ時間スケールで起こる進化，つまり「迅速な進化」である．

　進化による形質変化の一例として，動物プランクトンのケンミジンコによる捕食者に対する防御形質がある（Hairston and Walton 1986）．プランクトン食魚による捕食が活発になる夏期に通常の卵とは異なる耐久卵を産み，捕食される危険がある水中から底の堆積物中に逃避する戦略をもつ動物プランクトンは多い．あるケンミジンコは魚の活動が活発になる時期に合わせて，卵の生産を通常卵から耐久卵へと変更する．この卵生産の変更の時期は，日長（明暗周期）によって決まっている．さらに，卵生産の変更の時期は遺伝するこ

とがわかっており，年によって変動する魚の活動期に応じて，迅速な進化を見せる（Hairston and Walton 1986）．魚の活動が早くはじまる年を経験した後には，耐久卵を産む時期が早まり，活動が遅くはじまる年を経験した後には，その時期が遅くなるという進化がみられた．このほかにも，形質の迅速な進化は数多くの生物で，また陸域と水域を含むさまざまな生態系で知られている（たとえば，Endler 1986; Palumbi 2001 に多くの事例が紹介されている）．

(3) 形質変化による相互作用の改変

さまざまなメカニズムを通じて生物が柔軟にその性質を変化させるのであれば，捕食や競争などの生物間相互作用（interspecific interaction）もまた変化する可能性がある．実際，生物の形質が変化することにより生物間相互作用が改変されることを示した研究は多い（たとえば，Thompson 1988; 大串 1992; Karban and Baldwin 1997; Thompson 1998 に紹介されている）．しかし，群集動態や食物網理論など群集生態学の多くの課題では，生物間相互作用は性質が固定していて変化することがない生物同士の関係であると暗に仮定されてきた．実際，1990 年代までの群集生態学の研究では，生物間相互作用の変化は種内の変異よりも種間の差異が注目されていた．変化する生物間相互作用の重要性は，ようやく近年になって，多くの群集生態学者に理解されつつある．

たとえば，餌生物が一方的に捕食されるのではなく，捕食者の存在に反応して防御形質を可塑的に発現したとしよう．そのとき，防御形質が適応的であれば，捕食者が餌生物を捕らえる頻度は低下して捕食者の成長や繁殖が低下するだろう．そして，餌生物の生残率は増加するだろう．これは，餌生物と捕食者のあいだにある相互作用の強さが弱くなったからである．その後，捕食者が少なくなると，餌生物は防御形質を徐々に失うだろう．このような防御形質をもたない餌生物と捕食者は，より強い相互作用で結ばれることになる．相互作用の強さは変わらないという従来の仮定に反して，種間相互作用の強さは相互作用に関わる形質の変化に依存して動的に変わる可能性がある．生物の形質変化が相互作用を変えることが知られている具体例を，以下に二つ紹介しよう．

18〜19世紀にヨーロッパからオーストラリアにもち込まれたアナウサギは，その後個体数を大きく増加させ，家畜の餌となる植物を食いつくすという被害を及ぼした．このアナウサギを減らすため，強い毒性をもつ粘液腫ウィルスが1950年に導入された．ウィルスの毒性は，導入の直後はそれが感染したすべてのウサギを殺してしまうくらい強く，多くのウサギが死亡した．しかし，導入後わずか1〜2年のうちに，ウィルスの毒性は弱くなり，またウサギにもウィルスに対する抵抗性が進化した．その結果，ウィルスに感染したウサギの死亡率は初期に比べて低下した（Dwyer et al. 1990）．これは，ウィルスの毒性とウサギの抵抗性の形質に起こった迅速な進化が，宿主と病原体のあいだの相互作用を弱めたことを示している．宿主と病原体のあいだの相互作用は決して不変ではなく，生物の形質が変化することで，相互作用の強さも変化したのである．このように迅速な進化が相互作用を変化させる可能性については，Thompson (1998) が詳しく論じている．

　アメリカ東部の池に住むトンボ2種（ラケラータハネビロトンボとハヤブサトンボ）の幼虫は，どちらもイトトンボの幼虫を捕食する．しかし，同じ場所にいる2種のトンボが与えるイトトンボへの捕食圧は，それぞれのトンボが単独でいるときの捕食圧の合計よりも低かった．これは，ラケラータハネビロトンボが，イトトンボだけでなくハヤブサトンボも捕食する上位捕食者であったことによる．中間捕食者のハヤブサトンボは，ラケラータハネビロトンボがいるとイトトンボの捕食をやめて，自らが捕食される危険を回避する（Wissinger and McGrady 1993）．すなわち，ハヤブサトンボの行動が，上位捕食者の存在によって変化した結果，ハヤブサトンボとイトトンボの相互作用が弱まったのである．当然，この現象はトンボの行動が固定されたものであると仮定すると理解できない．このような行動形質だけでなく，さまざまな形質の可塑的な変化により相互作用が変化する事例は多く知られており，Agrawal (2001)，Werner and Peacor (2003)，Ohgushi (2005) などに紹介されている．

　生物のもつ形質が変化することにより，その生物が関係する相互作用が変化する例は，これらの他にも多く見つかっている．相互作用が生物の密度だけでなく生物の形質にも依存するありさま（図1）は，Bolker et al. (2003)

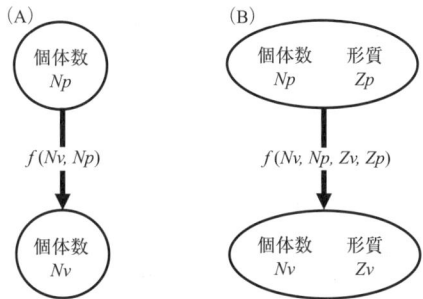

図1 捕食者と餌生物の相互作用.
密度変化の影響のみを受ける相互作用（A）と，形質変化と密度変化の両方の影響のみを受ける相互作用（B）．従来の概念（A）の相互作用は生物の個体数（密度）の関数で表される．近年に発展しつつある概念（B）の相互作用では，個体数だけでなく，生物の形質が相互作用の強さに影響すると仮定される．最近では，（A）は消費効果，（B）は非消費効果とよばれることもある（用語については本文を参照）．

により"trait-mediated interaction"とよばれ，他の研究者もこの用語を頻繁に使うようになった．しかし最近，"trait-mediated"という用語は本来，間接相互作用においてのみ使用されるべきものであり（本巻第2章を参照），Bolker et al. (2003) のような使用法は混乱を招くだけだと指摘されている（Abrams 2007）．そのような混乱を避けるため，捕食−被食の相互作用において，捕食者に反応して餌生物が防御形質をもつようになることを非消費効果（nonconsumptive effect）とよび，餌生物の密度に対する捕食者の影響を表した消費効果（consumptive effect）と区別して使われはじめている（Preisser et al. 2007）．また，非消費効果には，Bolker et al. (2003) が"trait-mediated interaction"に含めた関係，つまり餌生物の形質変化が相互作用に影響する効果も指すとされている（Preisser and Bolnick 2008）．これら用語の使用法に関わる顛末は本シリーズ第3巻1章で詳しく解説されているので参照されたい．しかし，「非消費効果」が，形質変化の影響を受ける相互作用を表す用語として定着するかどうかは，今後の議論を待ちたい．

用語の問題にかかわらず，形質変化の影響を受ける相互作用への注目は，近年増している．2003年に *Ecology* 誌に組まれた特集"Linking individual-scale trait plasticity to community dynamics"ではさまざまな事例が紹介されて

いるが，そこでは可塑性による形質変化だけが注目されている．しかし，形質変化のメカニズムは可塑性だけに限ったことではなく，迅速な進化や学習による形質変化も相互作用を変えることがあり，形質変化の影響を受ける相互作用はいたるところで見られるのかもしれない．

2　形質変化が個体群動態に影響する —— 単純な系の場合

　形質の変化と個体群動態（population dynamics）は，相互に関係していると考えられる．形質が変化することにより，相互作用の有無や種類，強さが変わり，個体群の動態を変えると予想される．また逆に，個体群動態の変化は，淘汰圧を変えることで形質に影響すると予想される．このような形質の変化と個体群動態の相互作用は，形質が一定であると仮定した従来の理論とは違った結果を導くだろう．個体群動態を記述する数理モデルに形質の変化を表す式と生物の数の動態を表す式が混在することで，はじめて形質変化が個体群動態に果たす役割を理解できる準備ができたといえる（コラム2を参照）．しかし実際には，形質の変化が具体的にどのように個体群動態に影響するかを調べた実証的な研究はまだ少ない．これらの例を以下に紹介する．

(1) 可塑性が引き起こす個体群動態

　数理モデルを用いた理論的研究によると，可塑的な反応は個体群動態を安定化させる可能性がある（たとえば，Ramos-Jiliberto 2003; Abrams and Matsuda 2004; Vos et al. 2004）．ある捕食者と餌生物からなる2者系での個体群動態を考えよう．餌生物の個体数が増加すると，それを追うように捕食者の個体数も増加する．ここで，もし餌生物が捕食者の増加にともなって何らかの防御形質を発現するならば，捕食者の個体群の増加はいくぶん緩やかなものになるだろう．その後，捕食者の個体数が減少して餌生物が増加するときには，餌生物がもつ防御形質のコストが関係してくる．捕食者がいるときには，防御形質を可塑的に発現した餌生物の方が適応的であるが，捕食者がいないときには，逆に，防御形質をもたない方が適応的となる．このトレード

オフ (tradeoff) は，可塑性が進化するのに必要な条件である (Adler and Harvell 1990)．防御形質をもつ餌生物が多いときは，捕食者が餌不足のために減少する場合でも，防御形質のコストのために餌生物は急激には増加できない．このようにして，餌生物の防御形質と捕食者の個体数のあいだにフィードバックがかかることで，両者の個体数の変化はより緩やかで安定なものになると予想される．

可塑性が個体群動態に与える影響はいくつかの理論研究で調べられているが，それに比べて実証的な研究例は少ない．これまでの実証研究では，ある生物の形質が環境や他の生物の影響に応答して可塑的な変化を見せることは調べられてきたが，形質の可塑的な変化と生物の増殖速度や適応度との関係を調べた研究や，適応度への影響が個体群や群集の動態に波及することを実証した研究はほとんどない．たとえば，サバクトビバッタなどバッタ類の相変異では体色の異なるバッタが可塑的に生じるが，それがバッタの増殖速度を介して個体群動態にどう影響するかは詳しく調べられていない（たとえば，Wall and Begon 1987; Applebaum and Heifetz 1999; Wilson et al. 2002)．Verschoor et al. (2004) は，可塑的変化が個体群動態にまで影響することを実証した数少ない研究の一つである．彼らは，捕食者がいると防御形質（群体の形成）を可塑的に発現するプランクトン性の緑藻とそうでない緑藻を用いて，捕食者の動物プランクトンと餌藻類の個体群動態を室内実験で調べた．可塑性のない餌生物と捕食者の系は個体数に大きな振動がみられたが，可塑性のある餌生物を用いるとそのような振動はみられず，より安定した個体群動態を示した．この結果は，藻類と動物プランクトン捕食者の個体群動態に関する数理モデルの予測と一致した (Vos et al. 2004)．

(2) 学習が引き起こす個体群動態

学習によって個体群動態のパターンが変わるとすれば，その前段階として，生物の増殖速度あるいは適応度が学習の影響を受けているはずである．適応的な学習の一つの例は，すでに上で述べたように，ヘラジカの捕食者に対する行動が学習によって変化し，生存率を向上させることにみられる (Berger et al. 2001)．また，スイッチング捕食などの摂餌行動や捕食などの危

険からの回避行動に対して学習が影響することは，魚類などでも知られている（たとえば，Kieffer and Colgan 1992 による総説を参照）．このような適応的な学習は，脳がよく発達した脊椎動物だけでなく，無脊椎動物にも見られる．たとえば，Dukas and Bernays (2000) はバッタの餌選択に対する適応的な学習の効果を操作実験により明らかにした．彼らの研究によれば，バッタは餌のある場所や餌の色や味を学習することにより，より栄養価の高い餌を選択することができ，その結果，成長速度が速くなるという．

以上の研究は，学習の適応的な側面，すなわち短期的な増殖速度への影響を明らかにしている．しかし，学習が個体群動態のパターンをどう変えるかといった，長期的な影響はまだほとんど調べられていない．ただ，学習に重要な役割を果たす脳が個体群の短期的な現象に影響することは知られている．Sol et al. (2005) は，鳥の種間比較により，脳のサイズの大きい鳥の方が新しい環境への侵入成功率が高いことを見出した．脳のサイズが大きな鳥ほど摂食行動を柔軟に変化させることができ，そのため侵入先の新しい餌環境に適応できるからだという．逆に，脳のサイズの小さな鳥ほど，侵入後に個体群サイズが減少しやすいという傾向も報告されている（Shultz et al. 2005）．これらの研究は個体群の短期的な動態に学習が影響することを示唆しているが，その詳細なメカニズムはわかっていない．学習が捕食者に対する行動や餌選択に影響し，捕食圧や餌環境が変動する条件で生物間相互作用をどのように変え，その結果として長期の個体群動態にどのような影響が現われるのかについて，今後の研究が待たれる．

(3) 進化が引き起こす個体群動態

今から 50 年以上も前に Chitty (1952) は，進化が個体群動態に影響すると考えた．彼は，極域に住むネズミの個体数振動が競争力と繁殖力が異なる二つの表現型に対する振動選択（fluctuating selection）により引き起こされているという仮説を提案した．しかしその後，Chitty の仮説がネズミで証明されることはなかった（Boonstra and Boag 1987）．進化が生活史形質の変化を介して個体群動態に影響するという仮説は，数理モデルを用いた理論研究によって早くから指摘されてきた（Pimentel 1961; Rosenzweig and MacArthur 1963; Abrams and Matsuda 1997; Abrams 2000). 一方で, 実験室内で飼育した個体群（昆虫・細菌・プランクトンなど）や野外の個体群（昆虫・鳥など）を用いた実証研究も行われてきたが, 理論が導く仮説を明示的に検証した研究は最近まで多くなかった（Pimentel et al. 1963; Pimentel 1968; Ohgushi 1995; Tuda 1998; Tuda and Iwasa 1998; Bohannan and Lenski 2000; Fussmann et al. 2003; Grant and Grant 2006; Duffy and Sivars-Becker 2007). ここでは, 進化が個体数の変化に影響することを実証した最近の二つの研究を紹介する.

Sinervo et al. (2000) は, 米国カリフォルニア州に生息するワキモンユタトカゲが見せる2年周期の個体数振動が自然淘汰によって生じていることを見つけた. メス個体には遺伝的に決まっている生活史戦略の異なる2種類のタイプがいる. オレンジ色の喉をもつ個体は多数の小さな卵を産む r 戦略者である. それに対して, 黄色の喉をもつ個体は少数の大きな卵を産む K 戦略者である. トカゲの個体数が少ないときには競争が緩和されるため r 戦略者が有利となり, オレンジ色の喉をもつ個体がより多くの子どもを残す. そしてトカゲの個体数が増えると資源が枯渇するので, トカゲ全体の個体数は減少するが, K 戦略者が逆に有利になり, 黄色の喉をもつ個体の頻度が増える. このようにして, トカゲの個体群全体では個体数が増える年と減る年を繰り返すとともに, 個体群内の r 戦略者と K 戦略者の比率も2年周期で振動していた.

Yoshida et al. (2003) は, プランクトン藻類とその捕食者であるワムシを用いた実験によって, 藻類の遺伝的な多様性が個体群動態に重要な影響を及ぼすことを明らかにした. 藻類個体群が捕食者に対する防御形質や栄養塩をめぐる競争形質に遺伝的な多様性をもたないときは, 藻類個体群に迅速な進化が起こらず, 藻類とワムシの個体群動態は短い周期の個体数振動を見せた. この動態は, 迅速な進化を仮定しない古典的な捕食者−被食者系の数理モデルの予測と一致した. 一方, 藻類個体群に形質の遺伝的な多様性があるときには, まったく異なる個体群動態（周期の長い個体数振動）が見られた. 数理モデルの解析によって, これは振動選択によることが示唆された. 捕食圧と栄養塩濃度の変化にともない, 異なる形質をもつ藻類の遺伝子型の頻度が変化したのである. 実際, 異なる形質をもつ藻類の遺伝子型が, 捕食圧と栄養

塩濃度の変化にともなって頻度を変えることが，その後の研究で明らかにされた（Meyer et al. 2006）．これらの研究は，迅速な進化が実際に個体数の変化という生態学的な現象に影響を与えることを示している．

　進化の個体群動態への影響を実証的に調べた研究は少ないが，数理モデルを用いた理論研究は多くなされてきた．しかし，これらの理論研究を概説したAbrams (2000)が指摘するように，形質の進化が与える個体群動態への影響について，統一的な理解はまだ得られていない．むしろ，数理モデルで予測される形質進化の影響は，仮定されているモデルの構造やパラメーターに大きく依存するようである．実際，捕食者に対する防御が捕食者−被食者の動態に与える影響のみをとってみても，形質間のトレードオフや，捕食者と餌の密度の捕食速度への影響を表す機能的反応の形，防御のコスト，進化の生じる時間スケール等に依存して，そのあり方は大きく異なる．これらの予測を実証的に検証するような研究が蓄積されれば，進化が与える個体群動態への影響についてより深い理解が得られるだろう．

　また，今後は個体群動態における進化の相対的な重要性を評価することも必要になるだろう．そのためには，説明したい個体群動態に対する形質進化の影響を，その他の生態的な影響と比較しなければならない．いくら形質の進化が見られたからといって，必ずしもそれが個体群動態への影響に反映するわけではない．むしろ，他の生態的要因（たとえば，餌の量や環境要因）がより重要であれば，形質進化の影響は見かけ上その要因にかき消されることがあるかもしれない．Hairston et al. (2005)は，形質進化の影響とそれ以外の生態的な影響を分離して評価する方法を提示している．これは，たとえば上記のワムシと藻類の例でいえば，ワムシの増殖速度に対して，藻類の防御形質が進化することの影響と，藻類の量自体による生態的な影響を分離して相対的に評価する方法である．

　Hairston et al. (2005)はガラパゴス諸島に住むダーウィンフィンチがみせる個体群の増殖速度の年変動について，生態的な影響と進化的な影響の相対的な重要性を比較した．生態的な影響は餌である植物種子のサイズであり，進化的な影響は種子サイズの変化に適応して変わるフィンチの嘴や体サイズである（Grant and Grant 2002）．その結果，生態的な影響に比べて，形質進化の

影響が2倍以上も大きいことが示された．生態と進化の相対的な影響の評価は，どのような生物にも適用できるわけではない．この方法を適用するためには，説明したい生態的な現象（上の場合，フィンチの個体群増殖速度）が，どのような生態的・進化的要因によって説明されるかがわかっていなければならない．しかも，それぞれの要因と説明したい生態的な現象についての時間的な観測データがある程度そろわなければならない．このようなデータが得られている生物がほとんどない現状では，生態的な影響と比較して形質進化の影響がどの程度重要かという一般則は，当然手に入らない．このような一般則を見出すためには，生態的な現象に影響する形質進化とほかの生態的要因について，総合的かつ長期的な観測がさまざまな生物でなされることが必要である．

(4) 個体群動態への影響は形質変化のメカニズムに依存するか？

これまで紹介してきたように，形質変化はさまざまなメカニズムによって生じ，それらはいずれも個体群動態に影響する可能性がある．しかし，ここで一つの疑問が生じる．形質変化の個体群動態への影響は，相互作用する生物がどのようなメカニズムによって形質変化するかによって異なるのだろうか？　言い換えれば，可塑的反応と学習と進化による形質の変化は，それぞれ異なる個体群動態のパターンを導くのだろうか？　もしもこれらのメカニズムには依存しないで，形質変化に共通する性質が個体群動態にとっても重要なのであれば，可塑的反応・学習・進化の影響は統一的に理解できるだろう．Abramsと彼の共同研究者たちはこれらの適応過程には「適応度の勾配（fitness gradient）に沿って形質が変化する」という共通点があることを指摘したうえで，これらの過程は同じ理論的枠組みで理解できると主張している（Abrams et al. 1993; Abrams and Matsuda 1997; Abrams 2001; Fussmann et al. 2007 など）．これは，形質変化と個体群動態を記述する式があれば，同じ数理モデルを利用して形質変化の個体群動態への影響を説明できることを意味している．

しかし実際には，第4節で述べるように，形質変化のメカニズムに依存して，その個体群動態への影響は少なからず異なる可能性がある．それは，あ

る形質の変化がその状態を維持する時間（世代数）が形質変化のメカニズムによって異なることに由来するかもしれない．学習の効果は基本的に同じ世代内しか維持されないし，可塑性の効果は長くても数世代しか続かないが，進化の効果は遺伝子型の組成に変化の跡を残すので，より長い世代にわたり維持されると予想される．変化した形質が維持される時間は，次の新しい淘汰圧に対して形質が変化するまでの「時間的遅れ（time lag）」を生じることにほかならない．このような時間的遅れが，形質と適応度の関係を表す適応度関数（fitness function）（あるいは複数の形質からなる適応度地形（fitness landscape））の変化時間よりも長い場合は，形質が必ずしも適応的でない時間が生じ，適応的でない形質を生じさせることになる．

また，可塑性や学習によって変化する形質の範囲は，進化によって変化する形質の範囲よりも狭いかもしれない（第4節を参照）．適応度関数（地形）が大きく変化するような状況では，可塑性や学習は適応度の劣る形質を生じさせる結果をもたらすかもしれないが，より大きな形質変化を生じさせる進化は，適応度の谷を越えて別の適応度の山をもつ形質に到達するかもしれない．

形質の変化が個体群動態に与える影響についての私たちの理解は，まだ十分には進んでいない．今後の研究によって個体群動態への形質変化の影響が明らかになると予想されるが，そのつぎに問われるべき課題の一つは，個体群動態への影響が形質変化のメカニズムに依存するかどうかという問題だろう．

3 複雑な生物群集における形質変化の役割

(1) 群集における適応

生物の形質変化にともなう種間相互作用の変化は，相互作用する生物の個体群密度や動態に強く影響する可能性がある．他方，このような生物の形質変化は，相互作用する他種の形質や個体群密度の変化が引き金になって起き

る．したがって，種間相互作用系は，先にも述べたように，異なる複数の生物の「個体群密度」と「形質」が互いに影響を及ぼしあいながら変化する動的なシステムとしてとらえることができる．これまでは2種の生物種からなる比較的単純な系に注目して，そのメカニズムを紹介してきた．これ以降では，より多くの種からなる複雑な群集における形質変化の役割を考えたい．2種から3種以上に変わることで，「個体群密度」と「形質」の動態の決定機構も大きく変わることがある．それは，直接には相互作用しない種のあいだに「間接効果」が生じるためである．

　間接効果とは何だろうか．まずは，形質変化のない「仮想状態」において，複数の種が相互作用していると考えてみよう．すべての種間相互作用について，種類も強さも固定されたものと仮定する．すべての種の組み合わせについて，相互作用する種のあいだを線でつなぐ．そうすると，生物群集は，複数の種が種間相互作用のリンクでつながった一つの相互作用ネットワークとしてとらえることができる．このネットワークにおいては，ある生物の他種への影響は，直接に相互作用している種のみにとどまらない (Yodzis 1988; Schoener 1993; Abrams et al. 1996)．ある生物の個体群密度の変化は，他の生物の個体群密度を変化させることで，ネットワーク内でつながる他の多くの種にまで影響を及ぼす．つまり，直接には相互作用しない種のあいだに間接効果（本シリーズ第3巻『生物間ネットワークを紐とく』を参照）が生じる．

　形質の変化をともなう生物群集の動態を理解することは簡単ではない．それには二つの理由がある．第一に，形質と個体群密度のあいだに相互作用が生まれるためだ．すなわち，ある生物種における個体群密度か形質のいずれかの変化が，他種の形質変化と個体群密度の変化を同時に引き起こす可能性があるため，個体群密度と形質の動態を分けて考えることができない．これは直接に相互作用している2種系においてさえ複雑な動態を生む (Abrams 2000)．このため，間接効果がはたらく多種系の挙動は，より複雑で理解が困難になるだろう．第二に，形質に変化をもたらす種間相互作用が，同時に密度の変化も引き起こすとは限らない．つまり，形質変化の相互作用ネットワークと密度変化の相互作用ネットワークの構造が一致しない可能性がある．たとえば，被食者とその天敵からなる単純な系では，被食者は天敵か

ら逃れるために，天敵の活動時間には隠れ家にひそむことがある (Turner and Mittlebach 1990; Turner 1997)．ここでは被食者の行動形質は天敵の影響で大きく変化するが，同じ天敵の影響は被食者の密度には及ばない．2者のあいだに捕食は観察されなくとも，「捕食の可能性」を通じて捕食者が重要な役割を果たしているのである (non-lethal effect または non-consumptive effect; Peckarsky et al. 2008)．このように，形質変化をもたらす相互作用と密度変化をもたらす相互作用のあいだにずれがあると，一方が見落とされてしまい，相互作用とそれによって生じる群集の動態の理解はより難しくなる．

(2) 食物網における適応

生物群集においては，「食う-食われる」関係，送粉や種子散布といった相利関係，生息地の提供といった正の関係など，多種多様な相互作用が含まれる．これらの種間相互作用は一つの例外もなく，相互作用する生物がもつ形質の影響を受けているので，個体群や群集の動態に形質の適応が関与する可能性がある．これ以降では，「食う-食われる」関係とそれに関する一般的な形質である捕食者の採餌努力と被食者の捕食者に対する防御のみについて，考えることにする．

「食う-食われる」関係だけを記載した種間相互作用ネットワークのことを食物網 (food web) とよぶ．形質変化が生物群集に与える影響を調べる際，食物網に着目するのには少なくとも三つの利点がある．第一に，「食う-食われる」関係が生物の個体群動態に及ぼす影響に関して多くの先行研究がなされてきたため，捕食者-被食者の動態に関する理論の集積が多い (Pimm 1991)．第二に，「食う-食われる」関係に関連する生物の適応的な行動について，進化生態学的な知見の蓄積が多い (クレブス・デイビス 1991)．第三に，「食う-食われる」関係は，他の重要な生態学的な関係 (雑食，食物連鎖，消費型競争など) の基礎となっていることである (Pimm 1991)．

食物網において，適応は「食う-食われる」関係の強度 (相互作用の強さ) を改変することで群集の構造や動態に影響を与える．移動・変態・採餌行動をはじめとするさまざまな形質とその変化が「食う-食われる」関係に影響する．その中でも採餌行動，とくに餌選択に関する行動は生物の適応的行動と

してもっとも研究が盛んな分野の一つである（Pyke 1984; 粕谷1990; クレブス・ディビス 1991; Bulmer 1994; Begon et al. 2003）．ここではその詳細には踏み込まないが，今後の議論に必要な最低限の前提として，概略を述べておきたい．適応的な採餌行動に関する理論（最適採餌理論）は大きく二つに分けることができる．「メニュー選択理論」と「パッチ利用理論」である．

メニュー選択理論：メニュー選択理論は，捕食者が複数種類の餌を利用できる状況における最適なメニューの選び方を問題にしている（MacArthur and Pianka 1966; Charnov 1976a）．それぞれの餌 i は，遭遇頻度 λ_i，餌単位あたりの価値 E_i，餌処理時間（H_i：発見してから処理するのにかかる時間）で特徴づけられる．捕食者のメニューの決定においては，それぞれの餌資源の好適度（profitability）が重要な意味をもつ．好適度とは，$P_i = E_i/H_i$ と表される量のことで，その餌を利用した時の単位時間あたりのエネルギー獲得効率を表す．好適度が高いものから順に餌種 1，2，3 と名づけることにしよう（$P_i > P_{i+1}$）．このとき，採餌効率を最大にするメニューは，効率の高い餌種 1 から順に，$\sum_{i=1}^{x-1}\lambda_i E_i / (1+\sum_{i=1}^{x-1}\lambda_i H_i) < P_x$ の条件を満たすような餌種 X までの餌資源をすべて利用するというものだ．つまり，好適度の高い餌種はその遭遇頻度にかかわらず利用され，好適度の低い餌種は常に利用されないことになる．仮に，1 種類の餌が 1 種類の餌生物種に対応すると仮定するならば，ある捕食種の 1 個体が，複数存在する餌生物種の候補のうちどれを餌として利用するかを説明する理論として解釈することができる．

パッチ利用理論：パッチ利用理論は，1 個体が異なる資源パッチ（i = 1, 2, 3, ……）を同時には利用できないことを仮定したうえで，エネルギー効率を最大化するためにはそれぞれの資源パッチをどのように利用すべきかを扱っている（Charnov 1976b; Parker and Stuart 1976）．パッチ利用理論のもっとも簡単な形は，質の異なるパッチが複数存在し，1 個体の生物がそれらを利用している場合における，それぞれのパッチにおける滞在時間 t_i を問題にしたものである．パッチ利用理論によると，パッチ i に時間 t だけ滞在したときのエネルギー獲得量（gain）を $G_i(t)$ とするとき，そのパッチにおける単位時間あたりのエネルギー獲得効率（$G_i'(t)$）が，次のパッチの探索を行ったときに期待できるエネルギー獲得効率（$\Sigma[\lambda_k G_k(t_k)/(T+t_k)]$）を下回ったときに，パッチ

を離れるのが生物個体にとってもっとも効率の良い資源利用方法である（限界値理論　Marginal Value Theorem）．ここでTとは次のパッチを見つけるのにかかる時間の期待値である．

　仮に，餌生物種によって捕食方法や採餌場所がまったく異なる等の理由によって，異なる餌資源を同時には利用できない場合，一つのパッチを1種類の餌生物種とみなすことができる．このアナロジーでは，「餌生物種iの継続的利用」は「パッチiでの滞在」に，「利用による餌生物iの個体群密度の低下」は「パッチiでのエネルギー獲得効率$Gi'(t)$の低下」に対応する．さて，複数の餌資源（パッチ）が存在し，それらを複数の捕食者個体が利用する状況について考えよう．すべての捕食者が最適な餌選択を行った結果，それぞれの餌資源から得られる単位時間あたりのエネルギー獲得効率$Gi'(t)$は同じになるというのが，このモデルの重要な予測である（Charnov 1976b）．エネルギー獲得効率が同じであるということは，複数種の餌生物の1個体あたりの遭遇率や栄養量が同等ならば，個体群密度が同じくらいになるということである．すなわち，これは餌選択行動が，特定の餌生物種の優占を抑えるメカニズムとなりうることを意味している．

(3) 適応的捕食と食物網の構造

　食物網の構造を適応の結果として理解しようとする試みは古くからある．同じ資源を似た方法で利用している生物の集まりをギルドとよぶが（Root 1967），ギルドの内部で種によって資源利用の詳細が異なる場合がある（Lack 1971; Hairston 1980）．このパターンを説明する仮説は少なくとも三つある．似た資源利用をするものは競争排除によってすでに取り除かれているという仮説，それぞれの生物種が独自に自然淘汰に応答した結果とする仮説，そして，過去の競争において他の生物種と異なるように資源利用の仕方が進化した結果とする仮説（Connell 1980; Abrams 1990），である．一つ目の仮説は種間競争という生態学的過程を，二つ目は適応過程を，三つ目は種間競争と適応のあいだの相互作用に注目したものといえるだろう．三つ目の仮説で表されている現象をニッチ分化とよぶ．餌生物種が2種の捕食者に利用されその密度が低下すると，捕食者にとっては単位努力量あたりの資源獲得効率が低下

することになる．その結果，一方の，あるいは両方の捕食者はこの資源に向ける採餌努力量を低下させて，そのかわりにそれ以外の資源獲得に努力を振り分けるようになる可能性がある．これはまさに，適応進化によってそれぞれの種の資源利用の様式が変化すること，すなわち，二栄養段階の食物網の構造（リンクの位置と強さ）が変化することを意味している．

　ニッチ分化は，二栄養段階からなるシステムにおける資源選択を扱ったものであった．ここでの考え方は，そのままより複雑な（ギルド内捕食や多栄養段階が存在する）システムに拡張できる．種類の異なる多数の生物種のセットがあって，そこにおいてそれぞれの生物種が適応的に餌選択を行っているとしよう．このとき，食物網の構造は，それぞれの生物種の適応的な餌選択の結果として理解できるだろう．Matsuda and Namba（1991）はこの理論的アイデアを明示的にあつかった先駆的な研究である．彼らは，個体群動態に比較して，ずっと短い時間スケールで生じるパッチ利用理論に基づく餌利用の過程を仮定したうえで，その結果生じる食物網構造に注目した．進化的に安定な状況で満たされるべき食物網構造の条件から，「相互作用の数はその生物群集の種数の2倍を超えない」などの理論予測を導いた．それに対して，Beckerman et al.（2006）はメニュー選択理論から生じる食物網構造の特徴を予測した．メニュー選択理論を予測に利用するためには，各餌の価値や摂食のための処理時間に関する情報を知る必要がある．Beckerman et al.（2006）は，過去に研究された機能の反応の形からこれらの値の頻度分布を予測し，自然界におけるこれらの変数の分布を仮定した．そして，それをもとに最適メニュー選択がある場合に，種数が結合度（connectance）にどう影響するかを予測した．食物網構造の複雑性の指標である結合度にはさまざまな定義があるが，ここでいう結合度とは食物網におけるリンクの数を種数の2乗で割った値（directed connectance）である．彼らは，「結合度が種数とともに増加するが，しだいに頭うちになる」ことを予測したうえで，このパターンが実際の食物網データにおいても得られることを示した．これはマクロな食物網構造が適応過程の影響を受ける可能性を示しており，たいへん興味深い．

　これらの研究に共通する重要な仮定がある．一つは，個体群動態と比較して，適応が短い時間スケールで生じるという仮定である．これは，個体群密

度が変化していても，それにあわせて常に最適な餌選択がなされていることを意味する．二つ目は，適応動態の平衡状態という仮定である．これらの仮定は，少なくとも適応動態の生じる時間スケールにおいては，選択される餌が時間的に変動しないことを意味する．これは視点を変えれば，個体群密度の変化が生じるような長い時間スケールでは，食物網構造が刻々と変化する可能性があることになる．そうだとするならば，これらの理論予測をこれまでの実証的な食物網の構造に関するデータと比較することは難しい．なぜなら，過去の食物網データは，それが測定された期間や空間的な範囲，「食う-食われる」関係の特定に利用された方法や個体数も異なるためだ．食物網構造も時とともに変化する場合，観察される構造は観察時間に強く依存する (Warren 1989; Kondoh 2005)．観察時間が短いときには最適な餌のみが利用されるので，リンクは少なくなるだろう．しかし，個体数が変化して捕食者が利用する餌を変化させるほどの長い時間スケールでは，食物網構造も変化するため，全体を通してみた食物網構造はより複雑になるはずである．理論予測はそれに適合した時間スケールで記載された食物網データを使って検証されなくてはいけない．さらに，現実には，適応動態は個体群動態よりもかなり速いとは限らない．捕食者が利用する餌を変化させるのにかかる時間が個体群動態の時間スケールよりもかなり長いならば，最適な餌選択が実現する前に個体群密度が変化してしまい，適応動態の平衡状態は実現しない可能性がある．このような場合には，もちろん，理論予測は実際に観察されるパターンをうまく説明できないだろう．

(4) 適応的な形質の変化と栄養モジュールの動態

自然界では，多様な種がきわめて多数の「食う-食われる」関係のリンクによって複雑につながっている．この巨大な食物網において，種間に生じる関係のパターンを見つけることは容易ではない．群集生態学では，この食物網の中に埋め込まれた簡単なサブシステムに着目することでパターンの研究をすすめてきた．このような簡単なサブシステムのことを栄養モジュール (trophic module) という (Holt 1997)．3種以上の生物種からなる重要な栄養モジュールのうち，適応的な捕食や捕食者に対する防御が重要な役割を果たす

ものとして，消費型競争系（2捕食者-1被食者系），見かけの競争系（1捕食者-2被食者系）などが挙げられる．ここではこれらの系における適応の効果を説明し，さらに，これらの理論の問題点を提示したい．

(a) 適応的な捕食と個体群動態

　適応的な採餌がシンプルな栄養モジュールにおいて果たす重要な役割の一つは，捕食者-被食者の個体群動態の変更である．捕食者の適応による利用餌の変更が個体群動態と同じ程度かより早い時間で生じるとき，餌生物の相対密度に応じて，相互作用の強さが変化する．その結果，個体群密度の動態に影響を与える．そのもっともわかりやすい例は，1種の捕食者と複数の被食者からなる系において，スイッチング捕食（Murdoch 1969; 石井・嶋田 2007）が，餌生物の動態と共存に与える影響に関するものだ（Tansky 1978; Teramoto et al. 1979; Wilson and Yoshimura 1994; Abrams and Matsuda 1996; Křivan 2000）．スイッチング捕食とは，捕食者が複数の餌を利用できるときに，相対頻度の高い餌をその全体における割合よりも高い頻度で利用するような捕食のしかたをさす．スイッチング捕食はさまざまなメカニズムで生じうるが，一つの重要なメカニズムは，適応的な餌利用の方法と密接な関わりがある．捕食者がパッチ利用理論にしたがって適応的に餌を選択しているとき，個体群密度の小さい餌生物はエネルギー獲得効率が悪いので，実際には餌として利用されないだろう．これはスイッチング捕食が適応から生じうることを示している．理論研究によると，スイッチング捕食が餌生物種の個体群動態に及ぼす影響は，餌選択の生じる時間スケールと被食者の個体群動態の時間スケールの相対的な長さによって少々異なる．これらの結果は大まかに以下のプロセス，あるいはその複合の結果として理解できる．

　スイッチング捕食がきわめて迅速に起こり，その時間スケールが個体群動態の時間スケールと比較してかなり短いときには，被食者が存続しやすくなる．スイッチング捕食は2種の被食者の共存を促進し（Tansky 1978; Teramoto et al. 1979; Abrams and Matsuda 1996），被食者間に生じる見かけの競争を弱め（Abrams and Matsuda 1996），ギルド内捕食系（同一資源を利用する2種の捕食者のあいだに捕食-被食関係のある3種系；Holt and Polis 1997）の存続を容易にす

る（Křivan 2000）可能性がある．数理モデルに基づいた理論によると，捕食者を共有する複数の被食者の共存は難しいと考えられている（Holt 1977）．それは被食者間に負の相互作用が生じるからだ．一方の被食者が増えると，捕食者がその数を増やし，結果としてもう一方の被食者への捕食圧が増す．しかし，捕食者が被食者の相対的頻度に応じて，より頻度の多い方に捕食圧をシフトさせる場合，まったく逆のことが起きる．一方の被食者が増えると，捕食者はその被食者へ捕食圧を強める．その結果，もう一方の被食者への捕食圧が弱まり，両者の共存が促進される可能性がある（キーストン捕食；Paine 1966, 1969）．この効果は，競争状態にない複数の被食者への捕食を考えると非常にはっきりする．スイッチング捕食を行わない捕食者がいると共存がより難しくなるのに，スイッチング捕食を行う捕食者がいることによって共存が可能になる．つまり，捕食者が共存の可能性に与える効果は，適応があることで負から正へと逆転するのである．

　また，スイッチング捕食が被食者群集を安定化させるのと同じような効果が，捕食者の変態のタイミングの適応的調節によっても起こりうる．両生類や昆虫など，生活環上での時期によって生息地や餌を変化させる生物は多い．Takimoto（2003）は数理モデルを用いて，このような変態のタイミングの適応的調節によって，捕食者−被食者の個体群動態が安定化する可能性を示した．仮に，幼生期は生息地 A の餌種 a を利用して過ごし，成長すると変態し，生息地 B の餌種 b に依存して生活するようになる捕食者について考えよう．最適パッチ利用理論の言葉で言い換えるならば，この生物種は世代時間の前半を生息地 A という餌パッチを，後半を生息地 B という餌パッチを利用する生物とみなすことができる．この生物にとって，適応度を増加させる一つの手段は，より生産性の高い生息地でより長い時間を過ごし，成熟時までにできるだけ速くあるいは大きく成長することである．そのため，餌種 a が少なければ，餌種 b がより速く，つまり多く利用されることになる．逆に，餌種 b が少なければ，餌種 a はより長く利用されることになるだろう．このとき餌生物の密度の小さい生息地はより利用されにくくなることに注目して欲しい．これは結局のところ，上述したスイッチング捕食と同様，餌種 a と b の共存を促進させる効果をもつことになる．

捕食者-被食者の個体群動態を安定化させるのは，最適パッチ利用から生じる捕食のみではない．最適メニュー選択も，同様の効果をもつと予測されている．1捕食者-1被食者系において，捕食者の捕食速度に上限がある（機能の反応がHollingのType IIである）とき，被食者の内的自然増加率が高くなるほど，個体群動態の振幅が大きくなり，系が不安定になる（Rosenzweig 1971）．しかし，この被食者以外に，栄養価値の低い「まずい被食者」が存在すると，この振幅を減らす効果があることが，1捕食者-2被食者系の数理モデルによって示された（Genkai-Kato and Yamamura 1999）．これは「おいしい被食者」の密度が低下したときに，捕食者が「まずい被食者」をも利用するようになるため，捕食者の成長が抑えられ，同時に，「おいしい被食者」への捕食圧が低下するためだ．

　だが，最適パッチ利用に比較して，最適メニュー選択が個体群動態に与える影響は限定的であるかも知れない．最適パッチ利用型の餌資源選択では，個体群密度が低くなってあまりそこからエネルギーが得られなくなった餌資源はまったく利用されなくなる．それに対して，最適メニュー選択においては，好適度の高い餌資源はその遭遇頻度に依存せず常に利用されており，実際に利用の仕方が変わるのは好適度の低い餌種のみだからだ．つまり，完全な餌種の変更がすべての被食者に対して生じる最適パッチ利用に比較して，最適メニュー選択では餌選択の変動幅が限定的だと考えられる．

　これらの共存促進のメカニズムがはたらくためには，重要な条件が他にもある．パッチ利用型であれメニュー選択型であれ，適応的な採餌行動による個体群動態が安定化するのは，捕食者が2種以上の被食者を「区別」できるからである．それぞれの個体群密度を「区別して認識」し，それに基づいて，それぞれの被食者に対する採餌努力量を「別々に決定」することが，この効果の成立に必要不可欠である．捕食者がこれらの被食者を区別できない場合には，予測は成り立たないはずだ．とくに，捕食者の採餌努力量が被食者全体の密度が増えるとともに増加する場合は，二者の共存をいっそう難しくする可能性がある．これは，一方の被食者の増加が両者への捕食圧を増加させ，見かけの競争を強めるためだ．

(b) 適応的な防御と個体群動態

　食物網で生じているもう一つの重要な適応は，捕食者に対する防御（Lima and Dill 1990）である．捕食されると，被食者の適応度は著しく低下する．したがって，被食者はさまざまなやり方で捕食を免れるような行動をとる．その具体的な方法は，化学物質の放出や形態の変化をともなうような積極的なものから採餌時間のシフトや繁殖スケジュールの変更など，生活史の変化による間接的なものまでさまざまである．だが，これらの捕食者に対する防御行動は，それが効果を示す天敵の種類の数によって，大きく二つに分けることができる．捕食者に特異的な防御（specialized defence）と非特異的な防御（generalized defence）である．前者はある特定の捕食者に対してしか有効でないのに対して，後者は広く複数の種類の捕食者に対して有効である．これらの防御行動は，捕食者と被食者のあいだに生じる「食う-食われる」関係を弱める効果があるため，結果的に捕食者-被食者の個体群動態に強い影響を与えるだろう．

　先に述べた，適応的な捕食による安定化効果とよく似た状況が，捕食者に特異的な防御を行う被食者とそれを共有する捕食者からなるシステムでも起こりうる．それが，捕食者間の互恵である（Lima 1992; Matsuda et al. 1993）．一般に，被食者を共有する捕食者は共存が難しいと考えられている（Stewart and Levin 1973）．実際，捕食者間の餌利用の類似度から共存の可能性を議論した研究が数多くあるが（MacArthur and Levins 1967; Abrams 1983），これはこのアイデアに基づいたものだ．しかし，被食者が捕食者に特異的な防御を行い，かつ，捕食者に特異的な防御のあいだにトレードオフの関係がある時にはまったく逆のことが起こる．一方の捕食者が増えると，それにともなって，被食者の捕食者に対する防御がその捕食者に振り向けられることになる．その結果，もう一方の捕食者に対する防御が手薄になり，その捕食者の増加を促すのである．このように，捕食者に対する適応的な防御の存在下では，捕食者間に生じる正の間接相互作用によって，このシステムの存続の可能性が高くなる（Matsuda et al. 1993; Yamauchi and Yamamura 2005）．

　捕食者に対する防御が広くさまざまな種類の捕食者に対して有効である場合には，適応の存在によってむしろ捕食者の共存が難しくなることが理論的

に予測されている (Matsuda et al. 1996). それは捕食者のあいだに強い負の間接効果が生じるからだ. 簡単のために, 1種の被食者とそれを共有する2種の捕食者を考えよう. 先にも述べたように, このような系は2種の捕食者のあいだに生じる競争効果のために, 捕食者の共存は難しい. だが, 被食者が捕食者に対する防御を行うとき, この効果はより強くなる可能性がある. 被食者が捕食者によるリスクの程度に応じて, 防御の強さをコントロールしているとしよう. 一般に, 捕食者の密度の増加は防御の増加をもたらす. したがって, 一方の捕食者が増加すると, それに反応して被食者が防御の度合いを強め, 結果的にもう一方の捕食者に対して負の影響を与えるからである.

(c) 暗黙の仮定とその重要性

これらの理論はともに, 適応的な行動が個体群の存続を促進する可能性を示している. だが同時に, これらの理論では共通して重要な, しかし必ずしも現実的ではない仮定がなされている. 一般に, 最適採餌理論や捕食者に対する防御理論では, 個体が環境や種間相互作用に関して非常に精度の高い情報を素早く手に入れることを前提にしている. このことは, 多くの理論研究において, 暗示的に隠された仮定として含まれている. だが, この暗示的な仮定は, これらの理論予測にとってきわめて決定的な役割を果たしていることを, そして, ほとんどの場合, それは現実的ではないこと (!) に注意しなくてはいけない. 生物が他種の個体と自身との関係 (捕食者, 餌, 競争者等) を認識したり, このような認識にかかる時間を考慮したりすることで, これらの理論をより発展させることができるだろう.

先にも述べたように, 適応的な捕食や防御がはたらくためのもっとも重要な条件として, 捕食者や被食者による複数の生物種の区別がある. しかし, 生物が他の生物種を実際にどれくらい「区別」しているかについてはほとんどわかっていない. 餌資源によって採餌方法や場所が異なるとき, それらの相対的な遭遇頻度を別々に認識して, それに応じた採餌行動をとることは (少なくとも理論的には) 適応的であろう. しかし, そのことと, それが実際に生じていることを分けて考えなくてはいけない. 場合によっては, 捕食者は複数の資源種をまとめて同一資源と認識しているかも知れないし, あるい

は，同じ種に含まれる個体を別々の餌資源として認識しているかも知れない．このような場合には，理論予測は少なくとも種レベルにおいては成り立たなくなるだろう．

　また，最適餌選択を行うためには，捕食者はそれぞれの餌生物種の価値と遭遇頻度を「知って」いなくてはならない．だが，実際には捕食者がそれぞれの餌生物に関する情報を集積するには時間がかかるため，適応的な行動による相互作用の変化は，個体群動態よりも遅れて起きるだろう．実際，スイッチング捕食のような適応的な餌選択には，捕食者が被食者について学習をすることが必要である（Brown and Laland 2001; Hughes and Croy 1993）．あるいは，環境に合わせて行動を変化させること自体が不適になる可能性もある（Jansen and Stumpf 2005）．このような場合には，適応的な捕食は必ずしも個体群動態の安定性を高めるとはいえない．Abrams (1999) は単純な3種系の数理モデルを用いて，スイッチング捕食が個体群動態に与える影響を明らかにした．捕食スイッチにかかる時間を考慮した理論モデルによると，スイッチング捕食は系を不安定化する場合がある．すなわち，適応によって個体群動態の振幅が激しくなり，その結果，種の絶滅が起こりやすくなる可能性があるのだ．

(5) 食物網の動態と適応

　栄養モジュールの研究から得られた予測が，現実の食物網においてどれほど成り立ちうるかには，疑問の余地がある．なぜなら，実際の食物網においては，栄養モジュールは非常にたくさんの種が相互作用でつながった巨大なネットワークの中に埋め込まれ，絶えず他のモジュールからの影響を受けているからだ．また，ある栄養モジュールに含まれる生物は，別の栄養モジュールの中で異なる役割を果たしているかもしれない．このようなとき，単純な栄養モジュールから得られた理論を食物網から取り出した栄養モジュールにそのまま当てはめるのは，あまり有効とは思えない．実際，単純な捕食者-被食者の個体群動態の研究から得られた予測（捕食者が増えると被食者が減り，被食者が増えると捕食者も増える）が，複雑な食物網においては成り立たないことが理論的に示されている（Yodzis 1988）．

複雑な食物網の構造と動態を結びつける一つの方法は，よりマクロな構造の指標に着目することだろう．たとえば，食物網研究においては，古くから食物網のリンクの数や種数と個体群動態の安定性を結びつける試みがなされてきた．この背景には，「生物多様性の逆理（松田 2000）」という群集生態学における古くからの論点がある．古典的な理論によると，より複雑な食物網はより不安定であることが示されてきた（May 1973; Pimm 1991）．しかし，現実の生物群集はきわめて多様な生物種のあいだの非常に多くの種間相互作用のもとでなり立っている（Warren 1989; Winemiller 1990; Polis 1991; Martinez 1991）．この現実と理論のギャップをうめるために，これまで多くの研究がなされてきた（DeAngelis 1975; Lawlor 1978; Nunney 1980; Yodzis 1981; McCann et al. 1998; Neutel et al. 2002）．なかでも，生物の形質変化や行動変化にともなう種間相互作用の時間変動が複雑な食物網の動態に及ぼす影響は，最近，注目を集めつつある（Pelletier 2000; Kondoh 2003a, b; Eveleigh et al. 2007）．

(a) 適応的な捕食と食物網の安定性

　種間相互作用の強さの時間変化が食物網の動態に及ぼす影響を評価する簡便な方法の一つは，機能の反応が個体群動態に及ぼす影響を見ることである．たとえば，最適パッチ利用型の適応捕食の一つの特徴は，前にも述べたように遭遇頻度の低い餌が無視されるという選択的な「スイッチング」捕食とよばれる現象である．

　Pelletier（2000）は，4種の捕食者と4種の被食者からなる二栄養段階の食物網において，スイッチング型の機能の反応が被食者の個体群動態の安定性（すべての種が共存する平衡点の存在とその局所安定性）に及ぼす影響を調べた．捕食速度が被食者密度の線形な増加関数である Type I のときには，種数が増加すると個体群動態が不安定になるのに対して，スイッチング捕食があると，種数が増加しても個体群動態が不安定になることはなかった．この研究は，「スイッチング捕食による安定化」がより複雑な食物網でも成り立つことを示した点で重要である．

　スイッチング捕食による安定化は，より複雑な食物網においても成り立つ．先の研究では，捕食者グループと被食者グループという二つの栄養段階

からなる生物群集が仮定されていたが，現実の食物網では食物連鎖は二栄養段階以上になり，また，ギルド内捕食のため，明確な栄養段階は存在しない（Williams and Martinez 2004）．Kondoh (2003a, b) は，ランダムモデル，カスケードモデル，あるいはニッチモデルなどで表される複雑な食物網においても，スイッチング捕食があると被食者の個体群動態が安定化することを示した．

パッチ利用型の適応的な捕食（スイッチング捕食）が生じる時間スケールが，食物網における個体群動態の安定性に及ぼす影響にとって重要であることが示されている．Kondoh (2003a) は類似した時間スケールの世代時間をもつ複数の生物種を仮定したうえで，それらのうちのある種は適応的な捕食ができ，適応動態の時間スケールは種間で同一のものと仮定した．このモデルから得られた重要な予測の一つは，適応的な捕食が短い時間スケールで生じるほど，個体群の絶滅が起こりにくくなるということである．食物網の複雑性によらず，パッチ利用型の餌選択がある場合，個体群の絶滅は常に起こりにくくなった．このことは，従来，単純な栄養モジュールについて提案されてきた「適応的な捕食の安定化効果」が，より複雑な食物網においても成り立つことを意味している．この複雑性に依存しない個体群動態への影響は，食物網構造に大きく依存して変化してしまう間接効果 (Yodzis 1988) の場合と対照的である．

適応的な捕食が生じるためには，当然，捕食者にとって餌生物の選択の可能性が必要である．複数の代替可能な餌生物があってはじめて「選択」が可能になるからである．したがって，この適応的な捕食の安定化効果は，食物網の構造に依存するはずである．実際，先の理論研究によると，適応的な捕食の安定化効果は食物網における潜在的な餌生物の数（捕食者の食性幅）に大きく依存する．Kondoh (2003a) は，適応的な捕食がある場合では，食物網を複雑化するにしたがって個体群の絶滅が起こりにくくなることを示した．逆に，適応的な捕食がない場合には，複雑性−安定性の関係は負の関係へと変化した．これらのことは，食物網構造が複雑であるほど，そして，捕食者の食性幅が広いほど，適応的な捕食の安定化効果が強くなることを意味している．

(b) 適応的な対捕食者防御と食物網の安定性

　捕食者と被食者のあいだの相互作用の強さに影響するもう一方の形質は，被食者の防御である．捕食者に特異的な防御行動の変更が系の安定性を高めることについては先に述べた．このような捕食者に対する防御による安定化は，より複雑な食物網においてもみられる．Matsuda et al. (1996) は，二栄養段階からなる単純な食物網において，適応的な捕食を行う捕食者を仮定したうえで，捕食者に対する防御の種特異性がシステムの持続性に与える影響を調べた．適応的な防御が捕食者に非特異的な場合と比較して，捕食者に特異的な防御行動があると，生物種の絶滅が起こりにくくなった．この防御行動の変更による安定化効果はより複雑な食物網においても成り立つことが知られている (Kondoh 2007)．

　では，適応的な防御による安定化効果は捕食者の食性幅とどのように関わっているのであろうか？　スイッチング捕食による安定化効果は，捕食者の食性幅が広いほど生じやすいことは先に述べた．これは捕食者にとって複数の被食者がいることが餌種の変更にとって必要不可欠であることからも理解できる．これが正の「複雑性–安定性」関係を作り出していた．しかし，適応的な防御においては同様の議論は成り立たない．つまり，捕食者の食性幅が広いと，餌種あたりの天敵の種数が増えることによって，安定化の効果は弱められてしまう可能性がある (Kondoh 2007)．実際，Kondoh (2007) の理論研究において，適応による安定化効果がもっとも強くなるのは食物網の複雑性が中程度のときであった．これは，餌種あたりの捕食者の種数が多くなりすぎると，捕食者に対する防御の食物網構造に与える相対的な影響が小さくなってしまうことによる．きわめて単純な食物網では，餌種あたりの捕食者の種数は少ないので，防御におけるスイッチングによる系の安定化効果はほとんど発揮されることはない．より複雑な食物網では，防御スイッチのはたらく可能性がでてくるが，複雑になりすぎると多くの捕食者は防御の対象にならず再び防御スイッチの効果がはたらきにくくなる．1餌種あたりの捕食者の種数が多くなりすぎて，防御に「手が回らない」ためである．この現象は「希釈効果」とよべるかもしれない．

　対捕食者防御における希釈効果は，この適応的な行動が単独では複雑な食

物網においてあまり重要な役割を果たせない可能性を示唆している．これは，複雑な食物網でこそ真価を発揮する適応的な捕食の安定化効果とは対照的である．しかし，このことは必ずしも，適応的な防御が複雑な食物網において無力であることを意味しない．Kondoh (2007) は適応的な捕食と合わさることにより，適応的な防御の効果が顕在化することを指摘した．適応的な防御がはたらくには，被食者あたりの捕食者の種数が多すぎないことが必要である．適応的捕食は，捕食者が実際に相互作用する被食者の種数を減らすことで，まさにこの条件を作り出す．実際，捕食者に対する防御による安定化効果がみられる Matsuda et al. (1996) の研究においては，捕食者による適応的な餌選択が仮定されている．

4 今後の展望

適応的な形質変化が多様な生物からなる群集の構造や動態にどう影響するかについての研究は，まだはじまったばかりである．今後，この分野はどこに向かうのだろうか．最後に，今後の研究の展開について論じ，この章を締めくくりたい．

(1) 形質変化の群集内不均一性

適応的な形質の変化は多様な生物でみられるだけでなく，同一の生物種においてもさまざまである．形態・生理・行動・生活史など多くの形質について，可塑性・学習・進化の異なるメカニズムによって形質の変化が引き起こされる．これらの形質変化は，より適応度の高い方向に選択されるという共通した性質をもちながらも，その変化のあり方は以下の3点で異なるだろう．すなわち，具体的な形質変化はばらつきのある不均一なものである．

第一に，メカニズムに依存して形質変化の程度（どれほどの変化がみられるか）が異なるかもしれない．ある個体群内での形質のばらつきは，学習や可塑性に由来する遺伝子型内（個体内）のばらつき成分と，進化に関係する遺伝子型間（個体間）のばらつき成分に分けられる（図2）．学習や可塑性はある

第1章 適応による形質の変化が個体群と群集の動態に影響する

(a) 遺伝子型内の異質性
学習・可塑性による表現型変化

遺伝子型 X
小さな可塑性

遺伝子型 Y
大きな可塑性

形質

(b) 遺伝子型間の異質性
進化による表現型変化

遺伝子型内の異質性

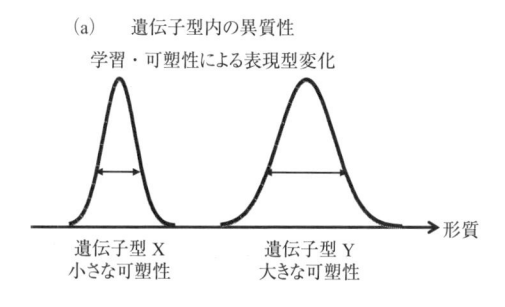

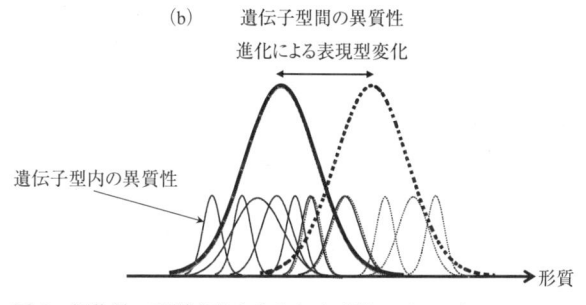

形質

図2 個体群の形質変化をもたらす形質のばらつき.
(a) ある遺伝子型が見せる表現型の変化は学習や可塑性によってもたらされる.可塑的な形質変化の大きさは遺伝子型によって異なる.(b) 遺伝子型間（個体間）のばらつきは，遺伝子型の頻度の変化（すなわち進化）を経て，個体群の形質変化をもたらす.

生物個体がその世代時間内において見せるものであるから，変化できる形質の範囲は，その個体の遺伝的あるいは発生的な制約を受けるために比較的小さいと予想される．一方，さまざまな遺伝子型の集まりとして形質（表現型）がより広い範囲にわたって分布するために，遺伝子型組成の変化（進化）による形質変化は，一個体内の変異である可塑性や学習よりは大きいと考えられよう．ところが，形質の個体内と個体間のばらつき成分を18種の生物について比較したBolnick et al. (2003) は，この直観とは異なる傾向を見出した．調べられた18種（植物・無脊椎動物・脊椎動物を含む）の中では，個体内のばらつき成分の方が個体間のそれより大きい場合が多かったのである．少数の生物種についての結果から一般的な結論を導くことはできないが，形質のばらつきの個体内成分と個体間成分のどちらも無視できないことは確かだろう．実際，調べられた種の中には両者が同程度の場合も少なからずあった.

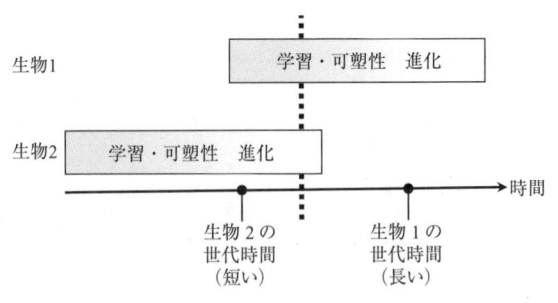

図3 ある生物内で起こる形質変化の時間スケール.
学習や可塑性による変化は進化による変化よりも短い. 形質変化の時間スケールは, 世代時間によって, 生物内で異なる. たとえば, 点線で表される時間スケールでは, 世代時間の長い生物1では学習や可塑性による形質変化だけが起こるが, 世代時間の短い生物2では進化による形質変化も起こる可能性がある.

形質のばらつきが個体内で大きいのか, それとも個体間の方が大きいのかを調べることは, 淘汰圧の変化に対応して, どのメカニズムによる形質変化が重要になるかを知るための基礎的な情報を提供する.

　第二に, 形質変化の時間スケールには, 種内にも種間にもばらつきがある. その原因の一つは, 同種内においては, 進化・可塑性・学習のそれぞれのメカニズムがはたらく時間スケールが異なっているためである（図3）. 生息環境の変化に応じてより速く応答できるのは学習や可塑性であろう. これらの過程は同じ世代内で起こる. 一方で, 進化による生物の応答は, 個体群内における遺伝子型の頻度の変化を必要とするので, 可塑性や学習よりも時間を要する. また, 同じメカニズムによって生じる形質変化のあいだにも, 形質によって時間スケールにばらつきが生じるだろう. たとえば, 形態に比べて, 行動の可塑的な変化は比較的速く生じるはずである（Agrawal 2001; Relyea 2001）.

　さらに, 同じメカニズムで生じる形質の変化であっても, 種によってその時間スケールは異なるだろう（図3）. 先にも述べたように, 形質の変化をもたらすメカニズムに応じて, 形質変化の起きる時間スケールが大きく異なっている. 可塑性・学習・進化を比較したとき, たとえば可塑性は進化より速い応答であるというように, 相対的な時間スケールの順序はある生物の中では変わらない. しかし, 形質変化の絶対的な時間スケールは, それぞれの生

物群によって大きく異なる．細菌のように世代時間が短い生物では，進化でさえきわめて短い時間で起こりうる．一方で，樹木のような世代時間の長い生物では，可塑的な変化でさえ長い時間を必要とし，さらに進化が起こる時間スケールははるかに長いだろう．生物の世代時間に依存して，形質変化をもたらすそれぞれのメカニズムがはたらく絶対的な時間スケールは大きく変わるのである．

　第三に，形質変化の空間スケールにも種間で違いがある．生物によって個体群の空間的な広がりが異なるため，形質変化の空間構造は生物間で違ったものになるだろう．形質への淘汰圧が均一な小さな空間を利用する個体群では，形質の変化が同調しやすいが，淘汰圧が局所的にばらつくような大きな空間を利用する個体群では，局所的に異なる形質の変化が混在するかもしれない．しかし，利用する空間がたとえ大きい場合でも，個体群内での移動が大きければ，学習や可塑性による形質の変化は個体群内で同調しやすいかもしれない．また，局所個体群間の遺伝子流動は局所個体群の遺伝的構成に影響を与えることで，メタ個体群における形質変化の空間的ばらつきに影響すると予想される．このように，移動分散の能力や個体群の空間的な広がりといった生物の空間利用の仕方によって，形質変化の空間的な不均一性は変わるだろう．

　このような形質変化のばらつき（不均一性）が，生物間相互作用を通して，個体群や群集に波及することは容易に予想できる．形質変化の程度が大きいほど生物間相互作用の強さは大きく変化するだろうし，形質変化の時間・空間スケールによって個体群動態が影響を受ける期間や空間的な範囲は変わるだろう．しかし，従来の群集生態学では，上記のような形質変化のばらつきやそれにともなう相互作用の変化は十分に注目されてこなかった．その原因の一つは，上に挙げたような形質変化の不均一性の実体が十分にわかっていなかったことによる．従来の研究では，ある生物における形質の変化について，ある特定のメカニズム（たとえば可塑性）のはたらき方が着目されてきた．今後の研究では，ある生物における形質の変化をもたらすすべてのメカニズムに着目し，どの時間スケールや空間スケールでは，どのメカニズムが相対的に重要なのかといった，「総合的な評価」を目指す必要がある．さら

に，1種類の生物だけではなく，相互作用で結ばれた複数の生物種について同じ方法で評価をすることが，生物群集における形質変化とそれにともなう相互作用の変化の理解を深めることにつながる．しかし，このような研究には膨大な時間と労力が必要であり，すぐに結論は得られないだろう．実証的な研究よりも先に，数理モデルを用いた予測が有効かもしれない．たとえば，個体群動態に影響を与える形質変化として，可塑性による影響が進化による影響よりも重要になるような食物網の特徴的な構造を予測する．そうして実証研究はそのような特徴的な構造が実際の食物網にどのくらい存在するかを検討する，という一連のアプローチが考えられる．

(2) 形質変化の時空間スケールと個体群や群集への影響

　形質変化の時空間スケールは生物種によって大きく異なるだけでなく，同種内においてもさまざまな時空間スケールで形質の変化がみられる．そのため，形質の変化によって影響を受ける種間相互作用も，時空間スケールでさまざまに変化することになる．したがって，生物は常に変化する種間相互作用にさらされており，相互作用によって形づくられる個体群動態もそれらの影響を受けることになる．形質変化の個体群動態への影響を検討したこれまでの研究においては，形質変化の不均一性を無視して，すべての生物の適応動態が同様な時空間スケールではたらくことを仮定したものがほとんどであった．たとえば，同様な移動分散能力をもつ，あるいはまったく移動分散のない2種について，ある時間スケールで起こる形質変化（たとえば可塑性）のみを考慮に入れて，形質変化と個体群動態の関係を検討するというアプローチである．形質変化が生み出す時空間スケールの不均一性を考慮に入れず，種間でも同様の形質変化（適応動態）が生じるという単純な仮定は，これまでの研究を進めるのに大いに貢献してきた．しかしこれは，同時にアプローチの限界を生み出すことにもつながる恐れがある．

　どのような形質の変化が個体群動態にとって重要なのかは，相互作用する生物がもつ時空間スケールの相対的な関係に左右される．世代時間は形質変化の時間スケールを評価するよい指標であるが，相互作用する複数の生物が必ずしも同じような世代時間をもつわけではない．たとえば，餌である動物

プランクトンとその捕食者であるプランクトン食魚との捕食-被食関係では，動物プランクトンの世代時間は数日から数週間であるのに対して，捕食者である魚の世代時間は1年から数年と，餌に比べてとても長い．ある時間スケールにおける形質の変化を見ると，動物プランクトンでは進化による形質の変化が重要な一方で，魚では学習や可塑性による形質の変化が大きくなりうる．このように，相互作用する生物間で世代時間が異なっているとき，形質の変化をもたらすそれぞれのメカニズムの時間スケールも異なる．このことは，ある生物間の相互作用を特定の時間スケールでとらえたとき，注目すべき形質変化のメカニズムは種によって異なる可能性を示している．

　ここで，どの時間スケールを選ぶかが重要になる．すなわち，どの生態学的現象を説明したいかということである（図4）．たとえば，昆虫とそれが餌とする樹木を考えたとき，着目する現象が，昆虫の個体群動態なのか，それとも樹木の個体群動態なのかによって，形質の変化をもたらすメカニズムの相対的な重要性が変わってくるだろう．昆虫の動態に着目すると，世代時間の長い樹木の進化による形質の変化はほとんど影響しないかもしれないが，より速く現れる樹木の可塑的な反応は，重要な影響を及ぼすだろう．このとき，昆虫の形質変化はどのメカニズムによるかも重要になる可能性がある．一方，樹木の動態が問題となるとき，樹木の可塑性だけでなく，進化による形質変化も重要な影響をもつかもしれない．また同時に，昆虫の可塑性や進化による形質変化もたらくと予想される．この例のように，形質の変化を介した相互作用の変化と個体群動態の時間スケールの関係は，どの形質変化が個体群動態に影響を与えるのかと密接に関連すると考えられる．

　個体群の空間的な広がりは，形質変化の空間スケールを決める重要な要素であり，形質の変化が種間相互作用をどう改変し，個体群や群集にどう影響するかを理解する手がかりになる．たとえば，陸上における植物とそれを利用する昆虫のあいだの相互作用において，植物の表現型可塑性が植食性昆虫の群集構造に大きな影響を与えることが明らかになりはじめたが（本シリーズ第3巻5章参照），これは植物の個体レベルの反応が群集や個体群レベルで昆虫に影響することを意味している．個体レベルの形質変化が相互作用する相手の個体群レベルや群集レベルに影響を及ぼすのは，体サイズの差に由来

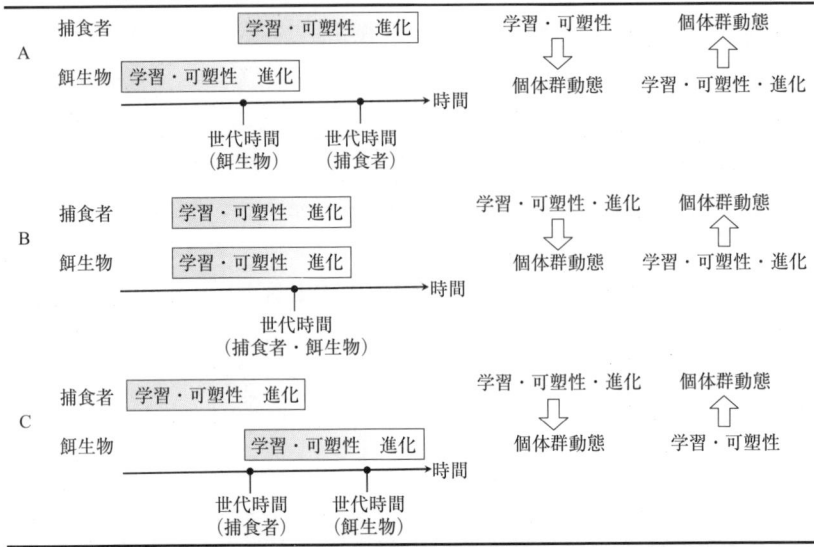

図4 ある種の形質変化が他種の個体群動態に及ぼす影響と両種の世代時間の関係.
相互作用する生物間の世代時間の違いが，ある種の形質変化による他種の個体群動態に対する影響を決める．Aでは，捕食者の方が餌生物より世代時間が長い（たとえば，魚と動物プランクトン）．Bでは，捕食者と餌生物の世代時間に違いはない（たとえば，捕食性昆虫と植食性昆虫）．Cでは，捕食者の方が餌生物より世代時間が短い（たとえば，ウィルスと宿主植物）．個体群動態への影響については本文を参照．

する生物の空間的広がりの差異に起因するのかもしれない（Ohgushi 2008）．1個体の植物が複数種の昆虫を支えているからこそ，植物個体レベルの形質変化が昆虫の個体群や群集全体に大きな影響を与えるのである．逆に，少数の昆虫の形質が変化しても，植物個体の生存には大きく影響しないだろう．このように個体群の空間的な広がりと相互作用する種間でのその差異は，形質変化がもつ個体群や群集への影響を規定すると予想される．

　形質変化の時空間スケールを種間で比較することは，相互作用する種数が2種のときは比較的わかりやすい．しかし，自然界における生物群集では，数多くの種が互いに関係しており，形質の変化をもたらす複数のメカニズムが同じ時間スケールで混在している．このような大きな不均一性をもつ生物群集で，異なる時空間スケールで現れる形質変化がどのように個体群動態や群集に影響するかを理解するためには，これまでにない新しいアプローチが

必要となる．形質の変化とその生態的影響が比較的強い相互作用で結ばれた少数種だけで理解できる現象なのか，それとも，弱い相互作用で結ばれた生物も含めた多くの生物種がある生物の形質変化に影響し，逆にその形質変化が多様な種の個体群動態にまで影響するのか，現在の生態学の知見では答えることができない．相互作用する多くの生物について，時空間スケールの異なる形質変化と動態を網羅的に調べてみると，どの生物のどの形質変化が重要かを見きわめることができるかもしれない．そのような研究の結果，一見複雑に見える食物網の動態において，栄養段階という概念を適用することによりその大まかなパターンを理解できるというように，多様な生物による形質変化の影響にもなんらかのパターンが見出せるだろう．

　一方で，数理モデルを用いた理論的研究により，多様な生物によって成り立っている群集の中で，形質変化とその個体群動態への影響をどう理解すべきかについての指針が得られるだろう．多様な生物が相互作用する食物網においては，個々の生物の個体群動態は多くの生物との相互作用によって決められるが，Murdoch et al. (2002) はその予想に反する結果を示した．さまざまな生物で個体数振動のパターンを調べてみると，それらは，ほかの1種との捕食-被食関係によって形作られるタイプ（強い相互作用によって少数種と結びついているスペシャリスト）と，ほかの種は関係せずにその種のみの特徴によって形作られるタイプ（弱い相互作用によって多くの他種と結びついているジェネラリスト）に分類できるという．すなわち，多数の種と相互作用しているにもかかわらず，個体群動態は少数種のみの性質によって決まるという，大変興味深い結果である．形質の変化とその個体群動態や群集への影響が同じような枠組みで理解できるかどうか，数理モデルによる予測が実証研究の方向を導く可能性が期待される．

(3) トレードオフの重要性

　形質の変化とその相互作用や個体群と群集の動態への影響は，これまでおもに2種系を対象にして研究されてきた．しかし実際の生物群集では，ある1種の生物は他の多くの生物種と相互作用している．このため，多種系での形質の変化は2種系でのそれとは異なると予想される．ある餌生物が捕食者

に対する防御形質をもつ場合を考えてみよう．2種の捕食者と相互作用しているときは，その捕食者に対して最適な防御形質をもつことが適応的だろう．しかし，そのような防御形質は他の捕食者に対しても有効なのだろうか．

　Leimu and Koricheva (2006) は，16種の植物が示す防御の有効性について，2種の植食者に対する影響の遺伝的相関をメタ解析により調べた．正の相関関係は2種の植食者のどちらに対しても防御が有効であることを示し，負の相関関係は一方の植食者に対する防御が有効であれば他方の植食者に対しては有効でないことを意味する．さまざまな研究で報告されている遺伝相関係数の平均は0.15で有意に0より大きく，植食者に対する植物の防御は特定の種にのみ有効なのではなく多くの種に対して有効であるという，「拡散的な自然淘汰 (diffuse natural selection)」で説明できるように見られた．しかし，相関係数の分布をよく見てみると，その範囲は−0.83から+1まで大きなばらつきがあり，負の相関関係が見られた研究事例も多かった．このことは，植物の防御が1種の植食者に対する適応や多種の植食者に対する拡散した適応のように極端なものだけではなく，実際には多くの中間タイプが存在することを意味している．

　異なる植食者に対する防御の有効性における負の相関は，ある植食者に対する防御には他の植食者に対する防御の低下をともなうコストがあることを意味する．実際，植物の防御にはしばしば成長や再生産のコストが見られ (Koricheva 2002)，限られた資源の分配に由来するトレードオフがある．限られた資源のもとでは，ある植食者に有効な防御形質をもつことで，他の植食者に有効な別の防御形質は低下すると予想される．そのような異なる植食者に対する防御にトレードオフがあるときは，防御形質により多く投資された植物との相互作用は弱まり，逆に，少ない投資しかされない植物との相互作用は強くなると予想される．

　しかし実際には，異なる植食者に対する防御の有効性は正の相関をもつことが多く，異なる植物が多くの植食者に対して同じように有効な防御形質をもつと考えられる (Koricheva et al. 2004)．このような多くの植食者に対する有効な防御形質は，それぞれの植食者に特化した防御形質よりも，その有効性が低いかもしれない．もしそうなら，多種の植食者に対して有効な防御は，

個々の植食者に対しては最適ではなく，その結果，植食者による被食は総じて大きくなるだろう．防御形質の拡散した適応は，逆に，植食による損失を増やしかねない．

　このように，多種が相互作用する系においては，植食者に対する防御形質の有効性がどのような相関関係をもつかによって，形質の変化とそれによる相互作用の改変は大きく異なるかもしれない．近年になって，多種系における形質の進化を調べた理論的研究がいくつか発表されている．Nuismer and Doebeli (2004) は3種系における形質の適応進化を数理モデルにより調べ，2種と相互作用する生物がもつ形質の遺伝的相関が形質進化の安定性などの進化ダイナミクスに大きく影響することを報告している．彼らの研究では，形質の変化による相互作用の改変が群集動態にどう影響するかまでは調べていないが，形質進化の結果を基礎にして個体群動態をモデル化すれば，異なる形質の相関関係が群集動態にどう影響するかについて新しい知見が得られると期待される．正負にかかわらず，形質の相関関係がその適応的な変化に影響し，相互作用の改変を通して個体群や群集の動態にどのように影響するかは，今後の研究を待たねばならない．

(4) まとめ

　多様な種や個体から構成される生物群集において，生物の形質の変化がどのようにして起こり，それが個体群や群集の動態にどう波及するかは，これからの群集生態学における重要なテーマとなるだろう．生物の形質変化を単純に表現型の変化と考えてもよいのか，それとも，進化・可塑性・学習の明示的なメカニズムなしには形質の変化を理解できないのかは，最初に取り組むべき課題である．形質の変化が個体群動態に与える影響を調べた数理モデルには，明示的なメカニズム（たとえば，量的遺伝形質の進化）による形質の変化を仮定したものと，メカニズムは問わないで表現型の適応的な変化と単純な仮定をもつものが混在する．それらの数理モデルによる予測が類似しているのかそれとも異なるのかはまだよく調べられていないが，実証研究による理論予測の検証には欠かせない課題である．形質変化の詳細なメカニズム（たとえば，トレードオフ）を考慮にいれて，さまざまな時間・空間スケール

で形質の変化と個体群動態の関係を調べるアプローチは，メタ群集の生態学とも深く関わっている．このような時空間スケールでの個体群動態の詳細が明らかになれば，地球環境の変化（環境要因が生物の形質変化をもたらす）や生息地の分断化（空間スケールの改変）などの人為的な環境改変が，生物群集にどのような影響を与えるかを予測することにも大きく寄与するものと期待される．

第2章

適応と生物群集をむすぶ間接相互作用

石原道博・大串隆之

🔑 Key Word

密度介在型の間接相互作用　形質介在型の間接相互作用
間接効果　表現型可塑性　共進化　群集遺伝学

> 自然界ではいかなる生物も他の生物となんらかの関係をもっている．その関係はお互いに影響を及ぼしあうため，「相互作用」とよばれている．3者以上の生物種の相互作用に注目すると，2者だけの場合には相互作用が見られなかった生物種のあいだにも，第3者を介して間接的に影響を与えあっていることがわかる．このような相互作用を「間接相互作用」とよぶ．間接相互作用には，捕食や競争などによる個体の死を介して他の生物に影響が及ぶ密度介在型と，個体が死なずに誘導防御反応などの形質の変化を起こし，それが他の生物に影響する形質介在型の二つのタイプがある．これらの間接相互作用は生態系の中でどのような役割を演じているのだろうか．この章では，生物群集における形質介在型の間接相互作用に注目し，それがさまざまな生態系においていかに普遍的であり，いかに生物群集を理解するうえで重要であるかについて議論したい．また，間接相互作用も直接相互作用と同様に適応進化を起こす選択圧となり得ること，そして間接相互作用自体が適応進化の方向を左右する場合があることについても紹介したい．

1 はじめに

　ある生物は必ず他の生物となんらかの関係をもっている．その関係は，生物がお互いに影響を及ぼしあうことから，相互作用とよばれている．相互作用には捕食–被食の関係における捕食者や共生関係のように自らの利益となる関係もあれば，被食者や競争関係のように自らに不利益を被る関係もある．

　生態学がこれまで注目してきたのは，直接出会う 2 者の相互作用であった．捕食–被食の関係にあるオオヤマネコとカンジキウサギの 10 年周期の変動 (Elton 1924) や，Gause (1934) による 2 種のゾウリムシを用いた種間競争の実験的検証については，生態学の教科書では必ずといってよいほど取り上げられている．近年になり，生態学者はこのような 2 者の関係だけでなく，自然界でより頻繁に生じている 3 者以上の生物種の相互作用にも目を向けるようになった．この新たな研究によって，見かけ上は相互作用がはたらかない生物種のあいだにも，他の生物種を介して間接的に大きな影響を及ぼしあっていることが明らかになってきた (Holt and Lawton 1994; Wootton 1994; Menge 1995; Abrams et al. 1996; Pace et al. 1999; Polis et al. 2000; Wootton 2002; Morris et al. 2004)．このような相互作用が「間接相互作用 (indirect interaction)」である．

　生物群集は，さまざまな生物間の直接的あるいは間接的な相互作用から成り立っている．直接的な相互作用の重要性はいうまでもないが，間接相互作用も直接的な相互作用と同等かそれ以上の影響を生物群集に及ぼしていることが，最近の研究から明らかになってきた．本章では，この間接相互作用に焦点をあて，生物群集におけるその機能の重要性について考えてみたい．そして生物群集の動態の理解には，間接相互作用に注目することがいかに大事であるかを指摘する．とくに，ここでは間接相互作用のなかでも最近その実態が明らかになってきた形質介在型の間接相互作用に注目し，生態系におけるその普遍性と役割の重要性について解説したい．また，間接相互作用も直接相互作用と同様に適応進化を起こす淘汰圧となり得ること，そして間接相互作用自体が適応進化の方向を左右する場合があることについても紹介したい．

2　間接相互作用とは何か？

　間接相互作用とはどのような相互作用なのだろうか．植物-植食者-捕食者の3者系の場合，捕食者が植食者を食べると植食者の数が減るので，植物が植食者から受ける食害は減少する（図1a）．これは，捕食者が植食者の数を減らして植物に正の間接効果を与えたからである．この間接効果を栄養カスケード（trophic cascade）とよんでいる．この3者の系に植食者をもう1種追加してみよう（図1b）．すると，異なる植食者のあいだに餌である植物をめぐる種間競争が生じる．もし捕食者が植食者Aの方を好んで捕食すると，植食者Aは減少し，植食者Aとの競争が緩和されるので植食者Bは増加する．この場合は，捕食者が植食者Aへの捕食を介して，植食者Bに正の間接効果を与えたのである．

　このように，間接相互作用は直接相互作用と同じく，生物群集を構成する各生物種の個体数の決定に重要な役割を果たしている．それをはじめて明確に示したのは，Paine（1966）が行った操作実験である．彼は，岩礁潮間帯の固着生物群集において，最上位の捕食者であるヒトデを除去することで，ヒトデが他の固着生物の個体数に及ぼす影響を調べた．ヒトデを除去しなかった場所では何の変化も見られなかったが，ヒトデを除去した場所では個体数や種数に劇的な変化が起こった．ヒトデを除去すると，ムラサキイガイばかりが岩表面を占めるようになったのである．それだけでなく，ヒトデに食べられることがないカイメンやイソギンチャクなども減少した．この結果は次のような理由による．最上位の捕食者であるヒトデは競争力の強いムラサキイガイなどの数を減らすことで，それらの種が岩の表面を独占することがなくなった．そのためにカイメンやイソギンチャクなどの空間をめぐる競争能力に劣った他の固着生物たちも共存することができるようになったのである．このヒトデのように，生物群集を構成する他種の存在に大きな影響を与え，種組成など群集の特徴を決めるのに顕著な役割を果たしている種をキーストン種（keystone species）とよぶ（Menge et al. 1994）．

　ここで紹介した間接効果は個体数の増減を介したものであることから，「密

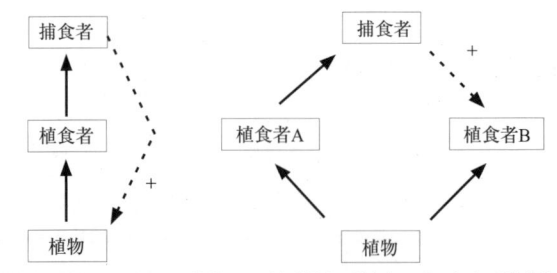

(a) 捕食者が植物に及ぼす正の間接効果　　(b) 捕食者が植食者Bに及ぼす正の間接効果

図1 捕食者が及ぼす間接効果.

度介在型の間接効果 (density-mediated indirect effect)」とよばれている．初期の間接相互作用についての研究はおもにこの密度介在型が対象であったが，1990年代初期頃から形態や行動あるいは質などの変化による「形質介在型の間接効果 (trait-mediated indirect effect)」が注目されはじめた (Werner and Peacor 2003; Ohgushi 2005)．密度介在型の間接効果は捕食や競争などによる個体の死亡を介して他の生物に影響するが，形質介在型の場合は，個体が死なずに誘導防御反応などの形質の変化を起こし，それが他の生物に影響するというものである．たとえば，図2に示したように，捕食者Aが捕食のためにある被食者を攻撃するとする．被食者は運よく捕食を免れると，誘導防御反応によって形質を変化させる．この形質の変化は捕食者Bによる捕食効率を下げることになり，捕食者Aは被食者の形質変化を介して捕食者Bに負の間接効果を及ぼすことになる．ここで注意したいのは，形質介在型の間接効果における形質の変化とは，被食や攻撃を受けた個体の反応として生じる行動・生理・形態などの変化，つまり表現型可塑性 (phenotypic plasticity) による変化であるということだ．

3　形質介在型の間接相互作用はなぜ普遍的か？

　形質介在型の間接相互作用は密度介在型の間接相互作用に比べて研究の歴史は浅いが，陸域や水域を問わず，生物群集におけるその普遍性と重要性は，

第2章 適応と生物群集をむすぶ間接相互作用

図2 形質介在型の間接効果.

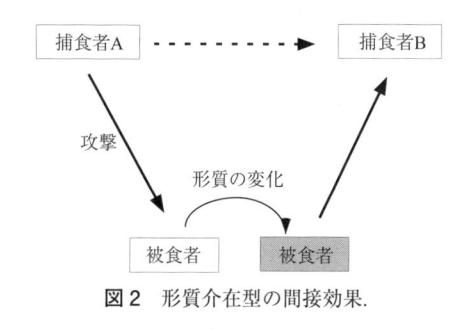

近年ますます注目を集めている（Werner and Peacor 2003; Ohgushi 2005）．つぎに，陸域と水域におけるそのような形質介在型の間接相互作用の研究を紹介するとともに，それぞれの生態系における間接相互作用の相対的な重要性やその特徴なども比較してみたい．

(1) 陸域生態系における間接相互作用

(a) 植物の形質変化を介した間接相互作用

形質介在型の間接相互作用は，陸上生態系ではきわめて普遍的に見られる相互作用である（Ohgushi 2005）．なぜなら，生態系の底辺を支える生産者である植物と一次消費者である植食者を中心とした系では，植物が植食者の食害によって死亡することは稀であり，さらに，植物は食害を受けると誘導防御反応や補償反応などの可塑的反応によりさまざまな形質が変化するからである（Karban and Myers 1989; Ohgushi 2005）．そして，この被食に対する植物の反応（変化）が間接相互作用の基盤を提供しているのである．

誘導防御反応の例としては，葉や茎にあるトゲや毛（トリコーム）の増加（Tuomi et al. 1984; Milewski et al. 1991; Gomez and Zamora 2002; Dalin and Björkman 2003），防御物質の蓄積（Karban and Baldwin 1997; Nykänen and Koricheva 2004），窒素などの栄養物質の低下（Leather 1993; Denno et al. 2000），食害された葉の落葉（Williams and Whitham 1986; Preszler and Price 1993），さらには食害者の天敵をよぶための化学物質の放出（Vet and Dicke 1992; Turlings et al. 2002）などが知られている．誘導防御反応は食害を与えた植食者だけでなく，他の植食

者にも負の影響を及ぼす．一方，補償反応とは，植物が食害や物理的な損傷によって失った組織を補うために，二次的な成長を行う反応である（Nozawa and Ohgushi 2002a; Nakamura et al. 2003）．この反応は植食者に新たな質のよい餌資源を提供することにより，誘導防御反応とは逆に，他の植食者に正の影響を与えることが多い．

　図3は形質介在型の間接相互作用の例として，和歌山県の紀ノ川のヤナギ河畔林における生物間の相互作用を示したものである（石原　未発表）．この生物群集の相互作用において重要なのは，ヤナギグンバイ *Metasalis populi* の食害が引き起こすヤナギの質の低下を介した他の植食者や捕食者への間接効果である．ヤナギの代表的な植食者であるヤナギルリハムシ *Plagiodera versicolora* は春先にもっとも多いが，夏には激減する．ところが同じ植食者であるヤナギグンバイは，ヤナギルリハムシなど他の植食者とは逆に，春先の個体数は少ないが，夏に劇的に増える．春先はヤナギの葉が展葉したばか

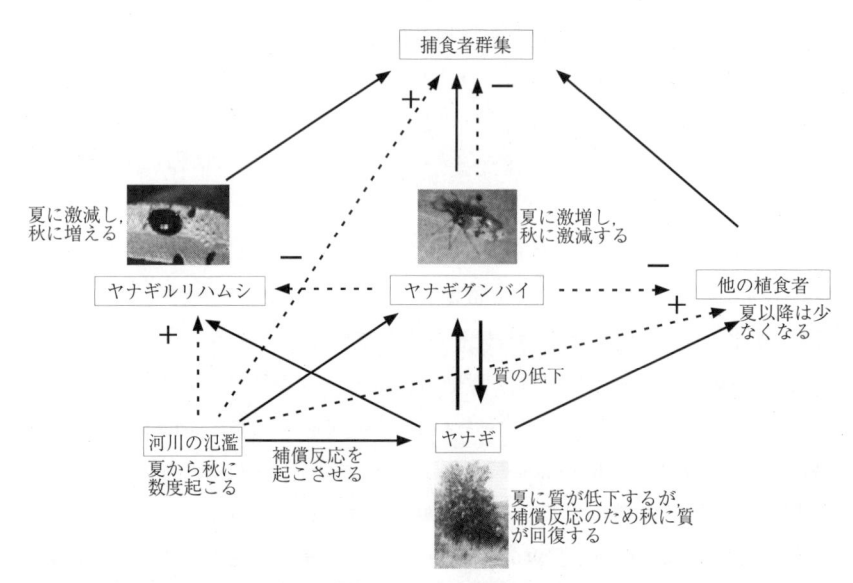

図3　和歌山県紀ノ川のヤナギ河畔林における生物間相互作用．
実線は直接効果，点線は間接効果，矢印の向きは効果が及ぶ方向，＋は正の間接効果，－は負の間接効果を示す．

りで，量的にも質的にもよい資源を昆虫は利用できる．ところが夏にかけてヤナギグンバイが増えてくると，半数以上の葉がヤナギグンバイの食害を受ける．ヤナギグンバイはカメムシの仲間で，葉に針のような口吻を差し込み，消化液を送り込んで葉の内部組織を消化して吸う昆虫である．このため，ヤナギグンバイの食害を受けた葉は黄色に変色する．このような葉は，他の植食者にとっては質の悪い資源である．とくに，ヤナギルリハムシは葉の質が低下すると，すぐに産卵をやめてしまうため (Ishihara and Ohgushi 2006)，その影響はかなり強い．そのために，ヤナギルリハムシは夏に激減したと考えられる．同様に，ヤナギグンバイによるヤナギの質の低下を介した間接効果は他の植食者やその捕食者にも及ぶ．たとえば，ヤナギクロケアブラムシ *Chaitophorus saliniger* やヤナギアブラムシ *Aphis farinosa* なども夏に激減し，それ以降は見られなくなった．このパターンは毎年生じている．一般に寄生バチなどのスペシャリストの捕食（寄生）者の個体数は餌の個体数の変動に大きく左右されるため，ヤナギの葉の質の低下による影響は捕食者群集にも広く波及するものと考えられる．すなわち，ヤナギグンバイの増加が，ヤナギの質の変化を介して，生物群集の構造を大きく変えてしまうのである．ヤナギについては，植食者による食害に対する補償反応を中心に間接相互作用の研究が多くなされている（Nozawa and Ohgushi 2002a, b; Nakamura and Ohgushi 2003; Nakamura et al. 2003; Ohgushi 2005, 2007）．これらについては，本シリーズ第3巻5章で詳しく紹介されている．

　植物に形質の変化を起こすのは植食者だけではない．植物と共生する微生物も重要である．たとえば，ダイズの仲間の *Glycine javanica* は根粒菌と共生することで，イネ科草本に対する競争能力が高くなり，共生菌なしではもともと共存できなかったイネ科草本と共存できるようになる (de Witt 1966)．また，イネ科のオニノウシノケグサ *Festuca arundinaceum* は内生菌 *Neotyphodium* spp. に感染すると，アブラムシの食害に対して非感染株では生じない誘導防御反応を起こす (Bultman et al. 2004)．共生微生物は植物の形質の変化を介して，前者では競争者に，後者では植食者に負の間接効果を及ぼしていたと考えることができる．

　オニノウシノケグサに感染する内生菌については，さらに興味深い研究

がある．Clay et al. (2005) は，感染株を含むオニノウシノケグサに四つの処理を行い，①なにもしない対照区，②殺虫剤による植食性昆虫の除去区，③フェンスによる（種子食者である）ネズミ類の除去区，④殺虫剤とフェンスによる昆虫とネズミの除去区を作った．そして処理間で，その後の内生菌への感染率の推移と，オニノウシノケグサおよび周囲の広葉型草本の生産量を比較した．この結果，どの処理区でも内生菌への感染率は時間とともに増加したが，対照区で他の処理区よりも増加の度合いが有意に大きかった．そして殺虫剤処理にかかわらず，オニノウシノケグサの生産量はフェンスなしの処理区の方が多くなったが，広葉型草本の生産量は逆に少なくなった．ただし，オニノウシノケグサと広葉型草本を合わせた生産量には違いはなかった．この結果は，内生菌による感染が植物の群集構造を変える可能性を示している．この内生菌は垂直感染する．内生菌に感染した株は植食性昆虫の食害に対して誘導防御反応を起こす．そのような株やその種子は植食性昆虫とネズミ類に敬遠された．おそらく内生菌に感染した種子はネズミにとってまずい餌なのだろう．感染していない株や広葉型の草本は植食性昆虫やネズミの攻撃にさらされる．その結果，感染株は非感染株よりも多くの種子を次世代に残すことができた．対照区で感染株の割合が顕著に増えたのはそのためである．感染株の種子の割合が増えると，ネズミは広葉型草本の種子に餌をシフトさせる．そのため，フェンスのない処理区で広葉型草本の生産量が減り，オニノウシノケグサの生産量が増えたのである．内生菌による植物の形質変化を介した間接効果は，さらに植食性昆虫とネズミを介して広葉型草本にも及んだのである．この例のように，間接効果は生物群集の全体にまでその影響が波及することがある．

(b) 動物の形質変化を介した間接相互作用

植物だけでなく動物でも，捕食者がいるときや攻撃を受けた後に，行動や形態あるいは生活史などの形質を変化させることで捕食を回避しようとする (Schlichting and Pigliucci 1998; Tollrian and Harvell 1999; Pigliucci 2001; Kopp and Tollrian 2003; Benard 2004)．著者らは，コオロギの1種であるマダラスズ *Dianemobius nigrofasciatus* で，幼虫時に捕食者に攻撃されて後脚を自切した

個体は，後脚を自切していない個体よりも発育が速くなるだけでなく，隠れる頻度が高くなることを確認している (Matsuoka and Ishihara unpublished)．発育の短縮は成虫になるまでに捕食者に遭遇する頻度を減らすことができるし，隠れることはまさに捕食を回避する行動である．それだけでなくオスの自切個体は隠れる頻度が高いにもかかわらず，健全な個体よりも頻繁に鳴いていた．隠れていながらも活発に鳴くことで，なんとかメスを誘引しようとしているのだろう．マダラスズではまだ確かめていないが，このような形質の変化もその動物と相互作用している他の種にも影響を及ぼすだろう (Werner and Peacor 2003)．動物の行動の変化を介した間接相互作用は，私たちが想像している以上に普遍的なものかもしれない (Schmitz et al. 2004)．なぜならば動物は周囲の状況に応じて容易に自らの行動を変えることができるからである．そこには学習による効果も入ってくるだろう (Berger et al. 2001)（本巻1章参照）．そうであれば，これまで密度介在型と考えられていた間接効果の場合であっても，行動の変化によって生じた間接効果も同時にはたらいていることがあるだろう．たとえば，図1aのような植物-植食者-捕食者の系での捕食者から植物への間接効果（栄養カスケード）などである．

　Schmitz (1998) とその同僚らは，以前は畑だった草原で操作実験を行い，クモの攻撃に対するバッタの行動の変化が植物に及ぼす間接効果を確かめた．彼らはクモの大顎を接着剤で固定して，バッタを襲うことはできても殺すことはできないようにした．この操作によって，バッタはクモの捕食行動にさらされたとしても死ぬことはなく，クモのバッタへの非致死効果，すなわちバッタの行動変化がその餌である植物に及ぼす影響のみを評価できるようになる．この実験の結果，バッタはクモがいると活動を抑制することがわかった (Beckerman et al. 1997)．それだけでなく，クモがいないときには広葉型の草本よりもイネ科草本を好んで食べていたにもかかわらず，クモがいると広葉型の草本を食べる割合を増やしたのである (Rothley et al. 1997)．これは広葉型の草本の構造がイネ科草本よりも複雑なため，クモから隠れるのに適しているためとSchmitzらは考えた．イネ科草本の生産量は，クモがいた方がいない場合よりも1.55〜1.66倍も多くなった (Schmitz 1998)．クモは捕食によってバッタの密度を減らすことはなかったが，バッタに行動の変化を

起こすことによって，イネ科草本には正の，広葉型草本には負の間接効果を及ぼしていたのである．この結果は，密度介在型の間接相互作用と考えられる場合でも，潜在的に行動の変化を介した間接効果がかなり強くはたらく可能性を示している．この点については後に第3節 (3) で詳しく議論したい．

Schmitz らのように，動物の行動変化を介した間接相互作用を正確に評価した研究は操作実験の困難さからかまだ少ないが，多くの研究で同様なことが示唆されている (Werner and Peacor 2003). 水域での研究例については第3節 (2) b で紹介するが，おそらく動物の行動の変化を介した間接相互作用は，自然界ではかなり普遍的な現象に違いない．

(2) 水域生態系における間接相互作用

(a) 生産者の形質変化を介した間接相互作用

水域生態系での間接相互作用はどのようなものだろうか．水域に生息する生物でも，陸域の植物や動物に見られるような形質の変化は起こるだろうか．まずは陸域の緑色植物にあたる生産者を中心とした系を見てみよう．水域における一次生産者は，沖帯ではおもに植物プランクトンであるが，沿岸帯では海藻や海草である．水域の大部分は沖帯であり，沿岸帯の割合はわずかであるが，沿岸帯は海藻や海草の立体構造が発達している．そのため，ここでは水域を沖帯と沿岸帯に分けて議論したい．

陸域では植物の地上部の現存量の4～18％しか植食者によって消費されていないのに対して (Polis 1999)，水域の沖帯では植食者による一次生産量の消費率はしばしば50％を超える (Ohgushi 2005). これは，一般に植物プランクトンは捕食者である動物プランクトンなどより体サイズが小さいため，捕食者によって簡単に消費されてしまうからである．この事実だけをみると，沖帯では生産者は誘導防御反応などの形質変化を起こす前に食べられてしまうことから，形質介在型の間接効果は生じにくいように思える．

しかし，最近の研究によると，植物プランクトンのなかにも誘導防御反応を起こすものが見つかっている．ハプト藻の *Phaeocystis* 属は世界中の海洋で優占する植物プランクトンのグループである．中でも *Phaeocystis globosa* は，動物プランクトンの存在や構成に反応して，直径4～6μm の一つの単

体から直径3万 μm の群体にまでサイズを変えることができる（Long et al. 2007b）．単体では繊毛虫に捕食されるが，カイアシ類には捕食されにくい．一方，群体はカイアシ類に捕食されるが，繊毛虫には捕食されにくい．そのため，P. globosa は繊毛虫がいるときは群体となり，カイアシ類がいるときは単体となることで，捕食を回避するのである．この形質変化は捕食者から放出される化学物質によって誘導される（Long et al. 2007b）．この植物プランクトンの形質変化も，カイアシ類や繊毛虫の捕食者や競争者に対して間接的に影響を及ぼすかもしれない．

　つぎに沿岸帯に目を移そう．沿岸帯は海藻や海草による立体構造が発達していることから，生産者を中心とした生物間の関係は水域というよりは，むしろ陸域の緑色植物を中心とした関係に近い．たとえば，ヒバマタ類の海藻 *Ascophyllum nodosum* は，植食性の巻貝 *Littorina obtusata* に食害されると組織中のフロロタンニン量を増加させる（Pavia and Toth 2000）．フロロタンニンは巻貝の摂食を阻害する効果がある．この誘導防御反応は直接的な食害だけでなく，食害によって別の海藻から放出された水溶性の化学物質によっても誘導される（Trussell et al. 2002）．Long et al.（2007a）は，同じヒバマタ類の海藻である *Fucus vesiculosu* で，誘導防御反応が植食性の2種類の巻貝と1種類の等脚類に及ぼす影響を比較した．その結果，ヒバマタのスペシャリストの巻貝である *L. obtusata* の食害は，ヒバマタの誘導防御反応によって，自身とジェネラリストの巻貝である *L. littorea* の摂食率を低下させたが，ジェネラリストの食害はこれらの植食者になんら効果を与えなかった．また，スペシャリストの食害による誘導防御反応は，ジェネラリストの個体数を減少させたが，自身には影響を与えなかった．この研究の興味深い点は，スペシャリストの巻貝は海藻の誘導防御反応を介してジェネラリストの巻貝に負の間接効果を及ぼすが，その逆の場合には間接効果が生じないことである．2種類の植食性の巻貝が，海藻の誘導防御反応を介して，非対称的な競争関係にあるのである．なお，このような植物を介した非対称的な種間競争については，陸域では一般的であることがメタ解析から示されている（Kaplan and Denno 2007）．このように形質介在型の間接効果の結果は必ずしも単純ではない．それが及ぶ生物種によってその反応は変わるだろう．いずれにしても，

水域の沖帯や沿岸帯における生産者の形質変化を介した間接効果も，陸域と同様に，生物群集の構造に重要な影響を及ぼすといってよい．

(b) 動物の形質変化を介した間接相互作用

　動物の形質変化を介した間接相互作用の研究は陸域よりも水域の方が多い．その理由は，水域に生息する動物の誘導防御反応には形態の変化など顕著な形質の変化をともなうものが多く，以前から注目されていたことにもよる（Lass and Spaak 2003）．古くから知られている誘導防御の形態の例はミジンコである．ミジンコは，無脊椎動物の捕食者がいるときには背首に歯状の突起を発達させ，魚などの捕食者がいるときには尾部に長い殻刺や頭部に尖頭を発達させる（Agrawal et al. 1999; Lass and Spaak 2003；本巻1章参照）．また，エゾアカガエル *Rana pirica* のオタマジャクシでも同様な捕食者に対する防御形態が報告されており，その形態変化を介した間接相互作用について興味深い結果が得られている（Kishida and Nishimura 2004; Kishida et al. 2006；本巻4章参照）．さらに，フジツボの一種 *Chthamalus anisopoma* は，肉食性の巻貝 *Acanthina angelica* がいる環境で成長すると，殻が捕食を受けにくい形状になる（Lively 1986）．Raimondi et al.（2000）は，フジツボが捕食者に対する防御形態を誘導すると，その後の岩礁帯の生物群集が変わることを実験的に明らかにした．これは肉食性の巻貝が，フジツボの誘導防御反応を介して，岩礁帯の他の生物に間接効果を及ぼしていたためである（本巻4章参照）．

　ミジンコや藻類のなかには，捕食者がいると休眠が誘導されるものがいる（Lass and Spaak 2003）．ミジンコの仲間 *Daphnia magna* は，通常は卵胎生で子供を産むが，捕食魚がいると休眠卵を産む（Ślusarczyk 1995, 1999）．この場合の休眠は，生活史を変化させることで，捕食圧を時間的に回避する戦略と考えられる．捕食者が誘導する休眠は陸上の動物では知られていないので，水域特有の現象といえる．おそらく，水の中では，同種から休眠を誘導するはたらきがある警報物質や捕食者から放出される化学物質が水溶性のため水中に広まりやすいからであろう．これは水域で顕著な誘導防御の形態が見られる理由としても考えられる．捕食者による休眠の誘導は，時間的に異なる時期に出現する生物種に間接的な影響を及ぼすかもしれない．

水域でも陸域と同様に,動物は捕食回避のために容易に行動を変化させる.形態や生活史の変化は1世代内で起こるとしても,すぐに起こる行動の変化に比べれば時間がかかる.そのため,行動の変化を介した間接効果は水域でも普遍的な現象で,生物群集の構造に大きな影響を及ぼしている(Dill et al. 2003; Werner and Peacor 2003).たとえば,魚食性のオオクチバス *Micropterus salmoides* がいると,ブルーギル *Lepomis macrochirus* は植物が生えている池の沿岸付近に移動する(Turner and Mittelbach 1990).その結果,プランクトン食のブルーギルがいなくなった池の中央では動物プランクトンが増加した.この場合,オオクチバスはブルーギルの密度を変えることはなかったので,動物プランクトンの増加はブルーギルの行動の変化だけによるものと考えられる.

(3) 密度介在型と形質介在型の相対的な重要性

これまで説明してきたように,3種以上の生物種のあいだには間接相互作用が必ず生じる.その中でも,形質介在型の間接相互作用は,陸域と水域,あるいは捕食者-植食者の系と植食者-植物の系のいずれにおいても普遍的に見られ,生物群集の構造を大きく変化させるほどの影響をもつ.異なる系の間接相互作用の比較は,生物群集におけるその機能の違いのみならず,生物多様性の創出や維持における重要性を明らかにするだろう.

陸域の植食者-植物の系では,植物が植食者の食害によって死亡するのは森林昆虫の大発生などの特殊な場合に限られており,被食後にその形質が変化する形質介在型の間接効果が密度介在型よりも卓越している.このため,形質介在型が生態系における間接相互作用の役割として果たす役割は圧倒的に大きい.また,捕食者と植食者の系でも行動の変化などを介した形質介在型の間接効果が及ぼす機能はかなり重要である.なぜならば,密度介在型と考えられる場合でも,行動の変化を介した間接効果も同時にはたらいているからである.そのような場合に,密度介在型の間接効果と形質介在型の間接効果ではどちらが重要な機能を果たしているのだろうか.これを明らかにするためには,両者の効果を分けて評価しなければならない.

Peacor and Werner (2001) は,ヤゴの捕食が小型のオタマジャクシの密度や

行動の変化を介して競争者である大型のオタマジャクシの成長に及ぼす間接効果を研究対象にして，密度と形質の効果を操作することによって，密度介在型と形質介在型の間接効果の強さをそれぞれ分けて評価した．彼らの行った操作実験では，ヤゴをケージに入れてオタマジャクシに致死効果を与えないようにしただけでなく，ケージに入れたヤゴの個体数も4段階に操作した．同時に小型のオタマジャクシの密度も3段階に操作した．これで4×3で計12の処理ができるが，さらに2匹のヤゴにオタマジャクシを捕食させる処理も設けることで，ヤゴによる致死効果も評価した．その結果，密度の効果は間接効果のわずか14〜24％を説明しただけであった．残りの76〜86％は形質の効果と，形質と密度の効果の相互作用であった．この結果は，密度介在型の間接効果に見える現象でも，実際には形質介在型の効果の方が，密度介在型の効果よりも大きいことを示すものである．このような研究はまだはじまったばかりであるが，移動性のトンボのヤゴが定住性のトンボとイトトンボのヤゴに及ぼす影響や（Wissinger and McGrady 1993），魚がサンショウウオの幼生と等脚類に及ぼす影響を調べた研究でも（Huang and Sih 1990），形質介在型の効果の方が密度介在的な効果よりも大きいことが示されている．ただし，捕食性のカメムシによるタバコスズメガへの捕食がアメリカイヌホオズキに及ぼす影響を調べた Griffin and Thaler（2006）の研究では，形質によっては密度介在型の効果の方が大きいことを示しているので，一般的な結論を下すにはまだ時期尚早である．

　いずれにしても，形質介在型の間接効果は密度介在型の間接効果と同等かそれ以上の効果をもち，生態系における間接相互作用の役割として重要であることは間違いない．植食者-植物の系では，植物の形質の変化を介した間接効果が大きな効果をもつことはすでに述べた．捕食者-被食者（植食者など動物の被食者）の系でも，形質介在型の間接効果がそれほどに大きいのはなぜであろうか．その理由の一つは，捕食者の存在に反応した被食者の採餌や活性の低下はすぐに起こり，捕食者がいる限りその状態が続くからである（Werner and Peacor 2003）．また，捕食者を認知する手がかりがおもに揮発性や水溶性の化学物質あるいは振動であり，その影響は空間的に離れた他の個体にも比較的短時間で伝わりやすい（Lass and Spaak 2003; Kishida and Nishimura

2005). これに対して,密度の減少は徐々に起こり,捕食された個体数の分だけの効果に限定される.また,その効果は捕食された場所から広範囲に波及することはない.そのため,個体群全体に及ぶ影響は,形質介在型の方が密度介在型よりも相対的に大きいのだと考えられる.

4 間接相互作用と進化

　間接相互作用の研究の多くは群集生態学の観点から行われてきたため,間接相互作用とは種Aの密度が直接に相互作用しない種Cの密度に影響するものに限定される場合が多い (Abrams et al. 1996).この章で紹介した事例も確かにそのような現象が多い.しかし,間接相互作用が種Cの密度を変えなくても,種Cの形質を変えることがある.たとえば,種Cの形質に進化が起こる場合がそうである.進化とは時間の経過にともなう生物集団中の遺伝子頻度の変化のことであり,形質の進化は必ずしも密度の変化をともなうものではない.種Cの形質に進化が起こると,その影響は種Cと直接的にあるいは間接的に相互作用している生物にも波及する.間接相互作用の定義を種Cの密度変化によるものだけに限定してしまうと,生物群集における間接相互作用の意義を過小評価してしまう.そのため,ここでは種Cの密度を変えない形質の変化による間接相互作用の重要性を紹介したい.

(1) 間接相互作用が生み出す共進化

　生物にとっては生物間の相互作用も環境の一つであり,自然淘汰はその相互作用の下で適応度を最大にする遺伝子型の頻度を増加させる適応進化を起こす.たとえば,捕食者-被食者の相互作用であれば,自然淘汰は捕食者に捕食率を高める形質を進化させるだろうし,被食者には捕食を回避させる形質を進化させるだろう.形質介在型の間接効果は個体の死をともなわない可塑的な反応を介したものなので,その個体群に遺伝子頻度の変化を生じさせることはないが,密度介在型の間接効果は個体の死をともなうので,遺伝子頻度の変化による適応進化を起こす.また,形質介在型であっても,間

接効果を受ける相手の密度を左右するものであれば，その相手に適応進化を起こすかもしれない．たとえば，ある生物種の形質が直接に相互作用している生物種からの淘汰圧によって適応進化したとする．その変化がさらに間接相互作用を介して第三者にも及んだとする．場合によってはその第三者にも連鎖的な進化，すなわち共進化が起こるかもしれない（Strauss et al. 2005）．ここでは，そのような間接相互作用が関与した共進化の事例として，北アメリカのセイタカアワダチソウ Solidago altissima にできるミバエの仲間 Eurosta solidaginis の虫こぶの大きさとその寄生バチの産卵管の長さについての研究を紹介したい（Craig 2007; Craig et al. 2007）．

　虫こぶとは昆虫の産卵や摂食の刺激によって植物の組織が異常に肥大してコブ状になったもの，あるいは植物器官の形態が変形したものをいう．虫こぶを作る昆虫は，虫こぶの内部組織を摂食したり住居として利用することからも，虫こぶは昆虫によって植物が操作される例として知られている．このミバエには重要な天敵が3種類いる．虫こぶ内に同居するハナノミの仲間 Mordellistena convicta, 寄生バチであるカタビロコバチの仲間 Eurytoma gigantea, そして冬に虫こぶ内で越冬している幼虫を捕食するアメリカコガラ Poecile atricapillus とセジロコゲラ Piscoides pubescens である．アメリカ合衆国のミネソタ州では，セイタカアワダチソウはプレーリーとよばれる温帯草原地帯と，森林地帯の両方に見られる．虫こぶは両方の生息地で見られるが，天敵のうち鳥だけはプレーリーにはいない．

　森林地帯のセイタカアワダチソウにできる虫こぶの大きさと死亡要因との関係を調べた Craig et al. (2007) は，寄生バチやハナノミが小さな虫こぶの幼虫のおもな死亡要因であることを明らかにした．この理由は，寄生バチの産卵管は大きな虫こぶの壁を貫通するほど長くはないからである．同居者であるハナノミは必ずしも幼虫を殺すとは限らないが，小さな虫こぶほど幼虫が死亡する頻度が高かった．一方で，鳥は大きな虫こぶを好んで攻撃し，大きい虫こぶの幼虫の主な死亡要因となっていた．そのため，中くらいの虫こぶの幼虫の生存率が最も高く，虫こぶの大きさには安定化淘汰が作用していると考えられた（図4a）．同様の現象は，北アメリカ東部の森林地帯の同種の虫こぶでも見られており，安定化淘汰の例としてよく知られている（Weis et al. 1992).虫こぶ自体は植物の組織であるのに,どうして昆虫の都合のよい方向に進化するのかと思われるかもしれないが,虫こぶの形質は虫こぶを作る昆虫の延長された表現型であり,実は昆虫の遺伝的形質であると考えればうまく説明できる(Weis and Abrahamson 1986; Weis and Gorman 1990).実際に,虫こぶの大きさは植物の遺伝子型と昆虫の遺伝子型および環境との相互作用によって決まっており(Weis and Abrahamson 1985; Weis and Gorman 1990).虫こぶのサイズが天敵からの淘汰圧によって進化することが確かめられている(Weis and Abrahamson 1985, 1986; Weis et al. 1992; Weis and Kapelinski 1994; Weis 1996).

森林地帯では安定化淘汰が作用するのに対して,プレーリーには大きな虫こぶを攻撃する鳥がいないため,大きな虫こぶほど幼虫の生存率が高い.そのため,プレーリーでは大きなサイズへの方向性淘汰が作用することになり,大きな虫こぶが進化すると考えられる(図4b).大きな虫こぶに対して

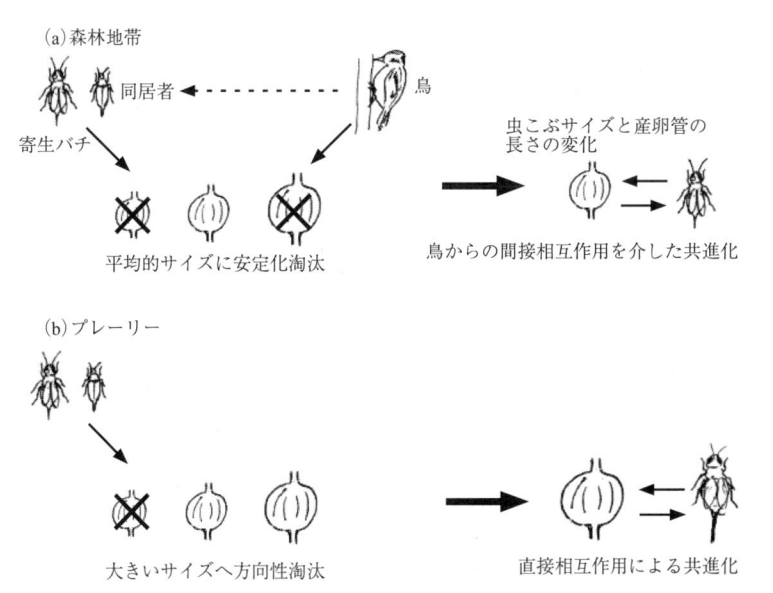

図4 セイタカアワダチソウにできるミバエの虫こぶの大きさに作用する淘汰圧.(a) 森林地帯と (b) プレーリー.寄生バチの産卵管の長さの進化はキツツキなどの鳥からの間接相互作用に大きく依存する(Craig 2007; Craig et al. 2007).

は，産卵管の短い寄生バチは産卵できなくなる．虫こぶのサイズの進化はまた寄生バチの産卵管を長くする方向性淘汰として作用することになり，虫こぶのサイズと寄生バチの産卵管の長さに共進化が起こる．実際に，プレーリーでは虫こぶのサイズは森林地帯の虫こぶより有意に大きいだけでなく，寄生バチの産卵管も有意に長く，この仮説を支持する結果が得られている（図4; Craig 2007; Craig et al. 2007）．鳥がいないプレーリーでの調査は，鳥による捕食が虫こぶの大きさの進化を介して間接的に寄生バチの産卵管の長さの進化に影響を及ぼしていることを明らかにしたのである．このように相互作用が場所によって異なるために共進化に違いが見られることを，共進化の空間モザイクとよぶ（Thompson 1994, 2005）．本巻5章では，共進化の空間モザイクの例として，アカリスの種子捕食によって生じたロッジポールマツとイスカの共進化の空間モザイクについて紹介されているが，この現象もまさに間接相互作用が生み出した共進化の結果である．このようにさまざまな種との関係の中で起こる共進化を拡散共進化（diffuse coevolution）とよぶ（Strauss et al. 2005）．

(2) 間接相互作用が進化の方向を変える

つぎに，間接相互作用が進化の方向を変えてしまった事例として，Lauの研究（Lau 2006, 2008）を紹介しよう．カリフォルニアに自生しているミヤコグサの一種 *Lotus wrangelianus* は，2種類の外来生物と相互関係を保っている．1種は100年前に侵入した同じマメ科植物のウマゴヤシ *Medicago polymorpha* で，ミヤコグサの競争相手になっている．もう1種はウマゴヤシを食害するエジプトアルファルファゾウムシ *Hypera brunneipennis* である．このゾウムシはウマゴヤシの侵入からおおよそ80年後に侵入し，現在はウマゴヤシだけでなくミヤコグサも利用している．そこでLauは，侵入時期が異なるこれら2種の外来生物が，相互作用を通して在来種のミヤコグサの形質に進化を起こしたかを確かめるために，ウマゴヤシが侵入した地域とまだ侵入していない地域とのあいだでミヤコグサの相互移植実験を行った（Lau 2006）．さらに，ウマゴヤシとゾウムシを除去した処理区への移植実験も行った．すでにウマゴヤシが侵入している地域のミヤコグサは，ウマゴヤシとの競争に適応

していると考えられる．しかし，その結果は予想に反していた．ゾウムシがいる場合には，ウマゴヤシが侵入している地域の個体群と侵入していない地域の個体群の適応度の指標である相対的な種子生産量には違いがなかった．ところが，ゾウムシによる食害を減らすと，ウマゴヤシが侵入している地域の個体群の種子生産量が増加したのである．この結果は，ミヤコグサは競争者としてのウマゴヤシには適応しているが，その後に侵入した植食者の攻撃にはまだ適応していないことを示している．すなわち，ゾウムシは，外来の競争者であるウマゴヤシに対するミヤコグサの適応を間接的に妨げていたのである．

　Lauの研究は，在来種は少数の外来種の侵入には適応することができるが，その後の侵入がつづけば，十分に適応できない可能性を示した点で，外来種問題を抱える保全生物学においても注目すべき結果といえる．Lau (2008) は，また，操作実験によって，これら外来種2種の存在が，ミヤコグサの競争能力とゾウムシへの防御能力に作用する自然淘汰の強さと方向を変えてしまうことを明らかにした．さらに彼女は，群集中の外来種の構成によっては，有利になる形質が変化することを示した．たとえば，ゾウムシが高密度になると，ミヤコグサのゾウムシに対する抵抗性 (resistance) に自然淘汰が作用したが，競争者であるウマゴヤシがいると，この自然淘汰はもはや作用しなくなった．それに対して，防御形質である耐性 (tolerance) への選択の強さは，ゾウムシとウマゴヤシの両方が高密度のときに最大となった．このように，複数の外来種は在来種の適応進化に相互作用を通して影響を及ぼす可能性がある．さらなる外来種が群集に侵入するならば，在来種への選択のパターンは直接的にあるいは間接的に変えられてしまうかもしれない．生物の適応進化の背景には，われわれが想像する以上に間接相互作用が重要な役割を演じている可能性がある．

5 今後の展望

(1) 個体の形質から生物多様性の維持創出機構を解明する

　捕食-被食の関係に基づいた食物網のコンセプトは，生態系の物質循環を理解するために大きく貢献してきた．しかし，生物多様性を理解するためには，食物網はきわめて不十分なものである．なぜならば従来の食物網では，非栄養関係や相利片利関係，そして（形質介在型の）間接相互作用が考慮されてこなかったからである．自然界では，これらの関係や作用が複数の食物連鎖を結びつけることで，生物多様性を生み出す基盤を提供しているのである．いわば，食物連鎖というこれまでの「タテ糸」に新たに非栄養関係や間接相互作用という「ヨコ糸」をしっかりと織り込むことにより，間接相互作用網という現実のネットワークの姿が浮かび上がってきたのである．そして，この「ヨコ糸」を生み出すのが，被食に対する生物の形質変化なのだ．第3節で紹介した紀ノ川のヤナギが被食によって質の低下という形質変化を起こすことによって生じる群集構造の変化についての研究，Nakamura et al. (2006) のヤナギが被食や伐採によって起こす補償作用が資源量の増加と質の向上によって植食者群集や捕食者群集の多様性を増大させることを示した研究，そして Schmitz (2008) のクモに対するバッタの捕食回避行動が植物種の多様性・生産量・分解速度にも影響を与えていることを示した研究などは，形質介在型の間接相互作用が生物群集や生物多様性の成立過程でいかに大事であるかを物語っている．このような個体の形質から生物多様性の維持創出機構を解明する新たな研究分野は，誘導防衛反応に代表される生物の適応的な表現型可塑性が，間接相互作用を通して生物群集や生物多様性にいかに大きな影響を与えているかを明らかにし，生物の適応進化と生物群集や生態系のネットワークをつなぐ新たな道筋を提供するアプローチとして注目されている（本シリーズ第3巻5章参照）．

(2) 進化的な観点から生物群集を理解する

　表現型可塑性と適応進化は進化生態学において，間接相互作用は群集生態学における重要なトピックとしてそれぞれ独立に研究され，これまでに多くの知見が得られてきた．しかし，間接相互作用による生物群集のダイナミックな変化の詳細を理解するには，群集生態学と進化生態学をつなぐアプローチが必要である（Werner and Peacor 2003; Johnson and Stinchcombe 2007; Wade 2007）．そのアプローチがチャレンジすべき重要な課題は，個体に作用する自然淘汰が個体より上位の階層にもそれが波及するかという点である（Agrawal 2003）．直接的あるいは間接的な生物間の相互作用は淘汰圧として生物個体に作用することで，その生物種の形質を進化させる．その形質の進化が生物群集や生態系にどのくらい大きな変化をもたらすかという問題である．第4節で紹介した虫こぶの研究はそのような問題をテーマにした研究であるが，生物群集や生態系への影響という点では，優占種やキーストン種に注目する必要がある．優占種やキーストン種に作用する自然淘汰が，生物間相互作用を通して，どのように生物群集や生態系にその影響が波及していくかを理解することは，間接相互作用が生物群集や生態系の中で果たす機能をクローズアップさせることになろう．

　近年，Whithamら（Whitham et al. 2003, 2006）や，Agrawalら（Johnson and Agrawal 2005; Johnson et al. 2006）は，植物種内の遺伝的変異に注目し，植物個体群の遺伝的変異の大きさや構造の違いが，その植物を基盤とする生物群集全体の多様性や構造に及ぼす影響を明らかにしつつある．このような研究は，「群集遺伝学（community genetics）」とよばれる新たな研究分野を生み出し，遺伝子から生物群集さらに生態系機能をつなぐ研究アプローチとして注目を集めている（Agrawal 2003）．Whitham et al.（2003）は，2種のポプラ *Populus fremontii* と *P. angustifolia* の人為的な交雑によって，葉に含まれるタンニンの量が異なる遺伝子型を作り出し，タンニン生産の遺伝的な違いが群集や生態系にまで影響を及ぼすかを調べている．彼らの結果から，タンニンの生産量の遺伝的な違いは，植食者だけでなく，リター（落ち葉）の分解速度にも大きな影響を与えていることが明らかになった．つまり，ポプラの遺伝的

な違いが，河川や陸上における窒素循環に影響し，その影響は窒素循環に関係する細菌などの土壌中の分解者や地上部の植食者およびその捕食者などさまざまな生物のあいだに間接相互作用を生み出すが示されたのだ．この結果は，ポプラの遺伝的構成によっては，生物群集の組成や構造が大きく変わってしまうことを示唆している．

彼らは，さらに，ポプラの遺伝子型によって虫こぶを作るアブラムシ *Pemphigus betae* の被害を受けやすいもの（感受性）と，受けにくいもの（抵抗性）があることに注目した（Whitham 1989）．感受性の木は，アブラムシによって虫こぶが作られると葉のタンニン量を増加させる（Schweitzer et al. 2005a）．このタンニン量の増加は，同じ木の虫こぶのない葉よりも，リターの分解速度を35〜45％も低下させた．アブラムシへの抵抗性に関係する遺伝子とタンニンの生産に関係する遺伝子が相互作用するならば，アブラムシの有無が生物群集や生態系に及ぼす間接効果はかなり大きいであろう．実際に，アブラムシは種の多様性と他種の個体数にも影響を及ぼすことがわかった（Dickson and Whitham 1996）．虫こぶが付いた感受性の木は，抵抗性の木よりも，種の多様性が31％も高く，さらに個体数も26％ほど多かった．

Whithamらはこれらの研究結果に基づき，生物群集や生態系は，優占種やキーストン種の遺伝子の延長された表現型であると主張している（Whitham et al. 2003）．自然淘汰がこれらの種個体群に遺伝的な変化，すなわち進化を起こすならば，その変化は直接相互作用や間接相互作用を通じて，生物群集や生態系に大きな変化を起こすだろう．群集遺伝学のような群集生態学的な観点と進化生態学的な観点の両方からのアプローチによる研究はまだはじまったばかりであり，今後の発展が大いに期待されている．

(3) 生物の適応が間接相互作用を通して生物群集を変える

これまで説明してきたように，生物群集は多様な生物間の直接的あるいは間接的な相互作用から成り立っている．直接的な相互作用は生物に可塑的な反応を起こさせたり，あるいは淘汰圧として作用することで生物に迅速な適応進化をもたらす．このような短い時間スケールで起きる可塑的反応や適応進化は，淘汰圧として作用した生物種にフィードバックされ，同様に可塑的

反応や適応進化を起こすことで，生物間相互作用をダイナミックに変化させる（Agrawal 2001）．それだけでなく，この可塑的反応や適応進化は，その生物と直接に関係をもたない生物に対しても間接的な影響を及ぼしている．この間接相互作用もまたその生物に可塑的な反応や適応進化を引き起こす．その変化もまたその生物が関係している直接的あるいは間接的な相互作用を変化させることになるだろう．これらの変化は生物群集の構成をも変えてしまうだろう．すなわち，直接相互作用だけでなく，間接相互作用もまた生物群集をダイナミックに変えるのである．

最近の研究から，間接相互作用はあらゆる生物群集に普遍的に見られ，生物群集や生態系において重要な機能を果たしていることがわかってきた．しかし，間接相互作用による生物群集のダイナミックな変化の実態とメカニズムについてはまだほとんどわかっていない．今後，さまざまな系で，捕食者に誘導される被食者の形質の変化（表現型可塑性や迅速な進化）による群集構造の変化を探る研究や，自然淘汰が生物間相互作用を通して生物群集や生態系に波及していくプロセスを明らかにする研究，たとえば特定の遺伝子型をもつ個体がどのような群集構造を生じさせるかという群集遺伝学的な研究の発展により，その理解も大きく進むと期待される．そのためには，分子遺伝学や比較ゲノミクス（comparative genomics）の新しい方法を，研究手法として積極的に取り入れていく必要もあるだろう（Wade 2007）．

近年，生物多様性の保全が叫ばれている．それには，生物種だけではなく，相互作用の多様性の保全が何よりも大切である（Thompson 1996; Vázquez and Simberloff 2003; Ebenman and Jonsson 2005）．そのためにも，間接相互作用の生物群集や生態系における役割をしっかりと理解しておくことが不可欠である（本シリーズ第3巻5章参照）．

第3章

生物群集を形作る進化の歴史

河田雅圭・千葉　聡

Key Word

群集構成　系統樹　種分化　絶滅　移動分散
進化史イベント

　生物群集の形成には，その群集の中で起きている現在の種間相互作用やそれを取り巻く生息環境だけでなく，過去の環境や進化的現象が大きな影響を与えている．本章では，それら進化が群集形成に及ぼす歴史的な影響について考察する．前半では群集内の系統的関係や過去に進化した形質の影響，過去の種分化や絶滅と種多様性の関係，移動分散が種多様性に与える影響などを中心に扱う．これらはおもに過去から現在まで，どの時代においても普遍的に作用したと考えられる歴史的進化プロセスである．後半では，過去の特定の時代だけに働いた特異的な歴史要因の意義に注目し，過去−現在にいたるあいだに生じた大きな進化史イベントが，どのように生物群集に影響を及ぼしてきたかについて概説する．また群集と絶滅の関係については，実際に観察される絶滅がイベント的な要因を多く含むことから，おもに後半で取り上げる．

　進化の歴史はさまざまな側面で現在の群集に影響を与えており，群集構成，群集のもつ機能，種多様性などを理解するうえで無視できない要因である．現在，これらの歴史的影響を調べるうえで，分子情報による系統推定による解析が中心的に行われるようになってきた．しかし，歴史的な進化の影響を理解するためには，系統解析だけではなく，化石情報も含めた地史的および地理学的情報を利用すると同時に，形質の進化のしにくさや種分化・絶滅に影響する生態学的要因と遺伝的・発生学的な基盤を明らかにする必要があるだろう．

1 群集構造と系統的・進化的な制約

　地球上の生物はすべて進化によって生じてきたものであり，過去の進化の影響を受けている．同様に，現在の生物群集であっても，過去の進化の影響を受けていないものはない．これまで，群集生態学においては，群集内の生態学的な相互作用（たとえば競争関係）が群集構造を決定するかどうかという問題について研究がなされてきた．また，群集内での種間相互作用は，進化を引き起こし，群集の動態や構造に影響を及ぼすことが明らかになってきた（第1章，第2章）．しかし，群集構成は種間の相互作用やその群集のおかれている環境の影響を受けるだけでなく，群集の外部からの移入や，外部への移出の影響をも受けることが再認識され，大きな空間スケールでみたときの種構成と問題としている局所群集との関係が注目されるようになってきた．このことは，群集内の種構成は，群集の外部で生じた過去の進化の影響を反映しているという考え方に繋がっている．一方，群集を構成する多数の種の分子系統情報が比較的容易に得られるようになったことから，系統関係が群集に与える影響や過去の種分化や絶滅の影響を研究することが可能になってきた．このような状況の中，本章では，現在観察される群集の多様性や構造が，その群集の外部で生じた過去の影響をどのように受けているのかについて議論したい．

(1) 進化プロセスと群集形成

　群集構造，群集の種多様性，群集動態はさまざまな進化プロセスに影響される．群集構造に影響する進化プロセスを図1にまとめた．ここでは，異なる種の生物個体が相互作用している群集を局所群集（local community）とよぶ（図1，グレーの領域）．種内・種間相互作用（競争，捕食-被食関係，宿主-寄生者，送粉関係など）に関わる個体の形質には，その相互作用によって常に進化あるいは共進化が生じている．たとえば，捕食者の採餌に関わる形質と被食者の防御形質の進化や競争能力に関わる形質の進化は，恒常的に観察される．それらの進化は，局所群集で進化動態として観察され（図1c），個体数の振

第3章 生物群集を形作る進化の歴史

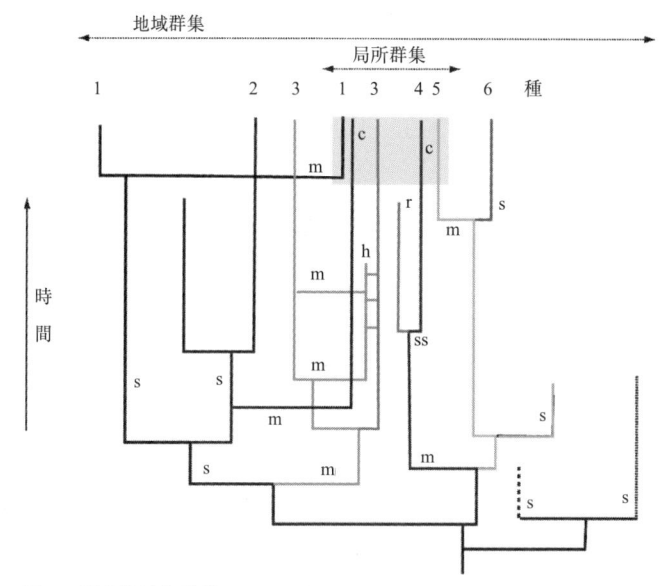

図1 群集構造と進化.
グレーの領域が現在の局所群集，それ以外の進化現象は歴史的効果とみなす．線は集団の系統を示し，同じ濃さあるいは同じ種類の線は生殖隔離がない同種．m, 移住；s 生殖隔離（種分化）；ss, 同所的種分化；h, 交雑；c, 共進化による形質の進化；r, 競争排除

動・安定化，形質置換，種の絶滅（図1r）など，群集の動態，種多様性，群集の安定性に作用する（第1章，第5章）．同様に，集団内あるいは群集内の遺伝的変異の量や変化が，群集に直接的に影響することも知られている（このような研究を community genetics という）．たとえば，群集内のキーストン種や優占種の遺伝的変化が群集全体の動態に影響したり，植食者に対する植物の抵抗性に関する遺伝的変異の変化が植食者の種数に影響したりする（第2章；Neuhauser et al. 2003; Antonovics 1992; Whitham et al. 2003; Bailey et al. 2006）．

気候や温度，湿度，物理的環境などの生息地環境への適応に関する進化は，その生物種が占める空間的位置や分布域を決定する．生物の生息域は，局所群集や地域群集（regional community）内で，種数や種構成に直接的に影響する．たとえば地域Aに生息する多くの種が生息域を地域Bへ拡大できないことが，地域Bの群集での種数の少なさをもたらしているかもしれない．適応による生息域の拡大は過去にも生じてきたし，現在でも生じている．たとえ

ば，温暖化による生物の生息域の変化は，生物が環境変化に適応進化できるかどうかに大きく左右される可能性も指摘されている（Botkin et al. 2007）．また，生殖隔離が完全でない2種の生息域が接する場合には交雑が生じる（図1h）．そして，外部からの移入や遺伝子流動（gene flow）により，交雑帯が維持されたり，遺伝子浸透が進行したり，どちらかの種が絶滅するなどの影響がでる．これらはいずれも群集構造を変化させる可能性がある（Bridle and Vines 2006）．

　集団の分岐・種分化および絶滅は，局所群集および地域群集の多様性に直接的・間接的に影響する．たとえば，種分化と絶滅による種数の変化は，潜在的に地域群集に供給できる種数を決定していると考えられる．生殖隔離の進化によって生じる種分化は，長期間かけてゆっくりと生じることもあれば，急速に生じる場合もある（Coyne and Orr 2004）．とくに，二次的接触後に交配前隔離が進化する強化（reinforcement），あるいは側所的種分化や同所的種分化は遺伝子流動があるなかで自然淘汰や性淘汰によって急速に生じ，群集内の種多様性の増大をもたらす．交配後隔離による異所的種分化は，比較的長い時間を必要とし，空間的に隔てられた2種のあいだで生じる．集団の絶滅および種の絶滅は，さまざまな原因によって引き起こされ，大きな環境変化とは関係なく絶滅が引き起こされる背景絶滅と，過去の地球環境の非常に大きな変化によって生じる大量絶滅に区分されることもある．このように，これら種分化や絶滅は，過去の大きなイベントとして生じているものもあれば，過去から現在にいたるまで常時生じている進化的現象でもあると考えられる．

　Johnson and Stinchcombe（2007）は，現在の群集に影響を及ぼす進化的プロセスとして「遺伝的変異とそれによる小進化」と，「進化的な歴史」とに分類した．前者は，上述した競争，捕食-被食，宿主-寄生，共生関係などによる共進化と，集団内や集団間の遺伝的な変異が，群集の動態や群集構成に影響する場合である．後者は，群集内の系統関係や過去に生じた進化が現在の群集に影響を及ぼす場合である．Johnson and Stinchcombe（2007）は，さらに，前者は短期間の小さな空間スケールで生じ，後者は長期的な大きな空間スケールの現象であるとした．しかし，進化が短期的に急速に生じるか長期的に生じるかは，それが現代的か歴史的か，また，小進化か大進化かというこ

ととは必ずしも一致しない．しばしば，種レベル以上の進化や主要な形態や機能の変化を引き起こすような大きな変化は「大進化」として，集団内のプロセスである小進化と区別される (Levinton 1988)．しかし，種分化は，集団内で生殖隔離に関わる遺伝子が広がることで生じる．その過程は，ゆっくりと起こることもあれば，急速に起こることもある．また，絶滅も集団の個体数および遺伝子の頻度が関わるプロセスである．同様に，分類群を越えるような大きな体制や形態の進化が，どのようなスピードで，どのような具体的なメカニズムで生じたかは解明されていないが，それらの大きな変化も，基本的には，突然変異による遺伝的変化と変異の広がりを決める集団遺伝学的プロセスで生じると考えられる．

　本章では，おもに「進化的歴史の影響」について議論する．しかし，過去に生じた進化も，基本的に「遺伝的変異とそれによる小進化」である．したがって，大進化か小進化かという問題ではなく，現在，局所群集で進行している進化，あるいは現在観察されている群集内で生じた進化を「進化の直接的な影響」，現在観察されている群集の外部で生じた過去の進化の群集への影響を「進化的歴史の影響」として，後者について議論したい．「進化の直接的な影響」としては，たとえば数年〜数十年で観察できる進化動態，あるいは，現在の環境や群集内のメンバーとの相互作用に適応して進化したと思われる適応進化，移動分散によって現在も維持されている交雑帯，あるいは移入による分布域の拡大や遺伝子浸透などの影響が考えられる．「進化的歴史の影響」は，現在観察される群集外での環境や相互作用において生じた過去の進化結果が，現在の群集形成に影響している場合である．現在の群集の外部で過去に生じた進化は，群集を形成する上で，系統的・進化的な制約と見なすことができる．さらに，本節では，現在の群集に影響を及ぼす進化的な歴史のうち，「系統関係と過去に進化した形質の影響」，「多様性に及ぼす種分化と絶滅の影響」に焦点をあて，群集生態学のどのような問題を論ずる場合に，過去の進化の影響を考慮すべきか議論したい．

(2) 群集の構成と系統関係

　群集を構成するメンバーの系統的関係は，古くから注目されてきた．たと

えば，Elton (1946) は，局所群集内の近縁種の数（同じ属内の種数）に注目し，局所群集内の種数は，イギリス全体の同じ属内の種数よりも少ないことを示した．その結果から，類似した種は同じ局所群集内では共存できないと考え，局所群集内で競争排除が生じていると結論づけた．この研究は，局所群集の種構成に対する競争の影響を調べるための解析であったが，局所群集内の種の構成が系統関係の近いものから構成されているどうかの解析にもなっている．近年，分子データによる系統推定が容易になったこともあり，群集を構成するメンバーは，系統的に偏っているのか，ランダムなのか，あるいは異なった系統が共存しているのかという問題設定のうえ，群集の系統的影響として研究が行われている．Enquist et al. (2002) は，樹木のデータを用いて，種の数と属あるいは科の数との関係を調べた．その結果，局所群集内の科や属の数は，ランダムに選んだ場合よりも少ないことが示された．このことは，それぞれの局所群集は，系統的に偏ったサンプルから構成されていることを示している．また，Webb (2000) は，系統樹のトポロジーから種間の系統的近さを推定し，空間的に近い位置に生息する種は，全体の系統樹からランダムに選んだ種よりも近縁かどうかを，熱帯雨林の樹木の種について調べた．その結果，狭い空間に共存する種は，系統的に有意に近縁であることを示した．Webb (2000) は，系統的に近縁な種が類似した場所に生息するのは，近縁なために類似した生態学的性質をもっているためであるとした．

　同じ群集内の種が系統的に近い関係で占める場合を系統的近縁 (phylogenetic clustering) な群集といい，逆に，ランダムから期待されるより異なった系統が同じ群集内に混じりあう場合を系統的遠縁 (phylogenetic overdispersion) な群集という (Webb et al. 2002; Johnson and Stinchcombe 2007)．群集メンバーの系統的関係を調べる多くの研究では，系統的に近い種どうしは，さまざまな点で類似した性質をもっているという仮定に基づいた考察をしている．しかし，系統関係は，単に平均的に同じ遺伝子をもっている確率が系統関係の遠いものに比べて高いというだけで，特定の遺伝子や形質に関して言及しているわけではない．したがって，この仮定が正しいものであるかどうかを確認するためには，実際の系統関係と生態学的形質（群集形成や群集内での相互作用に関わる形質あるいは環境適応や生息地利用に関する形

(A)
生態的形質；phylogenetically conserved
群集構成；phylogenetically clustering

(B)
生態的形質；phylogenetically convergent
群集構成；phylogenetically overdispersion or random

(C)
生態的形質；phylogenetically divergent
群集構成；phylogenetically clustering

(D)
生態的形質；phylogenetically conserved
群集構成；phylogenetically overdispersion or random

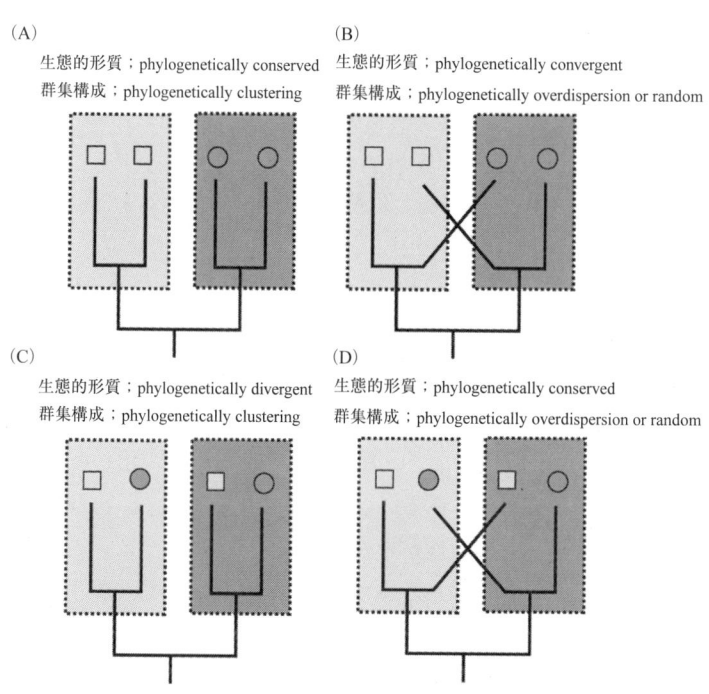

図2 局所群集を構成する種の系統関係と生態的形質．
点線内は局所群集を示す．丸と四角はそれぞれ異なる生態的形質を示す．（Webb et al. 2002 の表を改変）

質）との関係を調べることが重要である．Webb et al.（2002）は，局所群集内の系統関係と生態学的形質との関係（図2，Webb et al. 2002 の表を改変）から以下の結論が導かれるとしている．図2Aは，群集構成が系統的に類似した種で構成され（phylogenetic clustering），系統的に近い種では類似した生態学的形質が保存されている場合（phylogenetically conserved）を示している．このような傾向は，同じ生息地を利用したり，同じ環境を好む近縁種が同じ場所に集まる傾向にあるときに生じる（phenotypic attraction, environmental filtering）．それに対して，群集構成が系統的に遠縁（phylogenetic overdispersion）である場合は，類似した生態学的形質をもつ近縁な種が，同じ環境や同じ生息地で一方の種が排除され，異なる生態学的形質をもつ系統的に遠縁な種が共存している場合（図2D, phenotypic repulsion）と，系統的に遠縁な種の生態学的形質が，

同じ生息環境で収斂進化した場合か (図2B, phenotypic attraction, environmental filtering) のどちらかと見なされる．また，局所群集内で生態学的形質が種間で異なる場合 (種間で分化，phenotypic repulsion) は，群集内の種の系統的構成はランダムになるとしている (Webb et al. 2002)．

しかし，群集内での系統関係と生態学的形質の分布のみからでは，上記のような結論を単純には導きだすことはできない．たとえば，局所群集間の移動が阻害されている場合は，群集内の系統は近縁になり (phylogenetic clustering)，同じ群集内で生態学的形質が種間で分化する場合もあれば (図2C)，分化せず類似した形質をもつ場合もある (図2A)．また，種間で同じ生態学的形質がみられる場合には，集団が分岐した後，進化しにくい (変化しにくい) から同じ性質を共有しているのか，それとも，変化しないような自然淘汰がかかっているのか，あるいは，一度変化してから，再び収斂進化したのか，などさまざまな可能性が考えられる．以下の項では，このような点を考慮しながら，ニッチに関わる形質と系統関係に関して，より詳しくみてみよう．

(3) ニッチ形質の保守性 (niche conservatism) とニッチの分化

群集形成に影響する生態学的形質には，競争，捕食-被食，宿主-寄生などの種間相互作用に関わる形質や，環境適応に関わるものなどさまざまな性質が考えられる．ここでは，その中からとくに，ニッチ利用に関係する形質 (ニッチ形質) について焦点をあてる．ニッチ利用に関する形質とは，生物の資源利用に関わる形質で，たとえば，利用する餌の大きさに関係する鳥の嘴のサイズ，植物の塩分耐性能力といった生息地利用に関するものが挙げられる．

群集構造がニッチ利用に基づいて構成されているかどうかは，群集生態学の中心的問題の一つである．生物多様性のニッチ理論では，ニッチ空間の相対的大きさで種の個体数が決まると予測され，それに対して，生物多様性の中立説では，種の個体数は，局所群集内のランダムな個体の置き換わりと外部からの移入と移出によって決まるとする (Hubble 2001)．群集内でニッチに関する形質がどのように分布しているのかは，群集の種構成とそれぞれがも

つニッチ形質の分布が資源利用や競争などに影響されているのかという生態学的な問題の他に，群集内において種間の相互作用によってニッチ形質は進化したのか，それとも群集内の相互作用や環境とはランダムに進化したのか，あるいは，群集内でみられるニッチ形質は，その群集が形成される以前に進化したのか，などニッチ形質の進化機構そのものの問題とも関連する．

　ニッチ形質の進化と関わる現象として，古くから議論されている現象の一つに形質置換 (character displacement) がある (コラム 2「群集生態モデルと進化動態」)．異所的に生息し，類似したニッチ形質をもつ 2 種が，同所的に生息する場合，競争を緩和するようにニッチ形質が 2 種間で分化するように進化する現象が形質置換である．資源をめぐる種間競争によって 2 種のニッチ形質が分化する現象が，理論的にも，実証的にも一般的かどうかに関しては多くの議論がある (Slatkin 1980, Taper and Case 1992, Doebeli 1996, Schulter 2000)．Schulter (2000) は，自然界での形質置換の実証的研究をレビューし，形質置換であると判定できる例は少なくないことを示した．また，同所的に生息する 2 種のフィンチのうち，1 種の嘴のサイズが数年で変化し，形質置換が急速に生じることが示されている (Grant and Grant 2006)．しかし，競争する 2 種のニッチ形質が分化するように進化するには，初期の形質の分布，資源の分布，さらに形質の遺伝的変異など，さまざまな条件が満たされることが必要であり，多くの場合，一方の種の絶滅が生じる可能性が高い (Slatkin 1980, Taper and Case 1992, Kawata 1996)．群集内で資源利用などのニッチに関する形質が 2 種の間で分化しているという現象が観察された場合には，その群集で競争によって分化したのか，別の場所で異なる方向に進化した形質をもつ種が共存しているのかの区別が必要である．

　ニッチ形質の分化が進化によって生じるかどうかという問題は，分化を促すような生態的な条件があるかどうかという問題と同時に，ニッチに関わる形質は進化によって変化しやすいのかどうかということが問題になる．Peterson et al. (1999) は，中米の哺乳類，鳥類，蝶を用いて，異所的に生息する近縁な 2 種が類似した生息地環境に生息しているかどうかを解析した．その結果，異所的に生息する近縁な 2 種の潜在的な生息地は大きく重なることが示された．この結果は，近縁な種は同じ生息地を占める傾向にあり (同

じニッチをもつ），共通の祖先から同じニッチ形質（ここでは生息地適応に関する形質）を受け継ぎ，その後，そのニッチ形質は変化していないことを示唆している．このように，ニッチ形質が変化しないことをニッチの保守性 (phylogenetic niche conservatism) とよんでいる (Wiens and Graham 2005)．もし，ニッチに関する形質が進化しにくいのであれば，現在の群集の資源や環境に応じて形質が分化するということは生じにくいということになる．

　ニッチの保守性 (niche conservatism) に関しては多くの研究がなされ，それを支持する例もあれば，支持しない例もある（たとえば，Losos 1996, McPeek and Miller 1996, Peterson et al. 1999, Prinzing et al. 2001, Webb et al. 2002, Ackerly 2003, Losos and Glor 2003, Anderson et al. 2004, Cavender-Bareset al. 2004, 2006, Wiens and Graham 2005, Kembel and Hubbel 2006, Knouft et al. 2006, Weiblen et al. 2006）．たとえば，Knouft et al. (2006) は，ブラウンアノールをもちいて，ニッチ形質の進化を解析した．その結果，近縁な種間でニッチが多様化している場合もあれば，系統的に遠くても同じニッチ形質を示す場合もあり，系統的な類似性とニッチ形質の類似性の間に一般的な関係がなかったことを示した．最近の Maherali and Klironomos (2007) らの研究は，菌類の群集には系統的に異なる種が混じっており (phylogenetic overdispersion)，さらに，近縁種は類似したニッチをもっていることを示した．また，異なる系統の種が群集内で異なる役割をもつことで，多種の菌が共存していることも示した．

　現在のニッチ形質が，過去の進化を引きずったものかどうか，また，ニッチ形質は進化しにくい形質であるかという点に関しては，おそらくその形質の遺伝的基盤が影響しており，一般的な傾向として結論づけることはできないと思われる．しかし，この問題はいくつかの重要な点を含んでいる．どのような形質が進化によって変わりやすい (labile) のか，あるいは変わりにくいのか (conservative) という問題である．

　Silvertown et al. (2006) は，同じ局所的スケールでの共存に関わるニッチ形質 (αニッチ)，地域的な生息地適応に関わるニッチ形質 (βニッチ)，そして，地理的な生息地範囲に関わるニッチ形質 (γニッチ) について，草原植物群集のニッチと系統の関係を調べた．その結果，αニッチに関わる形質は系統と関係がみられず保守的はでないが，βニッチとγニッチに関する形質は近

縁種に保存されている状態 (conservative) であった．αニッチが変化しにくい種どうしは共存を妨げるので，共存している種はαニッチに関する形質が進化しやすい．それに対して，βニッチに関する形質は同じでなければ同じ生息地に共存しないので変化しにくいと，Silvertown et al. (2006) は議論した．しかし，Ackerly et al. (2006) は逆に，木本植物群集について，生息地での共存に関するαニッチ形質は保守的で変化しづらいが，βニッチ形質は変化しやすいことを示した．同様に，アメリカのムシクイを用いた研究では，非常に近縁な2種は局所的には共存が示され (Lovette and Hochachka 2006)，近縁な種では，共存に関する形質 (αニッチ) は変化しにくく，一方が排除されていることを示している．これらからも，共存に関わるニッチ形質は変わりにくいのか，また，生息地適応に関わる形質は進化しやすいのかどうかは，生物やその形質によって異なると考えられる．共存や生息地適応に関する生態的な要因がニッチ形質の進化のしやすさを決定しているとは結論できない．

　Wiens and Graham (2005) は，ニッチ形質の保守性 (niche conservatism) の原因は形質が変化しないようにはたらく安定化淘汰と発生的制約であるとしている．安定化淘汰に原因を求める考え方は，遺伝的変異があり進化可能であっても，生息する環境の安定化淘汰によって形質が変化しないというアイデアに基づいている．そのような形質は，環境の変化や競争などの相互作用に応じて形質は進化することができる．しかし，上述の研究で示されたように，ニッチ形質の安定性が生態学的要因で決まっているとは限らない．ニッチ形質の安定性の要因を考えるうえで，環境の変化に即座に対応して進化できないような制約を考慮する必要がある．形質の進化の制約として考えられる要因は，遺伝的変異の欠如，遺伝相関，遺伝子流動 (gene flow) による制約，発生的制約などが考えられる．遺伝的変異が喪失あるいは減少する要因には，個体数の減少や外部集団からの遺伝子の供給阻害などの集団遺伝学的な要因と遺伝子の変異と表現型の変異の関係に関わる遺伝的・発生学的基盤の特性によるものが考えられる．また，同様に，他の重要な形質と遺伝相関がある場合，他の形質の進化に制約されて，形質が進化しにくいということも考えられる．このような遺伝子と表現型の関係や表現型間の遺伝的相関を決める重要な要因が遺伝子制御ネットワークである．

生物のさまざまな形質は，遺伝子のネットワーク制御によってつくられる．遺伝子制御ネットワークの構造はそのネットワークが制御する形質（表現型）の遺伝的変異の量や方向性に影響し，それが進化の方向性や進化の制約となる．つまり，遺伝子制御ネットワークが発生的制約を作り出す大きな要因である．たとえばシス制御領域のオン・オフで形質が発現したりしなかったりする場合，系統的に関係なく，収斂や平行進化が比較的容易に生じる（Prud'homme et al. 2006）．しかし，同じ遺伝子が異なる形質を制御しているので，一つの重要な形質の発生に必要な遺伝子の並びや発現の順番が，別の形質の発生の制約になったりする（Tarchini et al. 2006）．また，複雑な遺伝子制御ネットワークは，突然変異に対して頑健な構造（robustness）を作り出したり，逆に大きく変化しやすい構造（high evolvability）を作り出す（Kitano 2004）．このような遺伝子制御ネットワークの構造は，ある形質が進化によって変わりにくいかどうかに関わっていると考えられ，進化の方向性を決める重要な要因である（Wilkins 2007）．しかし，遺伝子制御ネットワーク自体も，環境によって進化しうるので，形質の進化のしやすさも環境の影響を受けるかもしれない．

　発生的制約といった生物内部の要因とは別に，外部環境による形質進化の制約も考えられる．ダーウィンフィンチの嘴の形態は非常に速く進化しているが，それは，嘴の形態の違いに関与する遺伝的変異が大きいからである（Grant and Grant 2002）．この大きな遺伝的変異の原因の一つとして，他種からの遺伝子浸透が挙げられている．この考え方に基づくと，外部から遺伝的変異を大きくするような遺伝子の流入がない集団では，遺伝的変異を十分に維持することができず，形質の進化は抑制されると考えられる．これとは逆に，他の地域で適応しているが，当該地域では適応していない遺伝子が外部から流入してくる場合，その遺伝子は有害な遺伝子となり，当該地域での適応を妨げる（移住荷重，migration load）．ある種の生息域が拡大できないのは，このような移入荷重によって境界領域では個体数が減少するためかもしれない．また，ニッチが空いていても，新しいニッチへの侵入が可能かどうかは，資源量分布などのニッチの分布の形や遺伝的近傍サイズの大きさなどによって影響される（Kawata 2002）．このように，形質の進化の制約が外部の要因

によって決まっている場合は，その生物の置かれている環境が形質の安定性を決定する．

(4) 系統関係とニッチ形質の進化はどのように群集に影響するか？

　群集を構成する種の系統関係，そしてニッチに関する形質が系統的に保存されているのかどうかは，現在の群集形成にどのように影響するのだろうか．群集が歴史的な進化の影響を受けるかどうかは，局所群集のあいだで生物の移動分散が十分にあるのか，ニッチに関わる形質は進化によって変化しやすい (labile) のか，しにくい (conservative) のか，また，群集に関するどのような特性を問題にするのかによって異なる．ここでは，現在の局所群集内の環境で進化によって変化できる形質を変化しやすい (labile) 形質と見なすことにする．

　種間の相互作用による影響や生息環境への適応により形質が急速に進化する場合は，系統的制約にかかわらず，局所群集において種は互いに生息地の共存に関するニッチの形質を分化させる可能性がある．その場合でも，局所群集に種を供給するメタ群集（より大きな空間における局所群集の集まり，本シリーズ第5巻コラム参照）の種構成の特性に影響されるだろう．また，局所群集内の種がお互いに系統的に近い場合 (phylogenetic clustering)，類似したニッチ形質をもった種が共存していないのは，競争排除やニッチ形質の分化が生じたためでなく，系統内で種が形成されたときにニッチ形質が分化していたためである可能性も考えられる．

　ニッチ形質が進化しやすい (labile) ため現在の環境から形質進化の方向性が予測され，過去の進化の影響を考慮する必要が少ない場合でも，群集は現在の資源分布や環境傾度などの影響を受けた種構成になるとは限らない．競争する2種の形質は，その資源分布や初期の形質の分布によって，分化することも収斂することもある．また，収斂の末，絶滅する場合もあれば，共存する場合もあるだろう．また，競争などが生じない場合は，ランダムな種の構成になることもある．

　形質が進化しにくい (conservative) 場合には，群集が形成される以前にどのような形質を獲得したのかが現在の群集構成に大きく影響するだろう．局

所群集内の種がお互いに系統的に近い (phylogenetic cluster) 場合には，共存に関わるニッチ形質は進化しにくいため，分散能力が非常に小さな種は競争によって絶滅する確率が高くなると考えられる．系統的に近い種が同じ局所群集を形成する (phylogenetic cluster) のは，物理的障害や分散の能力の低下によって同じ群集にとどまることが原因である場合と，形質が進化しにくいため，新しい環境に侵出できないのが原因であると考えられる．熱帯での種数の豊富さを説明する tropical conservatism 仮説によると，熱帯で形成された種は，ニッチ形質の保守性 (niche conservatism) によって，温帯地域に適応できないために進出できず，熱帯における種数を高めている (Farrell et al. 1992, Ricklefs and Shuluter 1993)．形質の進化しにくさは，地域間の移動分散に影響し，多様性に影響を与える要因の一つである．群集間で生物の移動分散が十分に生じる場合あるいは過去に生じた場合は，系統的に異なる種によって局所群集が形成される (phylogenetic dispersion)．このとき，生物が自らもつ形質に適した生息地に移動分散し，同じ環境の生息地に，系統の異なる類似した形質をもつ種が定着する場合を環境フィルタリング (environmental filtering) という (Webb et al. 2002)．ニッチをめぐる競争などが生じていない場合や環境に適応した場所に積極的に移動分散することがない場合には，中立説が予測するように地域群集やメタ群集からの局所群集への分散率とランダムな局所群集内の置き換わりが群集の構成を決めるだろう．

　形質がどれだけ変わりにくいのかは，時間スケールにも依存するかもしれない．ムシクイでは，非常に近縁な 2 種は局所的に共存できるように急速に形質を分化させることはないが，時間が経過するにつれて近縁な 2 種の形質は次第に分化し，共存することが可能になると考えられた (Lovette and Hochachka 2006)．したがって，長い期間でみると形質は安定ではなく，分化するように進化するが，短い時間では，形質は安定で，類似した形質をもつ近縁種は同所的に共存できないのかもしれない．しかし，上述したフィンチの例では，競争によって数年で形質を進化させたことから，形質が長期間かけてゆっくりと進化するよりも，形質の進化に必要な遺伝的変異やそれにはたらく自然淘汰の要因などの条件が満たされる時期が長い時間の中でたまたま生じ，その時に，急速に進化したと考えられる．そのために，進化はす

ぐに起こらず，長期間のあいだで分化したようにみえるのかもしれない．

　系統が異なり，進化しにくい形質をもつ種が群集を構成するとき，異なる機能をもつ種が群集内で共存するようになる．このような群集では，群集内の機能型が増加することで，群集の生産性を増大させる可能性が指摘されている．Macherali and Klironomos (2007) は，菌の群集において，系統の異なる種が共存することで種数が増大し，異なる機能をもった群集が構成され，種の補償作用などで生態系の機能も増大することを指摘している．これは，現在生息する群集とは別の環境で進化した形質が，現在の群集で共存することで，群集としての機能を高めていることを示している．この「進化しにくい安定な形質をもつ系統の異なる種で群集が構成されているかどうか」という問いは，新たな興味深い問題につながるだろう．現在見られる群集は，安定性，生産性，物質循環といった生態系の機能によって特徴づけられる．これらの機能は，群集の中の長期間の相互作用の中でそれぞれ群集を構成する種が形質を共進化させることで生じているのか，あるいは現在相互作用している群集以外で進化した形質が，適度に組み合わさることで機能を高めているのかという問題である．前者であれば，それぞれの群集は独自の進化を達成し，その中で進化してきた種の組み合わせは機能を維持するためには欠くことができないものであると見なされる．それに対して，後者の場合は，進化がどこで生じたかは関係なく，適切な種の組み合わせが群集の機能を維持するのに重要であると考えられる．菌の群集の研究結果は後者を支持していることになる．

(5) 種分化・絶滅・移動分散と種多様性

　ある地域群集の生物多様性（＝種数と相対個体数，Hubble 2001）の決定プロセスについて，Hubble (2001) が生物多様性の中立説を主張して以来，ニッチ説と中立説のどちらが支持されるのかについて，さまざまな生物で検証が行われている（Gilbert and Lechowicz 2004; Bell 2005; Dornelas et al. 2006; Graves and Rahbek 2005; Yamamoto et al. 2007; Volkov et al. 2007）．ニッチ説でも Hubble の中立説でも，局所群集内の生態学的プロセス（個体の置き換わりや群集全体あるいは種内の密度依存性）を考慮する点では同じである．局所群集内のプロセス

として，利用する資源や環境の種間の違いを重視するか，あるいは，ランダムな個体の置き換わり（ecological drift）や弱い種間相互作用を重視するのかという違いである．だが，これらの仮説のあいだには局所群集の成り立ちを考えるうえでもう一つの重要な違いがある Hubble の中立説（Hubble 2001）が，ニッチ説と異なる重要な点の一つは，メタ群集から局所群集への移動分散が局所群集内の種個体数の頻度に影響するという点である（最近では，種の密度依存な個体数変化を組み入れ，種間の相互作用がないモデルによって熱帯雨林や珊瑚礁の相対個体数を説明でき，個体のランダムな置き換わりや局地群集への移入は重要ではないとする研究もある．Volkov et al. 2005, 2007）．中立説では，メタ群集の種数と個体数は，局所群集内と同様に個体のランダムな生死によって決まり，また，種分化によって新たな種が供給されると仮定されている．つまり，メタ群集という地域的なプロセスと絶滅と種分化という歴史的なプロセスを考慮していることになる．

　Ricklefs（2006a）は，多様性が局所群集内の生態学的なプロセスで決まるという考え方を強く批判し，以下の二つの視点の重要性を強調した．どのような環境である系統が創出したのかは，その系統に属する種がどのような特徴をもっているのかと関係している．系統内の種が分化してきた環境をもつ地域を起源生態ゾーン（ecological zones of origin）とよぶ．彼は，群集の多様性は，起源生態ゾーン内でどれだけ種分化による多様性が創出されたのか，またそれらの種が他の生態ゾーンにどれだけ侵入が可能なのかによって，地域的な多様性が決定されると主張したうえで，地域的あるいは生態ゾーン内での種の多様性の決定には種分化率と絶滅率の差（進化的増加率 proliferation rate，あるいは多様化率 diversification rate）が重要であるとした．たとえば，現存するマングローブの系統は，約6千万年前に分化したと考えられるが，それ以降，マングローブ帯に適応した新たな系統は生じていない．このことからマングローブ帯に侵入できる進化が生じえなかったことが，その多様性を決定したという指摘がある（Ricklefs and Latham 1993）．また，ほとんどの顕花植物は熱帯で第三紀に生じ（Burnham and Johnson 2004; Davis et al. 2005），その後，一部の系統が高緯度地域に侵入できたと考えられている．そのことが，熱帯での高い多様性と高緯度での多様性の低さを反映している（Latham and Ricklefs

1993). また，進化的増加率が重要であるとする例として，東アジアで植物の多様性が高いのは，その地域での地形の特徴と第三紀のあいだの海水面の上下のためであるとしている (Qian and Ricklefs 2000).

　低緯度でなぜ多様性が高いのかという問題は古くから注目を集めてきた．熱帯での種の豊富さを説明する tropical conservatism 仮説は，次の三つの主要な要因を想定している (Farrell et al. 1992; Ricklefs and Schluter 1993; Wiens 2007)．それらは，①多様な熱帯の種は熱帯地域で種分化し，最近になって温帯地域へ移動した．熱帯と温帯では，進化的増加率（種分化率−絶滅率）はあまり違わないが，熱帯は温帯と比べて種分化して種が増加している時間が長い（種分化に必要な時間の効果．time-for-speciation effect)．②ニッチ形質の安定性 (niche conservatism) のため，熱帯から温帯への移住が制限される．③多くの系統は熱帯で起源している，ということである．

　鳥や哺乳類，貝や蝶などでは，熱帯での進化的増加率（種分化率−絶滅率）が温帯よりも高い (Cardillo 1999; Böhm and Mayhew 2005; Crame 2002)．Wiens (2007) は，両生類を用いた研究で，進化的増加率は熱帯の方が温帯より高く（温帯での絶滅率が高い)，温帯と熱帯の進化的増加率が等しいという仮定は支持されないが，熱帯の大きさや起源の古さなどから多くの系統が熱帯で起源していること，ニッチの安定性のため熱帯から温帯への侵出が妨げられているという tropical conservatism の仮定は支持されるとした．Weir and Schluter (2007) は，鳥と哺乳類の姉妹種の系統を調べた結果，高い種分化率と高い絶滅率が高緯度（温帯）の種でみられたと報告している．このことは，低緯度（熱帯）では，種の分化と絶滅という置き換わり率が低いために多様性が高いということを示唆している．現在，これらの研究が示すように，歴史的な進化の要因が種の多様性にどのように影響を及ぼしているかについては断定できることはほとんどない．それは種分化率と絶滅率，過去の移動・分散率の正確な推定の困難さに起因している．しかし，種の豊富さ，種多様性を決める要因を考えるうえで，種分化率，絶滅率，地域間・局所群集間の移動・分散に関わる歴史的要因について考慮する必要性が高いことについては異論がないだろう．

(6) 種分化率に影響する要因

　種分化率と絶滅率，そして異なる地域あるいは環境への適応による分布の拡大は，地域的な群集の多様性の重要な決定要因である．それでは，これらの決定要因はどのようにして決まるのだろうか？　絶滅に影響する要因については次節で議論することにして，まず，分化に影響する要因について議論する．種分化を促進する要因としては，集団の物理的分断・隔離に影響する地理的・地史的要因などの要因，分断淘汰 (disruptive selection) や同所的あるいは異所的にはたらく多様化淘汰 (divergent selection) に関わる生態的要因，遺伝子流動，遺伝的浮動，連鎖不平衡など集団遺伝学的な要因，また，生殖隔離を可能にする分子，発生，遺伝的な要因が考えられる．

　地理的・地史的な要因としては，地形的な複雑さや海水面の上下よる隔離の回数，生息地の面積などが考えられる．たとえば，アフリカや南アメリカの鳥類では，低地の熱帯雨林よりもそれを取り巻く地形の複雑な周辺の山岳地帯で最近の種分化が生じている (Roy 1997)．また，カリブ海の島に生息するアノールトカゲでは，面積がある程度大きい島で種分化率が急激に増大している (Losos and Schluter 2000)．また，時間あたりの種分化率は変わらなくても，種分化がコンスタントに生じる生息環境が長期間維持されることで，結果的に種分化が多く生じ，多様性に影響を与えている (time-for-speciation 効果．たとえば Smith et al. 2007)．

　生物のもつ特性やそれを取り巻く生態的環境も種分化率に影響する．生物の移動分散能力は，物理的な集団間の隔離の程度に影響すると同時に，組み換えを促進したり遺伝的変異を増大させたりする集団遺伝学的な要因とも関連する．いくらかの生物では，分散能力と種分化率との関係が指摘されている (Jablonski 1986a; Palumbi 1992)．近年，とくに，異なる集団にはたらく多様化淘汰や集団内の分断淘汰が，種分化を促進させるという生態学的種分化 (ecological speciation) の重要性が指摘され (Schluter 2000, 2001; Rundle and Nosil 2005)，生態学的な要因が種分化を促進する可能性が強調されている．また，生物が新しい生息地に侵入してからの分化の速度が次第に減少していることから，生態的あるいは空間的なニッチの空きが種分化を促進することが示さ

れている（たとえば，Albertson et al. 1999）．同様に，生物が新たに侵入した島などの地域では，大陸よりも種分化率が高い．このことも，空いたニッチが種分化を促進するという仮説を支持している（Schulter 1998）．これらの例では，異所的に生息する集団が異なる自然淘汰を受けて，形質を分化させた結果として，種分化が促進されているのだと考えられる．

しかし，単に自然淘汰の強さや方向性だけでは種分化の速度は決まらない．どのような形質に淘汰が働いているのかが重要である．たとえば，ダーウィンフィンチにおいて，餌への適応に関わる急速な嘴の進化は，同時にさえずりの変化を引き起こし，交配前隔離を促進したと考えられる（Podos 2001）．また，ショウジョウバエにおいては，温度耐性に関係するクチクラの炭化水素（hydrocarbon）の適応が交配のフェロモンの変化を引き起こし，異所的種分化を促進したと考えられる（Greenberg et al. 2003）．これらの例では，交配前隔離に関わる性質と集団間で分化を引き起こす性質が同じであったため，種分化が生じやすくなっていたと考えられる（Gavrilets 2004）．Coyne and Orr（2004）は，種分化率を増大させる形質の候補として，動物の性淘汰を強める形質と植物の受粉を促進する形質が重要であることを指摘した．このことは，交配前隔離に関する形質の進化が，速い種分化をもたらしていることを示唆している．しかし，これらの種分化の促進が，生態学的な要因によるものなのか，形質に関わる遺伝的基盤によるものなのか，区別はなされていない．

同所的種分化に関しては，いくつかの理論的研究によって，今まで考えられていたよりも容易に生じうることが主張された（Higashi et al. 1999; Dieckmann and Doebeli, 1999; Kondrashov and Kondrashov 1999）．しかし，その後，同所的種分化が容易に生じるとしたモデルの突然変異率や遺伝的変異，集団遺伝学的な仮定が不適切であるとする批判が生じ（Waxman and Gavrilets 2005），同所的種分化は理論的には限られた条件でのみ生じることが再認識され，同所的種分化には遺伝的および集団遺伝的な要因が重要であることが指摘されている（Gavrilets 2004）．したがって，ある生物群では適応放散や種分化が急速に生じているのに対し，別の生物群ではそうではないのかという問題は，単に生態学的な要因だけではなく，その生物群の遺伝的機構や種分化に関わる形質の遺伝的機構に依存していることが考えられる（たとえば，

Kawata et al. 2007).

　種分化は,歴史的な過去の生物の進化現象であるだけでなく,現在でも常に生じている現象でもある.したがって,種分化に影響する要因を明らかにするためには,過去の地理的・地質学的な知見や系統関係を調べると同時に,現在の生物をもちいて生態学的環境と種分化の関係,さらには,種分化に関する形質の遺伝学的基盤を調べることが重要である.

2　大規模イベントの生物群集への影響

　ここまで,種分化,分散移住,系統関係やニッチ形質の遺伝的基盤など歴史的な進化要因が,群集を形成する上でいかに大きな影響を与えているかを示してきた.こうした要因は,過去から現在にいたるあらゆる時代の生物群集において,常にその形成に関わり続けてきた普遍的な要因である.たとえば,現在の群集であれ,中生代の群集であれ,その形成にはともに種分化や絶滅,移動分散,形質の遺伝的制約などが,程度の差はあれ共通に重要な役割を果たしてきたはずだ.一方で,群集に影響を与える歴史的要因にはイベント的な要因(過去の特定の時代だけにはたらいた特異的な要因)も含まれる.とくに群集の進化において大きな役割を果たす絶滅には,イベント的な要因が大きく関わっている.こうした進化史イベントは一時的かつ特殊な現象であるが,劇的なインパクトを群集に与え,その後の群集の構成を大きく変えてしまう.たとえば,なぜ現在の生物群集に過去の群集で主要な位置を占めていた系統が欠けているのか,という点はイベントとしての歴史的要因を考慮することによって理解することができる.さらに進化史のイベントによって群集を構成する生物の系統に生じた偏りは,第1節で述べたように,系統間の遺伝的制約や種分化速度の違いを通じてその後の群集の構成や種多様性の進化に強く作用するだろう.

　こうした進化史のイベントが群集に及ぼす影響は,現生生物の系統関係だけでなく,化石記録を通してより直接的に知ることができる.ここでは,大規模イベント,特に過去の地球環境の変遷やそれに伴う絶滅が,どのように

生物群集に影響してきたかを，化石記録に注目することにより議論したい．さらに進化史上の最新の大規模イベントである人間活動によって生じた絶滅を取り上げ，その群集に対する影響について考察したい．

(1) 大量絶滅

地球上に過去に生存していた種の99%以上はすでに絶滅したとされる (Wilson 1991)．このことは現在の生物群集の成立に，地史上の絶滅がいかに大きく影響したかを示している．とくにカンブリア紀以降，big five とよばれる5回の大規模な絶滅が起きたことが知られている (Raup and Sepkoski 1982) (図3)．これらは「大量絶滅」と呼ばれ，地質学的にはほぼ同時に多くの分類群で広域にわたって絶滅が起きた．この大量絶滅に対し，それ以外の時期の絶滅を「背景絶滅」とよんでいる．big five のうちオルドビス紀末，ペルム紀末と白亜紀末の大量絶滅は，背景絶滅と連続せず統計学的に区別される大きさの絶滅を示すことが知られている (Bambach et al. 2004)．大量絶滅を引き起こした要因については，古くから多くの仮説が提唱されてきたが，現在でも謎は多く議論は絶えない．しかし，白亜紀末とペルム紀末の絶滅につ

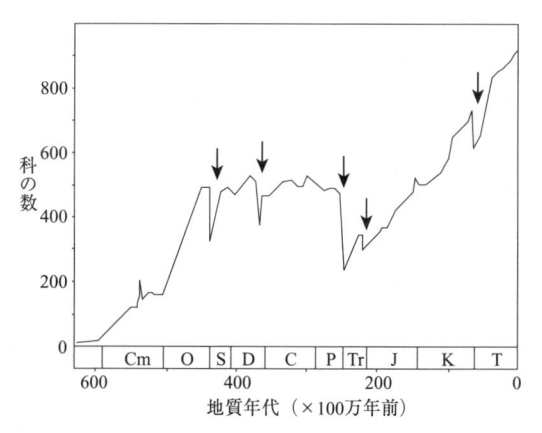

図3 顕生代を通じた，海洋無脊椎動物の科の数の変化．
矢印が5回の大量絶滅を示す．時代を示す記号は Cm：カンブリア紀，O：オルドビス紀，S：シルル紀，D：デボン紀，C：石炭紀，P：ペルム紀，Tr：三畳紀，J：ジュラ紀，K：白亜紀，T：第三紀 (Sepkoski 1981 および Benton 2001 を改変)

いては多くの地質学的資料が得られ，かつてとは比較にならないほどそのプロセスの解明が進んでいる．

(a) 白亜紀末の大量絶滅

白亜紀末（K/T境界）の絶滅イベントの際には，恐竜やアンモナイトなど中生代に高い多様性を示した生物が絶滅した．この大量絶滅を引き起こした要因として，現在最も有力と考えられているのが，彗星ないし隕石の衝突である（Alvarez et al. 1980）．現在の中米メキシコのユカタン半島の位置に小天体が衝突し，劇的な気候変化をもたらした（Pope et al. 1998）と考えられている．ただし衝突が起きたタイミング以前に絶滅がはじまっている分類群もあることから，この絶滅イベントには小天体の衝突のほか，気候変動も影響した可能性がある（Twitchett 2006）．

(b) ペルム紀末の大量絶滅

古生代ペルム紀末（P/T境界）には地球史上で最大レベルの絶滅が起こり，海洋生物の約90％の種が絶滅した（Erwin 1993）．この時期，全地球レベルの著しい温暖化が起きており，とくに高緯度地域で絶滅が顕著であることから，最近はこの温暖化が大規模な絶滅の要因ではないかと考えられている（Wignall 2004）．この温暖化は，次のような機構で起きたと考えられている．火山活動が活発化することにより，まず大気中にCO_2が放出される．同時に放出された硫化物のため海洋水のpHが下がり，海洋中のCO_2が大気中に放出される．大気中のCO_2濃度の上昇による温室効果のため温暖化が起こると，それまで海洋底や永久凍土に閉じ込められていたメタンが放出される．メタンはCO_2をはるかに超える温室効果をもつため，気温上昇が加速され，いっそうのメタンの放出が起きると，正のフィードバック機構が働き，著しい温暖化が引き起こされる（Wignall and Twitchett 1996; Kidder and Worsley 2004）．またこの時代，気温上昇に加え，大気や海洋が極端に低酸素となった可能性も指摘されており（Isozaki 1997; Huey and Ward 2005），こうした地球内部の変動に起因する大規模な気候変化が，ペルム紀末の絶滅をもたらした可能性が高い．しかし，隕石衝突説や大気海洋の硫化水素濃度の上昇などの仮説もあ

り，この時期の絶滅については依然として未知の点が多い．

(c) 大量絶滅と環境変動

　大量絶滅の要因として環境変動の効果を重視する立場に対し，生物間の相互作用の効果を重視する考えもある．異なる生物種間に相互作用のネットワークがある場合には，一つの種の絶滅が連鎖反応的に他の種の絶滅を引き起こす可能性がある．このような系では，同じレベルの小さな攪乱があらゆる大きさの絶滅を引き起こす状態が進化しうる．そのため長い時間の間には，とくに大きな環境変動なしに非常に大きなレベルの絶滅が起きるかもしれない (Kauffman 1993; Sole et al. 1997; Hewzulla et al. 1999)．この考えは複雑系研究の分野を中心に注目された．しかし，この系の振る舞いとして予測された多様性や絶滅率のパターン（絶滅サイズ分布のべき乗則，ないし 1/f ゆらぎ則など）が，実際の化石記録に示された多様性の時系列データや絶滅サイズ分布にあてはまらないこと (Kirchner and Weil 1998; Plotnick and Sepkoski 2001)，また環境変動と大量絶滅のあいだに明瞭な因果関係があることが否定できないまでに地質学的データが蓄積してきたことなどから，現在では一般にはあまり支持されていない．つまり，大量絶滅はおもに地球内部と外部のダイナミクスに起因する相対的に非常に大きな物理的なインパクトによって生じた可能性が高いと考えられている．もしもそうであるならば，現在の地球上に見られる生物群集の構成は，歴史的な地球レベルの物理的変動の刻印を強くとどめたものだということができるだろう．

(2) 絶滅の選択性

　大量絶滅の際にどのような生物が絶滅するかによって，その直後の生物群集の構造は大きく左右される．また大量絶滅直後の群集はその後に起きる生態系の回復の起点となるため，回復した生態系の構成要素を大量絶滅以前のものと大きく変える役割を果たす．では，大量絶滅の時期とそれ以外の時期では，絶滅した生物の性質にどのような違いがあるのだろうか．極端に大きな環境の物理的な変化は，生物の性質の違いに対して無関係に，「ランダムな絶滅」を引き起こすだろう．一方，そうした大きな環境変化がなくても絶

滅は起こるし，さらに群集内の相互作用がもたらす適応進化は絶滅に影響を及ぼす．化石記録のみではこうしたプロセスが実際に生じたかどうかを判断するのは難しいが，もし適応進化のプロセスに影響された絶滅と，大きな環境変動に起因する絶滅が質的に異なるのであれば，その違いは大量絶滅と背景絶滅の間で，絶滅する分類群の表現形質に選択性の違いとして現れる可能性がある．

(a) 群集の進化が絶滅に及ぼす影響

群集においては種間相互作用が絶滅しやすい性質を進化させることがある．たとえば，共進化によって特殊化したスペシャリストが，環境変動に対して脆弱になったり，相手の種の絶滅によって自らも絶滅の路を歩むことになったりする，といった現象が知られている．モーリシャスのドードーの捕食にその種子の発芽を依存していたとされるアカテツ科の *Calvaria major* の激減は，ドードーの絶滅により引き起こされたとされるが (Temple 1977)，これは種間の共進化が絶滅を促進する例の一つといえる．

さらに種内のロジックによって生じた適応進化が，その結果として個体群の絶滅を招くことがある (Matsuda and Abrams 1994; Gyllenberg et al. 2002; Rankin and Lopez-Sepulcre 2005)．この現象は evolutionary suicide とよばれる．理論的な研究に基づくと，種内競争は条件によっては個体群に，極端に強い競争力を進化させる代わりに絶滅しやすい性質を進化させうる (Matsuda and Abrams 1994)．またパッチ間の個体の移住に死亡リスクがともなう場合は，条件によってはパッチ間の移住をまったく行わないような性質が進化し，メタ個体群レベルでの絶滅が起こってしまう (Gyllenberg et al. 2002) 可能性がある．あるいは，雄間の雌をめぐる性的競争が，環境変動に対して脆弱な個体群を進化させてしまう可能性もある．たとえば雌のメダカは大型の雄を好むため，相対的に小型で繁殖力の大きな野生型の雄のメダカよりも，遺伝子導入された大型だが繁殖力の低い雄のメダカに対しより強い選好性を示し，そのため遺伝子導入されたメダカの方が高い適応度をもつことが知られている (Muir and Howard 1999)．しかし遺伝子導入されたメダカは繁殖力が相対的に低いため，雌が大型の雄を好む性質が維持される限り，雌の平均産卵数が減少し，

個体群サイズが減少して絶滅が起こりやすくなる（Muir and Howard 1999）．また雌雄の共進化が絶滅の可能性を高める例として，性的二型が発達した鳥種はより絶滅リスクが高いことが知られている（Doherty Jr. et al. 2003）．

このような適応進化の過程や種間相互作用による共進化過程は，化石記録では一般に検出が困難であるため，こうしたプロセスによる絶滅の実証は難しい．しかし，たとえば体サイズや形態の複雑性，生活史などの形質は，ある程度，資源競争や性的競争，繁殖力などに対する適応性の違いを反映している．こうした形質は化石記録でも検出が可能なことから，背景絶滅の時代のこれらの形質の絶滅に対する選択性を調べることによって，上で述べたような群集の進化による絶滅がどれくらい生じているか，ある程度推定できるかもしれない．

(b) 表現形質に見られる選択性

特定のニッチに対して特殊化を示すスペシャリスト的な種は，より広範なニッチを利用しているジェネラリスト的な種よりも，高い絶滅率を示すことが，古くから指摘されてきた（Hallam 1987; McKinney 1997, 2001）．またより複雑な形態をもつ種は，より単純な形態の種よりも絶滅率が高いことも知られている（Hallam 1987; McKinney 1997, 2001）．この傾向は，背景絶滅の時期と大量絶滅の時期のいずれにも認められる．ただし系統によっては，一方の時期だけにこの傾向があらわれることがある．

上で述べたように体サイズはある程度，特殊化や繁殖率と関係した性質なので，絶滅に対して選択性を示す可能性がある．一般に大型の生物ほど寿命が長く，個体群密度も低い傾向があるので，体サイズが大きくなるほど絶滅しやすいと考えられるが，化石記録を見る限り，必ずしも体サイズと絶滅率の間に一定の関係があるわけではない．体サイズと絶滅率の関係は時代や系統だけでなく，地域の違いによっても異なる．たとえば，白亜紀末の大量絶滅の時期には，脊椎動物では恐竜のような大型種がより高い絶滅率を示したが（Archibald 1996），海産の軟体動物では体サイズの違いに対して絶滅率の差は認められない（Jablonski 1996; Lockwood 2005）．一方，背景絶滅の時代である鮮新世から更新世にかけては，カリブ海の二枚貝類では大型の種の方

が小型の種よりも高い絶滅率を示した（Anderson 2001）．これに対し，同じ時期の東太平洋の二枚貝類の場合，同じ属の種に限定すると，絶滅率は小型の種で有意に大きくなった（Smith and Roy 2006; Rivadeneira and Marquet 2007）．ただしこの傾向は，すべての属を一括して比較した場合には認められなかった（Smith and Roy 2006）．

　分散能力の違いによる絶滅率の違いは，とくに海産無脊椎動物で知られている．背景絶滅の時期には，幼生期に浮遊ステージをもたない（直達発生）貝類の方が，浮遊ステージをもつ種より高い絶滅率をもつ．ところがこの高い絶滅率にもかかわらず，幼生が直達発生をする系統の方が，より高い種多様性をもっている．これは直達発生型の系統の方が浮遊幼生型より地理的に隔離されやすいため，高い種分化率をもち，それが前者の高い絶滅率を上回るためである（Jablonski and Lutzs 1983; Jablonski 1986b）．この幼生の浮遊ステージの有無による絶滅率の差は，大量絶滅の時期にはほとんど消失してしまう（Jablonski and Lutzs 1983; Jablonski 1986b）．

(c) 系統とレベルの違いに見られる選択性

　異なる系統間で絶滅率が異なる例は化石記録に多い．たとえば二枚貝の種の平均存続時間は，哺乳類や昆虫の10倍以上である．また系統の分岐パターンも系統間の絶滅率に違いをもたらす．新生代の二枚貝類では，種レベルの絶滅率は，より多数の種からなる属の方がより少数の種からなる属より高い．ところが属レベルの絶滅率は，より多数の種からなる属の方がより少数の種からなる属より低い（Smith and Roy 2006）．属レベルの絶滅率と属あたりの種数との負の相関は，単純に構成メンバーが多いことによる絶滅しにくさを反映している可能性がある．また上の例は，絶滅に対する選択性が階層によって異なることを示している．たとえば局所個体群レベルの絶滅率と種レベルの絶滅率は，必ずしも似るわけではない．頻繁な再移住と定着が起こる種では，個体群レベルの絶滅率が高くても種レベルの絶滅率は相対的に低く，一方，移住能力に乏しい種では個体群レベルの絶滅率は低くても，種レベルの絶滅率は相対的に高くなる．このため，化石記録で観察される種レベルないしそれ以上の分類群のレベルで認められる選択性は，個体群レベルの絶滅に

対する選択性と異なる可能性がある (Sheldon 1993; Chiba 1998a).

(d) 分布の違いによる選択性

背景絶滅の時代には，分布域の広い種は分布域の狭い種よりも絶滅率は低い傾向がある (Jablonski 1986b; Payne and Finnegan 2007)（図 4）．これは分布域の広い種では，局所的な環境変化があっても局所個体群の絶滅にとどまり，種レベルの絶滅が起きないのに対し，分布域の狭い種では，局所個体群の絶滅が種レベルの絶滅につながるためである．

生物が生息している地理的条件の違いも，絶滅率に違いをもたらすことがある．たとえば，陸生の種は海産の種より存続時間が短く絶滅率が高い（表1）．また海産の種でも深海種は浅海種よりも絶滅率が低い (McKinney 2001)．この傾向は背景絶滅の時代のほか，デボン紀末とペルム紀末の大量絶滅でも認められている．陸生の系統が海生の系統より絶滅しやすいことは，前者の方が分布域が狭い（平均して 1/4）ためであると考えられる (Rapoport 1994)．海洋生物の場合，前項で述べたように熱帯に分布する種は，温帯や寒帯に分布する種よりも平均存続時間が短く，背景絶滅の時代には熱帯の生物の方が絶滅しやすいことが化石記録でも認められる (Flessa and Jablonski 1996)．大量絶滅の時代にも，熱帯の種の方が高い絶滅率が認められること (Erwin

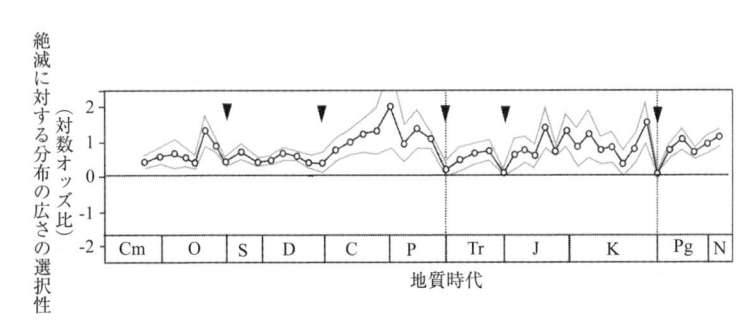

図 4　顕生代を通した，属レベルの分布の広さによる絶滅しやすさの変化.
分布の広さと絶滅の有無をロジスティック回帰して得られた対数オッズ比を示す．対数オッズ比が正のときは，分布が広いほど絶滅しにくい傾向があることを示し，対数オッズ比が 0 のときは，分布の広さと絶滅率に相関がない．矢印は 5 回の大量絶滅の時期を示す．灰色の線は 95% 信頼区間．(Payne and Finnegan 2007 を改変)

表1 化石記録から推定された化石種の平均存続期間

分類群	存続期間（百万年）
海産	
造礁性サンゴ	22
二枚貝	23
底生有孔虫	21
コケムシ	12
巻貝	10
浮遊性有孔虫	10
ウニ類	7
ウミユリ類	6.7
陸産	
単子葉植物	4
馬	4
双子葉植物	3
淡水魚	3
鳥類	2.5
哺乳類	1.7
昆虫類	1.5

（McKinney 1997 より引用）

1993; Archibald 1996）が知られている（ただしペルム紀末の絶滅は逆に高緯度でより著しい）．このような熱帯の生物のより高い絶滅率は，熱帯の生物の方が一般に環境変化に対する耐性の幅が狭く，分布域も狭いためかもしれない（McKinney 2001）．

(e) 絶滅のレジームと選択性

　背景絶滅は生物の系統や性質に対して選択的に起きたのに対し，大量絶滅はこれらの性質の違いに対してランダムに起きた，という主張がなされることがある（Jablonski 1986b; Jablonski and Raup 1995）．たとえば背景絶滅の時代には，体サイズ，幼生の浮遊ステージの有無などの生活史形質，種や属レベルの分布の広さといった性質は，種の絶滅率に差をもたらす．また属あたりの種数の多さは背景絶滅の時代の属あたりの絶滅率と反比例している．ところが大量絶滅の時期には，これらの性質の違いは絶滅率に対して上のような

選択性を示さないことがある（Jablonski 1986b; Jablonski and Raup 1995; Lockwood 2003; Payne and Finnegan 2007; 図4）．しかし実際には，大量絶滅の時期にも絶滅は必ずしもランダムに起きたわけではなく，やはり選択性が認められる場合が多い．たとえば，白亜紀末の大量絶滅では採餌戦略の違いが，三畳紀末の大量絶滅では住み場所の違いが，絶滅率に違いをもたらした（Smith and Jeffery 1998; Kiessling et al. 2007）．また白亜紀末の大量絶滅では軟体動物では体サイズの違いに対して絶滅率に差はなかったが，ウニ類や有孔虫では大型の種の方が高い絶滅率を示した（Smith and Jeffery 1998; Norris 2001）．

ただし，大量絶滅の時代に認められる絶滅の選択性は，それ以外の時期に見られる選択性とは異なる場合が多い（Gould 2002; Jablonski 2004, 2005）．もちろん海生種と陸生種の絶滅率の違いなど，大量絶滅と背景絶滅で選択性に共通の傾向を示すケースもある．しかし，たとえば大量絶滅の時期には，種レベルの分布域の広さと絶滅率の間の関係は消失する一方で（Jablonski 1986b; Payne and Finnegan 2007），より高次の分類群のレベルでの分布域の広さと絶滅率の間に負の相関が出現するケースもある（Jablonski and Raup 1995; Harper and Rong 2001）．また通常海洋生物では浮遊生活をするグループの方が，定着性のグループより絶滅率は低いが，大量絶滅の時期に逆の関係が見られることもある．たとえばオルドビス紀末の大量絶滅の時期には，三葉虫では幼生が完全に浮遊性の種の方が，着底ステージをもつ種より高い絶滅率を示し（Chatterton and Speyer 1989），白亜紀末の大量絶滅の時期には，浮遊性有孔虫の方が底生有孔虫より高い絶滅率を示した（Tayler 2004）．また背景絶滅の時期の相対的に安定な環境下で系統の存続に有利になる生活史特性は，大量絶滅の時期の環境下ではむしろ不利となる可能性もある（Chiba 1998a）．

このように大量絶滅とそれ以外の時期の絶滅は性質が異なるものであり，絶滅する生物の性質も両者で異なる可能性が高い．ただ，背景絶滅は大量絶滅に比べて研究が進んでいないため，絶滅をもたらした要因が両者のあいだでどのように異なるのか実はよくわかっていない．また背景絶滅とされる時代の中には，実際には気候変動などの大きな環境変化に起因し，特定の分類群や地域に注目すれば顕著な絶滅が見られるが，その影響が他の分類群や地域にまで及んでいないため，大量絶滅の範疇に入らないものが多く含まれて

いる．たとえばカリブ海周辺の熱帯大西洋では，鮮新世末に寒冷化や海面低下および海洋の一次生産の極端な減少により，60 〜 85％に及ぶ軟体動物の種の絶滅が起きた (Allmon et al. 1993)．ところが同じ時期に，西太平洋の熱帯地域では大きな絶滅は起きていない．カリブ海域ではこの時代の絶滅から種多様性がそれ以前のレベルに回復しておらず，これが現在，西太平洋の熱帯海域の方がカリブ海域よりはるかに高い海洋生物の種多様性が認められることの大きな理由の一つである．

背景絶滅の要因としてとくに注目されるのが，競争や捕食の効果である．とくに競争排除の効果は，絶滅や多様性変化のおもな要因として想定されてきた (Stanley and Newman 1980; Van Valen 1994)．しかし実際に化石記録だけから種間競争の効果や優劣を検出することは不可能である．また化石記録に認められる種の置き換わりは，競争排除ではなく，単純にある種が絶滅し，それが占めていたニッチを別の種が占めたというストーリーでも説明できる (Hallam 1987; Rosenzweig and McCord 1991)．

第三紀の北アメリカでの囓歯類の侵入による多丘歯類の絶滅は，競争排除による絶滅の例とされることが多いが，地質学的には短期間とはいえ両者は共存しており，これが厳密な意味で競争排除による絶滅かどうかは不明である．また鮮新世にパナマ地峡の接続により北アメリカから侵入した哺乳類との競争のため，南アメリカ固有の哺乳類の多くが絶滅したと考えられてきたが，当時南アメリカの哺乳類相の最も有力なメンバーだった貧歯目の仲間は，ほとんど影響を受けておらず，逆に北アメリカへの侵入と分布拡大を果たしており，その大規模な絶滅はむしろ気候変化による可能性が高い (Delsuc et al 2004)．加えてパナマ地峡が接続して先に分布を拡大したのは南アメリカのグループであった可能性が高く，南北グループの移住の方向性や移住率は当時の気候変化 (温暖化や寒冷化) によって決まっていた可能性が高い (Webb 1991; Flynn et al. 2005; MacFadden 2006)．したがって南北のグループが混合した後，競争ではなく系統間での気候変化に対する耐性の違いによる選択的な絶滅が起きた可能性も否定できない．

化石から競争の効果が直接推定された例外的なケースとしては，コケムシで調べられた競争排除の例がある．コケムシはコロニーが基質を覆って成長

するため，その被覆状況から異種のコロニー間の付着基質をめぐる競争の有無やその優劣が化石でも推定できる (McKinney 1995)．白亜紀と第三紀のコケムシでは，競争排除の効果による劣位の種群の衰退と考えられるケースもある (Sepkoski et al. 2000，ただし異なる結論としては Lidgard et al. 1993)．クレードの消長パターンから競争が多様性の変化に果たす効果を推定するモデルも考えられているが，種間競争が特定の種ないし系統を絶滅させたことを明確に示す証拠は得られていない (Sepkoski 2001)．

有力な捕食者の出現も種の絶滅を引き起こすプロセスであるが，強い捕食圧のために特定の系統が絶滅したことを厳密に示す第三紀以前の証拠はない．中生代には大きな鋏脚や鋭い口器など強力な「武器」を使う捕食者が甲殻類，魚類，巻貝などに出現し，その結果，特定の分類群の種多様性が減少する一方，別の分類群の表現型に著しい多様化が生じたとされている (Vermeij 1977, 1987)．この「海洋革命」の仮説は，軟体動物 (Roy 1994) や棘皮動物 (Oji 1996) など，多くの分類群の証拠から支持されている．しかしこれは長期のクレードレベルの傾向であるため，個別の系統の絶滅が捕食者の直接の効果によるものかどうかは不明である．おそらく化石記録に認められる絶滅と種の置き換えは，上記のような生物的プロセスと環境変動による物理的なプロセスの双方，ないし両者の混合プロセスによって引き起こされた，と考えるのが最も妥当であろう (Roy 1996)．

大量絶滅と背景絶滅が異なる結末をもたらすことは，通常の時期の「生存者」が必ずしも大量絶滅の時期の「生存者」になるわけではないことを意味している．このように大量絶滅は，それまで生態系において優勢だったグループを一掃することにより，群集をリセットする役割を果たしうる (Raup 1994; Gould 2002; Jablonski 2004, 2005)．

(3) 群集の復帰過程

大量絶滅が起こるプロセスに比べ，大量絶滅後に群集が復帰するプロセスについては，あまりよくわかっていない．その理由の一つは，大量絶滅直後は一般に生物量が少なく化石記録が乏しいことである．しかし，近年になって群集の復帰過程は意外に複雑で，系統や地域，絶滅イベントごとに異なる

要素をもっているらしいことが明らかになってきた．とくに重要な点は，絶滅が起きても生態系の基本システムが維持されている場合は，比較的短期に多様性が回復するが，食物網や物質循環のシステムが一旦崩壊してしまうと，多様性は容易には回復しないということである．

(a) 複雑な復帰過程

　大量絶滅後に起こる群集の復帰過程として最も有力な仮説は，大量絶滅以前に繁栄していた系統が占めていたニッチを，大量絶滅を生き延びた分類群がすみやかに多様化し置き換える，というものである（Hallam 1987; Rosenzweig and McCord 1991; Benton 1991）．化石記録では競争の効果を検出することや，利用資源や生活様式を厳密に復元することが難しいため，この仮説を検証することは容易ではない．しかし化石記録の解析では大量絶滅後，表現形質と種の多様化率が上昇する系統があることがわかっており，空白のニッチが提供されることが多様化を促進した可能性を示している（Sepkoski 1984; Miller and Sepkoski 1988; Patzkowski 1995; Erwin 1998, 2001; Olsen et al. 2002）．また大量絶滅直後の資料ではないものの，新生代の巻貝の化石記録では，利用されていないニッチが，新たに分化した種によって占められたり，環境変化によって特定の種が絶滅し空白となったニッチが，その直後に別の種によって進化的に置き換えられるというパターンが観察されている（Nehm and Geary 1994; Chiba 1998b）．さらに現在の地球上の，特に空白のニッチが多い海洋島や湖に住む生物の研究からも，上の仮説を支持する傍証が得られている．第1節でも触れたように，空白のニッチが多い環境では生態学的な機構により種分化の速度が速まることや，急速な適応放散が生じることがわかっている（Schluter 2000a; Kawata 2002）．また，分子系統樹からの推定に基づくと，共通のニッチ分化のパターンに加え，同じニッチを占めるきわめて類似した表現型が異なる場所や系統で繰り返し出現する適応放散が，海洋島や湖において爬虫類（Losos et al. 1998），鳥類（Sato et al. 1999, 2001），魚類（Rundle et al. 2000; Seehausen 2006），昆虫類（Rees et al. 2001; Blackledge and Gillespie 2004），貝類（Chiba 1999, 2004）や植物（Baldwin 1997）などで認められることから，恐らく大量絶滅後にも同様な放散がさまざまな分類群で生じたのではないかと想

像される．

　しかし，大量絶滅を契機とした群集の置き換わりの過程は，実際にはそれほど単純なものではない．白亜紀末の恐竜の絶滅後，急速に哺乳類が放散したと考えられてきたが，最近の分子系統推定を用いた解析によれば，哺乳類の放散は恐竜の絶滅以前から起きており，大量絶滅はその多様化率に影響を与えなかった可能性がある（Bininda-Emonds et al. 2007）．また鳥類の分子系統と化石記録の解析によると，鳥類の放散は中生代に起こり，現生の主要な系統は恐竜の絶滅以前にすでに出現していたらしい（Dyke 2001; Feduccia 2003）．このように哺乳類や鳥類の放散は大量絶滅のイベント以前にはじまっており，単に恐竜が大量絶滅によって群集から排除されたため，大量絶滅の時期を境にそれを置き換えたように見えるにすぎない，という見方も可能である．さらに恐竜の絶滅後，それまで肉食恐竜が占めていた最上位捕食者のニッチはすみやかに肉食哺乳類に明け渡されたわけではなく，実際には巨大な飛ばない鳥類が新生代中期まで，最上位捕食者のニッチを占めていた（Witmer and Rose 1991; Jablonski 2004）．恐竜と鳥類が単系統群をなすという見方に立てば，最上位捕食者の地位は新生代の半ばまで哺乳類ではなく恐竜（鳥類）が引き続き占めていたのである．このように系統の置き換わりは，必ずしも大量絶滅を境に一挙に起きるというものではなかった可能性がある．

(b) 多様性の復帰速度とパターン

　大量絶滅後の種多様性の復帰過程は，地質学的な時間スケールでは急速であるが，生態学的な時間スケールで考えれば，無限に近いほどの長い時間を要する．ペルム紀末の絶滅後，海産無脊椎動物の復帰過程は700〜1000万年に及ぶとされている（Hallam and Wignall 1997; Bottjer 2001）．また白亜紀末の絶滅後，もとのレベルの多様性を回復するのに，浮遊性有孔虫では1000〜1500万年，貝類では2000万年を要している（Norris 2001）．ただし，これらの分類群の多様性の復帰過程を詳細に見ると，種数の増加は，ロジスティック曲線のような滑らかな種数の増加パターンを示すのではなく，むしろ爆発的な増加のイベントが時間を置いて繰り返されている．爆発的な多様化をもたらすようなイベントが長い「休止期」をはさみつつ何度か起こることに

よって多様性は回復していくようである（Norris 1996, 2001）．理論的な解析に基づくと，大量絶滅から群集が回復するまでに要する時間は，食物網の構造や種間相互作用の強さ，また生態系システムのダメージやその回復度合いに影響される（Sole et al. 2002）．上記の爆発的な変化は，食物網などシステムの回復過程と関係があるかもしれない．

　大量絶滅を生き延びた系統がすべて多様化し，次の時代に「繁栄」をとげたわけではない．どのような性質が大量絶滅後に放散する系統と，多様化せず絶滅する系統とをわけるのかは明らかではない（Jablonski 2005）．たとえば分布域の狭い種は，分布域の広い種に比べて多様化率が高い傾向があるが（Jablonski and Roy 2003），こうした性質と系統の「繁栄」がどのようにして関連しているかは不明である．

　大量絶滅後の種多様性の復帰は，全世界的に同じように起きたわけではなく，その過程は地域ごとに異なっていた（Jablonski 1998; Krug and Patzkowsky 2007）．白亜紀末の大量絶滅直後，海産の貝類は北アメリカで一部の系統が爆発的に多様化したのち短期間で絶滅したが，他の地域では同じ時期の貝類に同様なパターンは認められない（Jablonski 1998, 2005）．多様性の回復過程にこのような地域性が生じた理由は明らかでなく，今後の重要な研究課題の一つである．

(c) 生態系の復帰過程

　大量絶滅直後の生態系の構造を示す地質学的な証拠はきわめて少ない．しかし近年，大量絶滅直後の生態系の構造や食物網，物質循環の状態や，その回復プロセスが徐々に明らかにされつつある（Coxall et al. 2006）．

　植物化石に残された昆虫の摂食痕の解析から，白亜紀絶滅直後の食物網は非常にバランスを欠いたものであった可能性が示されている．たとえば，葉が厚くタンニンなどの防御物質を大量に含むと思われる植物が非常に高い比率を占めているにもかかわらず，それを利用していた昆虫の痕跡がほとんどないという森林があった（Wilf et al. 2006）．

　大量絶滅後の生物の多様性の復帰過程は，崩れた食物網や物質循環の構造が回復することと密接に関係しているのかもしれない．海洋の物質循環の構

造の回復過程と浮遊性有孔虫の多様性の回復過程との間には強い関連性がある．白亜紀から第三紀にかけての化石の炭素安定同位体比の解析によると，白亜紀末の大量絶滅後，海洋の炭素循環の構造がそれ以前の状態と大きく変わってしまった（D'Hondt et al. 1998; D'Hondt 2005）．とくに深海への物質循環の鎖が断たれ，有機物の深海へのフラックスが著しく減ってしまった．現在の地球や白亜紀の海洋では，二酸化炭素がプランクトンにより海面表層で有機物に変えられ，深海にマリンスノーとして移動するが，大量絶滅直後の海洋では，この深海への有機物の流れが消えてしまったのである．この物質循環の構造が以前の状態まで回復するのに300万年以上の時間を要したが，その回復直後に，浮遊性有孔虫の急速な多様化と種多様性の回復が起きた（図5）ことがわかっている（Coxall et al. 2006）．このように群集の多様性の回復には，絶滅によって崩壊した食物網や物質循環の構造が回復することが重要な鍵になっている可能性が高い．こうした生態系システムの復帰過程に関する知識は，大量絶滅後の種多様性が回復する過程を知るうえできわめて重要であり，今後非常に注目される研究課題である．

(4) 現代における絶滅とその生物群集への影響

現代の地球上では，人間活動の直接的，間接的な結果として絶滅が生じていると考えられ，その群集への影響が懸念されている．これらの絶滅イベントは，その速度の大きさから過去の大量絶滅に匹敵する出来事であるといえる．人類によって引き起こされた可能性のあるもっとも初期の絶滅は，後期更新世に哺乳類に生じた大規模な絶滅であろう（Martin 1986; Wroe et al. 2004）．ただし，この絶滅をもたらした要因が人間活動（狩猟）なのかどうかについては，まだ決着を見ていない．一方，完新世以降に生じた絶滅の大部分は人間活動に起因するものであり，産業化を経て人間の手による絶滅は現在において加速する傾向を見せている．

ここでは，このような現代の生物群集が直面している現代の絶滅について，その実例，特徴およびその群集への影響について考えたい．また，こうした現代の絶滅に対して生物群集はどのような反応を示すのか，現代の絶滅は生物群集のもつさまざまな性質や機能に対して，どのような影響を与えるのか，

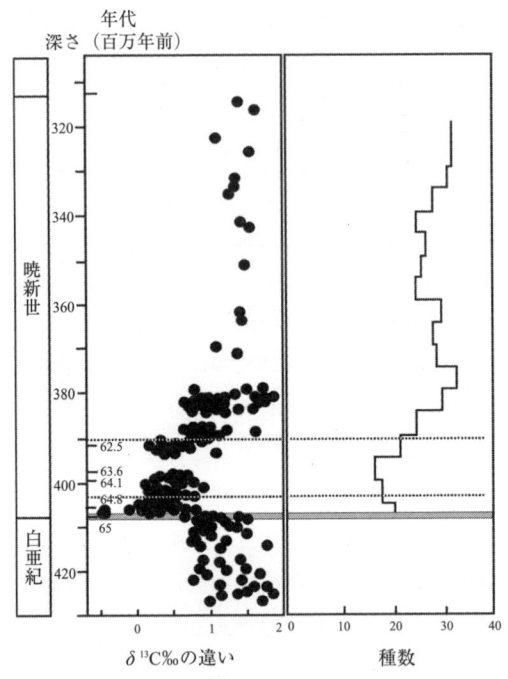

図5 K/T絶滅イベント直後の浮遊性有孔虫の種多様性の復帰パターンと，白亜紀—第三紀にかけての海洋の物質循環の構造変化．

左側に深海と海表面の炭素同位体比（$\delta^{13}C$）の差を示す．深海は底生有孔虫，海表面は浮遊性有孔虫や石灰質ナノプランクトンから求められた．灰色の太線はK/T境界．K/T境界をはさんで深海と海表面の$\delta^{13}C$の差が消滅するが，その後2度（点線）にわたって，その差が白亜紀のレベルに向けて回復していく．（Coxall et al. 2006を改変）

という点について考えたい．絶滅と群集の関係を考えるうえで注目すべき点は，生態系のシステムとしての環境変化に対する抵抗性の問題であろう．絶滅は生態系機能にどのような影響を与えるのかという問題は，現在の絶滅を考えるうえで，もっとも重要な課題である．

(a) 後期更新世の絶滅

更新世は気候変動が顕著になった時代であるが，新生代の他の時代と比べて必ずしも絶滅率が上昇したわけではない．脊椎動物全体でも無脊椎動物で

も更新世になって絶滅率が高くなった証拠はない (Alroy 1999; Roy et al. 1996). ところが 44kg 以上の大型哺乳類に限って更新世末期 (約 1 万年前) に極端に高い絶滅率が全世界的に観察される (Stuart 1991). この時期に大型哺乳類は，北アメリカでは 70% 以上の属が絶滅し，オーストラリアでは 90% 以上の属が絶滅した (Martin 1984). ただしアフリカは絶滅率が比較的低く (約 15%), 実はこの絶滅率の差が現在アフリカに世界で最も多様な大型哺乳類が見られる理由でもある.

このような特異な性質から，この絶滅事変は狩猟によるものではないかと考えられてきた．とくに北アメリカで起きた絶滅の時期は，現生人類のアジアから北アメリカへの移住が起きた時期と一致するとされ，大型哺乳類は移住した人類の「電撃的殺戮」により，短期間に絶滅したと考えられた (Martin 1984, 1986; Miller et al. 1999; Alroy 2001). 人類が発祥したアフリカではまだ動物の狩猟技術が発達しておらず，動物も人類の捕獲に対して抵抗性をもっていたため，アフリカではあまり大きな絶滅が起きなかったが，人類がアジア，北アメリカへと移るうちに狩猟技術が発達し，また人類に出会ったことがない動物ほど人類の狩猟を回避する能力が低かったことから，とくに北アメリカやオーストラリアで大きな絶滅が起きたのではないか，と考えられている (Wroe et al. 2004). しかし最近の年代分析によると，現生人類の北アメリカへの移住は 2 万～ 2 万 5000 年前にはすでに起きていた可能性が高く (Dillehay 1999; Watanabe et al. 2003), 年代的に矛盾する. そのため気候変動による植生の変化 (Graham and Lundelius 1984) やアジアから移住した別の哺乳類との競争，捕食の影響 (Wroe et al. 2004), またはそれらと人為的な要因の複合した効果によって絶滅が起きた可能性も否定できない.

(b) 現在における絶滅

人為的な絶滅の多くは，狩猟や生息地の破壊，細分化に起因する．人間活動がどれほど絶滅率を加速させているかを見積もるのは容易ではない．有史以前の絶滅がどこまで人為的なのかという点については議論があり，また最近数百年で観察される絶滅率と，化石記録で観察される絶滅率 (一般に数百万年スケール) を比較することに対しては，慎重である必要がある．しか

し更新世以降の比較的短い時間スケールの化石記録から判断する限り，少なくとも人間活動は生物の絶滅を加速しており，またそのパターンは絶滅の大きさ，同時性，広域性という点で大量絶滅の範疇に含められる性質を備えている．

　ガラパゴス諸島は人類が入植する19世紀以前は無人島だったことから，人為的な絶滅率の変化を知るのに適しているが，ガラパゴスで産出した鳥類化石から求めた絶滅率に基づくと，人間の定住以来のガラパゴスの鳥類の絶滅率はそれ以前の100倍に達したという（Steadman 2006）．オセアニア地域では，人類の定住以前の時代の鳥類化石に基づいて人為的な理由による鳥類の絶滅の規模が推定されているが，ニュージーランドでは約30％の鳥類が絶滅し，太平洋諸島全域では推定で820～1960種に及ぶ鳥類が人類の定住以後に絶滅した（Steadman 2006）．これらの絶滅は人類の定住後，きわめて急速に起こり，「電撃的殺戮」が起きた可能性を示唆している．たとえばトンガのハーパイ諸島では人が定住してから100～200年の間に10種以上の鳥類が絶滅した（Steadman et al. 2002）．また小笠原では人の定住後，およそ50年のうちに4種の鳥類が絶滅した．人為的な絶滅は直接の人間活動に起因するものだけでなく，意図的ないし非意図的な外来種の導入による間接的な絶滅も含む．太平洋諸島で起きた鳥の絶滅には，人とともに侵入したネズミが大きな役割を果たしている．またソサエティ諸島ではアフリカマイマイの駆除のため導入されたヤマヒタチオビの捕食により，61種いたポリネシアマイマイのうち56種が絶滅した（Coote and Loeve 2003）．

　1500年以降，種の絶滅は多様な高次分類群で記録されている（図6）．また絶滅は農耕や産業化が早期に起きたヨーロッパやアジアの温帯地域のみならず，現在は熱帯地域でむしろ著しくなっている．さらに現在の地球上で進行しつつある絶滅は，過去の地球上で起きた大量絶滅と同じく，海域にも及びつつある．沿岸の生息環境の喪失，海洋汚染やグローバルな温暖化などの影響は，海洋生態系に大きなダメージを与えている．とくに漁業の技術発展と産業化の進行にともなう海洋脊椎動物群集への影響は非常に大きい．漁業の産業化により魚類群集の生物量は，最近15年間の間に約80％減少したとされ，とくに大型魚類については産業化以前の10％にまで減ってしまったと

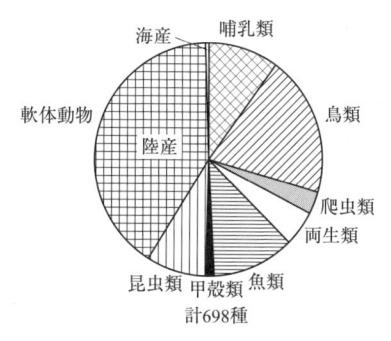

図6 最近になって起きた動物種の絶滅のうち，主な分類群ごとに占める割合．

IUCNのレッドリスト（2007）で絶滅（EX）とされている種698種を高次分類群別に比率で示したもの．

いう（Myers and Worm 2003）．

現在の地球上で起きている絶滅はランダムではなく，さまざまな性質に関して選択性を示している．たとえば，脊椎動物では一般に大型の種が小型の種より高い絶滅率を示している．また分布域の狭い種（たとえば海洋島の固有種）でより絶滅が著しく，海域に比較して陸域の方が絶滅率は高い．1500年以降に記録された698種の動物の絶滅のうち，42％は軟体動物が占めているが，そのうち海洋の軟体動物はわずか1％にすぎない（Lydeard et al. 2004）（図6）．

(c) 多様性パターンへの影響

上で述べたような絶滅の選択性のため，現代において絶滅は単純に種多様性を減らすだけでなく，群集の地域性や性質の多様性の喪失ももたらす．絶滅の選択性に関わる問題，どのような性質をもつ個体群ないしメタ個体群が絶滅しやすいかに関するの問題，は古くから詳細な研究がなされてきた．近年はとくに絶滅リスク推定の問題とも関係して多数の研究が行われている．

選択的な絶滅は，多様な性質をもつ系統からなる群集を，絶滅しにくい性質（高い繁殖力，短い世代時間，高い移動力，ジェネラリスト，変化の影響を受けにくい生態型）をもつ系統からなる均一な群集にしてしまう（McKinney and

Lockwood 1999; Olden et al. 2003). 北アメリカの湖では，キュウリウオが侵入した湖では魚類群集の均一化だけでなく，キュウリウオの捕食の効果や捕食を介した間接効果により，動物プランクトンの多くの種が絶滅し，結果として動物プランクトン群集の構造も均一化してしまった (Beisner et al. 2003). 小笠原諸島では，過去に人が定住した島では乾燥した広葉樹林にほとんど陸貝が生息せず，陸貝の種多様性と落葉層の一次生産や湿度との間に単純な正の相関が認められる．ところが人が定住せず陸貝の絶滅が起きなかった島では，種多様性と落葉層の一次生産は∩型の関係を示し，かつ乾燥した広葉樹林に特有の群集が見られる (Chiba 2007). これは選択的な絶滅により陸貝群集の生態型が均一化したためと考えられる．

　絶滅は生態的な性質の均一化に加え，地域性の喪失をもたらす．分布の狭い系統は分布の広い系統に比べて絶滅しやすいため，広域分布する系統だけが存続し，多様性の地域性が失われるだろう．このように絶滅による均一化は，系統レベル，生態的な機能のレベル，遺伝的な多様性のレベル，地域群集レベルで生じ，結果として生態系機能の劣化を招いてしまう危険性がある (Olden et al. 2003).

(d) 絶滅に対する群集の反応

　生態系を構成する種間で相互作用がある場合には，特定の種の絶滅の影響は，他の種の二次的な絶滅をもたらすことがあり，場合によっては，その影響が生態系全体に及び，生態系全体の崩壊をもたらす可能性もある (Jackson et al 2001; Koh et al. 2004). たとえば昆虫と植物の送受粉系では，ポリネータの絶滅はそれに依存した植物種の絶滅を引き起こす (Washitani 1996; Kearns et al. 1998). 実際，イギリスでは 1980 年以来ハナバチと受粉をハナバチに依存する植物がともに減少している (Biesmeijer et al. 2006). また最上位捕食者の絶滅は，その影響が下位の栄養段階に波及し，カスケード的な絶滅を引き起こす (Paine 1966). 北アメリカ太平洋沿岸には豊かな海洋生物の多様性を育むケルプ (海草) の森が広がっていたが，18～19 世紀にかけて毛皮を取るためラッコが乱獲され，その結果ラッコがほとんど絶滅した．すると藻類を食べるウニが大発生し，海草 (ケルプ) の森がウニに捕食されて消滅してしま

い，食物網の崩壊によって，貝類や魚類の多様性も著しく乏しい動物相になってしまった (Estes and Palmisano 1974)．

では多数の種の間に相互作用がある場合，どのような群集でこのような二次的な絶滅が起こりやすいのだろうか．またどのような種の絶滅が他の種にもっとも大きな影響を与え，逆にどのような種が他の種の絶滅の影響をもっとも受けやすいのだろうか．

種多様性の乏しい単純な群集の方が，特定の種の絶滅による二次的な絶滅が起こりにくいと考えられていたが (Pimm 1979)，最近の理論的な解析によると，群集の中で特定の種の絶滅によって二次的に絶滅する種の割合は，種多様性の乏しい群集の方が多い (Borrvall et al. 2000; Ebenman et al. 2004)．また，より単純な群集では生産者の絶滅の方がボトムアップ的に，より大きな二次的な絶滅を引き起こすが，より複雑な群集では最上位捕食者の絶滅がトップダウン的に二次絶滅を引き起こす確率が高まる (Ebenman and Jonsson 2005)．さらに，特定の種（たとえば生産者の種）の絶滅による二次的な絶滅は，最上位捕食者でもっとも起こりやすい (Ebenman and Jonsson 2005)．このように絶滅に対する反応は，群集を構成する種の多様性や群集構造だけでなく，栄養段階の違いによっても異なる．また栄養段階の違いによって二次的な絶滅を引き起こす割合が異なること，最上位捕食者がもっとも他種の絶滅の影響を受けやすいことは，群集の中で絶滅はランダムに起きるのではなく，選択的に，そして特定の順序ないし規則に従って起きる可能性を示している．（なお，二次的な絶滅については，本シリーズ 3 巻を参照のこと．）

理論的な解析に従うと (Ives et al. 2004)，捕食，競争など種間相互作用のある群集では，環境変化に対してはじめのうちは容易に種の絶滅が起きるが，しだいに群集全体として変化に対する抵抗性が強まり，絶滅が起こりにくくなる．このような頑健性（抵抗性）が現れる理由は，環境変化に弱い種から順に絶滅するためだけでなく，絶滅や環境変化によって，競争相手や捕食者が減り，残った種の個体群密度が以前より高くなるためである (Tilman 1996; McGrady-Steed and Morin 2000)．同様な種間相互作用による補償効果のため，生息場所の劣化が起きてもすぐには種の絶滅が起きずに，かなりの期間にわたって種が存続することもある (Tilman et al. 1994)．ただし環境変化に対する

強さに種間で差がなく絶滅がランダムに起きる場合には，群集の中で絶滅がさらに進むとこの抵抗性は消失してしまう (Ives et al. 2004)．このように群集は種の多様性が高く，また構成種が環境変化に対するさまざまなレベルの耐性をもっている（遺伝的変異の大きい）群集ほど，全体として環境変化に対して絶滅しにくい．

(e) 生態系への影響

　生態系の中でそれぞれの生物種は，他の生物種との関係を通じて異なる機能を担っている．絶滅によってこうした機能が失われたり変化したりすると，生態系の性質（生産性や栄養循環，撹乱や外来種の侵入に対する抵抗性）もそれによって変化してしまうかもしれない．生物の絶滅により特定の生態系の機能が失われたり，物質循環の構造が変化してエネルギーの流れが変わってしまった事例は多い．たとえば太平洋の島々では，前述のように海鳥の多くが絶滅ないし激減してしまったが，この影響は島の陸上生態系全体に広く及ぶ可能性がある．海鳥は魚を摂取して大量の糞を陸上に排出することで，海から陸への有機物や栄養分の運搬をする役目がある (Mizutani and Wada 1988; Polis and Hurd 1996)．また島によっては多数の海鳥が営巣することによって林床の撹乱が生じ，島の植生に大きな効果を及ぼしている．そのため海鳥の消滅は，このような海から陸へのエネルギーの流れを断ち，林床の撹乱の効果を消失させることで，島の植生や土壌生物を大きく変質させてしまう (Croll et al. 2005; Fukami et al. 2006)．こうした生態系機能の喪失やシステムの崩壊は，とくに種多様性が低く，食物網の構造が単純な島のような生態系で起こりやすいのかもしれない．またそれ以外の生態系でも，絶滅が引き続くことによって種多様性が減少すると崩壊が加速する可能性がある．

　大規模な実験室で生態系を再現したエコトロン（生産者，一次消費者，二次消費者，分解者からなる人工的な生態系）で行われた実験では，種多様性が低くなると二酸化炭素の吸収量が下がり，生産性が低下することが示されている (Naeem et al. 1994)．また草原生態系で行われた実験では，種多様性が低くなると一次生産や土壌養分も減少し，乾燥に対する抵抗性が低下することが示されている (Tilman and Downing 1994)．カリフォルニアの草原生態系で

行われた実験では，選択的な絶滅を人為的に起こすことによって，種多様性が減少するほど外来種の侵入への抵抗性が低下することが示された（Zavaleta and Hulvey 2004）．さらに浅海の底生動物群集では，種多様性と海底の堆積物における生物攪乱のレベルには正の相関があり，絶滅は一次生産や有機物の分解速度を低下させるが，どのような順序で種が絶滅するか，あるいはどのような要因で種が絶滅するかということによって，それらの低下のレベルが変わるという（Solan et al. 2004）．

このように多様性-生態系機能の関係に注目した研究結果に基づくと，絶滅による種多様性の減少が起きると，生態系機能の劣化を引き起こすと考えられる（Loreau et al. 2001）．また絶滅によって生態系機能の冗長性が失われることで，ある種が絶滅しても同じ機能をもつ種で代用できるという保険機構が失われ，生態系の頑健性が低下するかもしれない（Bolger 2001）．このような絶滅が生態系の機能に与える影響は，群集の中のどの種が絶滅するか（絶滅の選択性），またどのような原因で絶滅するかによって大きく変わると考えられる．

(f) 過去の絶滅と現在の絶滅

現在の地球上で起きている生物の絶滅は，その大きさや同時性，さまざまな分類群に及んでいることから，現在進行中の大量絶滅とされる．では過去の地球上で起きた大量絶滅と，現在の地球上で進行している大量絶滅とは，絶滅のパターンや規模などの点以外に，どのような共通性があり，またどのような違いがあるのだろう．そして私たちが現在の大量絶滅に対処するうえで，過去の大量絶滅やその後の群集の復帰過程から学ぶことがあるとすればそれはどのようなことだろうか．

過去の地球上で起きた大量絶滅では，地球内外の物理的な要因による環境変化が主要な役割を果たしてきた．これに対し，現在の地球上の大量絶滅は人間活動という生物的な要因が主要な役割を果たしている．またそれに付随した外来種による影響など，過去の地球上では事例の乏しいインパクトが大きな位置を占めている．また過去の事例と比較するうえで注意すべきは，時間スケールの違いである．地史上の絶滅は，数万年〜数百万年というスケー

ルで生じる現象であるのに対し，現在の絶滅は数百年から数十年というスケールで起こっている現象である．

　一方，共通点の一つは絶滅の選択性である．現在の地球上の絶滅は，生活史形質の違いや，体サイズ，密度，分布，環境要因に対する感受性の違いなどに対して選択的に起きている (Pimm et al. 1988)．過去の大量絶滅でもこれは同様であり，絶滅は生物の性質に対して常にランダムに起きているわけではなく，選択性が認められるケースは多い．陸生種の方が海生種より絶滅率が高い点など，過去と現在で共通する選択性もある．絶滅の選択性は，個体群の絶滅リスクの推定だけでなく，環境変化に対する群集レベルの耐性や将来の生物群集の有様を考えるうえで鍵となる性質であることから，現在進行中の絶滅過程にどのような選択性が認められるかという点に加え，それが背景絶滅の時期のものとどのように異なるかを明らかにしていく必要があるだろう．

　現在と過去の大量絶滅には，もたらした要因と現象の時間スケールの大きな相違があることから，両者を安易に同列にとらえることは危険であるが，あえて私たちが現在起きている生物の絶滅事変を前にして参考にすべき点を過去に見出すとするなら，「絶滅が生態系のシステムを大きく変化させない場合には種多様性の回復は急速に行われるが，システムが崩壊してしまうと種多様性は容易に回復しない」という点になるだろう．過去の大量絶滅は，影響が生態系全体に波及し，食物網や物質循環の構造を崩壊させてしまった．種多様性が回復するためには物質循環のシステム自体が回復する必要があったが，システムの復旧には生態学的にはほぼ永遠といってよいほど長い期間を要した．このことは，現在の地球上で起きている環境変化に対し，生態系システムの崩壊を防ぐことの重要性を示している．絶滅の選択性の役割に対する研究や，多様性 - 生態系機能の関係に注目した群集の環境変化に対する抵抗性の研究は，今後さらに重要になるだろう．また人間活動の影響がグローバルに及びつつある現在では，過去のグローバルな環境変動に対する群集の反応の歴史は，今後の生態系の予測を行ううえで重要な資料になるだろう．実際，過去の大量絶滅の事例の中には，大規模な温暖化によって引き起こされたと考えられるものがある．時間スケールの違いがあるため単純な比較は

できないが，こうした事例は，現在危惧されている地球温暖化が生物群集，さらには生態系システムの全体にどのような影響を与えるかを知るうえで参考になるかもしれない．

3 将来の研究への展望

　歴史的な進化はさまざまな側面で現在の群集に影響を与えており，群集構成，群集のもつ機能，種多様性などを理解するうえで無視できない要因である．これらの歴史的影響を調べるうえで，分子情報に基づく系統推定による解析が中心的に行われるようになり，群集系統学とよばれる分野や生態学と進化学の融合アプローチによる群集生態学が発展してきた．生物種の系統関係やそこから推定する種の進化的増加率などは，群集に及ぼす歴史的進化の影響を考察するうえで欠くことのできないものである．しかし，第1節で議論したように，形質の進化しやすさあるいはしにくさには，その形質に関連する遺伝的変異と表現型変異の関係を支配する遺伝的・発生的な制御機構が深く関わっている．また，種分化率に関しても，地史的・地形的要因，生態的要因と同時に形質の遺伝学的な基盤の理解が必要である．さらに，第2節で示したように，大量絶滅など過去から現在に至る大きな進化史イベントは，群集の組成だけでなく，生態系の構造までも大きく変えてしまう．こうした進化史イベントにより群集を構成する生物の系統の組成が変わることは，第1節で述べたような遺伝的・発生的な制御機構や種分化を通してその後の群集の構成や種多様性に影響するだろう．

　このように，生物群集構造や生物多様性などを決定する要因は何かという問題は，これまで群集生態学の領域で扱われてきたが，もはや生態学だけでは解決できない問題である．今後，生態学は，より地球規模のグローバルなスケールでの見方とゲノムから分子までよりミクロなレベルの視点が必要である．生物群集や生物多様性に関わる問題解決には，生態学，系統学，分子生態学のみならず，古生物学，発生学や遺伝学，ゲノム学などの学際的な研究が求められているのである．

＃ 第4章

多種系における表現型可塑性

西村欣也・岸田 治

Key Word

表現型可塑性　誘導防御形態　誘導攻撃形態　ゲノミクス
エゾアカガエル（*Rana pirica*）
エゾサンショウウオ（*Hynobius retardatus*）

　食物網の中には，多様な表現型可塑性を有する捕食者と被食者が存在することがわかりはじめている．エゾアカガエル（*Rana pirica*）のオタマジャクシとエゾサンショウウオ（*Hynobius retardatus*）の幼生は，池の食物網の代表的な構成種である．オタマジャクシはサンショウウオ幼生に捕食されている．オタマジャクシはサンショウウオ幼生の捕食危機にさらされると頭胴部を膨らませた膨満形態になる．一方サンショウウオ幼生は，オタマジャクシがいると口顎部（頭部）を大きく発達させた頭でっかち形態になる．エゾサンショウウオ幼生の頭でっかち形態とオタマジャクシの膨満形態は，それぞれ丸呑みの捕食攻撃とそれに対抗する防御手段としての機能を果たす．オタマジャクシは，もう一つの可塑的防御形態を有する．捕食者のヤゴがいると瞬発的逃避に機能を果たす高尾形態を発現させる．①表現型可塑性が食物網のどのような状況で適応的機能をもつのか，②表現型発現プロセスにはたらく遺伝子の転写動態はどのようなものか，③構成種の表現型可塑性がどのようなプロセスを通じて生物群集にどのようなパターンを生じさせるかについて論じる．

1 はじめに

　捕食-被食関係は明白な，もっとも代表的な敵対的生物間相互作用である（Slobodkin 1980）．生物群集のなかでは，捕食-被食関係を含む 2 種間の敵対的関係は他種との関係を通じて緩和されたり，促進されたりする（Pain 1966; Wootton 1992）．個体群生態学や群集生態学は，捕食-被食関係や種間競争のような生物間の敵対的関係が生み出す個体群・生物群集のパターンを解き明かし，その仕組みを理解することに努めてきた（Elton 1927; Huffaker et al. 1983; Paine 1966; Pimm 1991; Polis and Winemiller 1996）．

　進化生態学，行動生態学は，遺伝子，個体，地域個体群にはたらく自然淘汰（Lewontin 1970; Williams 1974）が生物の生活史を適応的にデザインしたという考えに基づく研究プログラムを展開してきた（Emlen 1966; Krebs and Davies 1987; MacArthur and Pianka 1966; Schoener 1969; Stephens and Krebs 1986）．採餌理論は行動生態学の一分野として，さまざまな採餌場面のシナリオで捕食者の採餌行動の適応性を議論し，採餌行動やそれにまつわる生活史の適応性を明らかにしてきた（Clark and Mangel 2000; Giraldeau and Caraco 2000; Mangel and Clark 1988; Stephens and Krebs 1986）．採餌中の個体は上位捕食者からの捕食危機にさらされることもあり，採餌効率と捕食危機回避の両面に対する適応性を示すことがある．そのような場面の分析は，個体の行動や生活史の適応性を生物間相互作用のなかで理解すべきであるという認識をうながしてきた（Newman et al. 1988; Werner and Hall 1979）．

　いろいろな生物群集で，餌を捕らえるための攻撃手段や捕食者の攻撃に対処する防御手段の多様性が，捕食者と被食者の攻防の中に見出される．そうした攻防における個体の特質が個体群や群集に与える影響について盛んに研究が行われるようになったのは，最近のことである（Barbosa and Castellanos 2005; Kerfooot and Sih 1987; Kopp and Tollrian 2003a; Miner et al. 2005; Ruxton et al. 2004; Verschoor et al. 2004）．捕食者あるいは被食者が，攻撃や防御に関わる表現型を状況に応じて発現させることがある．動物では，攻撃や防御に関わる行動がその代表である．それとは別に，捕食・被食の機会に応じて，攻撃や

防衛に関係した形態の変化や物質の合成がうながされることもある．そのような捕食・被食の機会に応じて発現する形質は，「誘導攻撃形質」や「誘導防御形質」とよばれ（Kopp and Tollrian 2003b; Padilla 2001），「表現型可塑性（phenotypic plasticity: ある特定の状況で，ある特定の表現型を発現し，それとは異なる状況で別の表現型を発現することができる個体，あるいは同一遺伝子型集団の性質．環境変化に対応した形質の変化）」「反応基準（reaction norm: 特定の遺伝子型が，環境に応じて示す表現型の変異の範囲）」の研究題材として，発生学，遺伝学，進化生物学の分野で注目を集めている（DeWitt and Scheiner 2004; Kopp and Tollrian 2003b; Padilla 2001; Pigliucci 2001; Pigliucci and Preston 2004; Schliching and Pigliucci 1998; Tollrian and Harvell 1999）．近年発展してきた，個体の全身あるいは器官，組織の全遺伝情報を包括的に分析する研究分野であるゲノミクス（生体内の遺伝子の転写産物の機能を包括的に分析する手法の総称）は，実験生物学のモデル生物ばかりでなく野外の生物について，可塑性や反応基準に関連した表現型の発現・調節に関わるプロセスの研究を普及させ，発生学や分子遺伝学と生態学とのあいだの橋渡しとなりつつある（Feder and Mitchell-Olds 2003; Jackson et al. 2002; Stearns and Magwene 2003）．

　生物群集内の生物間相互作用は個体が示す表現型可塑性の進化や維持に影響する．捕食-被食関係における表現型可塑性は，個別の捕食-被食関係の中で単独に発見され報告されることが多かった（Tollrian and Harvell 1999）．私たちは，捕食-被食の攻防をめぐる形態の可塑性が，一つの生物群集の中に一つならず数多く存在していることを明らかにしつつある．

　本章では，池の生物群集でエゾアカガエルのオタマジャクシとエゾサンショウウオ幼生をめぐり展開する捕食-被食関係に関する研究を紹介するところから，表現型可塑性が生物群集の中である生物のある形質に生じるばかりでなく，互いに関係した複数の生物の複数の形質で生じること，それらの表現型可塑性は，生物群集の構造を通して機能していることを示す．

　私たちがとくに注目したのは，形態形質の可塑性である．行動は本来可塑的形質であるのに対して，形態は一般に可塑的でない．形態の可塑性は，その発見自体が研究の出発点となりうる（Brooks 1957）．研究の一部は，ゲノミクスとの連携によって誘導防御デザインの遺伝的基盤や，状況に応じた防御

形態の発現調節のメカニズムを調べる方向へ進んでいる．

　まず，池の生物群集について概略を述べ，池の中で2種の両生類の幼生が，捕食-被食関係をめぐり防御と攻撃に関連した形態の可塑性を示すことを紹介する．そして，それらの表現型可塑性の適応性を理解するには，形質の機能を池の無機的環境や生物群集の特徴を踏まえて考察することが必要であることを明らかにする．さらに，そのような進化生態学的研究における群集生態学的視点の必要性と，ゲノミクスとの連携による研究の発展の可能性について説明する．

　私たちが行った実験からわかったことについて紹介するときは，結果・結論のみを示す．実験や観察によって仮説を検証する場合，データを収集するための計画デザインやデータの統計解析法の選択，解析結果の解釈の妥当性についての評価も重要なことである．それらについて確かめたい場合は引用文献リストにある原著論文を参照していただければと思う．

2 食物網における捕食者-被食者の攻防

(1) オタマジャクシの池

　北海道で雪解けがはじまるころ，氷が解けて水面が見えはじめた林縁部の池や，雪解け水でできた林道近くの水たまりでエゾアカガエル（*Rana pirica*）が卵塊を産みはじめる．産卵期間は，地域ごとに異なり，雪解けとともに数週間つづく．水はまだ冷たく，池の中に他の生物の兆しはない．

　この早春の水たまりや池に産卵に来るのは，もう1種類の両生類のエゾサンショウウオ（*Hynobius retardatus*）である．エゾアカガエルのオタマジャクシとエゾサンショウウオ幼生は，早春の池における生物群集の創始者である．この時期，産卵地域のいくつもの池を調べると，オタマジャクシとサンショウウオ幼生が同居している池や，オタマジャクシあるいはサンショウウオ幼生のどちらか一方だけがいる池が存在する．彼らは，低温・貧栄養な環境で個体発生を進める．

図1 エゾサンショウウオ幼生
(a) 通常形態，(b) 頭でっかち形態

　オタマジャクシは，ふ化後2，3日は卵塊のそばにとどまり，自分たちがふ化した卵塊のゼリーを餌として利用するが，やがて藻類や堆積有機物を餌とするようになる．この時期には，餌となる藻類や堆積有機物は十分には供給されない．また，小型無脊椎動物を餌としているエゾサンショウウオ幼生も，餌が豊富には存在しないこの時期，餌不足の問題に直面する．

　両生類は，捕食・被食の機会に応じた誘導防御形態や誘導攻撃形態を示すことが以前の研究から知られている（たとえば，McCollum and Van Buskirk 1996; Pfennig 1992）．エゾサンショウウオ幼生はエゾアカガエルのオタマジャクシと同じ池で発生を進めると，口顎部（頭部）を大きく発達させる．その形態は，オタマジャクシがおらず，同種の個体密度も低い池で発生を進めたエゾサンショウウオ幼生のものとは異なる．オタマジャクシが低密度の池で成長するサンショウウオ幼生の形態を「通常形態」，オタマジャクシのいる池で成長することにより口顎部を発達させた幼生の形態を「頭でっかち形態」とよぶことにする（図1; Michimae and Wakahara 2002）．頭でっかち形態のエゾサンショウウオ幼生は，小型無脊椎動物だけでなく，オタマジャクシや同種の幼生など大型の餌を容易に捕食できる．

　季節が進むにつれて，冬眠から覚めたいろいろな水生昆虫 ── マツモムシ（*Notonecta triguttata*），エゾゲンゴロウ（*Dytiscus czerskii*），エゾトンボの仲間（*Somatochlora* sp.），オオルリボシヤンマ（*Aeshna nigroflava*）の幼虫（ヤゴ）な

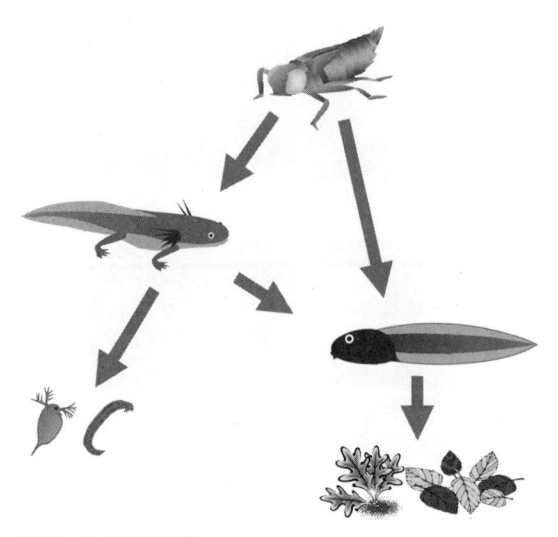

図2　池の生物群集.
エゾサンショウウオ幼生はエゾアカガエルのオタマジャクシや小型無脊椎動物を餌としている．また，サンショウウオどうし共食いをすることもある．オタマジャクシは，藻類や腐植を餌としている．水生昆虫は，オタマジャクシやサンショウウオ幼生を捕食する上位捕食者の位置にいる．代表的な水生昆虫捕食者にオオルリボシヤンマのヤゴがいる．

ど――が池の生物群集に加わる．これらの水生昆虫の多くは，オタマジャクシばかりでなくエゾサンショウウオ幼生の捕食者となる．季節が進むにつれて発生してくる藻類や，分解が進む腐植はオタマジャクシの格好の餌となる．また，オタマジャクシ以外でエゾサンショウウオの餌となる原生動物や小型無脊椎動物の発生も進む．繁茂した沈水植物は，その構造や水深に応じて，待ち伏せ型のハンター達の狩場になったり，オタマジャクシの隠れ家となったりする．生物群集の季節的発達にともない，池の食物網は時・空間的に変化する．

　簡単化のために水生昆虫の種類を区別せずに，オタマジャクシとサンショウウオ幼生の共通な典型的な捕食者として「ヤゴ」を考えると，単純化した食物網の構成は図2のように表わすことができる．オタマジャクシとサンショウウオ幼生についてこれから紹介する表現型の可塑性は，このような食物網の中でその機能を理解する必要がある．

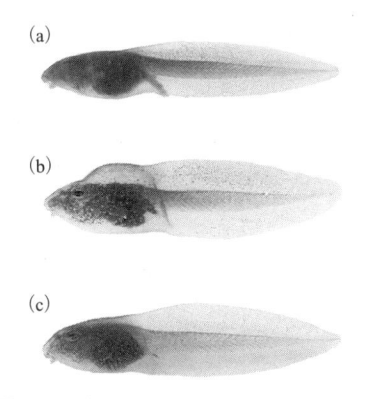

図3　エゾアカガエルのオタマジャクシ．
(a) 基本形態，(b) 膨満形態，エゾサンショウウオ幼生によって誘導される．(c) 高尾形態，ヤゴによって誘導される．

(2) エゾサンショウウオ幼生の捕食危機に対処するオタマジャクシ

　雪解け後の水温の低い池で，サンショウウオ幼生はオタマジャクシが最初に対処しなければならない捕食者である．サンショウウオ幼生のいる池では，オタマジャクシは底で動きを止め，ときどき水面へ呼吸のために泳ぎ上がるのが観察される．じっと動かなくなるのは，捕食者に狙われていると感じた多くの餌生物がとる攻撃回避行動の一つであり，捕食危機に誘導される防御行動である．神経系と運動器官を有する生物は，共通してこの種の防御手段をとる．行動形質の可塑性は，外界の状況変化に柔軟に素早く反応する一般的な方法である．

　エゾアカガエルのオタマジャクシは，エゾサンショウウオ幼生の捕食危機に対処するもう一つの方法をもっている．エゾアカガエルのふ化時期が過ぎた頃，エゾサンショウウオ幼生がいる池では，頭胴部の表皮組織を肥厚させ風船のように膨れたオタマジャクシが観察される（図3b）．一方，サンショウウオ幼生がいない池には，通常の体型をした基本形態のオタマジャクシがいる（図3a）．サンショウウオ幼生は，オタマジャクシを丸呑みにして食う（図4）ので，オタマジャクシの膨満形態は，エゾサンショウウオ幼生の捕食危機に呼応して防御のために誘導されるのだろうと私たちは考えた．

図4　エゾアカガエルのオタマジャクシを丸呑みするサンショウウオ.

　後で述べるとおり，膨満形態はサンショウウオ幼生の存在によって可塑的に発現すること，そしてサンショウウオ幼生の捕食に対抗する防御機能があることが実験によって確かめられた．私たちは，可塑的表現型デザインが常備的表現型デザインに対して適応的になる条件を後で考察する．ここではオタマジャクシが可塑的に表現型を変化させるために環境の情報としてどのような手がかりを利用しているのか，また，どのような判断に基づき表現型を変更させるかを検討する．そのような検討から私たちは，常備的表現型デザインと，可塑的表現型デザインの適応性の違いを理解することができる．

(a) 危険を知らせる手がかり —— 一般的考察

　池の中でエゾサンショウウオ幼生と混在して暮らしながら発生が進む場合，オタマジャクシは，いつ，何によって危険性を評価し，防御機能を有する形態に表現型を変えるのだろうか．

　季節性など周期的な変化に応じて危険が規則的に訪れるのであれば，個別の危険に関連した個別の手がかりでなく，その規則性を告げる共通の手がかりを評価して危険に備えればよい．オタマジャクシの親とサンショウウオの親が同じ池に卵塊を生みつけなければ，発生初期のしばらくのあいだ，オタマジャクシは危険にさらされることはない．しかしながら，降水が水たまりや池を互いに連結させれば，隣の水たまりのサンショウウオ幼生が突然入り

込んでくるかもしれない．また，蒸散によって水たまりは小さくなり，分裂，分断し，水たまりごとに，オタマジャクシをサンショウウオ幼生から隔離するかもしれない．したがって，水たまりや池に住むオタマジャクシにとって，危険の発生や消失は不規則に生じるだろう．誘導防御を適応的にするには，不規則に訪れる危険を知る手がかりと，防御形態発現の意思決定の仕組みが包括的にデザインされる必要がある．

　捕食者がどこかに隠れているかもしれない，あるいは，捕食者が遠くから近づいているようだ，という危険の前ぶれの察知は，捕食者と関連した何らかの手がかりの受信によってなされうる．現実の危険の可能性を知らせる確実性の高い手がかりが被食者にとっては有用である．危険があるのに受信されない可能性のある手がかりや，危険でなくても受信されてしまう誤った手がかりは，危険性について誤判別を招く．したがって，そのような誤判別の起こりにくい，信頼性が高い手がかりを利用することが好ましい．

　実際の危険到来から遡って，いつ手がかりが受信されるかという点も，その手がかりの有効性を左右する．危険到来に先立って手がかりを早く得られるほど，危険対処の決定も早く行うことができる．早期の信号受信は，防御体制完備に時間を要する場合にとくに都合がよい．しかし，手がかりを残した捕食者が危険をもたらす前に去ってしまうような，状況の変化が激しい場合には，防御体制の完備が無駄と損失を与えるかもしれない．これは誤判断にあたる．

　被食者がどのような手がかりを防御誘導に利用するかを推論するには，手がかりを利用して危険状態を判別する過程と，状況判別を受けて決断する過程を一体化して考察する必要がある（Stephens 1987）．状況判別は被食者の感知能力と，捕食者の餌への近づき方の巧みさにも関連し，防御をするかどうかの判断は，判別の信頼性や防御体制完備にかかる時間・コスト，防御体制の有効性と関連する（Nishimura 2006）．

　誤判別の可能性が低く，信頼性の高い手がかりの利用には，精妙な信号受信能力が必要である．そして，受信される手がかり情報を用いて，防御体制が完成するまでにかかる時間，費用，完備した防御体制が必要なくなった場合の無駄な投資にともなう損失も考慮しなければならない．こうしたことか

ら，適切な決定を行うために必要な判断手続きの仕組みは，高度なものであるかもしれない．実際の誘導防御デザインには，防御体制完備までの時間，かかる費用，防御体制の効果，防御完備後に利用機会がないことによる損失を適切に見積もることができる，適度に信頼性のある手がかりを利用した単純な判断手続きの仕組みが採用されるだろう（Iwasa et al. 1981; Nishimura 1994; Stephens 1987, 1990）．

　防御体制の完備に時間がかかるならば，被食者が誘導防御に利用する手がかりは，少しでも捕食者の攻撃を受ける前に感知できる必要がある．そのようなことが可能となる手がかりとは，被食者が捕食者から離れたところでそれを受信できるような遠隔的に伝播するものに違いない．捕食者が発する視覚，聴覚，嗅覚情報がその候補である．視覚や聴覚による手がかりは，捕食者の潜伏行動や，被食者の周囲の遮蔽物に依存して容易に分断されるが，発信源からの伝達伝播速度は速く，受信した手がかりは発信源の方向も忠実に伝える．そのため視覚情報や聴覚情報は行動防御を誘導する手がかりとして利用される．それに対して，嗅覚による手がかりは，捕食者の潜伏的行動や周囲の遮蔽物によって分断されにくいが，情報の伝達速度が遅く，発信源の方向を正確に伝えにくいという特徴をもつ．

　防御体制完成までの時間，かかる費用，無駄な発動による損失を考慮すると，形態防御の誘導に用いられる捕食者危機の手がかりとしては嗅覚情報が優先的な候補となりそうである．水中の生息地では，捕食者を起源とする水溶性の化学物質がそれにあたる．被食者の化学受容器の感度や，捕食者から発した物質の拡散過程における希釈・分解過程は，手がかりとしての利用性を左右するだろう．

(b) 膨満形態を誘導させる手がかり

　前述の推論に基づいて，オタマジャクシはエゾサンショウウオ幼生から発せられる遠隔伝播性の情報を手がかりとして膨満形態を発現させると私たちは考えた．そのことを検証するために，サンショウウオ幼生の遠隔的な手がかりだけを与える処理，近接的な手がかりも与える処理，そしてサンショウウオ幼生のいない対象処理の条件でオタマジャクシを10日間飼育する実験

を行った (図5). サンショウウオ幼生が網を隔てて遠くにいる処理のオタマジャクシはサンショウウオ幼生からの遠隔的情報のみを受ける. 一方, サンショウウオ幼生が同じ網のなかにいるオタマジャクシはサンショウウオ幼生から近接的情報と遠隔的情報の両方を受ける.

　実験の結果, サンショウウオ幼生なしで飼育した対照処理のオタマジャクシは, 実験開始時と同様の基本形態だった (図3a) のに対して, サンショウウオ幼生と一緒に飼った近接処理のオタマジャクシは膨満形態になっていた (図3b). 私たちが野外で観察したオタマジャクシの膨満形態は, サンショウウオ幼生の存在を知らせる近接的な手がかりによって誘導されたものであることが確かめられた. 実験の遠隔処理では, オタマジャクシは対照処理と同様に基本形態を保っていた (図3a). 遠隔処理の飼育環境で, オタマジャクシとサンショウウオ幼生を隔てた距離は, 池での状況と比べて不自然に離れてはいなかった. この結果は, 一般的推論に基づく当初の予想と違っていた (Kishida and Nishimura 2004).

　私たちの推論は,「膨満形態を発現させるオタマジャクシは, 攻撃によって致死的な被害を受けることを未然に防ぐために, 捕食者の存在を離れたところで察知する必要がある」というものであったが, 膨満形態は遠隔情報によっては発現しないのである. オタマジャクシがふ化から変態するまでの生活を通して, サンショウウオ幼生による捕食危機をどのように受けるのか, 生活史を再検討する必要があるかもしれない.

　エゾサンショウウオはふ化して10日くらいは脆弱で, 口器の発達も十分でなく, オタマジャクシにとって捕食者としての危険はない. サンショウウオとエゾアカガエルがともに産卵した池では, ふ化したオタマジャクシは小さなサンショウウオ幼生とともに発生をつづける. 両者の卵塊が近接していることもあり, その場合はふ化直後のオタマジャクシとサンショウウオ幼生が高密度で混在する. サンショウウオ幼生はやがて頭でっかち形態になり, オタマジャクシにとって危険な捕食者になる. オタマジャクシは, 発生の初期には危険でないが将来危険な存在となるエゾサンショウウオ幼生とともに暮らしているのである.

　このような発生の経歴を考慮すると,「遠くから訪れる捕食者の危機を,

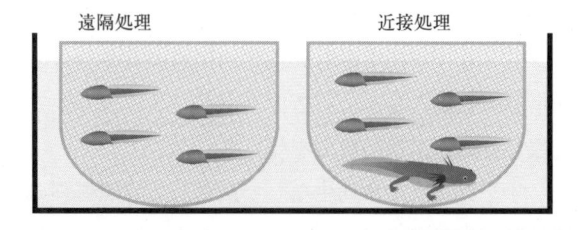

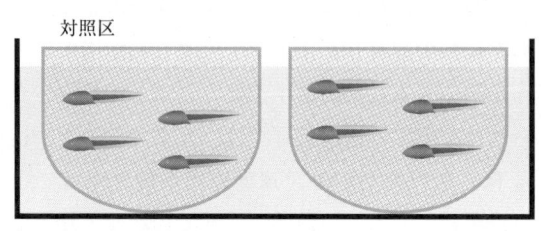

図5 膨満形態を誘導させる手がかりを調べるための実験．遠隔処理のカゴでは水槽内の近接処理のカゴにいるサンショウウオ幼生から遠隔的手がかりのみがオタマジャクシに伝わる．近接処理では遠隔的手がかりと近接的手がかりの両方がオタマジャクシに伝わる．対象処理区とした水槽には，オタマジャクシのみを入れた．

近寄られる前に察知する必要がある」，というシナリオを重視することは不自然なのかもしれない．近接的な手がかりを利用する方が防御効果を高めるということはありそうもないので，膨満形態を誘導させる手がかりが近接的なものであったことを，防御効果の適応性の観点のみで解釈するのは無理と考えた方がよさそうである．

(c) 膨満形態の防御機能

オタマジャクシの膨満形態は，サンショウウオ幼生の「丸呑み」による捕食方法に対抗する機能として納得できる（図4）．しかしながら，膨満形態の実際の機能と防御効果を確かめる必要がある．

サンショウウオ幼生が基本形態のオタマジャクシと膨満形態のオタマジャクシをどちらでも自由に攻撃することができるようにして，生き残るオタマジャクシの形態を記録した結果，40回の独立な試行のうち29回で，膨満形態のオタマジャクシが生き残った（Kishida and Nishimura 2004）．この結果は，

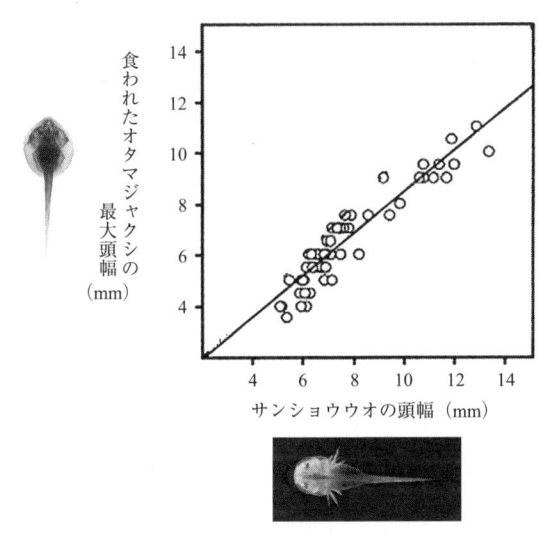

図6 サンショウウオが食えるオタマジャクシの大きさ．
横軸はサンショウウオ幼生の頭幅．頭幅は口の大きさを表す指標となる．縦軸は，それぞれの頭幅のエゾサンショウウオ幼生が食うことが出来た一番大きなオタマジャクシの頭幅．口の小さなサンショウウオはあまり大きなオタマジャクシを食えない．(Kishida and Nishimura, 2004 より描きなおした)

膨満形態のオタマジャクシが基本形態のオタマジャクシに比べて，エゾサンショウウオ幼生の攻撃に対して高い防御能力を有しているという解釈を統計的に支持するものであった．

　サンショウウオ幼生が食えるオタマジャクシの大きさは，サンショウウオ幼生の口器の大きさによって制限される（図6）．体サイズが同じであれば，膨満形態のオタマジャクシは基本形態のオタマジャクシに比べて，頭幅と頭高が大きいため，サンショウウオに呑み込まれにくく，攻撃されたときの生存率が高くなる．これらの事実から，膨満形態はオタマジャクシを丸呑みにするというサンショウウオ幼生の捕食方法に対する有効な誘導防御形態であることが確かめられた．

(3) ヤゴの捕食危機に対処するオタマジャクシ

　動物の示す誘導防御形質で最も一般的に知られているのは行動防御であ

る．同一の個体が，逃避・潜伏といった複数の行動防御を同時に備えることが普通であり，方向・速度・場所選択などの組み合わせから，行動防御のバラエティーは豊富である．そして，個体は，異なる捕食危機の状況に対して，異なる行動をとって危機を回避することができる．行動に比べると，形態変化は即応性が低く，発生・生活史・エネルギーなどの観点から生じる制約を多く受けることが予想される．したがって一般的には，あるタイプの捕食者に特異的な形態防御を備えた被食者が，異なるタイプの捕食者による捕食危機に直面した場合に，新たに別の防御形態を発現させるような機構が進化することはありそうにない．

オタマジャクシは，丸呑みの捕食をするエゾサンショウウオ幼生に，膨満形態の発現によって対処する能力を有していた．エゾサンショウウオ幼生によって誘導されることが確認された膨満形態は，他の捕食者によっても誘導されるだろうか．もし誘導されるならば，膨満形態は他の捕食者に対しても機能するだろうか．あるいは，エゾサンショウウオ幼生以外の捕食者に対しては，他の方法で対処するのだろうか．

季節が進み水温が上がるにしたがって，エゾサンショウウオ幼生以外の捕食者が池の食物網に加わってくる．多くの水生昆虫が，オタマジャクシの強力な捕食者となる．そのなかでヤゴは代表的な捕食者であり，待ち伏せ型のハンターで，噛みついてオタマジャクシを食べる．

(a) ヤゴに誘導される形質と誘導に関与する手がかり

私たちは，オタマジャクシがサンショウウオ幼生の捕食危機に対して誘導防御形態（膨満形態）を発現することを確かめた実験と同様の方法で 14 日間の飼育実験を行い，オタマジャクシがオオルリボシヤンマ (*Aeshna nigroflava*) のヤゴによる捕食危機に対して，何らかの防御形態を発現するかどうかを調べた．

その結果，単独で飼育した対照処理区のオタマジャクシは基本形態のままだったが，ヤゴと一緒に飼ったオタマジャクシは基本形態とは異なる形態に変化していた．その形態は膨満形態とも異なるもので，尾高を高めた「高尾形態」になっていた（図 3c）．高尾形態は，ヤゴの存在を知らせる遠隔的な手

がかりだけの場合と，近接的な手がかりを含む場合のどちらでも発現した (Kishida and Nishimura 2005)．高尾形態が防御形態ならば，ヤゴの存在を知らせる遠隔的な手がかりに対して発現した結果は，手がかり利用についての適応論的推論に合致する．

(b) 高尾形態の防御機能

実験水槽に基本形態と高尾形態のオタマジャクシを1個体ずつ入れ，ヤゴに自由に狩らせて生き残るオタマジャクシの形態を記録した結果，25回の独立な試行のうち19回で高尾形態のオタマジャクシが生き残った (Kishida and Nishimura 2005)．この結果は，ヤゴによって高尾形態が誘導されたオタマジャクシは，基本形態のオタマジャクシに比べてヤゴの攻撃に対してより高い防御能力を有するという仮説を，統計的に支持するものであった．

オタマジャクシの高尾形態を誘導させる遠隔的な手がかりはさまざまな種類の捕食者によって発信され，誘導された防御形態はそれぞれの捕食者に対して防御機能をもつことが，アカガエル属 (*Rana*)，アマガエル属 (*Hyla*) の多くの種ですでに知られている (Lardner 1998; McCollum and Van Buskirk 1996; Relyea 2001; Schoeppner and Relyea 2005; Van Buskirk 2002; Van Buskirk and McCollum 2000)．実際，そういった捕食者のなかにはヤゴも含まれている (McCollum and Van Buskirk 1996; Relyea 2001; Schoeppner and Relyea 2005; Van Buskirk 2002; Van Buskirk and McCollum 2000)．エゾアカガエルのオタマジャクシがオオルリボシヤンマ (*Aeshna nigroflava*) のヤゴに対して発現させた高尾形態は，それらの研究で知られていた他種のオタマジャクシの誘導形態とよく類似している．高尾形態の発現能力は，エゾアカガエルを含む多くのカエルのオタマジャクシが共有する一般的な防御形態のデザインなのかもしれない (Lardner 1998; Relyea 2001; Schoeppner and Relyea 2005; Van Buskirk 2002)．

(4) オタマジャクシの誘導防御形態の臨機応変性

サンショウウオ幼生は丸呑み型の捕食者，ヤゴや他の水生昆虫捕食者は噛みつき型の捕食者なので，オタマジャクシがサンショウウオ幼生の捕食危機に対処する膨満形態と，ヤゴの捕食危機に対処する高尾形態の二つの防御

形態を発現させる能力を有していることは，複数タイプの形態可塑性によって，捕食危機の多様性に対処していることになりそうである．

この異なるタイプの捕食危機に対して異なる防御形態を発現させる能力は，適応的防御デザインとなりうるが，適応性の評価には，発現能と捕食環境変動のパターンについての考察が必要となる．

(a) 一致と不一致

捕食危機がないときに発現したり，捕食危機に発現が間に合わなかったり，環境と形態発現の不一致があれば，誘導防御形態は負の効果をもつことさえありうる．膨満形態と高尾形態は，それぞれの形態を誘導させる捕食危機に対して，オタマジャクシの生存可能性を高める機能があるので，危険の手がかりを受け，防御形態が完備してから攻撃を受ける可能性が最大になるような，表現型と環境の一致が期待される．しかし，捕食危機にうまく一致した防御形態を発現した後に，さらに起こりそうな出来事についても考えてみる必要がある．膨満形態を発現させることによって，サンショウウオ幼生の捕食危機に対処したオタマジャクシは，捕食者の交代が起こり，ヤゴの危機に見舞われたときどうなるのだろうか．あるいは高尾形態を発現させて，ヤゴの捕食危機に対処したオタマジャクシが，入れ替わりにサンショウウオ幼生の捕食危機に見舞われたときどうなるのだろうか．

捕食危機にさらされたとき，①捕食者のタイプに一致しない防御形態のオタマジャクシは，一致した防御形態をもつオタマジャクシよりも生存可能性が低くなるのか，②捕食者のタイプに一致しない防御形態のオタマジャクシでも，基本形態のオタマジャクシよりも高い生存可能性を示すのか，これらの二つの疑問に対する答えを得るために，以下の実験を行った (Kishida and Nishimura 2005)．

ヤゴの捕食危機における一致・不一致：基本形態，膨満形態，高尾形態の中から，2 種類の形態のオタマジャクシを選び，それぞれ 1 個体ずつを組としてヤゴの水槽に入れて，ヤゴに自由に狩らせ，生き残ったオタマジャクシの形態を記録した．ヤゴの捕食危機に対して，高尾形態のオタマジャクシは，

(a) ヤゴによる捕食

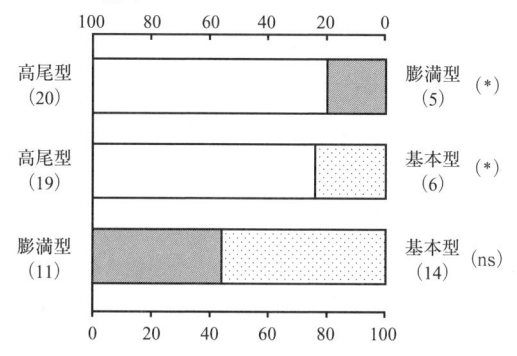

```
高尾型    　　　　　　　　　　　　膨満型 (*)
(20)                              (5)

高尾型    　　　　　　　　　　　　基本型 (*)
(19)                              (6)

膨満型    　　　　　　　　　　　　基本型 (ns)
(11)                              (14)
```

(b) サンショウウオ幼生による捕食

```
高尾型    　　　　　　　　　　　　膨満型 (*)
(4)                               (21)

高尾型    　　　　　　　　　　　　基本型 (*)
(20)                              (5)

膨満型    　　　　　　　　　　　　基本型 (*)
(23)                              (2)
```

生存したオタマジャクシの割合（%）

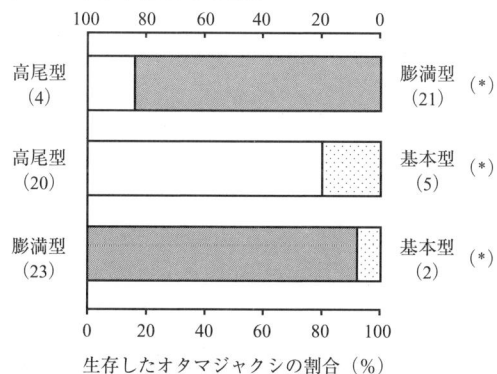

図7 防御形態と防御成功.
それぞれの形態の組み合わせで25回の独立な捕食実験を行い，生存したオタマジャクシを調べた．括弧内の数字が生き残ったオタマジャクシの数．括弧内の * は，二つの形態の間で生存率に統計的に有意な差があったことを表す．括弧内の ns は有意な差がなかったことを表す．(Kishida and Nishimura, 2005 より描きなおした)

基本形態のオタマジャクシよりも高い生存成績をおさめた（図7a）．それに対して，誘導源と不一致の膨満形態のオタマジャクシは，高尾形態のオタマジャクシに比べて生存成績が低かった．また膨満形態のオタマジャクシが，基本形態のオタマジャクシよりも高い生存成績をおさめることはなかった．

サンショウウオ幼生の捕食危機における一致・不一致：サンショウウオ幼生

の捕食危機に対するオタマジャクシの生存成績を同様の方法で調べた．サンショウウオ幼生の捕食危機に対して，膨満形態のオタマジャクシは基本形態のオタマジャクシよりも高い生存成績をおさめた（図7b）．誘導源と不一致の高尾形態のオタマジャクシは，膨満形態のオタマジャクシに比べて生存成績が低かった．一方，高尾形態は誘導源と不一致な形態だが，高尾形態のオタマジャクシは，基本形態のオタマジャクシよりも高い生存成績を示した．

　以上の実験結果から，形態の誘導源である捕食者に対して，それぞれの形態は最も高い防御効果をもつことが確認された．さらに，ヤゴによって誘導された高尾形態はヤゴに対してだけでなく，誘導源ではないサンショウウオ幼生に対しても防御機能を示した．一方，サンショウウオ幼生によって誘導される膨満形態は，誘導源のサンショウウオ幼生の捕食危機に対してのみに有効な機能をもつことが明らかとなった．

　高尾形態は，誘導源でない捕食者に対していわば不一致の発現をしても大きな失敗とはならない．一方，誘導源と一致しない捕食者に対する膨満形態の発現は，防御の機能が期待できず，もし形態誘導になんらかの費用がかかることを前提とすると，この不一致は適応度の低下をもたらすと考えられる．

　オタマジャクシが池で出会う捕食者の多くはヤゴと同様の方法で狩りを行う水生昆虫である．高尾形態は，多くの種類の捕食者に対して万能な防御形態であると解釈してもよさそうである．一方，エゾサンショウウオ幼生によって誘導される膨満形態は，エゾサンショウウオ幼生に対して特異的に機能する誘導防御形態であると解釈することができる．

(b) 誘導デザインの適応性

　膨満形態や高尾形態は，誘導源の捕食者に対して防御機能を果たす．この事実は，膨満形態や高尾形態が，それぞれ防御形態として適応的である証拠と思われる．しかし，二つの防御形態を個体あるいは集団が「誘導」のデザインとしてもつことの適応性を論証するには不十分である．

　もし，捕食者がいないときに，防御形態が無駄となるか不利益を招くなら

ば，防御形態の常備は，自然淘汰の上で好まれないだろう．二つ以上の大きく異なる環境を，個体あるいは集団が不規則に経験するときに，それぞれの環境に適した形態の中間の表現型や，どちらかの環境に適した一つの表現型では適応度は低くなる．そのようなとき，適応論的には複数の表現型が個体あるいは集団によって保有されることが自然淘汰によって好まれるはずである (Levins 1968)．二つ以上の大きく異なる環境を不規則に経験するとき自然淘汰がデザインする個体あるいは集団のあり方に，遺伝的多型，あるいは，単一遺伝子型の両賭け戦略であるランダム多型が考えられる (Leimar 2005; Levins 1962; Moran 1992; Seger and Brockmann 1987)．どちらの場合も，異なる表現型の発現について遺伝子の影響が強調される．前者は固定的に，後者は確率的に遺伝子が表現型を支配する．そして，もう一つの多型が生じる仕組みとして，形質の誘導がある．この場合に強調されるのは，環境変化に対応する個体の可塑的能力である．変動環境に対するこれらの適応デザインは，いずれも環境と表現型発現の不一致のコストを負う可能性がある．形質の誘導は，個体が環境変化に対応するので，不一致のコストは比較的小さくなりそうである．しかし個体の状態を変化させること自体がコストを強いることになるはずだ．これらのコストは，誘導形態を発現すると生じるものである．こうしたコストは，表現型を変更することになった個体の生活史の中で発生する．

　一方，可塑的形質の発現自体とは別に，可塑性デザイン自身にかかるコストや制約も考えられる．行動生態学では，適応的な行動の制約やコストとなりうる「記憶」や「学習」の能力が，どのような環境において自然淘汰の上で好まれるかを考察している (Nishimura 1994; Stephens 1990)．「記憶」や「学習」は，その能力が十分に備わっていなければ，適応的な行動をとるためには制約となる．一方，その能力が十分に備わっている場合には，能力の保持自体のコストがかかっている可能性がある．これらの制約やコストは中枢神経系のデザインに関することと考えればよい．行動以外の表現型可塑性では，可塑的形質の発現をつかさどる遺伝子のセットに制約やコストが存在しているかもしれない．DeWittら (1998) は，生物学の一般的前提に基づいて，可塑性に関わる制約とコストについて概念区分を試みている．いくつかの研究

は，可塑性の一つである誘導防御形態について，誘導デザインのコストを見出す挑戦を行っている（DeWitt 1998; Relyea 2002; Scheiner and Berrigan 1998）．

オタマジャクシの膨満形態と高尾形態では，どちらの誘導防御形態も，不一致の捕食者タイプでも，防御なしの基本形態に比べて生存成績を下げることはないので，もしも防御形態の発現に関わるコストが大きければ，どちらか片方の形態を常備して，二つのタイプの捕食者に兼用で対処する防御デザインが適応的かもしれない．あるいは，防御形態を常備的にもつことでかかるコストが，防御機能の利益を帳消しにするならば，やはりどちらか片方の誘導防御形態を兼用で発現させる防御デザインが適応的かもしれない．しかし，膨満形態と高尾形態はそれぞれの誘導源に対して，より優れた防御効果を発揮するので，二つのタイプの誘導防御形態を有するにこしたことはない．

複数のタイプの捕食者の消長があるオタマジャクシの生息環境では，複数のタイプの誘導形態をもつ防御デザインが適応的であるためには，捕食者のタイプに応じて適切な防御形態を発現させることに加えて，さらなる精妙さを必要とする．オタマジャクシの誘導防御デザインの適応性を理解するためには，複数の形態を発現させる防御デザインに制約があるのかを知ることが重要である．私たちは制約を受けない防御デザインには，「可逆性」：危険が去ったら防御形態からもとの基本形態に戻る，「可変性」：捕食者のタイプが変わったら，防御形態を変更する，そして「調節性」：同じタイプの捕食者でも，危険の度合いによって防御形態の発現度を調節する，という臨機応変性があるだろうと考えた．そしてオタマジャクシがそのような臨機応変性を示すかどうかを調べた．

可逆性：捕食危機に備えて発現した防御形態は，捕食危機が去ったときどうなるだろうか．誘導防御デザインは状況に応じた形質の対応なので，単純に考えると安全環境に適した非防御形質が誘導されることを期待してもよさそうである．

フジツボの一種（*Chthamalus anisopoma*）は，肉食性巻貝（*Acanthina angelica*）が存在する環境で成長すると，殻が捕食を受けにくい形状になる（Lively

1986).巻貝の一種のタマキビ (*Littorina obtusata*) は，捕食者のワタリガニ (*Carcinus maenas*) が存在する環境で成長すると，殻を厚くさせる (Trussell 1996).カルシウムが沈着した硬組織である殻の形状は，捕食危機が消え去っても，標準的な形状に再構築されることはない．このように，必要に応じて発現した形態が，環境が再び変わって今度はそれが不都合にはたらくかもしれない場合，発現形態が有効となる環境がどれだけつづくかを見積もる必要があり，さらに，発現量はより控え目になるはずである (Nishimura 2006).

周囲が安全な環境に戻ったとき，オタマジャクシはすでに発現した膨満形態や高尾形態をどうするだろうか．一度発現してしまったこれらの形態は，発生上の制約から不可逆的であるかもしれない．あるいは潜在的には可逆的だが，形態を元に戻すことにコストがかかるという理由で，誘導防御形態は保たれるかもしれない．防御形態を消失させて基本形態に戻ることもありうるだろう．発現形態の可逆性の有無は，二つの誘導防御形態の発現の意思決定に影響を与えるはずである．

膨満形態あるいは高尾形態が，捕食危機が去ったときどのようになるかを実験的に調べた．それぞれの捕食者の危機に7日間さらすことによって，膨満形態あるいは高尾形態を発現させたオタマジャクシを，それぞれ二つのグループに分け，つぎに一方のグループは，同じ捕食者にさらしつづけ，もう一方のグループでは捕食者を取り去って飼育し，7日後にそれぞれのグループのオタマジャクシの形態を測定した．捕食者にさらしつづけたオタマジャクシは，それぞれのタイプの防御形態が強化された．一方，捕食者を取り去ったオタマジャクシは，防御形態が退行し，頭胴部の輪郭が基本形態のそれに近くなった (Kishida and Nishimura 2006)(図8)．これらの結果から，オタマジャクシの誘導防御デザインは可逆的であることが明らかとなった．

可変性：環境変化のもう一つの単純化したシナリオに，捕食者の交代がある．サンショウウオ幼生の捕食危機にさらされたオタマジャクシがヤゴの捕食危機にさらされるようになる，あるいは，その逆のことが起こったときを考えることにする．捕食危機が続いていると防御体制を継続する必要があるが，新たな捕食者環境に適した防御形態に変化する可変性があれば都合がよ

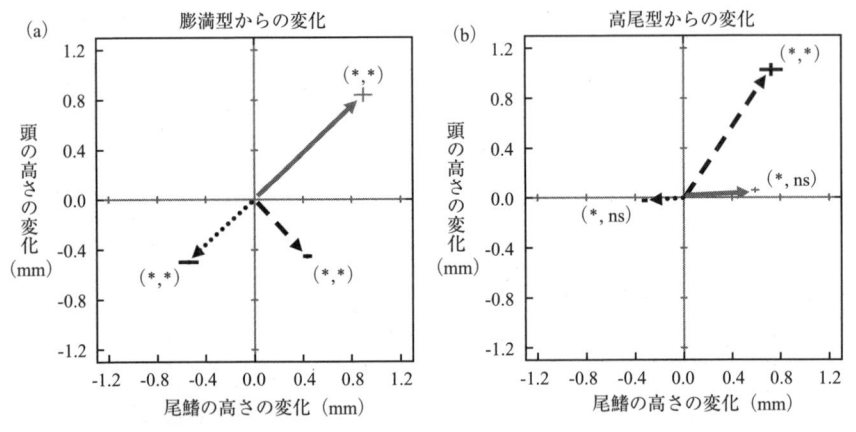

図8 誘導防御形態の可逆性と可変性.
(a) 膨満形態のオタマジャクシの形態変化. グレーの実線の矢印はサンショウウオ幼生にさらし続けた場合, 破線の矢印は捕食者をヤゴに変えた場合. 点線の矢印は捕食者を取り去った場合の形態変化を示す. (b) 高尾形態のオタマジャクシの形態変化. グレーの実線の矢印はヤゴにさらし続けた場合, 破線の矢印は捕食者をサンショウウオ幼生に変えた場合, 点線の矢印は, 捕食者を取り去った場合の形態変化. 変化の方向を調べるために, もとの膨満形態あるいは高尾形態の測定値をそれぞれのグラフの原点とした. 矢印の方向で形態変化を読み取る. 各矢印の先の縦または横の棒は平均値の標準誤差を表す ($n=6$). 括弧内の*は, 座標方向の変化が統計的に有意であることを示す. ns は統計的に有意でないことを示す. (Kishida and Nishimura, 2006 より描きなおした.)

い. オタマジャクシが可変性をもたないならば, より汎用的に機能するどちらかの防御形態を一つ有する防御デザインが適応的になる可能性もある.

　サンショウウオ幼生あるいはヤゴに7日間さらし, それぞれの防御形態を誘導させて, つぎに捕食者タイプを交代させて7日間さらして防御形態の変化を調べる実験を行った. その結果, オタマジャクシは新たな捕食者に対応した形態に防御形態を変更した (Kishida and Nishimura 2006)(図8). オタマジャクシの誘導防御デザインは, 二つの誘導形態の間で変更可能であることが明らかになった.

調節性: サンショウウオ幼生はオタマジャクシを丸呑みにして食うため, オタマジャクシにとっての, サンショウウオ幼生による危険の度合いは定量化できそうである. 呑み込もうとしても扱いきれないほどの大きなオタマジャクシは, サンショウウオ幼生の餌にはなりえない. 捕らえて呑み込むことができるかどうかは, サンショウウオの頭幅とオタマジャクシの頭胴部の幅に

よって決まる（図6）.膨満度に応じて捕食の危険性は異なるが，ある程度以上の膨満化は，丸呑みされないためには不必要だろう.オタマジャクシの体サイズとサンショウウオ幼生の口器サイズごとに，異なる膨満度の個体の被食率を調べることで，膨満化と成長による体サイズ増大が被食率を減少させる効果を調べることができる.体サイズの大きなサンショウウオ幼生は口器も大きく，オタマジャクシにとって危険な捕食者である.また，頭でっかち形態のサンショウウオ幼生は体サイズが大きくなくても口器が大きいため，同様に危険な捕食者である.オタマジャクシはサンショウウオ幼生の体サイズや形態タイプに応じて自らの膨満度を調節していることが分かっている(Kishida et al. 2006).オタマジャクシは体サイズの大きなサンショウウオ幼生に対するほど膨満度を増大させる.また，基本形態に比べて頭でっかち形態のサンショウウオ幼生に対するほど膨満度を増大させる（図9）.オタマジャクシは，遭遇したサンショウウオ幼生の捕食強度をある程度感知した上で，自分の体サイズに応じて過剰投資にならない程度の膨満度を調節して発現できるかもしれない.

エゾアカガエルのオタマジャクシの誘導防御形態の発現には，捕食者の消長に応じた可逆性，異なる捕食者への転換に対応する防御形態の可変性，捕食の危険強度に応じた調節性が見られた.捕食危機の転換に応じた防御形態の可変性は，形態防御のより洗練されたデザインである.さらに，捕食者の消長に対応した可逆性や，危険強度に応じた調節性も，「誘導」防御として洗練されたデザインと解釈することができる.

(5) エゾサンショウウオ幼生の誘導捕食形態

エゾアカガエルのオタマジャクシが誘導防御デザインを有しているのに対応し，エゾサンショウウオ幼生は，丸呑みでオタマジャクシを食う効率を向上させる頭でっかち形態を発現させる誘導攻撃デザインを有している.「誘導」攻撃がどのような状況のもとで進化・維持可能なのかを考えるときには，誘導防御についての推論と考察を参考にすればよいだろう.しかし，たとえば，「防御と比較して，攻撃は失敗が許されるだろう」と考えると，推

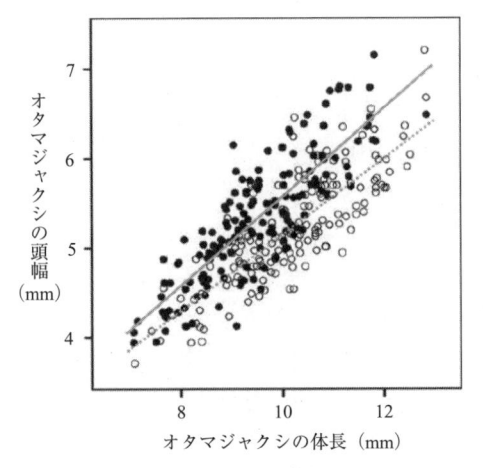

図9 捕食者タイプによる膨満度のちがい.
頭でっかち形態のエゾサンショウウオ幼生にさらされたオタマジャクシ（黒丸）のほうが，通常形態のエゾサンショウウオに曝されたオタマジャクシ（白丸）よりも頭胴部の膨満度が高い．（Kishida et al. 2006 より描きなおした.）

論には変更も必要になる．

　攻撃行動が緩慢では，捕食者が餌を得ることはほとんどできないので，攻撃行動の解発には敏速性が要求される．しかし，誘導攻撃形態の解発には，それほど敏速性は要求されないだろう．誘導攻撃形態を発現させるのに利用される手がかりも，そのような事情を反映するかもしれない．

　頭でっかち形態の発現が，オタマジャクシの何によって引き起こされるのかを調べる研究を行った．最初に私たちは，オタマジャクシが発する水溶性の，ある程度遠隔まで有効に伝播する化学物質が，手がかりとして利用されるだろうと考えていた．しかし，その見通しで行った実験では，遠隔を伝播する水溶性物質が頭でっかち形態を誘導させる証拠を得られなかった．頭でっかち形態を誘導させる手がかりとして，検出されたのは水溶性物質ではなく振動だった．サンショウウオ幼生は，オタマジャクシの遊泳が起こす水の振動を手がかりとして，頭でっかち形態を発現させていた．頭でっかち形態を誘導させる水の振動は，エゾアカガエルのオタマジャクシに特有のものではなかった．アフリカツメガエル（*Xenopus laevis*）のオタマジャクシの遊

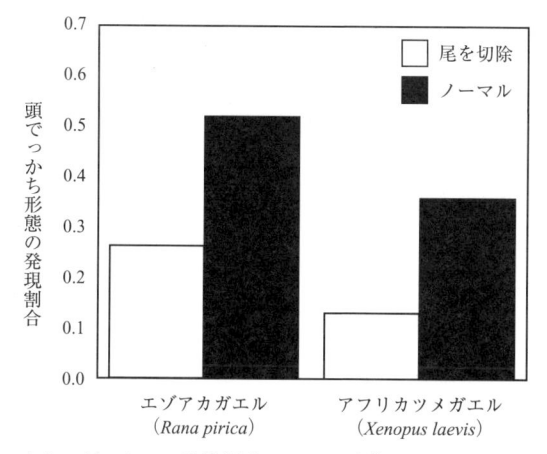

図10 オタマジャクシの遊泳振動によって誘導される頭でっかち形態.
尾を切除したオタマジャクシと切除しない（ノーマルの）オタマジャクシの遊泳振動で，頭でっかち形態の発現率を調べた．異なる種のオタマジャクシでも，尾をもつオタマジャクシと一緒にいたサンショウウオの頭でっかち形態発現割合が，統計的に有意に高かった．（Michimae et al., 2005 より描きなおした.）

泳が起こす水の振動でも，頭でっかち形態は誘導された（Michimae et al. 2005）（図10）．さらに，オタマジャクシの遊泳で生じる振動周波数を模した，機械で生成した振動によっても，頭でっかち形態が誘導された（Michimae et al. 2005）．この単純と思われる手がかりは，水たまりや池では，オタマジャクシの存在を特有に表すものなのかもしれない．

(6) 防御-攻撃の共進化

　一般に湖産性の貝類の殻は石灰化が弱く小さく，その捕食者となる湖産性のカニは貧弱なハサミをもつ．Westら（1991）は，地質学的な長期間に，他の淡水界と隔離されてきたアフリカのタンガニイカ湖で，固有種である貝とそれを捕食する固有種であるカニが，一般的な湖産性の貝とカニでは考えられないほど，互いに，貝は殻を厚くし，カニはハサミを頑強化していることを見出した．それらの形態は，互いに防御と捕食に機能しており，互いの形質は，地質学的な長期間の両者の密接な捕食-被食関係によって共進化してきたかもしれないという推論を想起させる．このように，相互作用する種のあいだで，形質に機能的対応関係を見出したとき，関係の密接性，関係の継

続性などの仮定を大筋で了解できる証拠があれば，互いの形質が共進化の産物であろうと推論することがある．

共進化は，生物間相互作用によって生じる自然淘汰圧によって，相互的に種の遺伝子セットが変化し，形質の方向性進化や，種分化が起こるプロセスである (Futuyma 1998; Futuyma and Slatkin 1983)．より厳密性を重んじて，共進化の事実を論理的に検証するための証拠をそろえることは難しい (Thompson 1994)．

Agrawal (2001) は，生物間相互作用のなかで起こる共進化現象を考察し，表現型可塑性が共進化する可能性と，可塑性の共進化によって起こる群集への波及効果について考察した．池や湖に生息する大きさ数 $10\,\mu m$ の繊毛虫類のあいだには捕食-被食関係があり，捕食者にさらされた繊毛虫類が誘導防御形態を発現することが以前から知られていた (Kuhlmann et al. 1999)．*Euplotes octocarinatus* は，丸呑み型の捕食者である *Lembadion bullinum* にさらされると，体サイズを拡大し，防御のための外側翼とよばれる器官を発現する (Kuhlmann et al. 1999)．Kopp et al. (2003b) は，捕食者の *L. bullinum* が，餌となる *E. octocarinatus* の誘導防御形態に対抗して誘導攻撃形態を発現する能力を有していることを発見した．誘導防御形態を発現している *E. octocarinatus* に対して *L. bullinum* は，体サイズと口器サイズを拡大させて捕食効率を高める．Kopp et al. (2003b) は，これらの表現型可塑性の相互反応（interactive reaction norm: 種間関係によって2種の表現型が相互に可塑性を示すこと）が共進化によるのかもしれないと論じている．

エゾサンショウウオ幼生は，エゾアカガエルのオタマジャクシを捕食する効率を高める頭でっかち形態を，エゾアカガエルのオタマジャクシは，エゾサンショウウオ幼生の捕食を阻止する膨満形態を，それぞれ発現する能力を有していた．互いの誘導形態は，呑み込もうとするものと，呑み込まれまいとするものの，対抗的な関係になっていると解釈できる．エゾアカガエルのオタマジャクシの膨満形態は，エゾサンショウウオ幼生によって特異的に誘導される形態である．そして，エゾサンショウウオ幼生の頭でっかち形態は，オタマジャクシによって誘導される形態である．これらの事実は，オタマジャクシの膨満形態と，サンショウウオ幼生の頭でっかち形態が，互いを

選択因子としてはたらき共進化によって生じたものという推論を導く．私たちは，これらの事実と，2種の初期生活史についての知見から，共進化の可能性を論述することができる．そのことを説明するために，すでに紹介してきたエゾアカガエルとエゾサンショウウオの生活史の特徴を，再び思い起こすことにする．

　池の生物群集は，毎春，雪解けと解氷によってはじまる．エゾアカガエルのオタマジャクシとエゾサンショウウオ幼生は，そうした生物群集の創始者である．エゾサンショウウオとエゾアカガエルが同じ池で産卵した場合は，ふ化直後にオタマジャクシとエゾサンショウウオ幼生は同居することになる．一方，どちらかが単独で産卵した場合は，ふ化直後は独居生活となる．エゾサンショウウオはふ化して 10 日くらいは，口器の発達も十分でなく，餌となる小型無脊椎動物が少ないこの時期，潜在的に利用可能な餌は非常に少ない．エゾサンショウウオとエゾアカガエルがともに産卵を行った池では，ふ化後のオタマジャクシとサンショウウオ幼生は混在して発生が進む．オタマジャクシにとってサンショウウオ幼生は，発生初期には危険ではない．

　サンショウウオ幼生の頭でっかち形態を誘導させるのは，オタマジャクシの遊泳が起こす水の振動である．そして，頭でっかち形態が誘導されるのは，ふ化後のある特定の短い期間で，その期間を過ぎると刺激信号を受けても攻撃形態は誘導されない（西村ほか　未発表）．発生の初期のある時期にのみ形態の可塑性が実現し，その時期を過ぎると形態の発生経路が道づけられる，形態発生上の制約があるのかもしれない．あるいは，適応論的解釈をするならば，その期間を過ぎると，小型無脊椎動物など，他の餌生物が豊富になり，頭でっかち形態を発現する利点がなくなるのかもしれない．

　一方，オタマジャクシの膨満形態は，サンショウウオ幼生に対してのみ発現し，サンショウウオ幼生の捕食危機にのみ機能する．そして膨満形態を発現させるのは，サンショウウオ幼生の近接的な手がかりだった．オタマジャクシのもう一つの誘導防御形態である高尾形態は，多くの水生捕食昆虫によって誘導され（岸田　未発表），誘導は捕食者の遠隔的な手がかりによる．このように，高尾形態は捕食者に対する一般的で汎用的な誘導防御形態と考えられるが，膨満形態はエゾサンショウウオ幼生に対する特化した防御形態

と解釈できる.

　こうしたオタマジャクシの誘導防御形態である膨満型とエゾサンショウウオ幼生の誘導攻撃形態である頭でっかち型の形質発現の相互反応が,地域間でどのように変異するのか,2者の相互作用,あるいはそれらを含む生物群集の構造が地域間でどのように異なるかを知ることが,共進化が起こる条件を理解するうえで重要となるはずである (Thompson 1994, 2005). Michimae は,北海道各地のエゾアカガエルとエゾサンショウウオの産卵密度が異なる八つの池からサンショウウオの卵を採集し,実験室で幼生をふ化させて,オタマジャクシと一緒に飼ったときの頭でっかち形態の発現率を比較し,オタマジャクシが高密度な池の幼生ほど,頭でっかち形態の発現率が高いことを示した (Michimae 2006). これは,オタマジャクシ密度の地域間変異が,頭でっかち形態の発現能の地域変異に関係し,この表現型可塑性には遺伝的基盤があることを示唆している. オタマジャクシの膨満形態発現能にも遺伝的基盤があり,サンショウウオの捕食がその淘汰圧となっていることもわかっている (Kishida et al. 2006).

　私たちは,エゾアカガエルのオタマジャクシとエゾサンショウウオ幼生の密接な関係が,互いの形質発現に関わる遺伝的基盤に対する方向性淘汰としてはたらき,形質発現能が共進化したと考える. そして,エゾアカガエルとエゾサンショウウオ以外の無尾類 (カエル) のオタマジャクシと有尾類 (サンショウウオ) の幼生のあいだに,同様な相互反応が存在するか,それらが生物群集の中でどのような生物間相互作用の中にいるのかを知ることが,誘導防御形態と誘導攻撃形態の共進化が起こる条件を理解するうえで重要と考える.

(7) サンショウウオのジレンマ —— 攻撃か防御か?

　エゾサンショウウオ幼生の頭でっかち形態が誘導的で常備的でないことに適応的意味があるのならば,頭でっかち形態発現にまつわる何らかのコストがあるはずだ. 頭でっかち形態は,発現・維持にコストがかかるかもしれない. あるいは,変態のタイミングが適切な時期からずれたり,変態後の生活に何らかの不都合が生じたり,発現形態が機能する時期の後の生活に不利な

点が生じるかもしれない．

　エゾサンショウウオ幼生は，オタマジャクシの捕食にのみ専心するわけにはゆかない．サンショウウオ幼生は池の生物群集のなかで，上位捕食者からの捕食危機にも対処しなければならない．捕食攻撃に適した頭でっかち形態を発現したサンショウウオ幼生は，上位捕食者の攻撃に対する防御能力が下がるという機能コストを負っているかもしれない．この仮説について検証することができる．

　基本形態のサンショウウオ幼生と，頭でっかち形態のサンショウウオ幼生を同数，ヤゴに自由に狩らせ，生存成績を調べた．頭でっかち形態のサンショウウオ幼生は，基本形態のサンショウウオ幼生に比べ，ヤゴによって容易に捕食されてしまった（宮崎　未発表）．また，頭でっかち形態のサンショウウオ幼生は，ヤゴに攻撃を受けたときに，危険圏内から敏速に泳ぎ去るための遊泳速度が遅いことがわかった（宮崎　未発表）．頭でっかち形態は捕食者から逃れる機能を低下させている．この負の効果は，頭でっかち形態を常備的に保持する個体に対して，自然淘汰の上で不利に作用する．頭でっかち形態が不必要な場面や不利にはたらく場面では，頭でっかち形態は発現せず，必要な場面で発現する誘導デザインは，池の食物網の中でサンショウウオ幼生にとって優れた機能を果たしていると思われる．

　水たまりや池の中では，オタマジャクシがいなくなり，ヤゴのような捕食性の水生昆虫がたくさん現れる状況もある．そのような状況では，発現している頭でっかち形態が利益よりも不利益をもたらすことになる．発現した形態をもとに戻せるかどうかは，頭でっかち形態を発現させる意思決定に影響を与えるはずである．頭でっかち形態を発現させたエゾサンショウウオ幼生は，餌と捕食者環境に応じて発現形態を調節する可能性がある（宮崎　未発表）．

3 生態学における表現型可塑性研究の方向性

(1) 誘導防御形質の遺伝的基盤

　誘導防御形態発現能力の程度に地理的変異があり，その変異が捕食圧の地理的変異と相関しているとき，その誘導防御形態の変異は捕食を淘汰圧として形成されたという考えを想起させる．ミジンコや巻貝で，誘導防御形態の発現の地域変異が，捕食圧の地理的変異に対応していることが知られている (Barry and Bayly 1985; Trussell 2000; Trussell and Smith 2000; Trussell and Nicklin 2002)．オタマジャクシの誘導防御形態について，そのようなパターンを明解に示した研究はなかった．

　北海道南部の渡島半島の西 61km にある奥尻島では，エゾアカガエルが生息するが，エゾサンショウウオの生息記録はない．正確さが保証された生物地理学的記録はないが，奥尻島のエゾアカガエル個体群は，過去のある時期から現在までの期間，エゾサンショウウオの捕食危機を受けていない．私たちは，奥尻島と北海道の渡島半島で繁殖直前のエゾアカガエルの雌雄の成体を採集し，採集地ごとの純系系統と，採集地間の交雑系統のオタマジャクシを人工受精によって作出して，共通の飼育法によりエゾサンショウウオ幼生に対する誘導防御形態発現能力を調べる実験を行った．サンショウウオ幼生がいない環境で飼育したオタマジャクシは，どの系統の個体も形態に差異は見られなかった．サンショウウオ幼生の捕食危機を受けた場合，北海道本島の純系系統のオタマジャクシが十分な膨満形態を発現させたのに対して，奥尻島の純系系統のオタマジャクシは，膨満形態をわずかに発現させた．そして交雑系統は，両純系系統の中間的な膨満度を示した (Kishida et al. 2007) (図11)．

　この実験から，膨満形態の発現能に遺伝的基盤があることが明らかとなった．純系系統間の膨満形態発現能の差異は，現在のエゾサンショウウオの地理的分布から立てられる予測と一致していた．しかし，現在エゾサンショウウオが分布していない奥尻島のオタマジャクシも膨満形態の発現能を有して

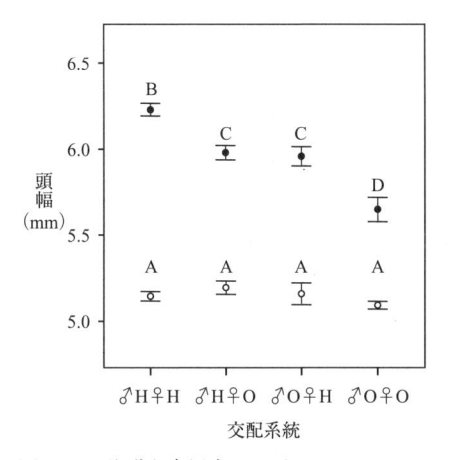

図11 北海道と奥尻島のエゾアカガエルの交配系統の誘導防御形態発現.
横軸は交配させた雌雄親の産地 Hは北海道本島,Dは奥尻島を示す.サンショウウオ幼生にさらさなかった場合(白丸)とさらした場合(黒丸)の頭幅.縦のバーは標準誤差($n=5$).アルファベットの同じ文字は,互いに統計的に有意な差がないことを示す.(Kishida et al., 2007 より描きなおした.)

いたことは,考察に値する.エゾサンショウウオとエゾアカガエルの分布の歴史的変遷は不明だが,奥尻島のエゾアカガエルの遺伝集団は,過去には膨満形態を十分に発現させる能力をもっていたのかもしれない.後になってエゾサンショウウオの分布が途切れ,隔離集団として時を過ごし,膨満形態発現デザインに関わるコストによって負の淘汰圧がかかりつづけてきたのかもしれない.奥尻島のオタマジャクシは膨満形態を発現させる機会がないので,ここで想定するコストは,防御形態の発現にともなうコストのことではない.非防御形態と防御形態の両方をもち,適切にそれらのあいだを切り替えるデザインの保持に関わるコストである.発現能力を失うプロセスとしてのもう一つの説明も可能である.奥尻島集団の個体は,防御形態を発現する機会がないため,突然変異によって膨満形態の発現に関連する遺伝子の機能が損なわれても負の淘汰圧を受けないし,機能の損失を修復するような突然変異に対する正の選択も受けない.膨満形態発現遺伝子モジュールにおける弱有害突然変異蓄積による劣化のプロセスが進行していると考えることも可

能だろう (Masel et al. 2007; Mira et al. 2001).

交雑系統の示した膨満形態発現量のパターンから，形態発現に関わる遺伝様式は相加的であると推察できる（図11）．動物の誘導防御形質の遺伝的基盤についてはほとんど明らかにされていない．遺伝的基盤の存在のみを確認した研究には, Michimae (2006), Laurila et al. (2006) がある．また Relyea (2005) は，アメリカアカガエル (*Rana sylvatica*) の誘導形質の高い遺伝率を見出している．

(2) エコゲノミクスの発展と可塑性研究

形態・行動・生活史などの生態学が扱う表現型レベルの現象を，進化的なシナリオで研究する場合，その遺伝的基盤は統計的に扱われ，発現の仕組みは言及されないのが一般的であった (Roff 1992; Stearns 1992). しかし，生物体内の遺伝子やタンパク質の包括的な情報を調べるゲノミクス，プロテオミクス（生体に存在するタンパク質の機能を包括的に分析する手法の総称）の発達が，進化生物学に新たな研究手法 (Gibson 2002; Jackson et al. 2002; Kammenga et al. 2007; Ranz and Machado 2006; Thomas and Klaper 2004) を提供するようになり，新たな研究プログラムが展開がはじまっている (Feder and Mitchell-Olds 2003; Klaper and Thomas 2004; Ouborg and Vriezen 2007; Stearns and Magwene 2003; Travers et al. 2007).

遺伝学や発生学の分野では，モデル生物を用い，生体内の遺伝子の全転写産物やタンパク質の比較分析をとおして，環境に対する遺伝子応答の輪郭を明らかにしはじめている (Carsten et al. 2005; Gong et al. 2005; Santoni et al. 1994; Van Buskirk and Thomashow 2006). シロイヌナズナ属 (*Arabidopsis*) やタバコ属 (*Nicotiana*) を用い，植食者に対する植物の化学防御物質の合成と転写因子の発現パターンの比較から，防御物質の発現に関連した転写因子を見出す研究が行われている (Reymond et al. 2004). また，それらのモデル生物では，防御物質合成経路が調べられており (Dicke and Van Poecke 2001; Kessler and Baldwin 2002), 防御物質合成に関わる遺伝子が具体的に特定された例もある (Howe et al. 1996; Ryu et al. 2006). 一方，動物では，免疫システムのメカニズムに関する研究を除いて，誘導防御形質発現のメカニズムに関する研究はほとんど

進んでいない（Strachan and Read 2004; van der Pouw Kraan et al. 2003）．

　私たちは，膨満形態を発現させているオタマジャクシと，発現させていないオタマジャクシの表皮組織から抽出したRNAのあいだで引き算を行い（subtractive hybridization），組織内のRNAの転写量を比較して，非膨満形態のオタマジャクシに比べて膨満形態のオタマジャクシで転写量が多いRNAクローンを196，転写量の少ないRNAクローンを104見出した（Mori et al. 2005）．そして，転写が促進あるいは抑制されたクローンのうち，機能が明らかな遺伝子の転写産物から，膨満形態のオタマジャクシでは，繊維素溶解に関連した遺伝子の転写が抑制され，細胞間結合に関連した遺伝子の転写が促進されていると推察した（Mori et al. 2005）．

　現在，RNAのあいだで引き算（subtractive hybridization）で得たクローンから作成したマイクロアレイ（既知または未知のDNAの断片をガラスやシリコン製の小基板上に配列したもの．二つの異なる検体試料からRNAを抽出し蛍光色素により識別できるように調製する．この二つの試料を競合的にアレイ上のDNA断片と対合させ，各DNAスポット上の蛍光シグナルを数値化し，検体内にあったRNAの種類と量を分析することができる，227頁参照）を用いて，エゾサンショウウオ幼生にさらされてから膨満形態が発現するまでの，転写産物の動的変化パターンを調べている．サンショウウオ幼生の捕食危機にさらされるとともに転写が抑制され，危機が去ると再び転写量が増える，あるいは危険にさらされると転写が促進し，危険が去ると転写量が減るという，捕食者に対する明確な応答を示すいくつかの転写産物が発見された（Mori et al. 未発表）（図12）．

　ゲノミクスの進展にともなう研究手法の簡便化と普及により（Gibson 2002; Thomas and Klaper 2004），従来，遺伝学や発生学で研究されていた一般的なモデル生物ばかりでなく，野外の生物を用いた遺伝子発現調節に関する研究が盛んになりはじめている（Feder and Mitchell-Olds 2003）．同一の生物種について，地域個体群間の転写産物の転写パターンや全タンパク質の発現パターンの違いから，進化のプロセスを探求する研究が行われている（Denver et al. 2005; Oleksiak et al. 2002）．私たちは，誘導防御の発現能が異なる奥尻島と北海道本島のオタマジャクシについて，cDNA（相補的DNA）アレイを用いて転

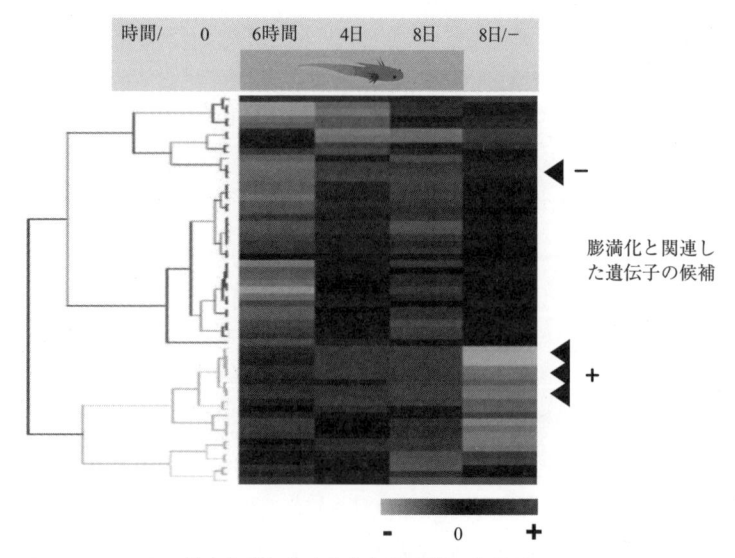

図12 サンショウウオの捕食危機にともなう転写産物の発現プロファイル.
すべてのオタマジャクシを8日間サンショウウオ幼生の捕食危機にさらした．8日後に生き残っているオタマジャクシの半分は，サンショウウオ幼生の捕食危機を取り除き，残りの半分は捕食危機にさらし続けた．実験を開始してから6時間後，4日後，8日後に遺伝子転写因子の量を測定し，遺伝子転写産物の量の相対的増減を調べ，増加・減少の相対量を濃淡の勾配で視覚化した．図左の樹形図は，転写量が複数の測定時点（6時間，4日，8日，8日/-）で似たパターンを示したものどうしをグループ化したもの．図右の三角印は，サンショウウオに対する暴露スケジュールと転写量の増減に特に高い相関のある転写因子で，膨満形態発現に関連した遺伝子の候補．-のついた三角で指し示された転写産物は，サンショウウオ幼生にこらされているときに転写量が減少し，サンショウウオ幼生を取り除くと転写量が回復したもの．+のついた三角で指し示された転写産物はその逆で，サンショウウオ幼生にさらされると転写量が増加し，サンショウウオ幼生を取り除くと減少したもの．（Mori et al., 未発表）

写因子の転写パターンを比較する研究を行っている（Mori et. al. 未発表）．

　生態学がテーマとする形態・行動・生活史などの表現型について，ゲノミクスとの連携により遺伝子あるいは遺伝子群を特定し，その発現メカニズムを明確に知ることは容易なことではなかった．しかしながらマイクロアレイなどの手法の普及により，環境に応じた転写産物の転写プロファイルを比較することによって，環境に対する遺伝子応答を調べることは，生態学的な研究に有益な情報を与えてくれる．Voelckel ら（2004）はマイクロアレイを用いた遺伝子プロファイルの比較によって，タバコ（*Nicotiana attenuata*）の植食者に対する代謝応答が，狭食性の植食者と広食性の植食者で異なることを見出した（Voelckel and Baldwin 2004）．植物の誘導防御に関連した遺伝子プロファ

イルを群集構造の文脈の中でとらえる研究が盛んになりつつある (Snoeren et al. 2007).

(3) 表現型可塑性の個体群動態・群集構造への波及

　ある形態をしている個体が環境に応じて他の形態に変わる現象は印象的である．そうした形態の可塑性の適応性に関する研究が進むにつれて，表現型可塑性についての進化生物学的な関心が高まった (Dodson 1989; Tollrian and Harvell 1999). 個体の表現型が変わる原因が，同種あるいは他種の個体との相互作用にある場合，個体の表現型の変化は相互作用する個体の生活史に影響を及ぼすかもしれない．その影響がさらに連鎖的に群集内の他の生物間相互作用に影響して，個体群や群集のパターンに波及する可能性について議論がなされている (Agrawal 2001; Miner et al. 2005).

　私たちは，個体の示す表現型可塑性が生物群集の中の捕食-被食関係において適応的な生活史デザインの一部であることを，エゾアカガエルのオタマジャクシとエゾサンショウウオ幼生の攻防を例に検証した．個体の可塑性が，個体群や生物群集にどのようなパターンを生じさせるかについての考察は難しい．個体の誘導防御あるいは誘導攻撃形質が，個体群の動態や，群集のパターンに与える影響を検出した研究は少ない．

　Trussell らは，ワタリガニ (*Carcinus maenas*) の捕食危機に対する巻貝の誘導防御形質 (捕食回避行動) の発現が，巻貝の餌生物の密度や多様性に与える影響を調べた．ワタリガニは，捕食によって巻貝 (チヂミボラ *Nucella lapillus*) の数を減らす効果と，巻貝に誘導防御 (捕食回避行動) を発現させ採餌活動を低下させる効果をもつ．この巻貝はフジツボ (*Semibalanus balanoides*) を捕食するので，巻貝に対するワタリガニの捕食危機は，フジツボの密度に正の影響をもたらす．フジツボの密度に対して，巻貝の採餌活動の低下 (誘導防御発現) は，カニに捕食されて巻貝の密度が低下するのに匹敵する効果があった (Trussell et al. 2006). そして小地域スケールで生じるこうした誘導防御形質 (捕食回避行動) の発現を介した被食者への影響は，隣接地域の群集構造に波及する (Trussell et al. 2004).

　個体の形態変化が，群集構造に及ぼす影響を明確に検出した研究はほとん

どないが，誘導防御形態の発現能力を有し，行動防御のできない固着性の生物で，誘導防御形態発現が，群集構造に与える影響を調べた研究がある．フジツボの一種（*Chthamalus anisopoma*）は，肉食性巻貝（*Acanthina angelica*）が存在する環境で成長すると，殻が捕食を受けにくい形状になる（Lively 1986）．Raimondiらは，フジツボが誘導防御形態を発現させることが，岩礁潮間帯の生物群集にどのようなパターンを生じさせるかを調べた．誘導防御を発現させる成長期に捕食危機を受けず，後に捕食危機にさらされる場合，フジツボは無防御の形態になる．無防御のフジツボは，巻貝の捕食にやられて岩の表面に死んだ殻を残す．無防御形態のフジツボの殻が並んだ場所にはイガイ（*Brachidontes semilaevis*）が速やかに入植し，海藻（イソガワラ *Ralfsia* sp.）の入植が阻害される（Lively and Raimondi 1987）．一方，誘導防御形態を発現させたフジツボは，巻貝の捕食に対抗することができ，誘導防御形態のフジツボの殻が並ぶ地域には，イガイは侵入しにくく，その分だけ海藻が繁茂することができる（Raimondi et al. 2000）．

個体の誘導形質が，より大きな時空間スケールで群集構造に与える非線形的な影響については，数理モデルによる分析（Kopp and Tollrian 2003b; Verschoor et al. 2004）や，実験室内モデル個体群・モデル群集の分析（Altwegg et al. 2004; Petranka 2007 in press; Verschoor et al. 2004; Vos et al. 2002）によって外挿する必要がある．

両生類は変態を橋渡しにして，池の中から池の周辺へ住み場所を変更する．この生活史の特徴は，変態するときの体サイズや変態のタイミングといった生活史の進化を研究するためのモデル生物の地位を両生類に与えてきた（Newman 1992; Rudolf and Rodel 2007; Travis 1984; Werner 1986; Wilbur 1980）．一方，そうした生活史の複雑さは，それらの両生類の表現型可塑性を含む生活史の適応性が世代を超えた個体数変化に及ぼす影響や，関連する他種の個体数の変動に及ぼす影響を研究することを難しくさせている（Wilbur 1980）．私たちの研究は，可塑性は，生物群集の単一の生物の単一の形質に生じるばかりでなく，互いに関係した複数の生物の複数の形質で生じること，可塑的反応は可逆性，可変性，調節性を有することを明らかにした．しかし個体レベルのこのような性質が，個体群や生物群集にどのようなパターンを生じさせ

るかについての考察はいっそう難しい.

(4) 生物群集の中の表現型可塑性

　生態学の研究が取り組まなければならない問題の一つは，私たちはどれだけ多くの要素を同時に考慮して現象を統一的に理解できるかにある．生物群集のなかにある生物間相互作用の複雑な因果関係を同時に考慮して，群集の一部あるいは全体に生じるパターンを分析し理解することは，群集生態学の目的の一つである (Arditi and Michalski 1996; Mougi and Nishimura 2007; Wilbur 1997; Wootton 1992)．単一あるいは複数種の個体の示す可塑性が生物群集のパターンに波及するプロセスをとらえようとする研究も，こうした研究プログラムの一環である．一方，進化生態学の研究は，現在あるいは過去の生息環境やそこでの生物間相互作用の複雑な要因を同時に考慮して，生物の生活史の適応性を理解することに向けられてきた (Clark and Mangel 2000; Cole 1954; Houston and McNamara 1999; Lack 1947; Sih et al. 2004)．表現型可塑性の機能と適応性をより複雑な生物群集内のシナリオに即して理解しようとする試みは，こうした研究プログラムの一部である．表現型可塑性は，行動形質を取り上げれば，群集を構成するすべての動物種が有している．すべての種の表現型可塑性が群集構造に与える影響と，群集構造がすべての種の表現型可塑性に与える影響についての興味は，群集生態学と進化生態学のテーマの接点となる (Gross and Repka 1998; Jackson et al. 2002; Miner et al. 2005)．

　池の生物群集の中で中間捕食者に位置するエゾサンショウウオ幼生は，生物群集が織り成す生物間相互作用によって，さらなる表現型可塑性を示すことがわかってきた．サンショウウオ幼生は上位捕食者のヤゴがいないときには，水面に浮上して肺呼吸を行い，鰓呼吸による酸素摂取を補っている．ヤゴがいるとき，サンショウウオ幼生は捕食を避けるために池の底で動きを止めて行動防御を採る．サンショウウオ幼生にとって，この捕食回避は酸素不足を招く．そのような場面で新たな表現型が誘導される．外鰓が発達し，水中での鰓呼吸のみで酸素摂取を補えるようになるのだ (Iwami et al. 2007)．上位捕食者に対する誘導防御によって生じたコストを，さらなる誘導形質によって補償しているのである.

エゾサンショウウオ幼生の頭でっかち形態は，オタマジャクシといるときに誘導されるばかりでなく，エゾサンショウウオ幼生どうしの高密度環境でも誘導される．頭でっかち形態は，共食いを可能にするという機能も果たしている (Michimae and Wakahara 2002)．同一卵塊からほぼ同時にふ化した幼生の中ですべての個体が頭でっかち形態になるわけではない．頭でっかち形態の個体の割合は，地域集団によって異なる (Michimae 2006)．また，頭でっかちにならなかった個体は，単に捕食に適した形態を獲得できなかったと考えることは正しくない．先に記したように，オタマジャクシを捕食するのに適した頭でっかち形態は，ヤゴの攻撃からの逃避能力を低下させてしまう．エゾサンショウウオ幼生の誘導攻撃形態を発現させる個体の割合は，個体の適応度にまつわる共食い，オタマジャクシの利用，ヤゴの捕食危機によって，多型として維持されていると考えられそうである (Nishimura and Isoda 2004)．

　私たちはこれまで，水たまりや池の生物群集の構成種のなかに表現型可塑性を示す生物がいるかどうか，その可塑的表現型の発現が機能をもつかどうかを調べるために，自然の池の状況から単純な生物間相互作用を抜き出して操作実験を行い，遍在する表現型可塑性を明らかにしてきた．生物群集の中で生じる多様な状況がオタマジャクシやエゾサンショウウオ幼生の可塑的表現型の発現に与える影響と，それによって派生する両種の生活史形質や個体数変化のパターンについての予測を立て，その検証を行うことは，群集生態学と進化生態学の接点として重要な研究テーマといえる．

　サンショウウオ幼生とオタマジャクシの誘導攻撃と誘導防御の相互反応には，両者の相対的な成長のタイミングの違いと上位捕食者の現れるタイミングが重要な影響を与える．図 13a はオタマジャクシとサンショウウオ幼生がほぼ同時にふ化したときのある関係を示している．オタマジャクシとサンショウウオ幼生はふ化後に，互いに近くで発生が進むと，両者は捕食-被食の攻防を行い，サンショウウオ幼生は共食いも行いながら発生がつづく．オタマジャクシはサンショウウオ幼生の強い捕食圧を受けて大きく個体数を減らす．オタマジャクシを食ったサンショウウオ幼生は成長が良く，大きな体サイズになる．一方，発生の初期からサンショウウオ幼生の捕食危機にさらされたオタマジャクシは，採餌行動を抑えて池の底で静止する行動防御を採

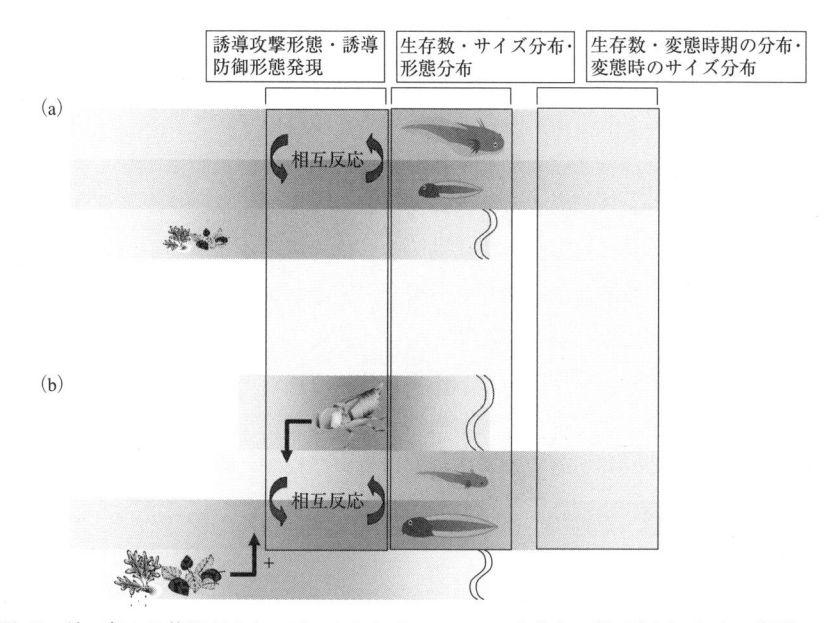

図 13 池で起こる状況がオタマジャクシとサンショウウオ幼生の相互作用に与える影響．(a) オタマジャクシとサンショウウオ幼生が同時にふ化した場合．両種の誘導形態発現の相互反応は顕著となる．頭でっかち形態を発現させたサンショウウオ幼生はオタマジャクシを食って大きくなる．オタマジャクシはサンショウウオ幼生の捕食により数を減らす．また，オタマジャクシは防御のために採餌行動が抑えられ成長が悪くなる．(b) サンショウウオのふ化が大きく遅れた場合．サンショウウオ幼生が頭でっかち形態を発現させることが可能な発生段階になったころ，オタマジャクシはすでに大きくなっている．そのため，両種の誘導形態発現の相互反応は弱くなる．さらにもしヤゴの捕食危機が加わると，サンショウウオ幼生は防御のために採餌行動が抑えられ，成長が悪くなる．幼生期におけるこれらの異なる状況は，変態の時期や，変態するときの体サイズ・生存数に影響を与え，その影響は以降の生活史にも波及する．

るため，成長が遅く小さな体サイズとなる．

　図 13b にもう一つの極端な状況を示す．図 13b では，産卵時期がずれたことにより，サンショウウオのふ化時期がオタマジャクシのふ化時期より大きく遅れる．さらに，オタマジャクシの利用可能な餌が多いと，サンショウウオ幼生がふ化する時期には，オタマジャクシはすでにある程度の大きさになっている．小さなサンショウウオ幼生はオタマジャクシにとって危険な相手ではないので，膨満形態は発現しない．オタマジャクシはサンショウウオ幼生の捕食圧を受けない．加えてヤゴの捕食危機が訪れるとエゾサンショウウオ幼生は誘導攻撃形態を発現するよりも，防御を行うことを優先しなければならなくなる．採餌行動を抑えて防御行動を行うサンショウウオ幼生は，

さらに成長が遅くなり，小さな体サイズとなる．

　このように，両種の産卵や成長のタイミングのずれによるばかりでなく，そのずれを原因として生じる誘導形態の相互反応の変化と群集のなかでの他種の影響が，両種の生存数やサイズ分布，変態の時期に影響を与えるはずである．そしてたとえば，成長が遅れることになったエゾサンショウウオ幼生の中には，その年に変態できずに幼生のままで越冬する個体が生じる可能性がある．そうした越年幼生個体は，翌春の池の生物群集で強力な捕食者の地位を占めることになる．その影響を受ける新生のサンショウウオ幼生とオタマジャクシは活動を抑制する行動防御を行い，個体間の相互作用が減り誘導防御形態や誘導攻撃形態の発現が抑制される可能性がある．私たちは，こうしたある年の状況に応じた表現型可塑性を介した相互作用が，翌年の群集構成や群集内での生物間相互作用に影響するプロセスについて調べるための研究を進めている．

　最後に，池の生物群集にはさらに多くの表現型可塑性が同時に発見できることを紹介する．淡水性の池にいる多くのミジンコ（*Daphnia*）は，魚や昆虫の捕食危機に対し，頭部に烏帽子のような棘や，大きなヘルメット様の形態を発現させ，それらは誘導防御形態として機能している（Tollrian and Dodson 1999）．オタマジャクシとサンショウウオ幼生の池ではヤゴは上位捕食者として登場したが，他の研究で，カオジロトンボのヤゴ（*Leucorrhinia dubia*）は，魚の捕食危機に対して腹部の棘を伸張させる誘導防御形態を発現させることが示唆されている（Johansson and Samuelsson 1994）．エゾアカガエルのオタマジャクシとエゾサンショウウオ幼生の池の生物群集にも，さらにいくつかの表現型可塑性を示す生物がいるかも知れない．また，それらの可塑性は，群集の特性をとおしてその機能が理解されるはずである．

第5章

共進化の地理的モザイクと生物群集

東樹宏和・曽田貞滋

Key Word

軍拡競走　自然淘汰　地理的構造　メタ群集　メタ個体群
共進化遺伝学

> 生物群集において関わりあいをもつ種のあいだでは，協力や敵対的な関係を介して自然淘汰がはたらく．こうした自然淘汰の結果として起こる「共進化」は，生物群集の構造とどのように関わりあっているのであろうか？
>
> この問題を解き明かすには，「地域間で共進化の進み方」が違うという現象に着目することが重要である．共進化過程の空間的なモザイク構造と，地域群集のあいだに見られる構造の違いを同時に眺めることによって，生物群集の動態に関する理解が深まるだろう．
>
> 本章では，近年著しく発展してきた共進化研究や分子遺伝学の手法をいかに群集の研究に取り入れるかについて，実例を示しながら解説する．

1 共進化の地理的変異

(1) 種レベルでの共進化と個体群レベルでの共進化

　共進化 (coevolution) とよばれる現象に最初に注目したのは，進化生物学の祖，C. R. ダーウィン (Darwin 1859) である．花の形態や色がどのように進化してきたのかについて考察した最初の人物である彼は，花の形が送粉者から受ける自然淘汰 (natural selection) によって進化するのではないかと考えた．植物は自身の繁殖成功を高めるため，花の色や形態，蜜の量などを変化させることで，花粉を運ぶ昆虫や鳥が惹きつけられるように進化する．たとえば，ランの仲間には花蜜の入った長い管 (距) を進化させたものがある．このような花では，送粉昆虫が距の奥に溜まった蜜を吸うためにより深く口器を刺し込む必要があるが，その際，花は昆虫の体に花粉を付着させることができる．一方，送粉者の側でも，より効率よく花蜜や花粉を集めるために，長い口器や細長い頭部などの形質を進化させる．ダーウィンは，長さ30cmもの距をつけた花を咲かせるマダガスカル産のラン (*Angraecum sesquipedale*) に注目し，舌の長い昆虫がやってきてこのランの蜜を吸うのであろうと考えた (Darwin 1862)．この予言は見事的中し，ダーウィンの死後，キサントパンスズメガ (*Xanthopan morganii praedicta*) という長舌のスズメガが実際に発見された (Nilsson 1998)．このランとスズメガの関係では，ランはスズメガの口器の長さにあわせて自身の距の長さを進化させ，スズメガはランの距の長さにあわせて口器の長さを進化させている．このように，関わりあう生物どうしが互いの形質に対して適応する現象を共進化という．

　つい最近まで，ランとスズメガの関係でみられるような共進化は，「種のレベルで起こる現象」としてとらえられてきた．たとえば，共進化という言葉をはじめて用いたエーリックとレイブン (Ehrlich and Raven 1964) は，アゲハチョウ類とその寄主植物の化学物質を介した共進化について，新しい種が生まれる過程に着目して議論している．アゲハチョウ類の幼虫は，有毒な二次代謝物質を含む寄主植物の上で育つ．このチョウと寄主植物との関係で

第 5 章　共進化の地理的モザイクと生物群集

は，新たな二次代謝物質を進化させた寄主植物がアゲハチョウによる食害を逃れるようになる．しかし，しばらくして，その二次代謝物質を解毒する機構を獲得したアゲハチョウの新種が生まれることによって，再び食害を受けるようになる．このようにして，両者が共進化と種の多様化を繰り返してきたと考えられている（逃避・放散仮説（escape and radiation hypothesis）；Ehrlich and Raven 1964）．

　しかし，同じ 2 種のあいだで起こる共進化であっても，地域（局所）個体群（local population）によって異なる動態がみられることが報告されるようになり，個体群のレベルで共進化が議論されはじめた（Thompson 2005a）．本章ではまず，この「共進化の進み方が地域によって異なる」という現象に関する近年の理論を説明し，あわせて実証的な研究も紹介する．そのうえで，共進化過程を地理的な視点から眺めることによって，生物群集の動態を扱う群集生態学と，群集内における種間の進化的な相互作用を解明する進化生物学を結びつける今後の研究の方向性を探っていく．なお，章全体をとおして，相互作用しあう複数種の個体群の地域ごとの集まりを，地域群集（local community）とよぶことにする．

(2) 共進化の地理的モザイク仮説

　種間相互作用の膨大な研究をレビューした J. N. トンプソン（Thompson 1994）は，種間相互作用が地域群集間で異なる現象に着目し，「共進化の地理的モザイク説（geographic mosaic theory of coevolution）」を提唱した（Thompson 2005a と Gomulkiewicz et al. 2007 に詳しい解説がある）．この仮説では，種間相互作用の地理的構造が示す動態を，以下の 3 点に要約している．まず，それぞれ種のあいだで及ぼしあう自然淘汰の方向や強さは，地域群集間で異なっているという点である．トンプソンはここで，自然淘汰の地理的モザイク（geographic selection mosaic）という概念を導入した．この地理的モザイクの中では，構成種のそれぞれに自然淘汰がはたらいている地域群集もあれば，一部の種にしか自然淘汰がはたらいていない地域群集もあると考えられる．前者のような群集を共進化のホットスポット（coevolutionary hotspot），後者を共進化のコールドスポット（coevolutionary coldspot）とよぶ．さらに，地域個体

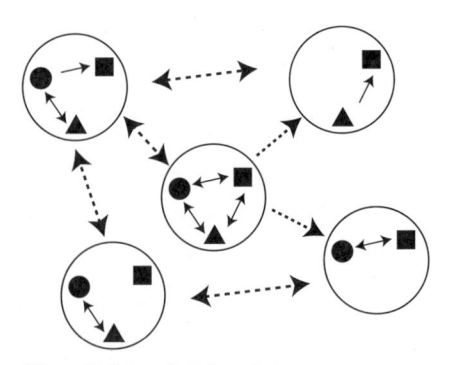

図1　共進化の地理的モザイク.
群集の構成種（●・▲・■）間の相互作用は，地域群集（大きな○）によって異なると予想される．各種間の相互作用によって自然淘汰（実線矢印）がはたらく地域群集もあれば（中央），構成種の一部が欠けている地域群集（右上・右下）や，構成種が揃っていても特定の種間もしくは方向にしか自然淘汰圧が生じないところ（左上・左下）も存在すると考えられる．こうした地域群集間で遺伝子流動（破線矢印）が起こることにより，共進化過程の地理的な構造が一層複雑になる．Thompson（1999）を参考に作図．

群間での遺伝子流動があることによって，場所ごとに独立に共進化が起こる場合とは異なったかたちで，対立遺伝子頻度や形質の空間的な分布がみられるはずである．遺伝子流動がもたらす効果は，形質の空間的混合（trait remixing）と言い表されている（図1）．

　地理的モザイク仮説の観点で考えると，現実の生物群集の中で共進化的な関係にある生物種の形質の状態は，地域群集のあいだで多かれ少なかれ違っていると予想される．共進化する種のあいだで形質が一致する地域群集もあれば，一致しない地域群集もあり，すべての地域個体群にわたって種のレベルで一定であるような形質はめったにない（Thompson 1994, 1999, 2005a）．それでは，こうした共進化の地理的モザイクとは実際どのようなものなのだろうか．筆者らが取り組んでいるヤブツバキとツバキシギゾウムシの例を紹介しながら解説したい（東樹・曽田 2006；東樹 2008a）．

(3) ツバキとゾウムシの軍拡競走

　共進化の土台となる種間相互作用は，関わりあう種のそれぞれが利益

を得る相利的な相互作用（mutualistic interaction）と，捕食者（寄生者）と被食者（宿主）のあいだや資源をめぐって争う種間で起こる敵対的な相互作用（antagonistic interaction）に分類することができる．

　冒頭のランとスズメガの相互適応は，相利的な種間で極端な形質が共進化した例である．しかし，敵対的な種間においても，軍拡的な共進化の過程によって，攻撃や防御などに関わる形質が，極端な状態に進化してしまうことがある．なぜなら，片方の種の適応進化によって，もう一方の種は対抗適応の進化を余儀なくされ，もしこの「共進化のレース」について行けなくなった場合，絶滅の恐れがあるからである．このような進化レースの過程は，L・ファン・ヴェイレンの「赤の女王仮説（Red Queen hypothesis）」によって広く知られるようになった（van Valen 1973）．このように種間相互作用を通じて適応形質がとどまるところを知らず共進化する過程は，「軍拡競走（arms race）」になぞらえられている（Dawkins and Krebs 1979; 佐々木 2006）．

　野外研究が明らかにした軍拡競走の例はきわめて少ないが（Benkman 1999; Soler et al. 2001; Brodie et al. 2002），日本に生息するツバキシギゾウムシとヤブツバキの研究は，その中でもとくに詳細がわかっているものである（Toju and Sota 2006a-c; Toju 2007, 2008）．ツバキシギゾウムシ（*Curculio camelliae*; ゾウムシ科）はその幼虫がヤブツバキ（*Camellia japonica*; ツバキ科）の種子だけを食べる種子捕食者である．このゾウムシの雌成虫は，極端に長い口器（口吻）を使ってツバキの果実に穴（坑道）を開け（iii 頁の口絵 A，B），その口吻を引き抜いたあとに腹部から産卵管を坑道に差し込んで，果実の内部にある種子に産卵する（Okamoto 1988）．このゾウムシによる攻撃に対し，ツバキは種子のまわりの果皮とよばれる組織で防衛しており，厚い果皮を進化させることで対抗してきたと考えられる．このゾウムシの口吻とツバキの果皮の機能的な関係を明らかにするため，筆者らは，実験条件下においてゾウムシ雌成虫にツバキの果実を与えた（Toju and Sota 2006a）．その結果，ゾウムシの口吻が長いほど種子まで届く坑道を開けられる確率が高くなり，逆に，ツバキの果皮が厚いほど，穿孔の成功率が低下していた（図2）．このことから，両者は口吻の長さと果皮の厚さを互いに軍拡的に共進化させてきたと推測される．

　この室内実験を踏まえ，日本各地の調査地から得られたツバキとゾウムシ

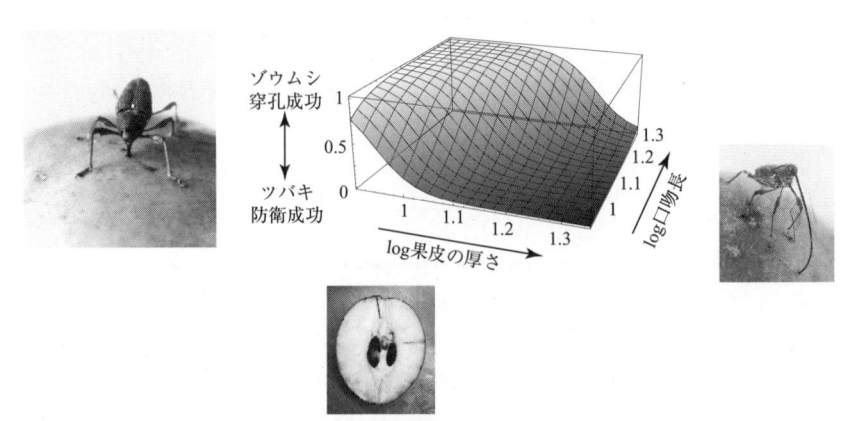

図2　シギゾウムシの口吻長とツバキの果皮厚の変異が両者の適応度に与える影響.
室内実験により，両種の形質（ゾウムシの口吻長・ツバキの果皮の厚さ）と適応度の相関を調べた．垂直軸はゾウムシによるツバキの果皮への穿孔の成功率を示しており，この確率が高いほどゾウムシは攻撃に成功しやすく，逆に，ツバキはこの確率が低いほど種子の防衛に成功しやすい．Toju and Sota (2006a) より改変.

の標本をもとに，両種の共進化過程の地理的な比較を行った．まず，共進化する可能性のある形質について調べたところ，ゾウムシの口吻長とツバキ果皮の厚さの両方に大きな地理的変異が存在することが明らかになった (Toju and Sota 2006a)．iii 頁の口絵 (C) に示したように，ある調査地では，体長と同じ程度の口吻長をもつツバキシギゾウムシがみられるのに対して，別の調査地では，その口吻が体長の倍以上にも達していた．ツバキの果皮の厚さについても，個体群間で最大 3〜4 倍の違いがみられた（口絵 D）．おもしろいことに，ツバキ果皮の厚さとゾウムシの口吻長の個体群の平均のあいだには，正の相関が見られた (Toju and Sota 2006a, b; 図 3A)．これは，ゾウムシとツバキの両方もしくは片方が，相手の形質に対して局所適応 (local adaptation) を遂げていることを示す結果である．

　ツバキとゾウムシの形質にみられる地理的な変異は，地域によって共進化が異なった進み方をしている結果であると考えられる．この点を検証するため，ツバキの果皮の厚さと種子の生存率（ゾウムシの幼虫に食べられずに生き残る割合）の関係を調べ，ツバキの果皮の厚さにはたらく自然淘汰の強さを各個体群について評価した．その結果，ゾウムシの攻撃によって生じる自然淘汰の方向と強さが，個体群によって異なることが明らかになった

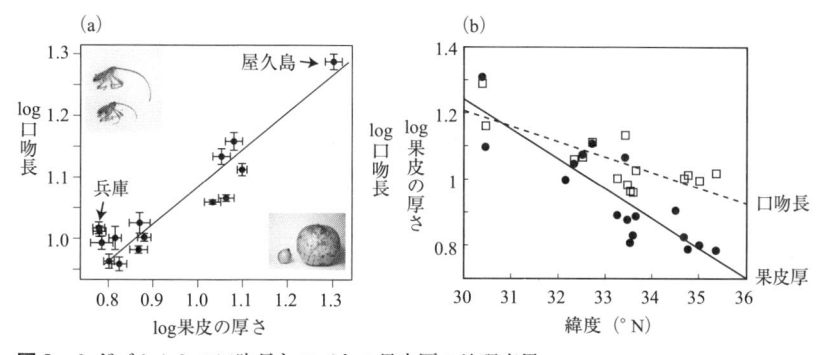

図3 シギゾウムシの口吻長とツバキの果皮厚の地理変異．
(a) 各調査地におけるツバキの果皮の厚さとシギゾウムシの口吻長の平均値を示してある（エラー・バーは標準誤差）．両種の形質は，明瞭な地理的相関を示す．(b) 両種の形質と緯度との相関．低緯度（南）の地域ほどツバキの果皮は厚く，シギゾウムシの口吻も長くなる傾向にある．Toju and Sota (2006a) を一部改変．

(Toju 2007; 図4)．すなわち，果皮が比較的薄かった北の個体群では，厚い果皮が進化するような選択がはたらいていないのに対し，厚い果皮がみられる南の個体群（図3B）では，厚い果皮が進化するような方向性淘汰（directional selection）がはたらいていたのである（Toju and Sota 2006a; 図4; 口絵E）．ツバキシギゾウムシについても，ツバキの果皮との共進化によって口吻長の地理的な変異が生まれたことを示唆する結果が得られている（Toju and Sota 2006c; 第4節参照）．

こうしたツバキとシギゾウムシの相互作用のパターンは，「相互作用する種間ではたらく自然淘汰の強さが地理的に異なる結果（自然淘汰の地理的モザイク），共進化が進行している地域群集（ホットスポット）と共進化がほとんど起こっていない地域群集（コールドスポット）が存在する」という地理的モザイク仮説を支持している（Thompson 2005b）．

2 自然淘汰の地理的モザイクとその形成要因

(1)「遺伝子型×遺伝子型×環境」の相互作用

ツバキとゾウムシの相互作用が示すように，自然淘汰の強さと方向が地理

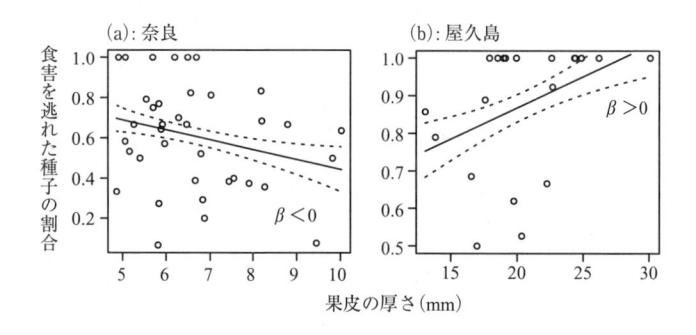

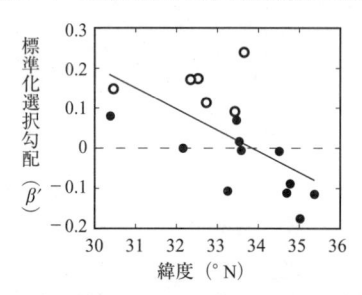

図4 ツバキの果皮の厚さにはたらく自然淘汰の地理変異．

各個体群において，ツバキの果皮の厚さと，シギゾウムシによる捕食を免れた種子の割合（ツバキの個体ごとに算出）との関係を示す．実線はキュービック・スプラインによる補間で，破線は標準誤差を表す．(a) 奈良県奈良市．(b) 鹿児島県屋久島半山．個体群によって，厚い果皮の適応度（捕食を免れた種子の割合）が高い場合（$\beta > 0$; b）と，そのような傾向が見られない場合（$\beta < 0$; a）がある．Toju (2007) より改変．(c) ツバキの果皮にはたらく自然淘汰圧の緯度勾配．各ツバキ個体群で果皮の厚さが受ける方向性淘汰の強さを定量化し，緯度で回帰した．標準化淘汰勾配（β'）は，各個体群においてシギゾウムシの捕食を免れた種子の割合（a, b 参照）を果皮の厚さで線型回帰し，標準化を施したもの．白抜きは線形回帰が統計的に有意であった個体群を示す．低緯度（南）の個体群ほど，厚い果皮が選択されやすい傾向が見られる．Toju and Sota (2006a) より改変．

的に異なり，その結果，共進化が起こる地域群集と起こらない地域群集が生じている．では，そもそもなぜ自然淘汰の地理的モザイクが生じるのであろうか？

　この問題に取り組むために，共進化の地理的モザイク説では，「遺伝子型×遺伝子型×環境」の相互作用（genotype by genotype by environment interaction）という概念を用いる（Thompson 2005a）．ここで言う「相互作用」は統計的な

「交互作用」のことで,同じ遺伝子型であっても,生物個体が経験する環境条件によって表現型が変化することを表す.つまり「遺伝子型×環境」相互作用の考え方を,種間関係に拡張したものである.共進化する2種を考えた際,片方の種Aの適応度は,種A自身の表現型だけでなく,野外で出会う種Bの表現型によっても左右される(Brodie and Ridenhour 2003; Toju and Sota 2006a; Hanifin et al. 2008).さらに,両種の表現型は遺伝子型だけでなく,環境条件によっても変化する.そのため,種Aにはたらく自然淘汰に関しては,種Aの遺伝子型(genotype)と種Bの遺伝子型(genotype),そして,両種が置かれる環境条件(environment)の三つが複合的な効果を考慮する必要がある.これが,地理的モザイク説が想定する状況である.

それでは,自然淘汰の地理的モザイクを生じさせる鍵となる環境条件は何だろうか.考えうる要因の中で,理論的にもっともよく解析されているのは,地理的な「生産性(資源量)」(被食者の増殖率や利用可能な資源の量など)の違いである.たとえば,環境条件の地理勾配を組み込んだM. E. ホックバーグとM. ファン・バアレンの捕食者−被食者のモデルでは,被食者の増殖率が高い地域群集や,被食者個体群の成長に対する密度依存的な制限が弱い地域群集ほど,捕食者と被食者のあいだの軍拡競走がより進行すると予測されている(Hochberg and van Baalen 1998).なぜなら,被食者の個体群密度が高い地域群集ほど捕食者も増加し,その結果として被食者の防衛形質が強い自然淘汰を受け,軍拡的な共進化がより生じやすいと考えられるからである.では,実際に生産性の違いは共進化動態に変異をもたらすのだろうか.つぎに,この問題を取り扱った細菌と溶菌性ファージについての実験と,ツバキとシギゾウムシの野外研究を紹介する.

(2) 軍拡競走の生産性勾配 —— 細菌と溶菌性ファージの実験

群集の生産性が異なる状況で,共進化の進行がどのような違いが現れるのか明らかにするため,S. E. フォードらは,大腸菌 *Escherichia coli* とその溶菌性ファージであるT7の相互作用に着目した(Forde et al. 2004).大腸菌のB_0系統はT7ファージの$T7_0$系統に対する防衛手段を発達させていない(感受性を示す).しかし,B_0と$T7_0$を一緒にしておくと,やがて$T7_0$に対す

る抵抗性を進化させた大腸菌の系統（B_1）が現れる．一方の T7 も，大腸菌の B_1 との相互作用を通じて B_1 と B_0 の両方に対して感染できる系統（$T7_1$）が生じる．これを受け，大腸菌の側も $T7_1$ と $T7_0$ のファージに対する防衛手段をもった系統（B_2）が出現する．やがてこの B_2 系統の大腸菌が優占するが，今のところ，この B_2 の大腸菌に感染できる T7 ファージは発見されていない．

　このような大腸菌と T7 ファージの軍拡的な共進化について，フォードらは，大腸菌の餌となるブドウ糖の濃度を 3 段階（高・中・低）に調整したケモスタット（培養装置）を用いた実験を行った．それぞれのケモスタットに B_0 の大腸菌と $T7_0$ の T7 ファージを導入して，大腸菌のファージに対する抵抗性とファージの大腸菌への感染性について，その時間的変化をブドウ糖濃度の異なる処理区のあいだで比較した．24 時間後に抵抗性の大腸菌（B_1）の密度を測定したところ，高濃度のブドウ糖処理区で中・低濃度のブドウ糖処理区の約 5 倍に達していることが明らかになった．一方の T7 ファージについても，高濃度のブドウ糖処理区で他の処理区よりも早く感染性の高い変異個体（$T7_1$）が確認された．このような結果が得られたのは，群集（ケモスタット）間の生産性（資源量，ここではブドウ糖濃度）の違いによって（おそらく大腸菌と T7 の密度を上昇させることで）自然淘汰の強さが変わり，軍拡競走の進行に差が生まれたからである，と推測されている．

(3) 軍拡競走の生産性勾配 ── ツバキとシギゾウムシの野外研究

　大腸菌と T7 ファージの相互作用でみられたような軍拡競走と生産性（資源量）の関係は，自然界でも存在する．

　ツバキの果皮の厚さとゾウムシの口吻の長さのあいだで起こる軍拡競走は，低緯度地域（南）ほど進行する傾向にあったが（図 3B，図 4C），その要因として，地域群集のあいだでみられるツバキ種子の生産量の違いが何らかの役割を果たしていると考えられる．たとえば，ヤブツバキでは，気温に依存して光合成による物質の生産速度が速くなる（Miyazawa and Kikuzawa 2005）．このため，低緯度の温暖な地域ほど，ツバキの種子が多く生産され，結果として，ツバキの個体数の増加率が高くなるかもしれない．そうなれば，ゾウムシの個体数も増加しやすく，ツバキへの食害圧が高くなることによってツ

バキの果皮の厚さにはたらく自然淘汰が強くなり，軍拡競走が加速される．また，このツバキとゾウムシの相互作用を扱った数理モデル（佐々木ら 2007）の予測によると，ツバキの光合成による物質生産量（種子や果皮の生産に割り当てられる総資源量）が少ない場合や，ツバキの個体数の増加にかかる密度依存的な制約が大きい場合には，果皮を厚くしてゾウムシに対抗する利益が，その物質的コストに見合わなくなり，中程度の果皮の厚さで進化的な平衡に達する可能性があるという．

ツバキとシギゾウムシの共進化の生産性勾配に関する仮説は，緯度に沿った生産性の勾配だけでなく，標高に沿った勾配からも支持されている（Toju 2008）．海上アルプスともよばれ，険しい高度差をもつ鹿児島県屋久島内で，登山道に沿ってツバキの果実を採集したところ，より温暖な低標高域ほど果皮が厚いことが明らかになった．ツバキの果皮厚に遺伝変異が含まれる可能性（Toju and Sota 2006a）を考慮すると，この高度に沿った形質値のクラインの存在は，光合成産物の生産が活発なところほどゾウムシとの軍拡競走が進行しやすいことを裏づけていると考えられる．

ここでは，自然淘汰の地理的モザイクを生じさせる要因として，地域群集間の生産性（資源量）の違いに着目してきたが，この他に，地域群集内の種構成が共進化過程の地理的分化に影響を与えている例が知られている．そこで次節では，地域群集の種構成によって共進化過程がいかに変化するのかを見ていきたい．

3 適応進化と群集構造

(1) 群集の種構成が適応進化を左右する

共進化過程を複数の地点で比較する研究から，地域群集内の種構成の違いによって各種にはたらく自然淘汰の方向や強さが変わることが明らかになってきた（Thompson and Cunningham 2002; Berenbaum and Zangerl 2006; Thrall et al. 2007）．

北アメリカに広く分布するユキノシタ科モリノホシハナ属（仮称）植物の一種（*Lithophragma parviflorum*）は，ホソヒゲマガリガ科のガの一種（*Greya politella*）の訪花を受けるが，この際，雌のマガリガはモリノホシハナの胚珠内に卵を産む．産卵の際，マガリガの体表に付着した花粉によってモリノホシハナが受粉することがあるが，胚珠が果実に成長したときにマガリガの幼虫が種子を食害してしまう．すなわち，このガは送粉者であると同時に，種子捕食者でもある．モリノホシハナの生育地に，ツリアブ類やハチなどのより効率的に送粉を行う昆虫がいる場合には，モリノホシハナは，マガリガが産卵した果実の発育をやめる（中絶する）ことによって，最終的に生産される種子の数を最大にしようとすると予想される（Thompson and Cunningham 2002）．

　そこで，J. N. トンプソンと B. M. カニンガムは，モリノホシハナの 12 の個体群において，成熟した果実と中絶された果実のあいだで，マガリガの卵が含まれている割合を比較した（Thompson and Cunningham 2002）．調査の結果，12 のうち四つの個体群では，中絶果実よりも成熟果実において，マガリガの卵が含まれる割合が有意に高かった．そのような場所でモリノホシハナに訪花する昆虫群集を調べると，ツリアブ類やハナバチ類などジェネラリスト（generalist）の送粉者による訪花が不足しており，マガリガが相利共生的な送粉者として機能していた．別の四つの個体群では，中絶果実と成熟果実のあいだで，マガリガの卵が含まれている割合に有意差がなく，マガリガとモリノホシハナの関係は，マガリガにだけ利益のある片利的なものであった．しかし，残りの四つの個体群では，成熟果実よりも中絶果実に多くのマガリガ卵が含まれる傾向があり，マガリガが産卵した果実を，モリノホシハナが選択的に中絶していることが推察された．こうした場所ではおそらく，ジェラリストの送粉者が豊富に存在し，マガリガはただの種子捕食者としてモリノホシハナと敵対的な関係にあると想像される．このように，地域群集の種構成や各種の個体群密度（ここではツリアブ類やハナバチ類の豊富さ）によって，その群集で繰り広げられる共進化の過程が変化するということがわかってきた．

　このモリノホシハナとマガリガの関係は，生産者（植物）と植食者（昆虫）

という，生態系内での栄養段階（trophic level）が異なる種のあいだで起こる共進化に関するものである．しかし，栄養段階を同じくし，限られた資源をめぐって競争的な関係にある種のあいだでも，地域群集の構造（競争的な種がどれだけいるか）によって進化の方向が変わってくる．このことは，たとえばダーウィンフィンチ類に関する古典的な研究で知られている（ワイナー2001）．

　ガラパゴス諸島に生息する種子食性のダーウィンフィンチ類では，その嘴の大きさによって効率よく利用できる種子の大きさや堅さが異なっている（Grant 1986）．シュルターらはまず，特定の大きさ（高さ）の嘴をもつフィンチが餌にできる植物の種子を大きさと堅さから定義し，異なる大きさと堅さをもつ種子の量を，島ごとに詳しく調べた（Schluter and Grant 1984）．そのうえで，利用できる種子の総量とフィンチ類の個体群密度の相関についての実証データをもとに，それぞれの島に生息できるガラパゴスフィンチ（*Geospiza fortis*）とコガラパゴスフィンチ（*G. fuluginosa*）の個体群密度を，個体の嘴の高さ 0.05mm ごとに推定していった．興味深いことに，解析した島のほとんどで，嘴の高さに対するフィンチの個体群密度の曲線は複数のピークを示した（図5）．これは，それぞれの島で利用できる植物の種類が限られており，種子の大きさと堅さの分布が不連続であるためと考えられる．

　特定の嘴の高さのフィンチがどれだけ存在できるか予測した曲線のピークの位置は，それぞれの島においてどの高さの嘴が最適であるかを示している．そのため，その島に生息するフィンチの嘴の高さが，食料供給から予測される嘴の高さの最適値からずれていた場合，嘴の高さの進化がなにか他の要因の影響を受けていることが推察される．そこでシュルターらは，ガラパゴスフィンチとコガラパゴスフィンチの 2 種が同所的に住む島と片方の種しか住まない島のあいだで，予測される嘴の高さと実際に計測された嘴の高さを比較した（Schluter et al. 1985）．その結果，ガラパゴスフィンチについては，ほとんどの島で，予測された嘴よりも観察された嘴の方が高い傾向があった．しかし，コガラパゴスフィンチが生息しないダフネ島では，嘴の高さの予測値と観察値はほぼ一致していた（図6）．また，ガラパゴスフィンチが生息しないロス・エルマノス島では，2 種が生息する島でコガラパゴスフィンチが

図5 ガラパゴス諸島における，フィンチの嘴の高さの頻度分布（三つの島を抜粋）．
斜線のヒストグラムはコガラパゴスフィンチを，黒塗りのヒストグラムはガラパゴスフィンチの頻度の観察値．各島における植物種子の組成と量からシュルターら（Schluter 1984）が予測したフィンチ類の密度を実線で示す．上向きの矢印は，予測されたフィンチ類の嘴の高さを，下向きの矢印は実際に野外で観察された嘴の高さを表す（ガラパゴスフィンチは黒塗り，コガラパゴスフィンチは白抜き）．ダフネ島のガラパゴスフィンチとロス・エルマノス島のコガラパゴスフィンチのあいだでは嘴の高さの差が小さいが，両方のフィンチが生息する島（サンタクルス島）では2種のフィンチの形質に大きな差がみられる．Schluter et al. (1985) より改変．

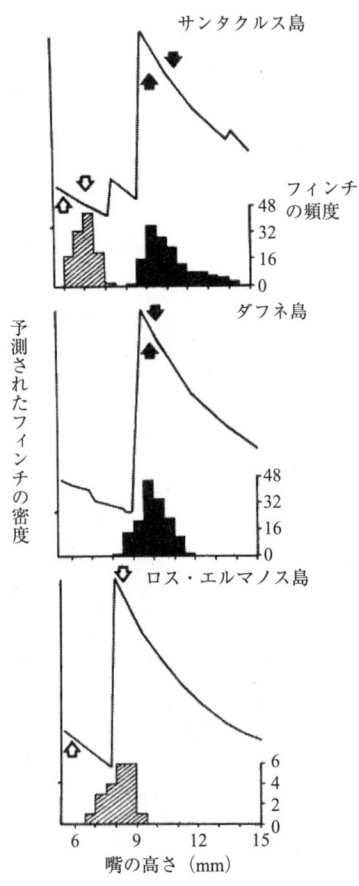

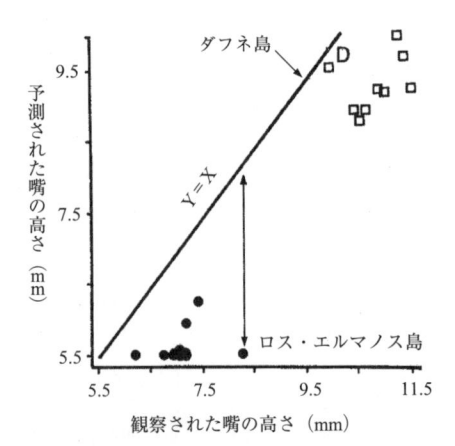

図6 観察された嘴の高さの平均値と，予測された嘴の高さの比較．
横軸に観察された嘴の高さを，縦軸に予測された嘴の高さを示す．ガラパゴス諸島の調査地のなかで，ダフネ島（□）ではガラパゴスフィンチのみ，ロス・エルマノス島（●）ではコガラパゴスフィンチのみ生息していた．ロス・エルマノス島の矢印は，予測された嘴の高さと観察された嘴の高さの個体群平均値との差を示している．Schluter et al. (1985) より改変．シュルター氏の好意による．

占めている予測曲線のピークではなく，本来なら前者が占めるべきピークに後者の嘴の高さが位置していた（図6）．実際に2種が同所的に生息する島では，コガラパゴスフィンチが小型で柔らかい種子を，ガラパゴスフィンチが大きめで堅い種子をおもに利用するという一般的傾向がある．このことを考慮すると，分析の結果は，2種が共存する島では資源の競合を避けるような

形質置換（character displacement）が起こっていることを示している，と考えられる．片方の種しか住まない島では，種間競争がないため，嘴の高さが資源量から予測される最適値を示したのであろう．

(2) 適応進化から群集構造へのフィードバック

　群集構造と共進化過程のあいだでおこるフィードバックには，進化的な過程が種構成や個体群密度といった群集構造に影響を及ぼす，という逆向きの過程もある．共進化の観点からこの問題に取り組んだ実証研究はほとんどないが（Thrall et al. 2007），ここでは，共進化の結果として種の適応的分化が進むことを示したイスカ類についての研究を紹介したい．

　北アメリカのロッキー山脈を中心に分布するロッジポールマツ（*Pinus contorta latifolia*）の球果は，アメリカアカリス（*Tamiasciurus hudsonicus*）による食害を高頻度で受ける．このリスは，マツ球果の基部から鱗片を噛みはじめ，鱗片の内側に護られている種子を取り出す．これに対し，マツは基部の鱗片を厚くして種子を保護している（図7a, b）．しかし，リスがいないロッキー山脈周辺の隔離された森林では，アカイスカ（*Loxia curvirostra*）が主要な種子捕食者である．アカイスカは球果の先端部に含まれる種子を選択的に食害するので，リスがいない地域のマツでは，イスカの食害に対抗して先端部の球果鱗片が厚くなっている（Benkman et al. 2001）．このような球果の形態の変化は，リスのいない複数の地域で平行して起こっており，リスの分布が球果の形態の進化に影響することを強く示唆している．イスカはリスがいるロッキー山脈の中央部にも分布するが，古くなって鱗片が開きかけた球果からしか種子を取り出せないためにリスに先を越され，そういった場所ではマツの球果の形態に対してほとんど淘汰圧を及ぼしていないと考えられる．

　リスの有無による形質進化の地理的変異は，イスカの嘴の形態にも見いだされる．リスがいない地域では，マツの球果の先端部の厚い鱗片を処理しやすいよう，イスカは大きくてより曲がった嘴をしている（図7a, c）．一方で，リスがいる地域では，球果の先端部の鱗片が比較的薄いため，イスカの嘴も小さめで曲がり方も緩やかである．イスカが地域ごとに球果の形態に適応しているかどうかを検討するため，異なる地域から採集されたマツの球果を，

そのマツが生育している地域のイスカと別の地域のイスカに与えて採餌効率（単位時間あたりに球果から取り出して食べた種子数）を調べた．その結果，イスカは自分の生息地域の球果から，より効率よく種子を取り出していた．つまり，それぞれの地域におけるイスカの嘴は，その地域のマツの球果の形態に対し，局所適応を遂げているのである．このように，群集内の種構成の違いによって，内部で共進化が起こっている地域群集（ホットスポット）と，そうでない地域群集（コールドスポット）が存在しているのである．

以上の研究結果をふまえ，B. W. ベンクマンら（Benkman 2003; Smith and Benkman 2007）は，共進化の地理的モザイクが形成された結果として，群集の構造にどのようなフィードバックがはたらくかを考察した．

ロッジポールマツとの共進化によって，嘴の形態が地理的に分化したイスカの個体群のあいだでは，生殖隔離が進行する可能性がある．それぞれの個体群は，同所的なマツの球果に適応しているため，個体群間での交雑で生まれる中間的な形質をもつ個体はどの場所のマツの球果もうまく扱えず，生存上不利になると予想される（Benkman 1999）．また，マツの球果への局所適応による嘴の形態の変化は，鳴き声の地理的な変異を生じさせる．そのため，群れの形成や配偶者の選択を介して，個体群間に交配前の生殖隔離が生じているらしい（Benkman 1999; Smith and Benkman 2007; 図 7a）．

このような球果の形態への局所適応とそれにともなう鳴き声の変異は，他のマツ科植物との相互作用でも起こっている可能性がある．実際，イスカは嘴の形態と鳴き声で分類される九つの型（コールタイプ）からなる種群を形成しているが，それはマツ科植物の種や地域個体群に対応している（Benkman 2003）．つまり，マツ科植物との共進化によって，イスカの地域個体群間で種分化へとつながる適応的分化が促進されていると考えられる（Benkman 2003; 図 7a）．

イスカの例でみるような，共進化の結果として起こる種の多様化は，地域群集の集まりであるメタ群集（後述）レベルにおける種の多様性を左右する．ゆえに，イスカとマツを中心とする相互作用の一連の研究は，群集構造（種の組み合わせ）の地理的モザイクが共進化過程を介して種分化をうながし，群集の構造に再び影響する可能性を示唆している．

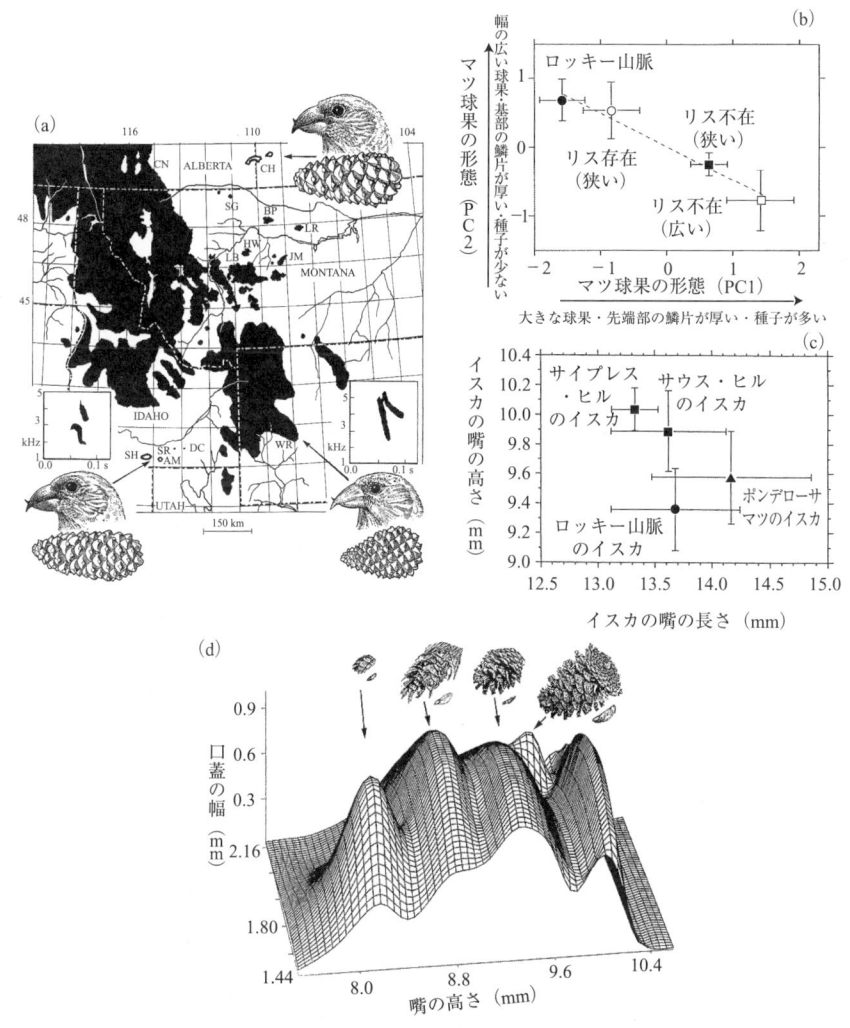

図7 イスカの嘴形態とロッジポールマツの球果の形態の共進化にリスが及ぼす影響．(a) ロッキー山脈（リスがいる地域）のロッジポールマツの球果の形態とイスカの嘴の形態（右下），および，周辺部の分断化された森林（リスがいない地域）（サウス・ヒル（SH）；左下，サイプレス・ヒル（CH）；右上）における両者の形質．ロッキー山脈とサウス・ヒルのイスカについて，飛翔時の鳴き声の違いをソノグラムで示す．(b) リスがいる地域（●・○）とリスがいない地域（■・□）のマツ球果の形態の違いを示す．横軸と縦軸はそれぞれ，球果の形態の第一・第二主成分を示す．(c) リスがいる地域（●）といない地域（■）のイスカの嘴の形態．比較として，ポンデローサマツを捕食するイスカの嘴の形態も示してある（▲）．Benkman (1999) および Benkman et al. (2001) を改変．(d) イスカの五つの種群における嘴の形態と適応度の関係．それぞれの種群は，摂餌する針葉樹の球果の形態に対応して，適応度のピークに分布していると考えられる．Benkman (2003) より改変．

4 移動分散とメタ群集レベルでみた共進化

(1) 遺伝子流動や遺伝的浮動と局所適応

これまでに紹介した実証例では，それぞれの地域群集を完全に隔離された群集とみなして話を進めてきた．しかし，群集を構成する種の地域個体群のあいだには，個体の移動による遺伝的交流（遺伝子流動（gene flow））がある．そのため，それぞれの種は，メタ個体群（metapopulation）とよばれる地域個体群のまとまりをつくっている．さらに，そうしたメタ個体群のまとまりである群集を考えた場合，メタ群集（metacommunity）という，その内部で個々の種の移動分散や絶滅が起こるような地域群集のまとまりを想定することができる．従来，こうしたメタ個体群やメタ群集に関する議論では，それぞれの地域個体群や地域群集における進化が考慮されることはなかった（Urban and Skelly 2006）．その一方で，地域間での遺伝子流動が共進化過程に与える影響について理論研究が行われ（Hochberg and van Baalen 1998; Nuismer et al. 2000），それに関連した実証研究がはじまったところである（Brockhurst et al. 2003; Toju and Sota 2006c）．そこで本節ではまず，地域個体群のあいだで起こる遺伝子流動が共進化過程に与える影響について，集団遺伝学的な見地から解説する．

ある1種の生物に着目した場合，それぞれの地域の環境に対する適応進化（局所適応）は，個体群間の遺伝子流動の程度によってマイナスの効果とプラスの効果を受ける．たとえば，各個体群がおかれる環境の違いによって最適値の異なる安定化淘汰（stabilizing selection）がはたらいている場合，高い頻度の遺伝子流動は個体群間の適応的分化を生じにくくすると予想される．ただし，同じ場合でも，遺伝子流動の頻度が低く，他の個体群から有利な遺伝的変異も移入してくるならば，局所適応が促進されるかもしれない．こうした理論的予測は，対象を1種の系から多種の系に拡大した場合にもあてはまり，遺伝子流動によって地域群集を構成するそれぞれの種が不適応な形質を示したり，逆に，共進化過程が促進されたりすることが考えられる（Hochberg and van Baalen 1998; Nuismer et al. 2000; Forde et al. 2004; Gomulkiewicz et al. 2007). また，遺伝子流動だけでなく，それぞれの種の地域個体群における確率的な遺伝子頻度の変化（遺伝的浮動 genetic drift）や地域群集内での種の絶滅も，生物種間の進化的な相互作用に影響を及ぼすと考えられる．

　遺伝子流動が局所適応に与える効果を検討した例としては，ヨーロッパのマダラカンムリカッコウの托卵に対するカササギの排除行動（巣からカッコウの卵を排除する）について，その地理的変異を分析したJ. J. ソラーらの研究がある．托卵に対するカササギの排除行動は，カッコウがいない地域の個体群（異所的個体群）にもみられ，またカッコウが侵入した地域で排除行動が起こる率が急速に増加することから，宿主の移動分散によって，「排除行動遺伝子」が拡がっている可能性が考えられる．そこで，ソラーらは，カササギが人為的に托卵された擬態卵（カッコウの卵に似せて作った人工の卵）と非擬態卵（赤く塗りつぶした人工の卵）にどのように反応するかを，カッコウと同所的な個体群と異所的な個体群のあいだで比較した．その結果，擬態卵に対しては，カッコウと同所的なカササギの個体群の方が異所的な個体群より高い排除率を示した．一方，非擬態卵に対しては，同所的な個体群の方がやや高い排除率を示したものの，有意な差はなかった．この結果は，擬態卵の認識が自然淘汰や学習によって影響されること，非擬態卵の排除が遺伝的基盤をもつことを示している（Soler et al. 1999）．

　カササギによる擬態卵の排除率について，その地理的変異をさらに詳しく調べると，排除率の変異は個体群間の遺伝的な差と地理的距離の両方の影響を受けており，遺伝的・地理的に近い個体群どうしは同程度の排除率を示した．この結果は，個体の移動（遺伝子流動）がカササギの個体群間の排除行動の変異に影響していることを示唆している．ただし，地域個体群間の遺伝的距離と地理的距離のあいだにも正の相関があったため，個体群内の排除行動の増加が遺伝的分化によって起こっているのか，排除行動を示す個体の移入によって起こっているのか，区別することができない．そこで，解析対象をカッコウと同所的に生息する南ヨーロッパのカササギの個体群に限ると，地理的距離と遺伝的距離の相関は消え（おそらく個体群間の移動率が大きいため），擬態卵と非擬態卵のいずれに対する排除率についても，地理的距離だ

けが有意な効果をもっていた．この結果から，ソラーらは，遺伝的要素だけでなく，学習した個体の移動が排除行動の地理的変異をもたらすのではないかと推測している．

さらにソラーら (Solar et al. 2001) は，現在の寄生率（托卵される巣の割合）が，排除行動率と個体群間で正の相関をもつことを示し，托卵による自然淘汰がカササギの排除行動を進化させていることを示唆した．カササギは定住性の強い鳥であるが，それでも若鳥・成鳥ともに数 km から十数 km 程度は分散するという．したがって，個体の移動による適応形質の遺伝子の拡散と混合は，数十年といった比較的短い期間でも大きな効果をもちうるだろう．

一方，移動分散能力が小さな生物では，遺伝子流動が直接個体群の適応形質の進化に影響する範囲は狭い．また，広い地理的空間における遺伝子流動や遺伝的浮動の影響は，地史的な時間スケールの現象としてとらえる必要がある．筆者らは，前述のツバキとシギゾウムシの系について，ゾウムシの口吻長の適応的分化に遺伝子流動や遺伝的浮動が与えている影響を調べた (Toju and Sota 2006c)．まず，ゾウムシの地域個体群間の遺伝的変異を評価するため，日本各地から得られた 246 個体の標本について，ミトコンドリア DNA の塩基配列を調べた．その結果，個体群間の遺伝的変異が大変少なく，祖先個体群から分化して間もないか，もしくは，現在も個体群間で遺伝子流動が盛んに起こっていることが推測された．この結果は，遺伝的浮動や遺伝子流動が，ツバキシギゾウムシとヤブツバキの共進化過程に少なからぬ影響を与えてきた可能性を示唆している．

そこで，ツバキとの共進化を通じて起こる局所的な自然淘汰と，遺伝的浮動や遺伝子流動といった中立的な進化機構の相対的な効果を明らかにするため，重回帰による分析を行った．目的変数には，共進化形質の地理的分化の指標として，ゾウムシの口吻長の個体群間の差を用い，説明変数には，局所的な自然淘汰の指標として，ツバキの果皮厚の個体群間の差，中立的な過程の指標として，ミトコンドリア DNA のデータから得られた個体群間の遺伝的距離を用いた．その結果，ゾウムシの口吻長の地理的分化を説明するもっとも重要な機構は，ツバキの防衛形質（果皮の厚さ）に対する局所適応であった．一方，遺伝子流動などの中立的な過程も口吻長の地理的分化の程度に影響す

るが，その効果は適応の効果に比べると相対的に小さいものであることが推測された．

しかし，ツバキシギゾウムシとヤブツバキの相互作用でも，地域個体群間でもっと高い頻度の遺伝子流動が起こるような小さな空間スケールを考えると，局所適応を遺伝子流動が抑制している可能性がある (Nuismer et al. 2000 を参照)．この点を検証するために，直径 30 km しかない屋久島内において，共進化形質の適応的な分化と遺伝子流動の調査が進められている．屋久島では，わずか数 km しか離れていないツバキ個体群のあいだでも，果皮の厚さが大きく異なっていた (Toju 2008; 東樹 2008b；口絵 F)．また，島内の 7 地点でツバキシギゾウムシの形態を計測してみると，ツバキの果皮が厚い地点ほどゾウムシの口吻も長いことがわかったが，こうした地点のあいだでは，それぞれのツバキ個体群において果皮の厚さにはたらく自然淘汰の強さが異なっていた (東樹　未発表)．このように，数 km という小さな空間的スケールでも，共進化による適応的な分化が起こりうることが明らかになってきた．さらに，共進化による形質の地理的な分化が遺伝子流動によってどの程度抑制されているのかについては，遺伝子マーカーを用いた集団遺伝学的な解析が進められている．

(2) 移動・分散能力が異なる種で構成されるメタ群集

カササギとカッコウやツバキとゾウムシの系では，群集内の 1 種のメタ個体群構造に着目して，遺伝子流動が共進化による適応的分化に及ぼす影響を見てきた．しかし，群集内の各種はそれぞれに異なる頻度で移動・分散を行っているはずであり，その移動・分散能力の差が共進化過程において重要であるかもしれない．

南オーストラリアに固有のアマ科アマ属の草本 *Linum marginale* は，サビ菌の一種 *Melampsora lini* (担子菌門：メランプソラ科) の感染によって，60 〜 80 % もの個体が死亡する．このため，この植物はサビ菌に対する抵抗性を獲得している．地域個体群間でサビ菌の病原性には大きな変異が見られるが，宿主にもそれに対応した抵抗性の変異が見られている (Thrall and Burdon 2003)．この 2 種のあいだでは，より広い範囲の宿主に病原性を示すサビ菌

の遺伝子とより多くのサビ菌の病原遺伝子に抵抗性を示すアマの遺伝子が共進化することによって，いわゆる「遺伝子対遺伝子」(gene for gene) の拮抗関係が成立しているのである．地域群集間の病原性と抵抗性レベルの変異を維持する要因の一つは，サビ菌の病原性と感染力（胞子生産力）のトレードオフにあると考えられる (Thrall and Burdon 2003)．

この宿主と病原菌の系では，自家受精し，種子が重力散布されるアマに比べ，胞子で分散するサビ菌の分散力が圧倒的に高い．このため，遺伝子流動の種間差が共進化過程にどう影響するのかを検討するのに都合のよい研究材料である．

約 10km にわたる三つの地域と，それぞれの地域内のアマとサビ菌の個体群を採集し，圃場で接種実験を行ったところ，宿主・病原体ともに，抵抗性と病原性の地域間での変異が地域内の変異よりも大きかった．しかし，この地域内の変異は，アマの方がサビ菌より大きく，サビ菌の地域内の変異は統計的には有意でなかった．このことは，上述の分散力の違いによるものと考えられる (Thrall et al. 2002)．また，アマについては，アロザイムを用いた研究でも，地域内の個体群間の変異が認められている (Thrall et al. 2001)．

このように，宿主植物は遺伝子流動が小さく，比較的狭い空間的スケールで病原体への抵抗性を進化させているが，一方，病原体では，遺伝子流動のスケールが大きく，それぞれの地域群集で有利となる対立遺伝子が移動をとおして供給されていると推測される (Forde et al. 2004)．つまり，宿主植物とサビ菌の遺伝子流動の空間的スケールの違いが，2種間の局所適応の空間的スケールの違いをもたらしており，アマ属植物が地域群集レベルでの適応を示すのに対し，サビ菌はメタ群集レベルで宿主に適応しているのである．このような現象が宿主と寄生者の関係にみられることは理論的に予測されており (Gandon et al. 1996)，他にも実証的な研究例がある (Dybdhal and Lively 1996 など)．

(3) 遺伝子流動が共進化を加速する

それでは，地域群集間の遺伝子流動は，メタ群集レベルの共進化過程に対してどのような影響を及ぼすのであろうか．ここでは，遺伝子流動が共進化

を加速させるという例として，蛍光菌（*Pseudomonas fluorescens*）のSBW25系統とその特異的な捕食寄生者であるファージ（SBW25φ2）の共進化系の研究（Brockhurst et al. 2003）を紹介しよう．

蛍光菌とファージSBW25φ2は，「遺伝子対遺伝子」の相互作用を介して，抵抗性と感染性を共進化させることが知られている．宿主と寄生者の相互作用では，宿主がより多くの寄生者の系統に対して抵抗性を獲得するよう進化するのに対し，寄生者の側もより多くの宿主の系統に寄生できるよう，感染性を進化させる．そのため，抵抗性と感染性は軍拡競走を起こすと考えられる．

細菌は1ヶ月で100世代以上を経過するほど世代時間が短いので，共進化の進行速度を処理区間で比較することができる．この利点を活かして，M. A. ブロックハーストらは，蛍光菌とファージの培地が入ったガラス瓶を定期的にかき混ぜた場合とかき混ぜない場合で，蛍光菌の抵抗性およびファージの感染性の進化速度を比較した（Brockhurst et al. 2003）．攪拌しないガラス瓶の中では，互いに近いところにいる蛍光菌とファージのあいだでだけ相互作用が起こるが，「攪拌」処理をすると個体の空間的な移動（遺伝子流動に相当）が促進され，それによってファージが感受性のある宿主（蛍光菌）に出会う確率が上昇すると期待される．その結果，蛍光菌に対する寄生率が上昇し，同種のファージに対する抵抗性は，より強い自然淘汰にさらされる．この場合，対抗するファージの感染性にも強い自然淘汰がはたらく．したがって，攪拌処理をすると，しない場合よりも速い速度で軍拡競走が進行すると予測できる．

実験では，蛍光菌とファージを培養するための培地を多数用意し，培地の半数は一定の時間間隔で攪拌する「攪拌区」とし，残りの半数は攪拌しない「対照区」とした．どちらの処理区でも，2日ごとに培地の一部を新しい培地へと移し，この処理を16回繰り返した．この際，古い培地の余った部分を冷凍保存しておき，後で蛍光菌とファージの密度を測定するために使った．この実験系での共進化の過程を評価するために，毎回保存しておいた蛍光菌を，その保存時の培地のファージ（「現在」），その2回前に保存したファージ（「過去」），その2回後に保存したファージ（「未来」）とともに培養し，抵抗性

の強さ(死亡しなかったコロニーの比率)を求めた．

まず，攪拌区では，対照区よりも有意にファージの密度が高かったが，蛍光菌の密度は有意に低く，攪拌区で寄生率が上昇していた．また，蛍光菌の抵抗性の時間変化を調べたところ，「未来」のファージよりも「過去」および「現在」のファージに対してより強い抵抗性を示すことが明らかになった．この結果は，「赤の女王仮説」が予測するように，実験期間を通じて蛍光菌の抵抗性とファージの感染性が共進化したことを示している．興味深いことに，「過去」・「現在」から「未来」のファージに対する抵抗性の減少が，攪拌区では対照区の約2倍の速度で起こっていた(図8)．攪拌の効果によって共進化が加速されることが立証されたのである．さらに，攪拌区の蛍光菌は，対照区のものよりもファージに対する抵抗性が高く，また，攪拌区のファージは対照区のものより蛍光菌に対する強い感染力を示した．この結果からも，地域群集間の遺伝子流動によって共進化が加速することが示唆される．

5 地理的モザイクの視点による異分野の統合

(1) 群集生態学・進化生物学・遺伝学における空間構造の解明

これまで紹介してきた共進化の地理的モザイクの研究は，これからの群集生態学にどのような発展をもたらすのであろうか？

従来，自然淘汰による形質の進化は，遷移や個体群動態といった生態学的な現象よりもきわめてゆっくり進行すると考えられてきた(Wade 2007)．そのため，群集生態学では，群集内部の進化的過程がその構造や動態に及ぼす影響をほとんど無視してきた(Urban and Skelly 2006)．また，たとえ生態学的過程に及ぼす進化の重要性が認識されていたとしても，野外で形質の進化的変化を追跡すること自体が困難である(Grant and Grant 2002)ために，やむをえず進化過程の影響が無視される面もあった．

しかし，最近では，進化的な過程が従来の認識よりも遙かに速く進行しうることが明らかになっており(Thompson 1998)，短い時間での個体群や群集

(a) 静置したガラス瓶（対照区）

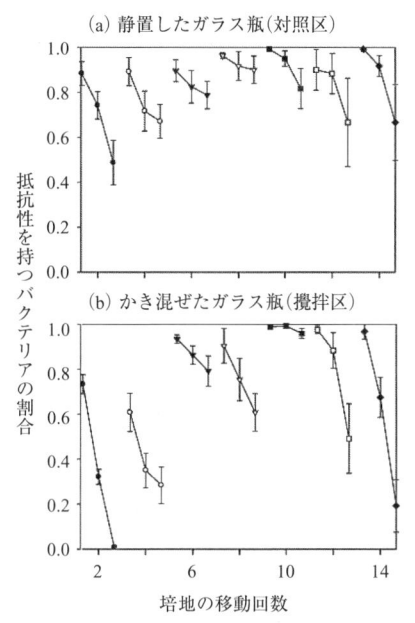

(b) かき混ぜたガラス瓶（攪拌区）

図8 細菌とファージの共進化の速度.
対照区 (a) と攪拌区 (b) のそれぞれにおいて,「過去」・「現在」・「未来」のファージに対する細菌の抵抗性を示す. 直線の傾きが急であるほど, 共進化の速度が速いことを意味する. Brockhurst et al. (2003) より改変.

の動態にも影響しうることが主張されるようになってきた (Yoshida et al. 2003; Urban and Skelly 2006). このため, 進化的な過程と生態学的な過程を同時に追跡する方法論の必要性が認識されている.

そこで重要となるのは, 共進化研究ですでにその有効性が認められている,「地理的な比較」という探求法である. 群集生態学の歴史を眺めてみると, 地域群集間での種多様性の違いとその決定要因を解明していくうえで, 地域群集間の地理的な比較, という手法が採られてきたことに気づく. たとえば, R. H. マッカーサーと E. O. ウィルソン (MacArthur and Wilson 1967) が「島の生物地理学」で展開した島嶼群集における移入と絶滅の均衡による種数の決定メカニズムに関する理論は, まさに, 地域群集を単位とした比較を行うこと

表1　地理構造をあつかう三つの研究分野

群集生態学（地理生態学・生物地理学）
・地域群集の種構成の解明
・各種の個体数変動、絶滅、種分化の解明
・相互作用のネットワーク（食物網など）の解明
・地域群集の安定性の評価

共進化研究（共進化の地理的モザイク）
・種間関係で重要な役割を果たす形質の特定
・形質に働く自然淘汰の評価
・形質にみられる地理変異の解明

遺伝学（集団遺伝学・系統地理学）
・過去の個体群変動や地理的分布の変遷の解明
・個体群間での移動・分散の定量的評価
・特定の形質がもつ遺伝的変異を地域個体群間で比較
・過去にはたらいた自然淘汰を遺伝的変異をもとに評価

で，群集生態学の一般的な法則を導きだそうとした試みであった．

　ここで，視点を生物学全般に向けてみると，もう一つ重要な研究分野で，地理的な構造を扱う研究手法が発達してきたことに気づく．集団遺伝学や分子系統地理学を含む遺伝学である（表1）．集団遺伝学や分子系統地理学では，生物がもつ遺伝的変異をもとに，個体群の変動や生物の分布域の変遷，過去にはたらいた自然淘汰を解明する手法が発達している．これらの知見は，地域群集の過去の構成を推定したり（Hewitt 2000），地理的に異なる進み方をした共進化によって生じた適応遺伝子の地理変異を明らかにするうえで（Geffeney et al. 2005），きわめて有用である．

　こうした事情を踏まえ，群集構造，共進化過程（自然淘汰），遺伝変異の三つにみられる地理変異を同時に扱うことで，それぞれの分野に焦点をしぼっていたときには見えてこなかった生物群集の動態を解明できないだろうか．そこで本節ではまず，群集生態学・共進化研究・遺伝学の三つの分野のうち二つの分野を結ぶ研究の最前線について紹介したい．

(2) 群集生態学と共進化研究の共同 —— 拡散共進化への展開

　本章では，実証研究が比較的豊富にある2種間の相互作用を中心に紹介してきた．しかし，実際には，群集内部の多数の種のあいだで繰り広げられる共進化の総計として，群集の構造が決定されているはずである．そこで，共進化と群集構造の関係を解明するためには，2種間の共進化に着目する研究にとどまらず，複数の種のあいだで起こるいわゆる拡散共進化（diffuse coevolution）の研究を進めていく必要がある．拡散共進化という用語自体は決して目新しいものではないが，それを本格的に扱った理論的・実証的研究はいまだに少ない（Strauss et al. 2005）．とくに，個体群レベルでの研究に基づき，適応的な形質への選択と応答を3種以上の系において解明した研究は，ごくわずかである．数少ない研究例の一つが，第2節で紹介した，ロッジポールマツとイスカを中心とした系の研究だが，この系では，群集の第四の構成種として，マツの球果内の種子を食害するガの存在とその進化過程に及ぼす影響が報告されている（Siepielski and Benkman 2004）．

　拡散共進化に関連した研究例としては，昆虫と昆虫に共生する細菌類の相互作用の研究があり，興味深い知見が蓄積されつつある（Tsuchida et al. 2004; Currie et al. 2006; Hosokawa et al. 2007; Janson et al. 2008）．アブラムシ類の消化管や細菌を住まわせるための「菌細胞」などには，さまざまな種類の共生細菌が生息しており，彼らがアブラムシの生存と繁殖に大きな影響を与えていることが知られている（石川 1994）．Tsuchida et al. (2002) は，エンドウヒゲナガアブラムシ（*Acyrthosiphon pisum*）に感染する「二次共生細菌」とよばれる細菌類について，アブラムシの体内での種組成を日本全国で比較した．まず，81地点から得られた119個体のアブラムシについて解析したところ，PASS，PAUS，リケッチア（*Rickettia*），スピロプラズマ（*Spiroplasma*）という4種類の二次共生細菌による感染が確認された．さらに，この4種の細菌による感染を43地点から得られた858個体のアブラムシについて詳しく調べたところ，それぞれの調査地点には複数種の細菌が存在していたが，1個体のアブラムシに複数種の細菌が感染する重複感染はほとんどみられなかった．

　おもしろいことに，それぞれの細菌の分布は地理的に偏っており，PAUS

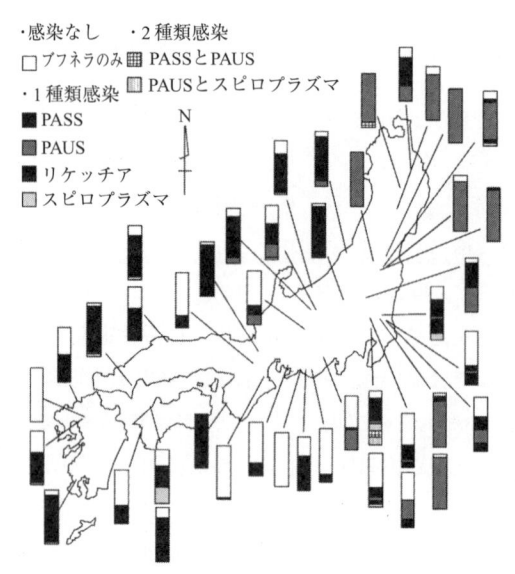

図9 アブラムシに共生する二次共生細菌の種構成.
日本各地の43地点において，採集されたエンドウヒゲナガアブラムシ体内の二次共生細菌を，診断PCRで解析した結果を示す．Tsuchida et al.（2002）より改変．

はおもに本州中部以北の地域でのみ観察された（図9）．ここで，土田らは，PAUSの分布が寄主植物の分布と関連していることに気づいた．日本国内では，エンドウヒゲナガアブラムシはおもにカラスノエンドウ（*Vicia sativa*）とシロツメクサ（*Trifolium repens*）の2種を寄主とし，その篩管液を吸う．この2種の植物のうち，PAUSの出現頻度が高かった北の地域ではカラスノエンドウはまれで，アブラムシはおもにシロツメクサを利用していた．また，重要なことに，2種の寄主植物が同所的に存在する地域でも，シロツメクサを利用するアブラムシにおいてPAUSの感染率が高かった．

地理的な解析の結果をふまえ，アブラムシによる寄主植物の利用において，PAUSが果たす役割が実験的に調べられた（Tsuchida et al. 2004）．まず，自然界においてPAUSに感染したアブラムシの系統を用いて，抗生物質を注射してPAUSを排除したアブラムシと，PAUSが感染したままのアブラムシを作成した．PAUSが感染したアブラムシとPAUSを排除したアブラムシをカラ

スノエンドウの上で育てた場合，産まれる子どもの数は両者のあいだでほとんど違わなかった．しかし，シロツメクサの上で育てた場合には，PAUSを排除したアブラムシは，PAUSに感染したアブラムシよりも産む子どもの数が約50％低下していた．この結果から，アブラムシが寄主植物を利用するうえで，二次共生細菌であるPAUSが手助けをしていること，また，このPAUSによる効果は特定の寄主植物をアブラムシが利用したときのみ有効であることが示唆された．

アブラムシと細菌，寄主植物で構成されるこの相互作用系は，アブラムシと寄主植物が繰り広げている共進化に，アブラムシの二次共生細菌という「助っ人」が加わった拡散共進化としてとらえることができる．現時点では，寄主植物が植食者であるアブラムシに対してどういった防御機構を発達させているのか明らかでないため，厳密な意味での共進化的な関係かどうか（Janzen 1980）が明らかになったわけではない．しかし，アブラムシが寄主植物を利用するにあたり，PAUSのような二次共生細菌が「何をしているのか」を解明することによって，2種間の共進化という従来の捉え方では説明しきれない自然界の複雑な関係が明らかになってくるだろう．

(3) 群集生態学への分子遺伝学的手法の導入（群集遺伝学）

近年，群集遺伝学（community genetics; Whitham et al. 2003; 2006）という分野が登場し，遺伝学的な知見を用いて地域群集（や地域生態系）の構造を理解しようという試みがはじまった．地域群集の中では，優占する植物種のように，群集内の多くの種に安定した環境を提供する「基盤種（仮称）」（foundation species; Whitham et al. 2006）が存在することが多い．群集遺伝学では，こうした基盤種の遺伝的変異に着目し，基盤種の延長された表現型（extended phenotype; Dawkins 1982）として地域群集の構造を説明する姿勢をとる（Whitham et al. 2003; 2006）．たとえば，ヤナギ科のハコヤナギ（*Populus*）に依存する節足動物（植食性昆虫など）群集の構造を，ハコヤナギのクローン系統のあいだで比較したところ，クローン系統ごとに節足動物群集が異なることがわかった（Shuster et al. 2006）．この結果は，節足動物の群集構造という植物クローンの「延長された表現型」が，植物の遺伝子型（おそらく，縮合タン

ニンの量などに関連するような遺伝子座が関連している)で決まることを示唆している.

こうした群集遺伝学的アプローチによって,地域群集のあいだでみられる種多様性の違いを,基盤種の遺伝的多様性で説明することも可能である.たとえば,上記のハコヤナギを利用する節足動物群集の場合,植物の遺伝的多様性を *Populus fremontii* と *P. angustifolia*,そして,2種間の雑種を用いて操作すると,植物の遺伝的多様性が高いほど,節足動物群集の多様性も高いことが明らかになった(Wimp et al. 2004).

ハコヤナギを用いたこれらの研究の新規性は,種多様性などの生物群集の属性を,量的遺伝学や集団遺伝学の手法を援用して,基盤種の遺伝子型や遺伝的多様性などの変数で説明するアプローチを開拓した点にある(Whitham et al. 2006).このアプローチを使えば,遺伝的変異という媒介変数によって進化生物学理論を群集生態学に導入することができ,群集レベルの進化動態の研究がいっそう促進されるだろう.

(4) 共進化研究と遺伝学の融合(共進化遺伝学)

共進化の実証的知見が蓄積されるにともない,遺伝学の理論を共進化に固有の現象に拡張しようという動きが活発になってきた.共進化遺伝学(co-evolutionary genetics)(Wade 2007)とよばれる融合領域がそれである.たとえば,第2節で触れた「遺伝子型×遺伝子型×環境」の相互作用の解析はこうした動きの一つである.また,ウェイド(Wade 2003)は,遺伝子間の相互作用を意味するエピスタシスの概念を種間関係に拡張し,異なる種のあいだで種間エピスタシス(interspecific epistasis)が起こることを予測している.上述のアブラムシとその体内に共生する細菌の種間関係では,雌アブラムシの体内の卵の中に細菌が入り込むことによって,次世代のアブラムシに細菌が「垂直感染」(vertical transmission)していく.この場合,特定のアブラムシ個体がもっている遺伝子型と,その体内の共生細菌がもつ遺伝子型が,1セットとなって後代に伝わる共遺伝(co-inheritance; Wade 2007)が起こる.すると,アブラムシと共生細菌のゲノムのあいだで生じるエピスタシスのなかで,アブラムシ(とその共生細菌)にとって有利な遺伝子の組み合わせが自然淘汰によって

頻度を増し，共進化が進行すると予想される．

　遺伝学な手法の導入により，共進化の地理的モザイクで生じた遺伝的変異を特定することも可能になってきた．猛毒のテトロドトキシン（TTX）をもつ北アメリカ大陸西部のサメハダイモリ（*Taricha granulosa*）とその捕食者のガーターヘビ（*Thamnophis sirtalis*）の相互作用では，地域によってイモリが体表にもつ TTX の濃度が大きく異なり，ヘビが耐えられる濃度（TTX 抵抗性）も，個体群間で最大 1 万倍もの差がある（Hanifin et al. 1999; Brodie et al. 2002）．イモリの TTX 濃度の高い地域では，それに対するヘビの抵抗性も高く，このイモリとヘビの軍拡競走でも，共進化のホットスポットとコールドスポットが存在すると考えられる（Geffeney et al. 2002）．TTX は，電位依存ナトリウムチャンネルの外側の孔に結合することで神経と筋肉の活動を阻害し，麻痺や死の原因となる．TTX 感受性の遺伝子ファミリーは，ナトリウムチャンネルの第 1 ドメインの外側の孔に芳香族アミノ酸の存在によって区別することができ，抵抗性をもつ動物では，この芳香族アミノ酸が非芳香族アミノ酸へと変異している．ラットを用いた研究では，ナトリウムチャンネルの遺伝子ファミリーの TTX 感受性を示す配列（$rNa_v1.4$）および TTX 抵抗性を示す配列（$rNa_v1.5$）の発現の調節によって骨格筋の TTX 感受性が変化することがわかっている．そこで，ジェフェニーら（Geffeney et al. 2005）は，抵抗性をもつガーターヘビの野外個体群から cDNA ライブラリを作成し，骨格筋と心筋の感受性配列（$Na_v1.4$）および抵抗性配列（$Na_v1.5$）でスクリーニングを行った．その結果，ほかの動物の $Na_v1.4$ のものに近縁な配列（$tsNa_v1.4$）が得られたが，この配列は第 4 ドメインの外側の孔の構造に関わる 2 ケ所に変異をもっていた．

　TTX 抵抗性の異なるガーターヘビの 4 個体群のあいだで $tsNa_v1.4$ のアミノ酸配列を比較したところ，ナトリウムチャンネルの第 1〜第 3 ドメインに関しては違いが認められなかった．一方，第 4 ドメインのアミノ酸配列については，抵抗性をもたない野外個体群の配列はハツカネズミやヒトの配列と同じで，抵抗性を示さないナトリウムチャンネルであったが，抵抗性を示す個体群では，第 4 ドメインのアミノ酸配列に個体群固有の変異が存在し，抵抗性の地域変異に関与していると予想された．そこで，配列の異なる $tsNa_v1.4$

遺伝子をアフリカツメガエルの卵母細胞で発現させ，TTXへの感受性を調べた．ナトリウムチャンネルの50％が閉鎖される際のTTXの濃度（K_d）について，発現させた$tsNa_v1.4$遺伝子の配列間で比較したところ，抵抗性をもたないガーターヘビの個体群の配列は，ハツカネズミやヒトのTTX感受性配列（$Na_v1.4$）の場合とほぼ同じであった．しかし，抵抗性を示す個体群の配列の場合はK_dが高く，ガーターヘビの骨格筋を用いて直接測定したK_dが高い個体群ほど遺伝子導入で測定したK_dが高かった．これらの結果から，イモリのTTX濃度にあわせた抵抗性が，ガーターヘビのそれぞれの個体群で独立に進化してきたことが示唆された．

　このイモリとヘビの例は，共進化によって起こった進化的変化を特定の適応遺伝子の地域変異に還元した点で先駆的である．野外観察のみの研究では，自然淘汰が現在はたらいていることを解明できても，共進化による適応と推測される形質を作り出した過去の自然淘汰を証明することはできない．その過去の自然淘汰について知るほとんど唯一の手がかりが，適応遺伝子に刻まれた変異である．適応遺伝子の地理変異と共進化の地理的モザイクにおける自然淘汰や適応形質に関する知見を統合することにより，共進化過程に関するより厳密な理論を構築できるであろう．

6 さいごに

　群集生態学，共進化研究，遺伝学の三つの分野において発展してきた地理的構造に関する知見と研究手法を，どのように統合できるであろうか．

　たとえば，過去の群集構造が現在の共進化過程に及ぼした影響を評価するうえで，分子遺伝マーカーを活用することができる．分子系統地理学と分子集団遺伝学のめざましい発展により，生物種の分布の変遷や過去の個体群サイズの変動について信頼のおける推定が得られるようになってきた（Hewitt 2000; Excoffier and Heckel 2006）．さらに，研究の対象がより多くの種に及ぶにしたがい，生物種間で分布の変遷を比較する比較系統地理学とよぶべき分野が現れている．こうした動向により，地域群集における特定の種どうしの共

存の歴史を解明することが可能になってきた．そこで，地域群集内での共存期間が研究対象となる種間の共進化過程にどう影響を与えてきたか，評価することはできないであろうか．

　ツバキとシギゾウムシの相互作用を例に，共進化の地理的モザイクを生じさせた要因に関する新たな仮説を立て，検証するうえでの研究デザインを考えてみよう．まず，適当な中立的な分子マーカーを用いて，ツバキとゾウムシそれぞれに関する分布の変遷を明らかにする．この作業で，たとえば，北の地域ではツバキが古くから個体群を形成していた一方で，ゾウムシは最近になって北に分布を拡げたという結果が得られたとしよう．すると，北では両種の共存期間が短いために，共存の歴史が長い南の地域に比べて軍拡競走の進行レベルが低いことが示唆されるかもしれない（Parchman et al. 2007 に同様の議論がみられる）．このように，遺伝学的な視点を導入することで，第2節で述べた「生産性仮説」の対立仮説を立てることができる．また，中立的な分子マーカーの解析で，どちらかの種の地域個体群が過去に大幅なサイズの縮小（瓶首効果）を受けたことがわかった場合，適応形質における遺伝変異の減少が共進化過程に及ぼした影響を評価するのもおもしろいだろう．その際，ツバキの果皮の厚さやゾウムシの口吻長を制御している適応遺伝子の配列が特定されていれば，ほかの多くの個体群に存在している厚い果皮や長い口吻の突然変異が，瓶首効果を受けた個体群においてだけ欠落していることが明らかになるかもしれない．

　こうして生じた共進化の地理的な構造が発展すると，どのような影響を群集構造に及ぼすであろうか．軍拡競走のように形質へ投資するコストが増大していく共進化では，やがて適応地形（adaptive landscape）全体が「沈み込」んで（Webb 2003），片方もしくは両方の種が著しい平均適応度の減少を経験するであろう．たとえば，ツバキとツバキシギゾウムシの相互作用では，ツバキの果皮の厚さとゾウムシの口吻長の平均値がともに大きい地域（軍拡競走がより進んでいると考えられる地域）においてゾウムシによるツバキ果皮の穿孔成功率が低かった（Toju and Sota 2006a）．これは，長い口吻をもつことが，ゾウムシ自身の生存率を低下させるなどの不適応な側面をもっていて，口吻の長さの進化に上限があるためと考えられる．こうした南の地域では，産

卵できないほど厚い果皮をもつツバキの果実をゾウムシが避けていた（Toju 2007）.そうした行動の変化による適応が起こったとしても，軍拡競走の進行とともに，ゾウムシが産卵に利用できるツバキ果実の割合が低くなっていくと予想される．ゾウムシの個体群サイズが低いレベルで推移するようになると，環境の変動によって個体群が絶滅する危険性が高まるであろう．

　以上の例のように，地域間での比較という視点で，群集生態学，共進化研究，そして遺伝学を組み合わせることにより，個体群や群集の動態に関する新たな仮説を提起し，多角的な検証を行うことができるようになると期待される．

第6章

生物群集の進化
系統学的アプローチ

市野隆雄

Key Word

群集の進化的遷移　姉妹群比較法　系統淘汰
熱帯の生物多様性　分子地理系統樹

　進化的な時間スケールでみれば，群集のメンバーは確実に変わっていく．なぜ，どのような機構で群集は変遷していくのだろうか？　そこにパターンや法則性はあるのか？　これらの問いに答えるためには，系統学と生態学の両方の視点が欠かせない．
　分子系統樹を利用した近年の研究によって，革新的な生態形質（鍵適応）を獲得した系統群は，古い形質をもつ系統群に比べて急速に分化し，多様化してきたことがわかってきた．群集の進化とは，このような多様化率の系統間での違い（系統淘汰）を通じた群集の進化的遷移ととらえることができる．
　そのプロセスを解明するには，今後，特定の属内の詳細な分子地理系統樹を作成し，それをニッチ分化や分布の異所性と関連づけて解析するアプローチが重要になっていくだろう．これは，『種の起源』でダーウィンが示した仮想図（種間のニッチの違いを加味した系統樹）を実証する作業であり，系統学と生態学の融合によって群集の進化を解明していくための，切り札的なアプローチとなることが期待される．

1 はじめに

　われわれの周りの自然は，じつに多様な生物から成り立っている．たとえば初夏，雑木林のコナラの梢にはセンダイムシクイがとまり，美しいさえずりで雌をよんでいる．それを見ているのは，センダイムシクイの巣へ托卵をする鳥，ツツドリである．

　一方，葉の上では，センダイムシクイの餌となるガの幼虫たちが，猛烈な勢いで新葉をむさぼり食べている．そのガの幼虫と同じ餌を利用しているのは甲虫のチョッキリ類である．小さな瑠璃色のイクビチョッキリが新葉にとまり，自分の卵を産み込んだ葉を，巧みに巻き込むことで自分の幼虫の餌を用意している．その横ではすでに作られたチョッキリの巻き葉の揺りかごの上に，小型の寄生バチが直立し，長い産卵管を突き立てて寄生卵を産みつけている．

　さらに視線を下へおとすと，地表にはさまざまな種類のアリが徘徊し，鳥に追われて地面に落ちてきたガの幼虫をいち早く見つけて巣へ運び込んでいる．

　さまざまな生物が複雑に絡みあったこのような関係は，それが維持されている仕組みを考えるだけでも十分に興味深い．しかし，そもそも群集成立の歴史の中で，どのようにしてこのように精妙な種間関係が生み出されてきたのだろう．そのような群集の歴史を考えだすと，いっそう興味がわいてくる．いま見られる生物の顔ぶれは，昔からずっと今のような形で共存していたのではない．もとをたどれば38億年ほど前，単一の生命が誕生して以来，地球上には細菌ばかりという時代が続いた．そしてその後，系統的な分岐を操り返しながらさまざまな生物が出現し，それらが群集の中で共存するようになってきたのだ．

　複雑な種間関係は，いまどのような仕組みで維持されているのか，また，それは歴史的にどのようにして形成されてきたのか．この二つの問いは，どちらもわれわれの興味をとらえる．そしてダーウィンの『種の起源』以来，多くの研究者がこの二つの問題に取り組んできた．

一つめの問いである多種共存の仕組みについては，おもに生態学者たちが探求を重ねてきた．そのアプローチの仕方は，基本的に狭い地域の群集（局所群集 local community，たとえば 100m 〜 10km, Webb et al. 2002）を対象にする．なぜこんなにもさまざまな生物が局所群集内で共存できるのか，そこに一定の秩序や構造はあるのか，そういうことを探ってきた．その結果，ここ半世紀ほどのあいだに生物の共存様式についての理解がずいぶん進んできた（MacArthur 1972; Tokeshi 1999; Weiher and Keddy 1999; Chase and Leibold 2003）．

　冒頭に登場したムシクイ類のような食虫性の鳥たちのあいだでは，それぞれの種が樹上の別々の場所で採餌するように特殊化（ニッチ分化）することによって，狭い地域での共存が可能になっていることがわかってきた（MacArthur 1958; Lovette and Hochachka 2006）．一方，地表で活動するアリのあいだでは，餌の発見能力に優れた先取り型の種と，発見能力は低いが餌を横取りする能力の高い占有型の種とが，結果的に餌を分けあうことになり共存が可能になっている（Sanders and Gordon 2000）．

　一方，二つめの問い，すなわち種の歴史については，系統分類学者や生物地理学者が取り組んできた．彼らの視点は，生態学者のように狭い地域にとどまることなく，広域にひろがる生物の分布域全体にわたる．地球上のいろいろな場所には，地域ごとに異なる生物が生息している．進化の歴史の中でそれらはどのように分岐してきたのか．また，なぜそこに住むようになったのか．これらの課題について，おもに系統樹を使って彼らはアプローチしてきた（Miles and Dunham 1993; Manos and Donoghue 2001）．

　冒頭のセンダイムシクイが属するムシクイ属 *Phylloscopus* は，おもにアジアなどの旧世界に分布している．一方，北米にもこれに似た食虫性の鳥，アメリカムシクイ族 Parulini がいる．この両者は住んでいる場所も，その行動もよく似ているが，系統樹の上ではずいぶんと離れた位置にある（互いに別の上科に属する）．このことから，彼らははるか昔に分岐した後，別の大陸でそれぞれが独立に多様化してきたということがわかる．いま似ているように見えるのは収斂（他人の空似）にすぎない．

　しかし驚いたことに，北米の林で観察してみると，アメリカムシクイ類に混じって数種のムシクイ類が生息している場合があるのだ．本来，旧大陸に

しかいないはずの鳥が，なぜ新大陸に分布するようになったのだろう．生物地理学者は，こういった進化の歴史を，系統樹や大陸移動などの情報を使って解明しようとする．

以上の二つのアプローチ，すなわち狭域での共存機構，そして広域での歴史解析は，それぞれ生物群集をとらえるうえで欠かすことのできない二つの見方である．そして，この両側面から考えない限り，われわれが知りたいこと，すなわち発端となる単純な種の集合体から，現在のように複雑で精妙な群集が進化してきたプロセスは理解できないだろう．

しかし，それにもかかわらず，群集生態学と系統学の両者を組み合わせた研究が行われることはこれまで少なかった．その理由の一つとして，系統樹を推定することが簡単ではなかったことが挙げられる．それぞれの種の歴史がわからなければ，生態と系統の両者を組み合わせた解析は難しい．ところが，現在では分子系統樹を作成するための手法の発展によって，系統関係の推定がより容易になっている．このため，生態学者のあいだでも系統樹の情報を群集生態学に活用しようという機運が90年代以降，急速に高まってきた（Brooks and McLennan 1991, 2002; Ricklefs and Schluter 1993; McPeek and Miller 1996; Webb et al. 2002, 2006; Johnson and Stinchcombe 2007; Rezende et al. 2007）．最近の研究動向から見て，これからの群集生態学においては，系統情報，すなわち対象生物群の進化的な歴史を考慮した研究が当たり前になる可能性がある．

さて，生物群集の歴史も，人間の歴史がそうであるように，時代ごとに主要な支配勢力（王朝）がつぎつぎに変わっていくような形で進んできた（Wilson 1992）．いま，Bという生物グループが地理的分布域を拡げ，多数の種に分かれて勢力を拡大し，いろいろなニッチを占めているとしよう．とすれば，その一方で，それまで同じようなニッチを占め，勢いのあったAグループの生物は，競争，あるいは病気や環境の変化などによって数を減らし，絶滅の方向へ向かったに違いない．しかしBグループもいずれは同じ運命をたどり，Cグループがそれにとって代わるだろう．

いまわれわれが見ているのは，このような王朝交代の一場面（Bグループが栄えている状態）にすぎないと考えることができる．一場面を詳しく分析

することは重要にちがいない．しかし，それに加えてA，B，Cグループの王朝交代の歴史がわかったらどうだろう．現在の群集を見たときに，なぜBグループの種数が，たとえば20種にもなっているのか，あるいはわずかに残ったAグループはなぜ特殊な環境で細々と生活をしつづけているのかなど，現在の群集が成立するようになった過程についての問いに答えることができるようになるだろう．すなわち群集の歴史を知ることが，現在の群集構成の理解につながる場合がある．

　一方，なぜA→B→Cという王朝交代（群集の歴史）が，この順番で起こったのかという逆の問いもありうる．これは初期条件（群集構成）が決まったら，つぎにどのような群集進化が起こるかを予測できるのかという問いであり，群集の「進化的遷移」の有無を問うている．

　本章では，群集の歴史を知ることが，生態学にどのような新たな展開をもたらすかについて，とくに上で述べた後者，すなわち群集構成から群集進化という流れに重点をおいて考察する．一方，本書の第3章ではこの逆の進化から構成という観点について扱っており，また，第5章では群集構成が小進化（種内レベルの進化）に及ぼす影響について扱っている．

　本章の特徴は，群集の進化を系統（単系統群）の分化と絶滅の結果として，すなわち系統進化というダイナミックな視点からとらえる点にある．このようにとらえることによって，ある系統群（たとえば属）が種数の面で他の系統群を圧倒するようになったのはなぜか，あるいは相利関係が特定の生物群系（熱帯雨林など）でよく見られるのはなぜか，といった問いに答えることが可能となる．

　しかし，系統レベルの進化から群集をとらえるこのような見方は，生態学の研究者にはなじみが薄いと思われる．そこで，無用の誤解を避けるため，本章ではまずこの見方の基礎となる概念について詳しく説明し，そのあと，群集構成が群集進化に及ぼす影響について考察していきたい．

　本章の構成を述べる．まず系統レベルの進化を理解するうえで基礎となる概念について説明する（第2節）．その概念とは，G. C. Williams (1992)が提唱した系統淘汰である．続く第3節では，系統淘汰の存否を検証するための手法，すなわち姉妹群比較法について解説する．第4節では，これらをふま

え，群集構成が歴史的にある傾向をもって変遷していくという，群集の進化的遷移の概念について考察する．この用語は最初 Harvey (1993) が，島の生物相の歴史的変化を表すのに使った．本章ではとくに，どのような群集タイプではどのような種間関係が進化しやすいかという問題について，熱帯における相利関係の進化を例にして考察する．最後の第5節では，群集の進化的遷移の解明に向けて，新たな研究プログラムを提示する．それは，C. ダーウィンが『種の起源』に載せた唯一の図，すなわち種間のニッチの違いを加味した仮想系統樹を，現実の生物について検証するという構想であり，具体的には近縁種の生態形質が相互作用を通じてどのように進化してきたかを，分子地理系統樹上で再現するという試みである．これにより，系統と生態の両面から群集の進化を解明していくための道すじを探りたい．

2 系統レベルではたらく進化のプロセス

生物の進化は，自然淘汰と遺伝的浮動という小進化のプロセスだけによって形作られてきたというのが，進化に関する常識である．実際，これらのプロセスがなければあらゆるレベルの進化はまったく駆動されないという意味でこれは正しい．しかし最近，系統学上あるいは古生物学上の証拠が増えるにしたがって，高次レベルの進化を理解するためには，系統レベルではたらくプロセスも考慮する必要があることが指摘されるようになってきた (Williams 1992; Hubbell 2001; Mittelbach et al. 2007)．本節では，まず系統レベルの進化とは何かについて説明したあと，なぜそれを考慮する必要があるのかについて解説する．

(1) 系統進化と小進化

ウィリアムズはその著書 *Adaptation and Natural Selection* (Williams 1966) で，生物の適応が遺伝子レベルの淘汰によって生じたことを (ドーキンスに先んじて) 明快に述べた．この本は，それ以後の進化生物学者たちを育てる，一種の「バイブル」の役割を果たした (長谷川 1998)．

一方，ウィリアムズは次作 *Natural Selection: Domains, Levels, and Challenges*（Williams 1992）の中で，高次レベルの淘汰，すなわち系統淘汰（clade selection）の存在とその重要性について，これまた明快なレビューを行った．この本の中で，彼は系統淘汰を，単系統群（clade）を単位としてはたらく淘汰と定義し，生物の進化を理解するうえできわめて重要な概念であると位置づけた．単系統群とは，ある共通祖先から生じたすべての子孫を含む系統群を指す．具体的には，小は局所遺伝子プールから，大は綱や門まで，それぞれが単系統群である．

ウィリアムズはまず，ネオダーウィニズムの根幹をなす小進化のプロセス，すなわち遺伝的浮動と自然淘汰が，種内の集団にはたらく進化のすべてを表現していると前置きする．とくに自然淘汰が適応を生じさせる唯一の力であることを強調する姿勢は，1966年の前著から一貫している．しかし，そのスタンスに立ったうえで彼は，そのような小進化のプロセスも，地球上の生物相の進化（系統進化）を説明するのには適していないと述べる．

なぜ適していないのか？　それは系統進化が，遺伝子プール（系統）中での突然変異による遺伝子の起源，およびその後の遺伝子の生存と絶滅という現象以上のものであるからだという．すなわち，系統進化は，生物相（biota）の中での分岐による系統の起源，およびその後の系統の生存と絶滅という現象，すなわち系統レベルのプロセスでもあるからだ．なおこれ以後，Williams（1992）にしたがって遺伝子プールを単系統群（clade）と同義ととらえ，本章ではこれを簡単のため「系統」（cladeの意）とよぶことにする．

小進化と系統進化においてみられる四つの過程について図1にまとめた．まず系統淘汰の例としては，有性生殖の進化を挙げた（図1B）．有性生殖型ばかりの系統と，無性生殖型ばかりの系統を想定し，それぞれに対してごくまれに大きな淘汰，たとえば病気の蔓延が起こるとする．ここでは有性生殖系統は遺伝子の組み換えによって抵抗性を発達させることで系統としては生き残り，一方，無性生殖系統は抵抗性を発達させることができず絶滅するとしている．この結果，系統樹上では，有性生殖型の系統（上半分の系統群）の方が，無性生殖型の系統（下半分の系統群）よりも，現存する下位系統数（右端での黒丸）が多くなっている．つまり，系統淘汰の結果，有性生殖の方

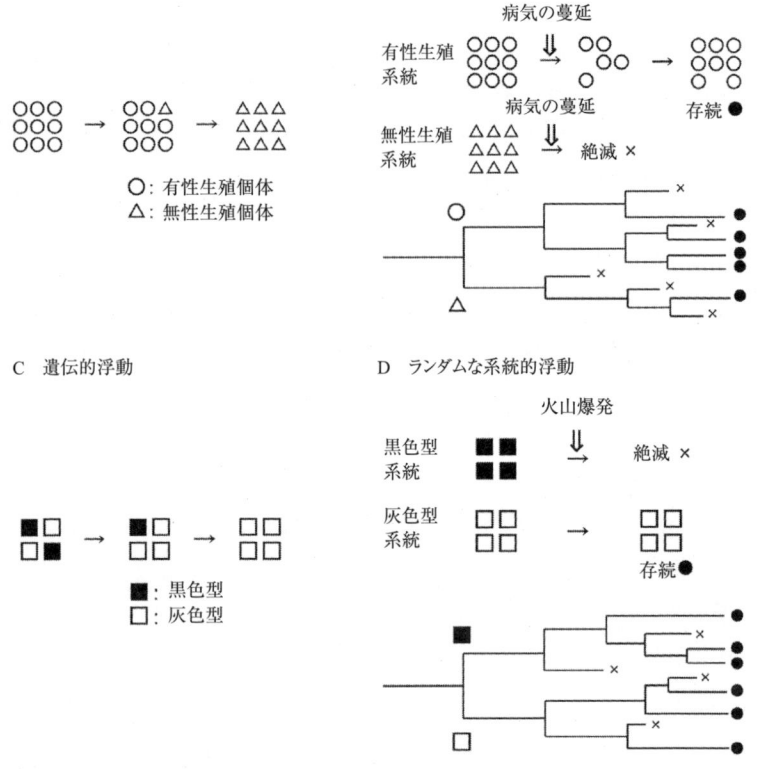

図1 自然淘汰，系統淘汰，遺伝的浮動，および系統的浮動の作用．
図の左二つ（A，C）は小進化に，右二つ（B，D）は系統進化にそれぞれ対応する．図の上二つ，すなわち自然淘汰（A）と系統淘汰（B）では，仮想例として有性生殖と無性生殖の進化を示している．図の下二つ，すなわち遺伝的浮動（C）と系統的浮動（D）では，体色の黒色型と灰色型の進化を示している．詳細は本文参照．

が，「繁栄」している．なおこの例は，なぜ有性生殖が進化したかを説明する多くの仮説のうちの一つを示したものにすぎない（Maynard Smith 1986；巌佐 1987）．

ここでは，系統内の自然淘汰のうえでは，（繁殖率が半分になるため）不利な有性生殖という性質が（図1A），系統間の淘汰では有利となる（図1B），という例を示した．しかし，自然淘汰と系統淘汰の両方において有利な性質の

場合でも，話は同じである．要は，系統としての生き残りがその系統のもつ遺伝的性質（この場合は生殖のしかた）に関係していれば，それを系統淘汰とよぶ．

　小進化が，自然淘汰だけでなくランダムな遺伝的浮動によっても起こるように，系統進化も，系統淘汰だけではなく，ランダムな系統の分岐と絶滅によっても起こりうる (Williams 1992)．本章ではこれに対してランダムな系統的浮動 (cladistic drift) という用語を当てる．これは系統の繁栄が，その遺伝的性質の有利不利によって決まるのではなく，偶然によってランダムに決まることを意味している．図 1D では，黒色型と灰色型の 2 系統のうち（たまたま火山の近くに分布していた）黒色型系統のみが絶滅して，灰色型系統が生き残っている．これがランダムな系統的浮動である．これを系統樹上でみると，長い進化的時間を経るあいだに，灰色型と黒色型の系統どちらに対しても突発的な絶滅が機会的に起こる結果，両系統の現存する下位系統数はランダムに決まることがわかる．

(2) 系統淘汰と自然淘汰

　系統レベルではたらく淘汰については二つのとらえ方がある．まず，「真の種淘汰概念 (pure species selection)」のとらえ方では，種が生残できるかどうかが，種に特有の創発的性質 (emergent properties，性比のような，集団としてはじめてあらわれる性質) の差によらねばならないとする (Stanley 1979; Gould 1982; Vrba 1984)．しかし，このような狭義の種淘汰が生物進化を説明するうえでどの程度有効かについては論争があり，否定的な見解も多い（これについては河田 (1987, 1989) による的確な解説がある）．一方，もう一つのとらえ方は，系統レベルでみられる「淘汰」の原因は，個体の性質にはたらく小進化の結果でもかまわないとする．これは系統のソーティング（結果としての系統の生き残り）も含めてひろく系統レベル淘汰をとらえる見方である．

　Williams (1992) や Lloyd (1988) は後者の立場にたつ．彼らは，系統間で分岐率や絶滅率に差が見られる場合をすべて，その理由にかかわらず系統淘汰が起こったと見なすべきとするのだ．最近，系統淘汰を再評価している Wilson (1992)，Dawkins and Wong (2004)，Coyne and Orr (2004) などもすべて

表1 自然（遺伝子）淘汰と系統淘汰の比較（Williams 1992 より作成）

	自然（遺伝子）淘汰	系統淘汰
変異の原因	遺伝子の突然変異と組み換え	自然淘汰と遺伝的浮動
淘汰が起こるための要件		
1. 遺伝的な違い（変異）	個体間での遺伝子頻度の差	系統間での遺伝子頻度の差
2. 形質の安定的な継承（遺伝）	世代を越えた遺伝子の安定性	系統としての形質の時間的な安定性
3. 「適応度」の差	繁殖率と生存率の差	分岐率と絶滅率の系統間での差
変異に方向性はあるか？	なし（遺伝子に都合の良い変異は起こらない）	なし（系統に都合の良い変異は起こらない）
誰と，何をめぐって競争するのか？	対立遺伝子間で，遺伝子座をめぐって競争	系統間で，生物相におけるニッチをめぐって競争
淘汰上の成功の指標は何か？	集団内での遺伝子頻度	系統あたりの下位系統の数

後者の立場に立っており，また種淘汰の提唱者側の一人であるS. J. グールドも概念の変更を行っている（Gould 2002）．本章も後者の観点に立っている．

さらにWilliams (1992)は，種という分類レベルだけに淘汰に関して特別の何かがはたらくとは考えられないため，種淘汰というよび方よりも，系統を単位とした淘汰，すなわち系統淘汰というよび方（Sterns 1986）が適切であるとした．

表1に，Williams (1992)をもとに，自然（遺伝子）淘汰と系統淘汰の共通点および相違点をまとめた．まず，変異の原因は，自然淘汰では遺伝子の突然変異と組み換えであるのに対し，系統淘汰では自然淘汰と遺伝的浮動である．すなわち，系統淘汰とは，基本的には小進化プロセスの結果にすぎないことをおさえておく必要がある．つぎに，変異，遺伝，そして「適応度」の差という，淘汰が起こるための三つの要件を，系統淘汰がすべて満たしていることを示した．まず，系統間には遺伝子頻度に差があることが普通である（変異）．つぎに，Aという親から生まれた子孫は，B親から生まれた子孫よ

りも，より A 親に似ているということ（遺伝）が，系統に関しても成り立つ．そして，系統が分化する率（分岐率）や絶滅する率には，系統それぞれがもつ遺伝子頻度の違いによって，差が生じる．すなわち，系統間に淘汰上の差が生じる．

つぎに，今西（1979）が主張するような，系統に一定の方向へ進化を起こさせるための内在的な力（方向性のある変異）がはたらくかどうかについて示した．このような力は，自然淘汰と同様，系統淘汰においてもはたらかない．なぜなら，系統間での遺伝的性質の違い（変異）は，各系統内での遺伝的浮動と自然淘汰によって，いきあたりばったりで生じるからである（系統に都合のよいようには生じない）．この意味でも，系統淘汰は自然淘汰と同様，あくまでもランダムな変異に基づく，機械論的な現象である．

一方，自然淘汰と系統淘汰には相違点もある．自然淘汰の場合は，集団内で遺伝子頻度を上げるという点をめぐって，遺伝子間で淘汰が起こる．これに対し系統淘汰の場合は，群集内のニッチの占有をめぐって，系統間で淘汰が起こる．ここでの重要な違いは，自然淘汰の場合は競争相手が，同じ遺伝子座に乗っている（いくつかの）対立遺伝子と限定されるのに対し，系統淘汰での競争相手は，群集内でニッチをめぐって競合する多数の他系統であるという点である．ここでいう他系統とは，似たニッチにおいて競合する近縁の系統がおもになるが，時にはまったく類縁関係のない系統とのあいだで競争が起こることもありうる（Kaplan and Denno 2007）．したがって，自然淘汰を解析する際には遺伝子頻度と適応度を対応させればよいのに対し，系統淘汰を厳密に解析するためには，群集内における種間関係の全体像を念頭におく必要がある．

最後に，淘汰上の成功の指標は，系統淘汰の場合，系統あたりの下位系統数が適切だろう．ただし，下位系統ごとに，その大きさ（より下位の系統数や個体数）はそれぞれ異なるため，これも決定的な指標とはいえない（Williams 1992）．あくまでも間接的な指標と考えるべきだろう．

さて，具体的に，どのような場合に系統淘汰が起こったといえるのだろう．ここでは Williams（1992）が挙げている二つの例を紹介する．

まず一つめは，系統淘汰が異所的にはたらく場合があることを示すため

にウィリアムズが挙げた例である．いま，ライン川上流のブラウントラウト（ニジマスの仲間）が気候変動によって死に絶えたと仮定しよう．一方，ドナウ川上流のブラウントラウトは生き残ったとする．さらに，この運命の違いは，気候変動への感受性に関わる遺伝子の頻度が，両川の集団間で違っていたことによると仮定する．ウィリアムズは，この仮想例はまさしく系統淘汰であるという．なぜなら，系統淘汰における「競争」の勝者の証は，生物相においてその系統が残存したかどうかであり，直接の競争があったかどうかは問題ではないからである．

ウィリアムズが系統淘汰として挙げた二つめの例は，同じ森に生息する2種の齧歯類（ジリス）を想定している．一方は平均体重が1kgの，捕食者に出会ったら防衛のために反撃するジリス，他方は平均体重250gの，捕食者が来たら穴に逃げ込むジリスである．両者とも，この体重に収束するような安定化淘汰がはたらいているとする．小型種の場合，より小さな個体は種内競争において劣り，また，より大きな個体は捕食者から逃げるために都合のよい穴を掘ることができないと考えてもよい．いずれにせよ，種内の自然淘汰によって，この両種のジリスの体サイズは一定レベルで安定している．

さて，この小型種のジリスにとっては不幸なことに，イタチの集団がこの森に定着したとしよう．このイタチは小型ジリス種の穴にも，たやすく入ることができる．その結果，数年後には小型のジリス種は絶滅してしまった．一方，大型ジリス種はイタチに反撃することで生き延びた．

この例はSober（1984）やVrba（1984）など真の種淘汰論者によれば個体淘汰ということになるだろう．なぜなら，体サイズは個体の性質であり，またイタチの侵入によって高い死亡率をこうむるかどうかは，どちらの種に帰属しているかということではなく，ひとえに体サイズが小さいことによっていたからである．確かにこれらのことはすべて正しい．しかし同時にそれは些細なことである．重要な点は，ここで系統内と系統間という2種類の淘汰がはたらいていたということ，そしてそれらを区別した方がパターンをわかりやすく説明できる，という点なのである（Williams 1992）．

(3) なぜ系統淘汰が重要か？

　生物の適応を説明する唯一のメカニズムは，もちろん種内の自然淘汰であり，それは系統進化（大進化）を駆動するモーターの役割も果たしている．しかし，進化的な長い時間スケールで群集の構成メンバーの変化を見るときには，系統淘汰をも考慮する必要がある．なぜ考慮する必要があるのか？それは，系統淘汰に特有の，小進化プロセスから直接には説明できない性質が少なくとも二つあるからである（Wilson 1992）．

　一つは，系統が分岐するかどうか，あるいは生き残るかどうかが，小進化プロセスとは関係なく決まるという点だ．個体は，種全体の存続にはダーウィニズム的な意味で関心などもっていない．たとえ自分の種が減少して絶滅しようとも，各個体の性質は自分の遺伝子をより多く次世代に残せる方向へ（小）進化していくのだ．したがって，小進化の結果として，系統が分岐しやすくなる場合も，逆に絶滅しやすくなる場合もあるだろう．すなわち小進化から系統進化への翻訳は偶然に左右されるということだ．図1のAとBの有性生殖の進化の例のように，小進化上では有利な性質であっても系統進化の上では不利となることがある．

　もう一つの，もっと重要な系統淘汰の性質は，それが進化を駆動するモーターの役割はもっていないにもかかわらず，群集パターンを決めるうえでは決定的な要因になっているという点だ．系統淘汰によって系統間での分岐率や絶滅率に差が生じ，それが群集の種構成を変化させてゆく（図1B）．

　以上，この第2節で述べてきた群集の種構成が変化するプロセスをまとめると以下のようになる．

　①系統内で小進化プロセスが進む．（自然淘汰と遺伝的浮動）
　②その結果として，系統ごとの遺伝子頻度の違いが生まれる．（系統レベルの変異）
　③ある遺伝性質をもつ系統が下位系統数を増やしやすかったり（系統淘汰），あるいは下位系統数の増減がランダムに決まったりする（ランダムな系統的浮動）．（系統レベルの進化）
　④その結果として，系統ごとの相対的な繁栄度や群集構成が決まる．（群

集構成の変化）

⑤群集構成の違いが，自然淘汰の方向に影響を与える．（生物間相互作用による進化 —— 共進化 —— による）

この①から④への流れ（小進化から群集構成），そして⑤から①へのフィードバック（群集構成から小進化）の操り返しによって群集は進化していくと考えることができる．以下の第3節ではおもに③から④への流れ（系統進化から群集構成）について，そして第4節ではおもに⑤から（①，②を経て）③への流れ（群集構成から系統進化）について，それぞれ詳しく述べる．

3 系統淘汰を検出するための手法
—— 姉妹群比較法

ここまでの内容から，われわれの最初の問い，すなわち，なぜこんなにも複雑で精妙な種間関係が生まれてきたのかという問いには，歴史的に見てどのような種が分化しやすく，どのような種（あるいは，種間関係）が生き残りやすかったのか（あるいは，ランダムに分化・生残してきたのか）という観点も含めて答えなければならないことがわかってきた．

重要なのは，新たに生じた系統がどのようにして既存の群集の中へ「割り込む」のか，という点である．もしそこで系統間に淘汰がはたらくとすれば，進化的な長い時間スケールでの系統の盛衰には一定のパターンがみられるのではないか．すなわち，ある性質を進化させた系統は他のものよりも分化しやすい，あるいは絶滅しにくいという可能性があるのではないか．

このような長期的な系統の入れ替わりのパターンがあるかどうかを調べるためには二つの方法がある．一つは，化石記録から過去の群集の変遷を見るという古生物学的な方法であり，もう一つは，姉妹群比較法とよばれる，現存生物の系統樹を利用して系統の分化と絶滅のパターンを解析する系統学的な方法である．

化石記録から，海洋性動物，昆虫，維管束植物，四足脊椎動物などの分類群（科や属）の数を推定すると，ここ5億年ほどのあいだ，大量絶滅の後ではいったん減少するものの，全体として地球上の生物多様性は増大しつ

づけていることがわかる（本書第 3 章；Sepkoski 1984; Foote 2000; Labandeira and Sepkoski 1993; Benton 1990）．なぜ生物多様性は増えつづけてきたのか．これには以下のような要因が関与していると考えられてきた．

①大量絶滅後の空きニッチの増大（競争からの解放，Sepkoski 1996）
②地球上の大陸塊の分割などによる異所性の発達（Signor 1990）
③鍵適応（key adaptation）を獲得した系統群の適応放散（新ニッチの開拓による多様化，Simpson 1944; Schluter 2000）
④共進化（種特異化や軍拡競走 arms race による多様化，Futuyma 2005）

　このうち①は，多様性が減少したときに，それをもとへ戻そうとする力，いわば多様性を一定化させるような多様性依存的な要因がはたらいていることを示している．また②は，地球上の物理的な条件が多様化を許すように変化してきたということである．しかし，①と②だけでは，とくに新生代に入ってからの多様性の急激な増加を説明しきれない．

　これらに対して，③と④はいずれも，生物自身の進化的な変化が，いわば自己触媒的にはたらくことによって，多様化を生み出してきたという仮説である．③の鍵適応とは，新しいニッチの利用を可能とするような，新規な形質が進化することを意味する．これが多様性の増大につながったという証拠としては，ウニ類の化石記録から，食性に関わる口器などの形態の変化（鍵適応）が起こった系統群のみにおいて，新生代に多様性の増大がみられたという例がある（Bambach 1985）．一方，④の共進化が多様性を生んだという証拠としては，捕食者との共進化によって軟体動物の貝殻の形が中生代に多様化した例（Futuyma 2005）などを挙げることができる．この場合，それに対抗して捕食者側の形質も多様化したはずである．

　以上のように，古生物学上の証拠から，生物の多様性は，進化の歴史が進むにつれて高まっていることがわかってきた．そして，その理由としては，生物自身の鍵適応の獲得や，他生物との共進化が大きく関わっていると考えられた．しかし，ほんとうに生物自身の形質の変化が多様性の増大に寄与してきたのだろうか．そのことをもっと明確に検証する方法はないのだろうか．

　ここで登場するのが，姉妹群比較法である．この方法は，系統樹上で隣りあう系統群（姉妹群）間で現存種数を比べる．一方の系統群がある性質 A を

もっており，他方がもっていないとき，もし性質Aをもっている系統群の方が現存種数が多ければ，その性質をもったことで，系統群全体として種分化しやすくなった（または絶滅しにくくなった）可能性が考えられる．これを一つの姉妹群間で比較するだけでなく，別の姉妹群ペアでも比較すればどうだろう．もし性質Aをもっている系統群ともっていない姉妹群とのあいだで，上と同じパターンが独立に何度も繰り返して観察されれば，性質Aをもつことが系統淘汰の上で有利にはたらき，その結果として系統群が多様化したことを，統計的に検証することができるだろう．

　この方法のポイントは，証拠の反復数を増やすことにある．たとえば，口器の変化が多様性の増大に関与しているかどうかを，上記のウニ類のように一つの系統群だけで調べるのではなく，独立して進化したいくつもの異なる系統群について調べるのだ．

　この手法は，進化生物学者のあいだで，ここ10年くらいのあいだに盛んに使われるようになってきた方法である（Barraclough and Nee 2001; Coyne and Orr 2004）．これらの研究から得られた結果は，群集の種構成がどのような生態的性質に左右されて進化してきたのか，すなわちどのような系統淘汰が起こってきたのかをわれわれに教えてくれる．

　B. D. ファレルらは，植食性昆虫によって傷つけられた部位へ，昆虫を防衛するための乳液や樹脂を送り込む管を進化させた植物系統群と，それともっとも近縁な，管を進化させなかった系統群とのあいだで種数を比較した．すると，16ペアのうち14ペアの比較において管（という新たな防御法）を進化させた系統群の方が多くの種をもっていた（Farrell et al. 1991）．これは植食者からの「逃避」による新ニッチの開拓が，植物の多様化をうながしたことを示している．

　また，同様な方法で，Mitter et al. (1988) は，植食性の昆虫系統群と，それ以外の食性（動物・菌・デトリタス食性）をもつ姉妹群とで多様性を比較した．ここでも13ペアのうち，11のペアで植食者の系統群がその姉妹群よりも多くの種をもっていたことから，植物という新たな食物ニッチを開拓することで昆虫が多様化したことがわかった．さらにファレルらはゾウムシやハムシといった植食性の甲虫類について，より詳しい検討を行い，裸子植物を食べ

ていた祖先系統群が，被子植物を食べるようになったことで，数倍から数千倍も多様性を増大させたことを明らかにした (Farrell 1998).

　これらの例は，新たな防衛法や食性（鍵適応）を獲得することで，それまで利用されていなかったニッチを開拓でき，それによって系統の多様化が促進されたことを示している．新しいニッチに進出した生物は，個体数を増やし，その結果として絶滅率が下がり，また分布を拡げるとともに種分化率は上がっていくだろう．そのことを検出するうえで，姉妹群比較法はきわめて強い力を発揮する．この手法がなければ，形質進化と適応放散の関係を実証的に示すことは難しいだろう．

　ただ，その一方でこの方法には限界もある．それは，この方法では種数の差が，種分化率の差によって生じたのか，それとも絶滅率の違いによって生じたのかが区別できないという点である (Barraclough and Nee 2001; Coyne and Orr 2004)．これは，人口統計学でいうと，人口が増えたという結果だけがわかっていて，その原因が出生率の上昇によるのか，寿命が長くなったためかがわからないのと同じである．これでは，多様性の増大プロセスを詳しく考察することが難しくなる．

　種分化率の増大なのか，絶滅率の減少なのかを判断するには，化石の情報に頼るか (Jablonski and Raup 1995)，現存する生物については，個々のケースについてありそうなストーリーを組み立てることで類推する以外に手だてがない．その他の方法として唯一，望みがあるのは，現存生物の精密な系統樹から解析的に絶滅率を推定する方法である (Nee et al. 1994a, b; Kubo and Iwasa 1995)．横軸に時間をとり，系統樹上の各時間断面で存在する系統数（の対数）を縦軸にプロットしていく方法 (lineage through time-plot, LTT) を使うことによって種分化率と絶滅率の区別が理論的には可能となる．なぜなら，系統樹の根元に近い時点（より古い時代）におけるLTTの傾きは，多様化率（種分化率から絶滅率を引いた値）をそのまま表しているのに対し，最近に分化した若い系統の時点（ごく最近の時代）になると，これらの若い系統は絶滅にいたるのに十分な時間をまだ経験していないため，LTTの傾きが，ほぼ種分化率を表していると考えられるからだ (Mittelbach et al. 2007)．したがって，後者から前者を引き算すれば絶滅率が算出できることになる．ただ，理論的に

は可能であっても，実際には推定値の分散が大きくなりすぎるなどの難点があるため，この方法そのものによって種分化率と絶滅率を具体的に推定した例はまだない．ただし，これに似た方法で種分化率を推定した研究は出はじめている(Ricklefs 2005; Weir 2006). 今後，より完全な系統樹，すなわち，ある高次分類群（たとえば属）に属するすべての種を含むような精密な系統樹が得られるようになれば，上記のような推定を行うことが可能になるだろう(Barraclough and Nee 2001).

4 群集の進化的遷移

以上，系統進化の観点から生物群集をみる見方について説明してきた．このあいだ，ずっと通奏低音として流れていたのは，生物が多様化してきた理由は何かという問いである．

多様化の原因を探求すればするほど，生物がもつ，自己を絶えず変革していくという性質の重要性が浮かび上がってきた．すなわち，鍵適応の進化や共進化といった生物自身の形質の変化が，群集の多様化をもたらしてきたのではないかと考えられたのである．しかし，いくら種が「自己変革」をして分化しても，群集のニッチが埋まっているかぎり，そこへ割り込むことは難しいかもしれない．また，すでにある種が群集で一つのニッチを占めているとき，それを別の新種と分けあうというようなことが，どのような状況で可能なのか．あるいは,そもそも地球上の環境で生息できる種数には上限があって，それ以上は増えられないと考えるのが妥当ではないのか．

このような種分岐の問題について，最初に深く考察したのはダーウィンである．そこで本節では，まず(1)項で『種の起源』に沿って，ダーウィンの考え方を紹介する．つぎに(2)〜(4)項では，ダーウィンが示唆した，系統淘汰に基づく生物相の変化を「群集の進化的遷移」(Harvey 1993)としてとらえ，その特徴と具体例について述べる．最後に(5)項では，どのような群集でどのような種間関係が進化するかという問題について，熱帯における相利関係の進化を例にして考察したい．

(1) ダーウィンの分岐の原理

　生物の「自己変革」は，ある目標にむかって意識的に行われるのではもちろんない．個体間に変異があり，かつ子孫を残すうえで有利な変異が次世代に遺伝的に引き継がれていくという，自然淘汰の原理だけで，自動的に「自己変革」が行われるのだ．そして，このサイクルを繰り返すなかで，きわめて長い時間スケールをとってみれば，ある一つの種は形質の分岐を起こし（種の起源），別々の種に分岐してゆく（系統進化）．これがダーウィンの『種の起源』のエッセンスであり，その書名の由来である．

　しかし，この「形質の分岐」は，どのようにして起こりうるのか．ダーウィンはこれについて，種分岐の発端，すなわち隔離機構の観点から問うのではなく，分岐した種がどのようにして群集内で「場所」を確保できるのかという観点から問うた（Darwin 1859）．

　なぜ分岐した種がそれぞれの場所を確保できるかについては，まず前節の多様性増大の仮説①，すなわち空いているニッチへある生物群が適応放散していく過程について考えるのがわかりやすいだろう．ビクトリア湖のカワスズメ類は，湖ができてから約 10 万年の間に，他の湖から侵入した数種の祖先種から適応放散し，またたくまに数百種にまで増えた（Verheyen et al. 2003）．これは他のアフリカの大きな湖と同程度の種数であり，空白の（先住者のいない）場所において，いかに速く種の分岐と適応放散が進むかを示している．すなわち「空いている場所」さえあれば，種はつぎつぎに分岐して場所を確保していくのだ．

　しかしダーウィンは，地球上の群集は基本的に「住者（生物個体）でいっぱいになっている」と考えていた．それは「北方の地域でも山の上でも」である．彼は，自然は変動するが「長い期間をとれば，もろもろの力は平衡がとれて」おり，「自然の顔はいつもおなじようなのである」と考える．現代的な用語でいう「非飽和群集」ですらいっぱいだと彼がいう意味は，「場所（＝ニッチ）」という彼の用語が，競争だけでなく，捕食や気候など，すべての環境に対する場所としてとらえられているからであろう（『種の起源』第 3 章）．

　では，ダーウィンは，どのような場合に新しい種が割り込んで場所を占め

ることができると考えたのか．彼が挙げている例は，「どこかの国に生息する一種類の食肉四足獣」である．もしその数がその「国」で生息できる最大数に達しているなら，そしてその国の環境条件にはいかなる変化も起こらないとするなら，いかにして，その動物は，それ以上個体数を増やしうるか．それは，「ただその変化する子孫が」他の動物によって占められていない，もしくは完全には占拠されていない場所を占領することによってのみ可能であると考えるのだ．そして，その具体的な方法として「新しい種類の獲物を食べるように変わること，あるいは，新しい場所に住んだり，木にのぼったり，水に入ったりすること」を挙げる．すなわち「この食肉獣の子孫の習性や構造が多様に分岐すればするほど，彼らはより多くの場所を占めることができるようになる」のだ．

ここに，生物はなぜ分岐をするのか，という問いに対する彼の答えがある．それは「子孫が多様になっていけばいくほど，生活の戦闘において成功する機会が多くなる」からである．この，形質の分岐から利益が得られるという彼の考えは，前節の多様化プロセスの③，すなわち鍵適応による新しいニッチの開拓にあたるだろう．

『種の起源』に彼が載せた唯一の図（図2）は，種が分岐していくプロセスについて示したものである．種が形成される際の，生態学的に重要なポイントをこの図はすべておさえている．この図は一般的には（教科書などでは），系統が分岐していくという進化のパターンをダーウィンが示した図であると解説されることが多い．しかし，ダーウィンがこの図をわざわざ入れたのは，種の起源，すなわち種の分岐の原理をくわしく説明するためであった．

祖先種であるA〜Lは，一つの大きい属を構成しているとされる．そして図の横線どうしの上下間隔を，それぞれ千世代と仮定し，時間の経過にともなって種がどのように分岐し，または絶滅していくかを表したのが図中の系統樹である．横方向の距離は，これらの種の形質が相互に似ている程度を表している．

さて，スタートから1万4千世代後に残った（最上部の）15種の全体としての形質の幅を見ると，もともとの11種がもっていた幅よりもより広い領域にまたがっていることがわかる．これは新しいニッチの開拓が起こったこ

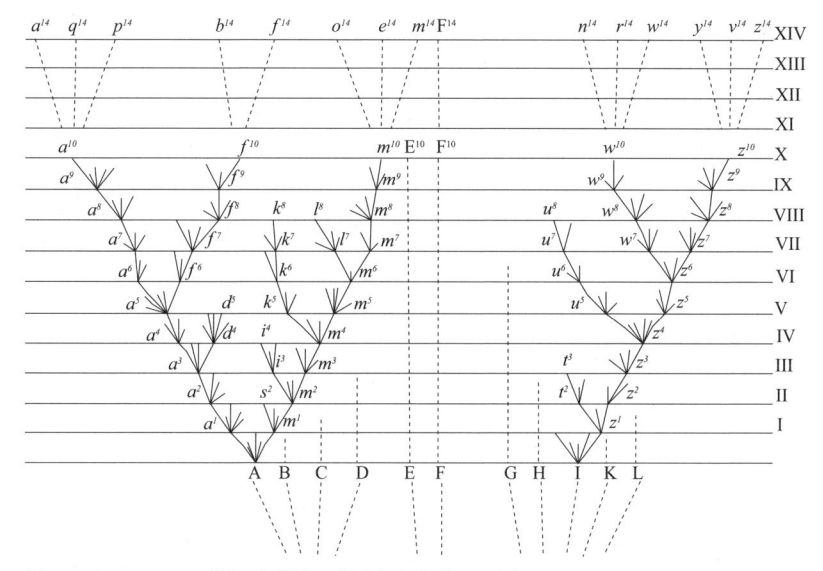

図2 ダーウィンの『種の起源』に載せられた唯一の図.
種分岐の時間的経緯を,生態形質の違いと関連づけて示している.詳細は本文参照.Darwin (1859) より.

とを意味しており,それにともなって種数も11から15に増えている.また,この子孫として生き残った15種の親種をたどれば,それはすべてA,F,Iの3種のどれかに由来し,それ以外の種はすべて絶滅していることも見て取れる.さらに,その3種のうちAとIの2種というのが,もともと多様な(上向きの扇形であらわされる,分岐した)子孫を残す傾向のある種であり,残りのFは,AやIと形質値がもっとも離れている(ニッチを異にする)種であったということも,この図には表現されている.

もし,こうした系統樹を実際のデータに基づいて描くことができれば,群集の進化を,本格的な研究の俎上にのせることができるだろう.そのような研究においては,現代の生態学や系統学の手法と知見をフルに活用する必要がある.この点については第5節で実例を挙げながら詳しく述べたい.

(2) 群集の進化的遷移とは何か？

ダーウィンの考察からいえることは,ある時代の生物群集を構成する系

統は，いずれ，より分岐しやすくまた絶滅しにくい系統に置き変わっていくであろうということである．これは人間の歴史における王朝の交代にたとえることもできる．しかし，単なる王朝交代とは異なり，群集メンバーの交代では，それまでよりも環境をより細かく分割利用したり，あるいは新たな環境を利用できるようになった系統しか，分岐・参入することはできないだろう．このように，群集の種構成が歴史的にある傾向をもって置き変わっていく現象を，群集の「進化的遷移」とよぶことにしたい．

そもそも進化とは，ある目標に向かって方向性をもって進むものではない．つまり終着点が最初から決まっているのではない．そうではなく，祖先系統のもつ遺伝形質が，順次，段階を経て漸進的に変化していくものである．動物の眼のようなレンズや虹彩を備えた複雑な器官は，それが一気に進化したとは信じられないが，より単純な光受容器官から段階を経て進化したと考えれば説明がつく (Maynard Smith 1986)．群集の進化も，これと同じように考えることはできないか．すなわち，群集を構成する種の顔ぶれや生態的な性質は，歴史を経るにしたがって段階を経て変化してきたというのが，群集の進化的遷移の考え方である．

この群集の進化的な遷移という概念は，群集の生態遷移と似ている．両者とも，攪乱による群集の空白化，そこへの種の参入，そして各段階の群集に適した種への入れ替わり，によって進む点が共通している．しかし，生態遷移が，次の攪乱が訪れるまでの数百年レベルの現象であるのに対し，進化的遷移は，数十万年レベル以上の，種分化を含む長いスパンの現象である．そして空間スケールの面でも，生態遷移がふつう狭い範囲の局所群集で起こるのに対し，進化的遷移は大陸レベル（あるいは隔離された大洋島や古代湖）で起こる現象である．

(3) 群集の進化的遷移の証拠

群集の進化的遷移は，さまざまな時間スケールでとらえることができる．まず，地球上の海洋生物相のここ5億年の変遷をみてみよう．古生代の初期，カンブリア紀に栄えたハルシゲニアやウィワクシア，そして三葉虫といった動物群は，古生代の後半には，アンモナイトや腕足類にとって代わられた．

さらにそのグループも中生代にはほぼ絶滅し，水生の軟体動物や魚類が主役となった (Sepkoski 1984; Fortey 1997). このような，生物グループごとの栄枯盛衰のパターンを説明するうえでは，二つのシナリオが考えられる．一つめは系統淘汰をともなう群集の進化的遷移である．これは，鍵適応をとげた（改良された）グループが種数を増やし，それが多様性に依存する競争によって古いグループを競争置換で減らした，というものである．また，もう一つのシナリオは，古いグループが絶滅した結果，占有者の入れ替わり（incumbent replacement）が起こった，というものである．これは第3節の多様化のシナリオ①，すなわち空きニッチでの適応放散にあたる．この典型として，中生代末期に絶滅した恐竜に代わって，哺乳類が大適応放散をとげた例を挙げることができる (Futuyma 2005).

さらに，大アンティル諸島のアノールトカゲの群集では，群集の進化的遷移を支持する，もっと強い証拠が得られている（総説として Losos 1996 がある）．そこでは別々の島へ入植した祖先種が，それぞれの島の上で個別・独立に多様な種へ適応放散したにもかかわらず，進化の結果としてできあがったそれぞれの島のトカゲ群集が，互いに似た構造をもっていたのだ．Harvey (1993) は，Losos らのこの研究を紹介したうえで，群集を構成するメンバーの生態的な組み合わせがこのように進化的な時間スケールで一定の方向へ変化していくことを，進化的遷移（evolutionary succession）とよんだ．このような，繰り返しのある群集の適応放散パターンは，諸島や湖などの隔離された場所で見られることが多い．アフリカの大地溝帯のいくつかの湖におけるカワスズメ類の平行適応放散（堀 1993）や，北米北部の氷河湖における，魚類の平行的多様化もその例であろう．後者においては，湖へ移住した祖先魚が，最終氷期以降のここ1万5千年程度のあいだに，どの湖でも，別々の生態的性質をもつ2種ずつに分化してきた (Schluter 2000).

このように，群集の進化的遷移は，数億年の大陸レベルでの遷移から，島や湖で起こる数万年レベルの遷移まで，さまざまな時間スケールでとらえることができる．

(4) 進化的遷移の方向 —— 姉妹群比較からの示唆

　では，進化的遷移のより後に現れてくる系統とは，どのような形質をもっているのだろう．これを検証可能にするのが，第3節で扱った，系統間で多様化率を比較する姉妹群比較法である．この方法を使えば，多様化率が高く，「繁栄」しやすい系統がどのような形質をもったものなのかを検出することができる．以下では，最近の姉妹群比較法を使った研究例を紹介し，①どのような形質が種分化率を高めるのか，また②どのような形質が絶滅率を下げる効果をもつのか，を見ていきたい．なお以下の例では，多様化率の増大が種分化率の増大の結果なのか，それとも絶滅率の減少の結果なのかは，個々の形質の属性から判断されている．

　まず，著しい種分化を最近とげたことで多様化したとみられる系統がもっている形質として，性淘汰に関わる形質を挙げることができる．鳥や昆虫における乱婚システムの進化，あるいは鳥における体色の性的二型や装飾的な羽毛の進化のような，性淘汰を強めるような，あるいは生殖隔離を促進するような形質の進化が，実際に系統の多様化を促進していることが姉妹群の比較から明らかになってきた（Mitra et al. 1996; Barraclough et al. 1995; Möller and Cuervo 1998）．

　同様に，植物と動物の相利関係も，種分化率を上昇させる効果があることがわかってきた．具体的には，被子植物における，花蜜を貯める距の進化や動物媒の進化などが，系統群の多様化を促進していることが姉妹群の比較から判明した（Hodges 1997; Dodd et al. 1999）．ただし，これらは種分化率を上げるとともに，絶滅率も増大させた可能性がある．なぜなら，特定の送粉相手に依存することは，特殊化の陥穽におちいり個体数を減少させることにつながるからである．このような種分化率の増加が絶滅率の増加をともなうというジレンマは，特殊化した生物がもつ宿命といえるだろう．いずれにしても，これらの研究例は，生物間の共進化が多様性を促進するという，第3節で挙げた多様化プロセス④の仮説を支持している．

　一方，系統が絶滅しにくくなるという効果をもつ形質としては何があるだろう．Darwin（1859）は，個体数を増加させたり，分布域を拡大することに

つながる性質の変化は，絶滅率を下げるはずだと述べた．実際，これらに関わる形質，すなわち，体サイズの小型化や高い移動率などが，系統の多様化を進めてきたことが，昆虫食性のコウモリ類やネズミ類の小型化，肉食性哺乳類の小型化，そして鳥の分布範囲や移動性の増大について姉妹群比較法により確かめられている (Gardezi and Da Silva 1999; Gittleman and Purvis 1998; Owens et al. 1999). ただしこれについては，有意な多様化が見られなかった例もある (哺乳類のいくつかのグループにおける小型化：Gardezi and Da Silva 1999, 軟体動物における分布域の拡大：Jablonski and Roy 2003). このうち，とくに体サイズの小型化は，個体数の増加につながるため，絶滅率を下げるのにきわめて効果的と考えられる．生物多様性の進化を考えるうえで，欠くことのできない要素であろう (Hutchinson and MacArthur 1959; May 1988).

この項をまとめると，進化的遷移が進むにつれて，生殖隔離を強めるような性質をもつ生物，相利関係をむすぶ生物，そして小型の体サイズや高い移動率をもつ生物が多様化しやすいといえる．

(5) どのような群集でどのような種間関係が進化するか？ —— 熱帯における相利関係の進化

ここまで，群集は進化的時間スケールで遷移すること，そしてこの遷移は生殖隔離や相利関係に関わる形質にとって「有利」にはたらくことをみてきた．そこでつぎに，さまざまな遷移段階にある群集では，それぞれ進化しやすい形質が異なるのかについて問う．もし異なるとすれば，群集は，何らかの「法則性」なり「順番」をふまえて進化的に遷移しているという可能性が出てくる．ここではとくに，熱帯の生物群集における相利関係の進化を例に取り上げる．まず，熱帯群集がどのような進化的遷移段階にあるのかについて考察し，つぎになぜそこでは相利関係が頻繁にみられるのかを議論する．

現存する生物の多様性が示す顕著なパターンの一つとして，地球の緯度勾配に応じた多様性の勾配がある (Stevens 1989). とりわけ熱帯雨林は，地球の陸上部分の約6％の面積を占めるにすぎないにもかかわらず，地球上の生物種の半数以上が生息しているとされる (Wilson 1992). 熱帯雨林におけるこのような膨大な多様性はなぜ生まれたのか．これについては，これまで，流入

(太陽)エネルギー量が多いこと(Currie 1991)などの生態学的な仮説によって説明されることが多かった(甲山 1998；Willig et al. 2003).

しかし,系統学上,あるいは古生物学上の証拠が増えてきたこと,また生態仮説がパターンを説明するうえで必ずしも適切ではないとわかってきたこと(Currie et al. 2004)を受け,最近では,歴史的あるいは進化的な要因を重視する見方が再評価されている(総説として Mittelbach et al. 2007).それらは,生態仮説のように,温帯よりも熱帯の方が環境収容力が大きいために多様であるとするのではない.そうではなく,群集の歴史が長いため,熱帯の方が時間をかけて多様化しえた(時間仮説,Wallace 1878; Stephens and Wiens 2003; Fine and Ree 2006),あるいは,単位時間あたりの種分化率が高いか,もしくは絶滅率が低いことによって多様化した(多様化率仮説,Cardillo et al. 2005; Ricklefs 2006b)と考える.

この,時間仮説と多様化率仮説は,群集の進化的遷移という本章のテーマと深く関わっている.なぜなら,時間仮説は,時間をかけるほど複雑な群集が形成されるという意味で,群集の進化的遷移の概念と似ているし,また,多様化率仮説は,多様化した生物間の共進化が,よりいっそう熱帯の多様化率を高めるという,群集内の共進化を重視した仮説だからである(Schemske 2002).ここ10年ほどのあいだに,この両仮説を支持する古生物学(Stehli et al. 1969; Stehli and Wells 1971; Flessa and Jablonski 1996; Fine and Ree 2006)および系統学(Farrell and Mitter 1993; Cardillo 1999; Crame 2000, 2002; Davies et al. 2004; Jablonski et al. 2006)からの証拠が蓄積されてきている.時間が経つにつれて生物間の共進化が進む.その結果として熱帯群集は複雑化・多様化してきたというシナリオが実証されつつあるのだ.

たとえば,共進化が多様化率に及ぼす影響については,すでに(4)項で述べたように,植物と動物の相利関係が系統群の多様化を促進していることが姉妹群比較法により示された(Hodges 1997; Dodd et al. 1999).長い共進化の結果,たとえば熱帯にしか分布しないイチジク属の植物700種以上は,それを送粉する相利共生者であるイチジクコバチ類の一種一種にとって唯一の資源となっており,さらに,特殊化した寄生コバチや,そのコバチに寄生する線虫とも複雑な関係をむすんでいる.このように共進化は,相利関係の種

特異化，寄主と寄生者の軍拡競走による逃避-多様化 (escape-radiation, Ehrlich and Raven 1964)，相利共生者同士の共多様化などをとおして群集の多様化に貢献する (Schemske 2002)．そしてこのような共進化がもっとも頻繁に見られるのが熱帯なのだ（井上 1998, 2001; 湯本 1999）．

以上をまとめると，①鍵適応による新たなニッチ開拓の機会がどれほどあるか（時間仮説），②いったん開拓された新ニッチにおいて，その後の共進化がどれだけニッチの細分化を促進するか（多様化率仮説）という二つの観点からみて，熱帯の生物群集は，その進化的遷移の進み具合が温帯よりも大きいとみてよいだろう．

つぎに，なぜ熱帯では相利関係が頻繁にみられるのかという点について考察する．近年，熱帯雨林の林冠における動植物相互作用の研究や（井上 2001），熱帯の古代湖における魚類群集の研究（堀 1993）から，熱帯の群集においては，厳しい競争関係もみられる一方，相利関係あるいは協調関係の存在が顕著であることがわかってきた（ただし，温帯についてもこれまで見過ごされてきただけで同じことがいえる可能性がある）．このことから，類縁関係の離れた生物と相利的な関係をむすぶという鍵適応を進化させることで，熱帯の生物は新たな適応帯 (adaptive zone, 適応放散をゆるす環境) に進出し多様化したのではないか，またその後の共進化がさらなる多様性を生み出したのではないか，という仮説を立てることができる（相利多様化仮説）．これはすなわち，熱帯で相利関係が多く見られるのは，相利系という鍵適応が出現するのに十分な時間の蓄積が熱帯にはあり，かつ共進化によるニッチの細分化によって一つひとつの相利系内での多様化が進んだためであるという仮説である．

これを検証するためには，まず鍵適応の面からは，相利関係という鍵適応を得た系統群と，その姉妹群とで，多様化の程度を比較する必要がある．つぎに共進化の面からは，相利関係にある生物群同士で，実際，同時進行的な多様化（共多様化）がすすんできたのかどうかを，両者の系統樹を比較することから確かめる必要があるだろう．

われわれは，ここ 10 年ほどのあいだ，東南アジア熱帯においてオオバギ属の植物 29 種（図 3）とその幹内で生活する共生アリ 17 系統，そして共生

図3 林縁に生育するアリ植物オオバギ属の木々.
ボルネオ島熱帯雨林のこの範囲内で6〜7種の幼木,成木が共存している.その幹内には,*Decacrema*亜属の共生アリが種特異的に住み込んでおり,オオバギ属(*Macaranga*)植物を植食者やツル植物から防衛している.また同じく幹内では,ヒラタカタカイガラムシ属(*Coccus*)の共生カイガラムシが師管液を吸汁しており,アリに甘露を提供することで3者から成る相利共生系の一端を担っている(口絵も参照).詳細は本章第5節を参照.

カイガラムシ8系統という3者からなる相利共生系の共進化について研究をすすめてきた(口絵参照).その結果,この3者のあいだでは,そのどれが欠けても残りの2者の生存が危うくなるという絶対依存的な相利関係がむすばれていること(Itino et al. 2001a, b; Itino and Itioka 2001; 市野・市岡 2001; 市野ら 2008),相利関係をむすぶことによって植物とアリの多様化が急速に進行したこと(Davies et al. 2001; Quek et al. 2004),そして3者の多様化の開始時期は8百万〜2千万年前であること(共多様化,Quek et al. 2004, 2007; Ueda et al. 2008, in press)を明らかにした.

これらの結果から，まず植物の体内へアリが住み込むという新しい形の相利関係が，新たな適応帯への進出を可能にしたこと，そして，それによってオオバギ属植物と共生アリのその後の多様化がもたらされたということが示唆される．また，共進化によって，共生カイガラムシも含めた種間相互作用の相乗的な多様化がもたらされたことも明らかになった．このような多様化の結果，オオバギ属の植物はきわめて狭い範囲に6〜7種が共存するようになっている（図3）．われわれのこの研究は一つのモデルケースにすぎない．しかし今後，さまざまな相利系についてこうした系統学的な視点からの研究が行われるようになれば，なぜ熱帯で相利関係が多く見られるかについての理解が進むだろう．さらに，相利関係以外の種間関係についても，それらがどのような群集において進化しやすいかという問題について，今後，系統学的アプローチからの研究が行われることを期待したい．

5 群集が多様化していくプロセスの解明に向けて

前節では，群集の進化的な遷移についてさまざまな側面から考察した．とりわけ，姉妹群比較法がこの分野の最近の進展を牽引してきたことは特筆すべき点である．今後も，群集の多様化の要因について，この手法を使ってさまざまな検討が行われることが期待される．

ただ，この姉妹群比較法は，ある形質の進化が系統群の多様化につながったかどうかを，姉妹関係にある科（などの高次分類群）同士の種数を比較することによって検討するだけである．一方，われわれがもっとも知りたいのは，群集の多様化がどのように進んできたかについての，もっと詳しいプロセスである．すなわち，生殖隔離→種分化→二次的接触→共存または絶滅，といった種分化プロセスにおいて，どのステージでどのような力がはたらくことによって種の残存や絶滅が決まるのか，そしてそのことによって群集のメンバー構成がどのように形作られていくのかを，われわれは明らかにしたいのだ．

生殖隔離を強化するような性淘汰に関わる形質が進化しさえすれば，分化

した2種は二次接触してもそのまま共存できるのか，それとも生態的なニッチ分化が新種の定着にはやはり不可欠なのか．さらに，もしニッチ分化が重要だとすれば，競争，捕食回避，相利などを通じた新ニッチ開拓のうち，どの要因が，群集の進化的遷移のどの段階で重要になるのか．これらの問いが，われわれの興味の中心となる．

　最後のこの節では，このような詳しい群集遷移のプロセスを明らかにしていくうえで，今後重要になると考えられる新たなアプローチについて展望したい．それは，高次分類群（たとえば属）の完全な分子系統樹，さらには種内の分子地理系統樹を作成し，その上へ生態形質の進化をプロットするという手法である．これを一言でいえば，ダーウィンが『種の起源』で示した仮想系統樹（図2）を現実化するということだ．

　彼の系統樹の図はきわめて示唆に富む（第4節 (1) 項参照）．この図を見れば，それぞれの系統が，分岐を通じてどのようにニッチを拡げ，他系統を絶滅に追いやってきたのか，そしてどのような性質をもつ系統が多様化に成功し，あるいは絶滅したのか，などを一目で知ることができる．群集が多様化していくプロセスそのものを，この「ダーウィンの系統樹」は表現しているのだ．

　では，このような図を実際に描くことは，いま可能なのだろうか．これについては可能な部分と，まだ難しい部分があるといわなければならない．まず，現存する種や種内の系統について，その系統関係や分岐年代を描くことは，DNA情報の利用によって可能である．そして，それぞれの系統の生態形質をダーウィンの図の横軸に沿って表すことも可能だ．難しいのは絶滅した系統の情報である．系統樹上で絶滅がどの時期にどの程度起こったかというような情報は再現できるのだろうか？　これについては，系統樹の情報から一部推定することが理論的には可能になってきている（第3節を参照）．さらに，祖先種が過去にどのような形質をもっていたかを推定（復元）することも，簡単ではないが，化石記録の分析や系統樹上での祖先形質の推定（Maddison and Maddison 2007）によって，可能となる場合がある．

　この「ダーウィンの系統樹」アプローチでは，一つの属に含まれる（理想的には）全種についての包括的な系統樹をまず作成する必要がある．なぜなら，

種の分化の歴史をなるべく完全な形で再現しなければ（種がいくつも抜けているような系統樹では），種分化についての詳細な議論はできないからである．この点が姉妹群比較法とは違うところである．さらに，もう一歩を進めて，種内での分子地理系統樹を描くことも，群集の進化的遷移を研究するうえで有望なアプローチとなるだろう．これと，共進化の地理的モザイク（種内系統間にみられる相互適応形質の差異，Thompson 2005; 本書第5章）の情報を統合させることによって，より詳細な解析が可能となる．

いまのところ，生態形質と系統淘汰の両面を考慮したこのような研究は本格化していない．そこで，ここでは著者らによる東南アジアのアリの一亜属の分子地理系統に関する研究を紹介し，そこから，群集の進化についてどのような示唆が得られるか，また今後どのような研究の方向性が考えられるかについて検討したい．

前節でも触れたオオバギ属植物（*Macaranga*，トウダイグサ科，図3）に共生するアリたちは，すべてシリアゲアリ属の一亜属（*Decacrema* 亜属）に属しており，確認された17系統のアリは，単系統の，独立した系統群を形成していることがわかっている．われわれは，この亜属のアリについて網羅的な分子地理系統樹を作成した（図4, Quek et al. 2007）．マダガスカルとアフリカの自由生活型のアリ2系統，スラウェシ島の植物共生アリ1系統，およびボルネオ島，スマトラ島，マレー半島の32地点から採集したオオバギ属植物に共生するアリ17系統の合計433サンプルは，この亜属のほぼ全部の種（系統）を含んでいる．

この研究の目的は，ここまでに述べたような系統淘汰の実態解明にあるのではない．アジア熱帯の歴史生物地理を明らかにする目的で行われた．しかし，一亜属に含まれる系統を網羅的にサンプリングしている点，種内系統の分岐パターンや歴史的盛衰まで分析している点，そして生態形質の系統進化を視野に入れている点（Quek et al. 2004）などから，「ダーウィンの系統樹」アプローチの今後を考えるうえで重要な示唆を与える．

まず，オオバギ共生アリの種多様性の中心地はボルネオ北部にあった．17系統のアリのうち，10系統がボルネオに固有の系統であり，スマトラとマレー半島にはそれぞれ1系統ずつの固有の系統がみられるにすぎなかった

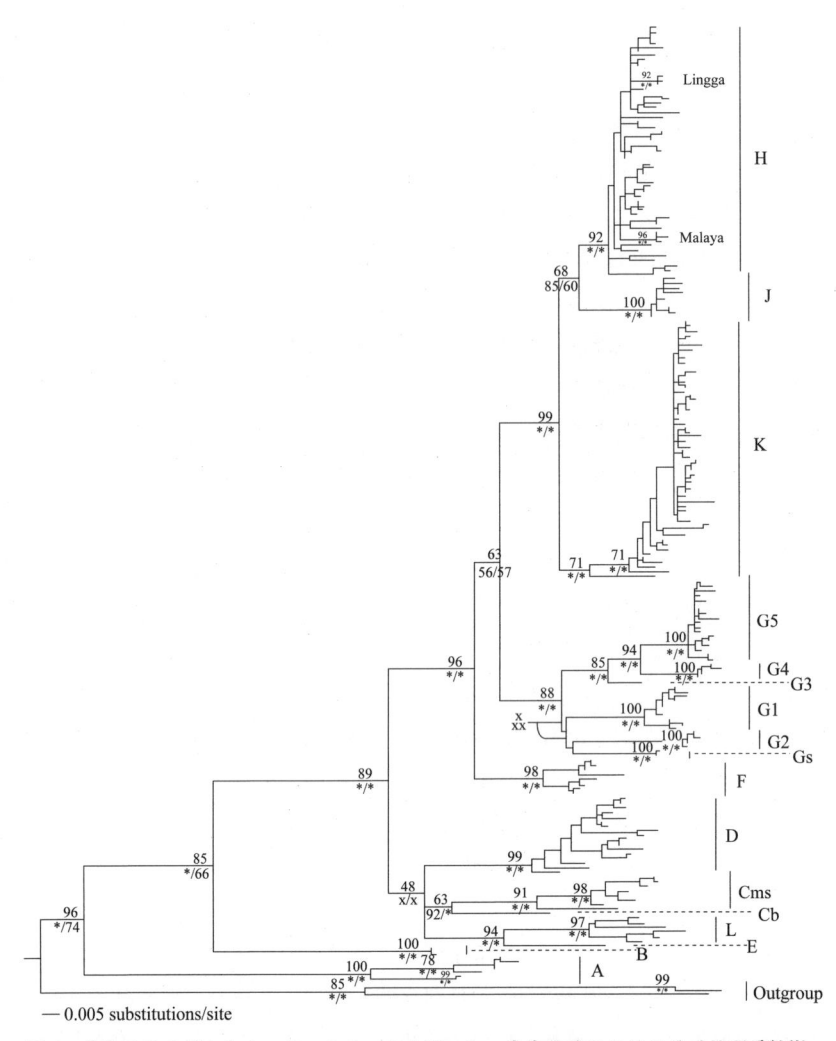

図 4 共生アリのボルネオ，スマトラ，およびマレー半島地域における分子地理系統樹．
Decacrema 亜属の共生アリ 17 系統のミトコンドリア DNA, COI 遺伝子から描いた最尤系統樹．A, Cb, D, E, F, G1, G2, G3, G4, G5 の 10 系統はボルネオに固有分布する系統，B はマレー固有，Gs はスマトラ固有，Cms, J, K, L はマレーおよびスマトラに固有な系統である．枝上 / 枝下左 / 枝下右の数字は，それぞれ，最尤ブートストラップ確率 / ベイズ事後確率 / 最節約ブートストラップ確率をあらわす（* 印は 95%以上 /75%以上であることを示す）．詳細は本文参照．Quek et al. (2007) より．

（分布している系統数はそれぞれ5および6系統であった）．またマレーとスマトラの系統は，祖先のボルネオ系統から派生していた．さらに，これら三地域は地質時代を通じてしばしばスンダ陸塊としてつながっていた．これらのことからボルネオに起源した系統は陸路，マレーやスマトラへと拡がっていったと考えてよいだろう．すなわち，ボルネオは系統の供給地（ソース）であり，マレーやスマトラは，気候変動などによって系統ごと絶滅することの多いシンクであったことが示唆される．

この研究から得られた結果は，図4の分子地理系統樹に集約することができる．さて，われわれはこの分子地理系統樹から，群集の進化的遷移についてどのような仮説をたてることができるだろうか．また，今後それを検証していくためにはどのようなデータが必要なのだろう．以下，種間，および種内の系統解析に分けて，それぞれ今後の研究方向を展望する．

(1) 種間系統樹からの研究方向

(a) 多様性の姉妹群比較

まず，姉妹群の多様性を比較することで，群集進化のパターンをとらえることができる．図4の上方の10系統（H～F）とその下の5系統（D～E）とは姉妹群であるが，前者の方がより多様に分化している．なぜこのように多様化率に差があるかについて系統樹上でみた結果，アリとの相利関係を強めた系統ほど多様化が進んでいることが示唆された（Quek et al. 2004，市野ら 2008）．他のアリ–植物系でもこの点についての姉妹群比較を行っていくことで，相利性と多様化の関係について，より一般的な結論を得ることができるだろう．

(b) 近縁種の同所的共存パターンと多様化

共生アリは5～7系統が，またオオバギ属植物は10種以上が，それぞれボルネオ北部のどの地域をとってみても同所的に共存していた（図3）．すなわち，この系の多様性は，異所的（β多様性）というよりは，同所的なものであった（α多様性）．熱帯雨林における多様性が，このように異所的というよりは同所的に存在しているという証拠は，最近いろいろな分類群について得られ

てきている (Novotny et al. 2007). このことは，熱帯雨林における多様化が異所的な隔離によって生まれただけではなく，その後の同所的共存を経てはじめて完結してきたことを示唆している.

では,そのような同所的共存はなぜ可能になったのだろう.これこそがダーウィンの図が提起した疑問であり，群集の進化を理解するうえでもっとも重要な問いである．オオバギの多種共存については,それぞれのオオバギ種が,異なる生態的性質をもつ別種のアリと共生関係をむすぶことで被食回避ニッチを違えることができ，そのことで共存が可能になっていることが示唆された (Itino et al. 2003; Itino 2005; 市野・市岡 2001). 今後，この共存機構をより明確に示すためには，共存系統の組み合わせを移植実験によって変え，その後の動向を見きわめる必要がある (市野ら 2008).

さらに，このようなニッチ分化以外に，近縁種が共存するためには，種間の交雑を防ぐための生殖的な形質置換 (reproductive character displacement) が進化することも必要だろう．生殖形質置換の進化を解析する時にも系統学的アプローチが重要となる (Lukhtanov et al. 2005; Coyne and Orr 1989, 1997).

(2) 種内の分子地理系統樹からの研究方向 —— 共進化の影響

種間レベルの多様化にとって共進化が重要な役割を果たしている可能性が高いことは，これまでも操り返し述べてきた．しかし，もっと詳細なスケールでこのことを検証できないか．有望な方法の一つとして種内の地域集団ごとの解析がある.

地域ごとの種間相互作用の違い (共進化の地理的モザイク) は，地域集団ごとの過去の個体数変動パターン (以下の(a)) や多様化率 ((b), (c)) に確実に影響する．このような共進化モザイクと集団の歴史の関係を，生態的調査と系統解析の統合によってうまく検出できれば，群集多様化のプロセスを詳しく解明することができるだろう．具体的な例を，やはりオオバギ共生系からいくつか挙げてみよう.

(a) 集団間での個体数変動の歴史の違い

DNA 配列の変異を種内の集団内や集団間で比較することによって，集団

ごとの個体数変動の歴史を推定することができる (Slatkin and Hudson 1991).
たとえば図4のK系統のアリは,氷期が操り返しおとずれた第四紀更新世に個体数を急激に増減させたことがわかった (Quek et al. 2007). この結果は,十分なサンプル数が得られたマレー半島の寄主特異性の低い集団についてのものである. しかし,もし,同じK系統でも寄主特異性を高めた別の集団では,更新世の個体数に大きな変動が見られなかったとしたらどうだろう. 寄主との共進化による種特異化の結果,後の集団では氷期などの気候変動の影響を受けにくかったという可能性が出てくる. もしこのようなパターンが操り返し別の系統でも見られれば,種特異化が個体数の安定化に寄与するという結論が導かれることになる.

個体数が安定化すれば,集団が絶滅する確率は低くなり,系統淘汰上「有利」になる. すなわち,個体数変動の歴史に関する研究は,系統淘汰や群集の多様化について示唆をもたらすだろう.

(b) 集団間での多様化率の違い

図4の系統Hのアリは,ボルネオではさまざまな下位系統へと多様化している. しかしその一方で,図にLinga, Malayaと記したスマトラおよびマレーの集団は,個体数も少なく多様化していない. 多様化の程度がこのように違う理由は何だろうか. これを説明する仮説としては,「スマトラ・マレーでは近縁の系統Kが優勢となっているため,系統Hの生息範囲が限定されている」といったことが考えられる. 実際の野外での種間相互作用についての調査や実験が,これに対する答えをもたらしてくれるだろう.

(c) 種分岐のプロセス

もし同所的に非常に近縁な2系統が見つかった場合,それは異所的分化の後,2系統が二次的に接触して本格的な種の分岐が起こりつつある場面かもしれない. 図4の系統G1と系統G2はボルネオの一部地域で同所分布していることがわかっている. このように近縁種間で同所性と異所性が混在する事例は,種分岐のくわしいプロセスを研究するうえで絶好のモデルケースとなる.

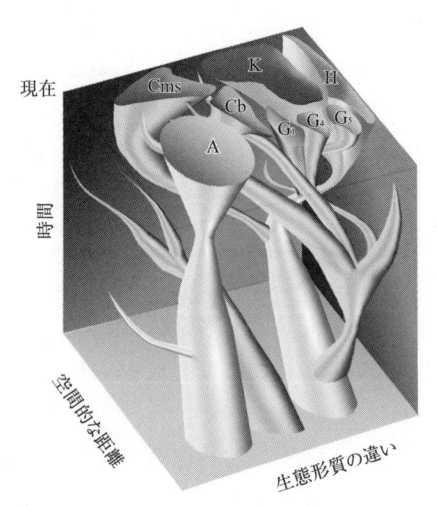

図5 特定の属における三次元系統樹の仮想図.
生態形質の違い（x軸），空間的な距離（y軸），そして時間（z軸）という三次元空間の中を，系統樹が枝をひろげながら上っていく様子を表している．枝の太さは個体数を表す．ある時点で系統樹を切り取った断面図は，それぞれの種のあいだで，生態形質がどれほど異なっているか（x軸，同所的なニッチ分化），どのような空間的距離をおいて分布しているのか（y軸，異所性），そして，個体数はどれくらいか（優占度）をあらわしている．図中の記号は，図4における同記号のアリ系統をおおまかに想定しているが，この図はあくまでも「仮想図」である点に注意．詳細は本文参照．

具体的には，系統 G2 と同所的に生息している G1 集団と，異所的な G1 集団とで，生殖的形質置換やニッチ分化の程度を比較すれば，異所的分化から同所共存にいたるまでの種分岐のプロセスをたどることができるだろう．ここでは「近縁種間の共進化」がキーワードとなる．

以上，近縁種間や種内の分子系統樹がもたらす情報から，ダーウィンの図（図2）を描くことが可能であること，そして，そこへ生態情報を付け加えることで，群集の多様化プロセスについての詳細な解析が可能となることを述べた．最後にまとめとして，ダーウィンの図へ新たな情報を加えた時の視覚イメージを描いてみよう（図5）．

ダーウィンの図は，形質差（x軸）と時間（y軸）という二次元によって種の分岐の状態を表していた．まず，これに種（集団）間の空間的な距離という

次元を一つ加えよう．空間的な距離は，異所性と同所性を区別するうえで重要な意味をもつ．これで図は，生態形質の違い（x 軸），空間的な距離（y 軸），そして時間（z 軸）という三次元空間となる．この空間の中を，系統樹が枝をひろげながら上っていく．さらに枝の太さは個体数を表すとしよう．いま，現在という時間断面で，この系統樹を真横から切り取ってみよう．得られる「断面図」は，群集においてそれぞれの種が，どのような空間的距離をおいて分布しているのか（異所性），生態形質はどれほど異なっているか（同所的なニッチ分化），そして，個体数はどれくらいか（優占度），という情報を，視覚的に示してくれるだろう．

　ダーウィンが予想した生物群集のモデルは，この系統樹をどの時間断面で切り取っても，ニッチ平面（断面図）が，個体でいっぱいになっているというモデルである．これはジグソーパズルのピース（種にあたる）によって，パズルの全面（ニッチ平面）がおおわれているのと同じことだ．種ごとの個体数はピースの大きさで表されており，それぞれのピースが占めるニッチ平面上での形は，（他種との関係により）局所群集ごとに可塑的に変わりうるだろう．（なお，図5では見やすくするために，また氷期などの環境変動による個体数減少を考慮して，枝の太さを適宜細くしている）

　そして，「生物群集は時間とともに多様化していく」という化石記録の証言にしたがえば，この系統樹は，時間軸の上へ行くにつれて，種が分化することで種数（ピース）が増え，鍵適応による新ニッチの開拓によって全体としてのニッチ平面（パズル面）も大きくなっていくはずだ．

　このような「ダーウィンの系統樹」を具体的なデータをもとに作成することで，群集の進化的遷移へのアプローチが可能となる．さらにダーウィンの図（図2）のように単一系統群の系統分岐をとらえるだけではなく，将来的には生物群集を構成するさまざまな生物群の系統樹を統合して解析することが必要となるだろう．なぜなら，ある系統群が多様化していく過程には，遠縁の生物との相互作用も関わっていると考えられるからだ．

　われわれは今，ダーウィンが望んでも得られなかった DNA 情報を簡単に手に入れることができる．今後，群集生態学にたずさわる多くの方が，この情報を利用して進化的なアプローチに取り組んでいかれることを期待する．

コラム 1

生態ゲノミクス
適応・群集研究への新たなアプローチ

清水健太郎・竹内やよい

Key Word

群集遺伝学　群集ゲノミクス　自然淘汰
エコゲノミクス　進化ゲノミクス

　ゲノミクスの技術進展にともない，大量のゲノム情報を活用した生態学的研究がはじまっている．生態ゲノミクスとよばれるこの新しい学問分野は，その遺伝的背景と生態学的な意義の両側から，なぜ，どのように，その形質が進化したかを明らかにすることを目的としている．

　モデル生物であるシロイヌナズナでは，自家和合性，病原抵抗性や，二次代謝産物による植食性昆虫に対する防衛などについて，生態学的な機能に関わる遺伝子の単離と，その遺伝子にはたらく自然淘汰の解析が進められている．また，ゲノム解析が進んでいるポプラ属を材料に，集団の遺伝的多様性や，群集・生態系との相互作用の鍵となる形質に注目した研究を紹介する．微生物群集組成と構造を解明する手法である群集ゲノミクスによって，新しい遺伝子・新しい微生物の発見もつづいている．

　生態学とくに群集生態学で扱われる生態現象を司る遺伝子は，未だブラックボックスである．ゲノム遺伝子の還元的情報をシステム解析と結びつけることで，今後さらに新たな研究を開拓することが期待される．

1 はじめに

　自然界の野生生物は，それをとりまく生物的・非生物的環境に適応し，進化を遂げてきた．これらの生物の歩んだ適応の歴史を紐解くことが，生態学や進化学が取り組んできた命題である．21世紀に入り，ゲノミクス（ゲノム学）の技術進展にともなって，大量のゲノム情報を活用した生態学的研究がはじまっている．ここでは，生物のゲノム DNA の変異を元に，生物の適応進化の過程や生物群集の解明に挑む新しい研究分野を紹介する（van Straalen and Roelofs 2006; 清水 2006; Ouborg and Vriezen 2007）．とくに，生物にとって重要とされる形質に注目し，その遺伝的背景と生態学的な意義の両側から，なぜ，どのようにその形質が進化したかを照らしだすことを目的とする．

　ゲノミクスを基盤とした比較的新しいこの学問は，生態学・進化学・分子生物学・情報生物学にまたがる学際的な分野であり，それぞれの研究者の重点の置き方によりさまざまな呼称が使われている．生態学的命題の解決のためには進化学がますます欠かせなくなってきたという点では，進化生態機能ゲノミクス（Evolutionary and ecological functional genomics）が研究内容をもっともよく表した分野名であろう．しかし，これは書くにも読むにも長すぎるので，ほぼ同じ意味で，進化ゲノミクス（Evolutionary genomics）・生態ゲノミクス（Ecological genomics）・エコゲノミクス（Ecogenomics）がよく使われている．生態ゲノミクスには，ある生物集団の遺伝子変異が生物群集全体に与える影響を考える群集遺伝学（Community genetics），生態系に与える影響を考える生態系遺伝学（Ecosystem genetics），また広義には微生物などの群集全体の DNA をまとめて扱う群集メタゲノミクス（Community metagenomics）が含まれる．このコラムでは，まず生態学研究に利用されるゲノミクスの手法を概説し，つぎにシロイヌナズナ，ポプラ，微生物群集などで進められている研究を具体例として紹介する．

●コラム1　生態ゲノミクス●

2　ゲノミクスと分子遺伝学の手法

本節では，生態学に有用なゲノミクスと分子遺伝学の手法を概説する．とくに生態学的形質の変異を担う遺伝子同定のための手法に力点を置く．この手法は大きく二つに分けられる（日本語での総説：清水 2005, 2006；清水・長谷部 2007）．一つめは，分子遺伝学の定法にのっとり，調査対象の多型を担う遺伝子を単離し，トランスジェニック（形質転換）技術によりその機能を確かめることである．ただし，生態学的表現型は，単独では効果の小さい複数の遺伝子に担われることが多いため，QTL マッピングなどゲノム全体を視野に入れた手法が重要となる．人為交配の難しい生物では，後述の連鎖不平衡マッピングも使われはじめている．二つめは，候補遺伝子アプローチと呼べるものである（Fitzpatrick et al. 2005）．調査種またはその近縁種ですでに発生・生理的な機能をもつことが知られている遺伝子に注目し，調査対象の多型を担っているかどうかを解析する方法である．現実的な研究の戦略としては，10個程度の候補遺伝子を調べて，当たりを探すのが望ましい．ショウジョウバエやシロイヌナズナなどモデル生物やその近縁種で，この手法はとくに有効である．しかしながら，モデル生物においても機能未知の遺伝子は多数あり，未知遺伝子が多型を担っている可能性は少なくない．そのため，上記のようなマッピングやトランスジェニックによって，遺伝子の機能を確認することは不可欠である．

(1) QTL マッピング（量的形質遺伝子座マッピング，Quantitative Trait Locus Mapping）

量的形質を支配する遺伝子座が，どの染色体のどの領域に位置するかを調べるための手法．量的形質では雑種2代目（F_2）集団の形質値は連続的な分布になり，3：1のメンデル遺伝様式に基づくマッピングはできない．そこでまず，全ゲノム領域をカバーする多数の DNA マーカー（多型マーカー）情報を使って連鎖地図をつくる必要がある．マーカーとしては，マイクロサテライトや AFLP（Amplified Fragment Length Polymorphism，制限酵素による DNA

切断とPCRを組み合わせた手法で，ゲノム情報のない生物からも多くの遺伝的多型を検出できる）などが便利である．つぎに，各個体の形質値とDNAマーカー情報をもとに，量的形質遺伝子座が染色体のどこに位置するかを決定し，関わっている遺伝子の数，その効果の大きさと方向性や遺伝子間相互作用などを推定する．地図作成のためには，なるべく形質に変異の大きい家系を組み合わせるのが望ましく，解析個体数が多い方が詳細な結果が得られる（60～500個体）．また，F_2まで作成する必要があるため，世代時間が長い生物ほど要する時間と労力は大きくなる．解析にはQTL cartographer, rqtl (www.rqtl.org)などの無料プログラムが利用できる（種生物学会 2001; Broman et al. 2003; Li et al. 2006）．QTLマッピングの精度は，染色体領域を絞る程度なので，遺伝子を同定したい場合には，さらに以下に述べるような手法を用いる必要がある．

(2) ポジショナルクローニング

染色体歩行法，クロモソームウォーキング，マップベーストクローニングともいう．表現型変異を担う原因遺伝子を単離するための代表的な手法．まず，ある変異をもつ系統ともたない系統を交配して，F_2集団を作成する．つぎに，DNAマーカーを作成して組み換え率を測定し，染色体の両側から遺伝子座の位置を狭めていき，特定の遺伝子を同定する．最終的な原因遺伝子の同定には，トランスジェニック技術による証明が必要な場合が多い．

(3) 連鎖不平衡マッピング

LDマッピング，アソシエーションマッピングともいう．集団中の個体は，直接の親類でなくても過去をたどれば共通祖先をもち，その歴史で組換えが起きている．これを利用したマッピング法であり，ヒトなど実験集団の作成が困難な生物で使われる．その原理は，多数系統のDNAマーカーと表現型の相関関係を調べ，相関の高いマーカーの周辺に原因遺伝子があるはずだという，ごく単純な考えに基づいている．ただし，集団構造などのために擬陽性が多く出るため，統計的な手法の開発が進められている．

●コラム１　生態ゲノミクス●

(4) トランスジェニック技術 (形質転換技術)

外来の遺伝子を生物のゲノムに人工的に導入する技術．シロイヌナズナなど多くの被子植物では，アグロバクテリウム *Agrobacterium tumefaciens* を利用することで遺伝子導入ができる．ただし，ゲノムのどこにいくつの遺伝子コピーが入るかをコントロールすることは難しく，トランスジェニック植物を複数作成すると，遺伝子発現量の違いのために表現型が一定しないことが多い．とくに量的形質を測定したい場合には問題となるため，cre-lox と呼ばれる遺伝子組み換え系を利用した工夫が行われることが多い．

(5) マイクロアレイ (DNA チップ) 解析

ゲノム中の数千～数万の遺伝子の発現量を網羅的に解析する手法で，生態学への利用が増加しつつある (Kammenga et al. 2007)．マイクロアレイとは，基盤上に，各遺伝子と相補的な配列の DNA をそれぞれごく微量ずつスポット状に貼りつけたものである．比較したいサンプルそれぞれから全 mRNA (cDNA) を単離・蛍光標識して，マイクロアレイへ結合 (ハイブリダイズ) させる．マイクロアレイのそれぞれのスポットにどれだけ結合するかによって，それぞれの遺伝子の発現量の違いを推定する．比較によく使われるサンプルとしては，異なった環境にさらされた個体，異なった組織，異なった系統などさまざまである．注目している生態条件によって発現が変化する遺伝子が見つかれば，適応遺伝子の候補となるが，このコラムで述べる他の手法と組み合わせて，適応への関与を示すことが欠かせない．主なモデル生物のゲノム情報に基づいたさまざまなタイプのマイクロアレイが市販されており，その生物だけでなく近縁種にもある程度まで適用可能である．

(6) 次世代の塩基配列決定装置 (次世代シークエンサー)

これまでの塩基配列決定法はサンガー法とよばれ，目的としている DNA 領域を絞って，長さ数百～千塩基対 (bp) ほどが決定可能である．2008 年現在，ゲノミクスの重要な技術革新として，次世代塩基配列決定装置の実用化が進んでいる．全ゲノムに匹敵する量の配列を１回の解析で決定して，配列

の個体差(医学でいえば個人差)を解明できる．454装置(Roche社)を用いると4000万塩基(各断片の長さは400 bp程度)，SOLiD(ABI社)またはGenome Analyzer(Illumina社)を用いると1億塩基(各断片の長さ20から35 bp程度)が1ランで決定できる(Bentley 2006; Rothberg and Leamon 2008)．これらの手法をDeep sequencingともいう．ただし，各断片の配列長が短いことなど改善すべき問題があるため，解析手法の開発が進められている．DNA配列だけでなく，mRNAの量的な解析にも応用できるため，マイクロアレイよりも精度の高い網羅的遺伝子発現解析も可能である．たとえば，セイヨウミツバチの全ゲノム配列を活用することで，ゲノム解析の進んでいないアシナガバチの網羅的遺伝子発現解析が行われた(Toth et al. 2007)．次世代塩基配列決定装置はコストの低下に従って生態学への応用が進むと思われ，多数個体のゲノム全体の変異の決定や，非モデル生物の解析，また後述の群集メタゲノミクスなど，工夫次第で利用の幅は広がるであろう．

3 ゲノミクスを用いた自然淘汰の解析
—— シロイヌナズナの適応を例に

　基本的な手順は，次の通りである．まず，前述したような分子遺伝学とゲノミクスの手法を用いて，生態学・進化学的に注目している形質の種内・種間変異を担う遺伝子を単離する．そして，多数個体の配列上の変異を比較解析することにより自然淘汰を検出し，適応的な意義を明らかにする(Shimizu and Purugganan 2005; Mitchell-Olds and Schmitt 2006; 清水・長谷部 2007)．従来，分子生態学で遺伝子が用いられる際には，親子判定や系統推定のマーカーとしての利用が主であった．しかし，ここで対象になるのはいわゆる機能遺伝子であり，遺伝子機能そのものに着目した解析である．

(1) 集団のDNA変異を用いた自然淘汰の検出法

　自然淘汰の検出には，集団遺伝学・生態学を用いるものなどさまざまな手法がある(Futuyma 2005)．種内集団のDNA変異を用いて自然淘汰を解析する手法が，分子集団遺伝学，さらにゲノム規模に拡大した進化ゲノミク

●コラム 1　生態ゲノミクス●

スにより開発されてきた．こうした解析では，集団内のDNA変異量を減少させる自然淘汰と増加させる自然淘汰に大きく分けて考えられる（Futuyma 2005）．正の淘汰（positive selection，または方向性淘汰（directional selection），ダーウィン型淘汰（Darwinian selection））は，有利な突然変異をもった配列の頻度を上げ，他の変異を消し去ることによって，集団の変異量を減少させる．逆に，遺伝的多型を集団中に維持させる（増加させる）自然淘汰のことを平衡淘汰（balancing selection）といい，頻度依存型淘汰，多様化淘汰や超優性などが含まれる．

　正の淘汰と平衡淘汰の区別は，どのような空間的・時間的スケールで抽出したサンプルを解析するかに大きく影響されるため，集団の構造や時間的変化にも注意を払う必要がある．たとえば，複数の分集団でそれぞれ別の正の淘汰がはたらいた場合には，集団全体では平衡淘汰として検出されうる．言い換えれば，ここで検出される自然淘汰は，生態学で使われてきた安定化淘汰・方向性淘汰・分断化淘汰・頻度依存淘汰などと直接対応するわけではない．この点で後述の例のように，生態学的な解析と組み合わせることでとくに威力を発揮する．また，集団のDNA変異を用いた手法では現在だけでなく過去の自然淘汰も検出できるため，数世代スケールでの生態学的研究と必ずしも同じ自然淘汰が検出されるとは限らないことにも注意が必要である．

　分子集団遺伝学の初期には，個々の遺伝子の解析結果を中立の場合の期待値と比べることで自然淘汰を検出しようと試みられたが，しだいに限界が明らかになった．なぜなら，自然淘汰以外にも，集団の歴史（集団の拡大・縮小や集団構造など）によってDNA変異量が中立での値から大きくずれる可能性があるためである．進化ゲノミクスの重要なポイントは，自然淘汰は特定の遺伝子だけに影響する一方，集団プロセスはゲノム中の全遺伝子に影響するということである（Caicedo and Purugganan 2005）．つまり，調査対象遺伝子の変異量をゲノム全体の分布と比べることによって自然淘汰を検出する．とくに，コアレセント理論と呼ばれるDNAの系譜を解析する数学的手法の発展にともない，さまざまな自然淘汰の検出法が開発されている．ここではとくに代表的な指標について紹介する．解析プログラムについては，DnaSP（Rozas et al. 2003）などがExcoffier and Heckel（2006）によって簡潔にまとめられている．

(a) 塩基多様度 π

集団の DNA 配列の変異量を表す基本的な値．すべての個体の組み合わせで配列の異なる割合を計算し，それを平均した値である．正の自然淘汰や集団拡大によって減少し，逆に平衡選択や集団の分断化によって増加する．

(b) Tajima's D

選択のテストのための代表的な手法．まず，集団の突然変異量の指標である θ を，多型座位の数を全塩基数で割ってサンプル数で補正した値である．中立モデルでは $\theta = \pi$ となるが，自然淘汰や集団の歴史によりとくに π の値が影響を受ける．Tajima's D はこの二つの値の差を示す指標である．正の選択や集団のビン首効果（個体数縮小とそれにつぐ増加）によって負の値，平衡選択や集団の分断化によって正の値になる．

(2) シロイヌナズナを用いた統合的研究例

シロイヌナズナはアブラナ科の一年草である．自生地はユーラシアから北アフリカであり，日本やアメリカにも帰化している．分子遺伝学のモデル生物として，1980 年代ころから多くの研究者によって遺伝学・ゲノミクスの研究がされてきた．近年，蓄積した情報を活用した生態学的・進化学的な観点からの研究も進められている (Shimizu and Purugganan 2005)．開花誘導など環境に対する応答については他の文献を参考にされたい（清水 2006）．ここでは解析の進んでいる自殖の進化の研究，病原菌抵抗性のコストに関する研究，種間相互作用に関する研究を取り上げる．

(a) 他殖から自殖へ ―― DNA が解明する平行進化と正の淘汰

自家不和合性を失うことによる他殖から自殖への進化は，被子植物で頻繁に見られる進化傾向の一つである (Stebbins 1950)．とくにシロイヌナズナなど多くの植物では，種内の交配相手が変わるだけでなく，花弁サイズや蜜の減少など，送粉者との種間相互作用に関わる形質もともなって変化したことが知られている．

近交弱勢があるにもかかわらずなぜ自殖がたびたび進化するのか，という

●コラム1　生態ゲノミクス●

　生態学的な疑問に，はじめて体系的に取り組んだのはチャールズ・ダーウィンである．彼は57種の植物を用いた膨大な自殖実験により，近交弱勢をわずか数世代で除去しうることを示した．これに基づき，交配相手や送粉者の乏しい環境では自殖が有利になるため進化するという繁殖保証モデルを提唱した（Darwin 1876）．

　植物で自殖を防ぐおもな機構は，自己認識機構である自家不和合性である．つまり，自殖の進化のもっとも重要なステップは，自家和合性の獲得（自家不和合性の喪失）だと考えられる．アブラナ科植物の自家不和合性は分子レベルで研究が進んでおり，雌遺伝子 *SRK* と雄遺伝子 *SCR/SP11* が担っている．自家和合性のアブラナ科植物シロイヌナズナでは，ヨーロッパ由来の実験室標準系統である Col-0 のゲノム解析により，両遺伝子が壊れて偽遺伝子化していることが明らかにされた（Kusaba et al. 2001）．さらに，トランスジェニック法により自家不和合性の近縁種セイヨウミヤマハタザオの *SRK* と *SCR* をシロイヌナズナに導入したところ，シロイヌナズナが少なくとも部分的に自家不和合性に変化した（Nasrallah et al. 2002）．このことは，*SRK* または *SCR* の遺伝子が何らかの変異により偽遺伝子化したためにシロイヌナズナが自家和合性に進化した，という因果関係を示す証拠となった．ヨーロッパの33系統を用いた *SRK* および *SCR* 偽遺伝子周辺の塩基配列の進化ゲノミクス的解析では，*SCR* 偽遺伝子に塩基多様度 π の極小ピークが見られた（Shimizu et al. 2008）．このことは，*SCR* 偽遺伝子，つまり自家和合性に対して正の自然淘汰が働いたことを示す．さらに，自家不和合性遺伝子の機能が失われたのは42万年前よりも新しいことが示唆された（Bechsgaard et al. 2006）．この時期は，氷期・間氷期サイクルに相当する．シロイヌナズナの分布域は氷期の終わりに急速に変化したと考えられている．こうした分布域の急速な変化は，交配相手や送粉者の不足を起こす．この年代推定は，自家不和合性への正の自然淘汰と考え合わせると，ダーウィンの繁殖保証モデルが分子レベルから支持するといえる．ただし，完全に自家和合性になる以前から，別の遺伝子の変異による部分的自殖をしていた可能性も指摘されている（Tang et al. 2007）．

　シロイヌナズナ種内でゲノム全体にわたる多型の解析が進むにつれ，アフ

リカとアジアなど分布の周縁部の系統がヨーロッパ集団とは大きく異なるという集団構造が明らかになってきた (Nordborg et al. 2005). アフリカ系統の再解析によって, 機能型の *SCR* 遺伝子が発見され (Tang et al. 2007; Shimizu et al. 2008), *SCR* 偽遺伝子が広まった範囲は種全体ではなくヨーロッパ集団であり, 一方アフリカの集団では別の変異によって自家和合性が平行に進化したことが示唆された.

先述したように, 自家和合性は多数の種で平行進化したことが知られているが, DNA解析によって, 種内でも複数回起源であることがわかった. シロイヌナズナの自家和合性は種特異的に固定した形質であり, 表現型だけを見る限り一回起源としか考えられない. このように, これまでの解析手法では想定できなかった事実を解明することが, ゲノミクス・分子遺伝学を生態学に適用する意義の一つである.

(b) 病原菌抵抗性 —— 軍拡競走でなく平衡選択

シロイヌナズナの標準系統である Col-0 系統は病原性細菌 *Pseudomonas syringae avrRpm1* 系統に対して抵抗性があり, 感染は全身に広がらない. 一方, Nd-0 系統は感受性である. QTL マッピングをするまでもなく, 抵抗性の大部分が *RPM1* (resistance to *Pseudomonas syringae* pv. *maculicola 1*) と名づけられた一つの遺伝子に起因することがポジショナルクローニングにより明らかにされた. Col-0 の対立遺伝子は病原菌を認識すると思われるタンパク質をコードしており, Nd-0 では遺伝子周辺が大きく欠失していた (Grant et al. 1995). Stahl et al. (1999) は, シロイヌナズナの 26 系統で *RMP1* 遺伝子周辺の塩基配列を決定し, 進化ゲノミクス的な解析を行った. その結果, 抵抗性と感受性の対立遺伝子の間には多数の変異があり, 平衡選択によって両者が長期間維持されてきたことが示唆された. このことは, Tajima's *D* が有意に正の値をとることでも支持された. この結果に基づき, Stahl et al. (1999) は, これまで病原抵抗性の進化で一般に受け入れられていた軍拡競走モデル (Dawkins and Krebs 1979) とは矛盾すると述べた. なぜなら, 軍拡競走モデルでは, 新しい対立遺伝子がつぎつぎに固定して塩基多様度が下がり, Tajima's *D* が負になるからである. そこで Stahl らは, 抵抗性と感受性の対立遺伝子が増減

し共存しつづけるという動的平衡を提唱し，塹壕モデル（trench warfare model）と名づけた．これは，軍拡競走の定義を広くとれば，軍拡競走の一つのあり方とも解釈できる（Sasaki and Godfray 1999; Sasaki 2000; 青木・横山 2007）．しかし，なぜ一見して不利な病原感受性の対立遺伝子が長期間にわたって存在し続けたのだろう．Tian et al.（2003）は，トランスジェニック技術により *RPM1* の機能遺伝子をもつ系統と持たない系統を作成し，適応度を比較した．病原抵抗性の *RPM1* 遺伝子を持つ系統では種子が9％も減少し，このコストが抵抗性と感受性の対立遺伝子の共存をもたらすことが強く示唆された（荒木 2007）．

(c) 昆虫群集に対する防衛 ── シロイヌナズナ近縁種を用いた野生集団解析へ

植食性昆虫に対する防衛のため，シロイヌナズナを含むアブラナ科は，カラシ油配糖体とよばれる二次代謝産物を合成する．Kliebenstein et al.（2002）は，シロイヌナズナを用いてジェネラリスト昆虫（*Trichoplusia ni*），スペシャリスト昆虫（*Plutella xylostella*）それぞれの食害に関わるQTLマッピングを行った．その結果，ジェネラリスト昆虫の食害度に関しては，カラシ油配糖体を調節する遺伝子座が単離されたが，スペシャリスト昆虫による食害度と相関する遺伝子には，カラシ油配糖体の調節に関わる遺伝子は含まれていなかった．つまり，量的な化学的防衛物質であるカラシ油配糖体はジェネラリストには効果的だが，スペシャリストには効かないことが確認された．また，ポジショナルクローニングによって単離されたカラシ油配糖体量を決定するQTLの一つは，*MAM*（methylthioalkylmalate synthase）遺伝子ファミリーと呼ばれるカラシ油配糖体の合成に関わる酵素をコードする遺伝子群であった．重複遺伝子であるために解析は複雑だったが，新しい重複遺伝子が正の自然淘汰によって新しい機能を獲得し，その後に平衡選択が働いた可能性が示唆された（Kroymann et al. 2003; Benderoth et al. 2006）．

葉や茎の表面の毛であるトリコームは，鱗翅目幼虫による食害を防ぐ物理的防衛の役割をもつことが知られ，その多型には *GLABROUS1* 遺伝子が寄与することが示唆されている（Shimizu 2002; Kivimaki et al. 2007）．その一方

で，トリコームを作るコストにより種子の数は減少する（Mauricio and Rausher 1997）．また，シロイヌナズナでも，昆虫の食害を受けると化学物質を放出して天敵をよぶという間接防衛が報告されている（Shiojiri et al. 2006）．

これらの多様な防衛形質は，野外条件で昆虫群集に対してどう機能しているのであろうか？ それぞれの相対的な重要性や適応的意義は何だろうか？ シロイヌナズナやその近縁種（ミヤマハタザオ，ハクサンハタザオ，セイヨウミヤマハタザオ）では，野生集団を用いて，昆虫群集との相互作用についての生態学的研究がはじめられている（Shimizu 2002; Karkkainen et al. 2004; Clauss et al. 2006; Kivimaki et al. 2007; 川越・清水・工藤 未発表）．防御物質の生成のメカニズム，QTL，候補遺伝子などがすでに解明されているシロイヌナズナでは，昆虫種によってカラシ油配糖体やトライコームが異なった影響を与えているかを遺伝子レベルで解析することができる．個々の遺伝子の寄与の解明がこれからの課題である．

4 群集遺伝学
―― ポプラを例に

群集生態学のテーマである群集構造や生物間の相互作用の問題に，分子遺伝学・ゲノミクスの手法を用いて取り組んでいる研究を紹介しよう．ここでは，これまで群集生態学ではあまり取り上げられなかった生物個体・集団の遺伝的多様性が，相互作用をもつ生物群集，生態系にどのような影響を与えるのか，また逆に，群集・生態系からのフィードバックとして遺伝子に選択がかかるのか，などを明らかにすることを目的としている．群集遺伝学・生態系遺伝学ともよばれる比較的新しいこの分野を，ヤナギ科ポプラ属で行われている研究を中心に紹介する．

木本植物は世代時間が長く，交配家系を作ることも困難であるため，ゲノム解析には大きな労力がかかる．その中で，比較的成長が速い，人工交配がしやすい，種間で形質に大きな変異がある，近縁種で雑種を容易に形成する，などの利点をもつポプラ（*Populus trichocarpa*）では，10年以上前からゲノム解析が進められてきている（Tuskan et al. 2006）．一方，ポプラは河畔林で

●コラム1　生態ゲノミクス●

群落をつくる優占種であり，多くの生物と相互作用ももつという生態学的な重要性から，その生態や群集構造については古くから研究が進められてきた．まさに，ゲノミクスと群集生態学を結ぶ絶好の材料である．

(1) 集団内の遺伝的多様性が群集に与える影響

集団の遺伝的多様性は，相互作用をもつ生物群集の構造・構成に影響を与えるのだろうか？ ポプラ2種（*P. angustifolia, P. fremontii*）とその雑種集団を用いた研究では，ポプラの遺伝的多様性とその植食者や捕食者を含む節足動物群集の多様性の関係が調べられた．ポプラ集団の遺伝子多様性をAFLP法によって調べた結果，多様性の高い集団ほど節足動物群集の種多様性が高くなることが明らかになった（Wimp et al. 2004）．また，遺伝的に似た個体は，より類似した節足動物群集をもつことも野外での実験で示された（Bangert et al. 2006）．

セイタカアワダチソウ（*Solidago altissima*）でも，種内の遺伝的多様性が群集・生態系に与える影響を明らかにした研究が行われている．Crutsinger et al.（2006）は，AFLP法で識別したセイタカアワダチソウのクローン12系統を用いて，遺伝的多様性が異なる群集を実験的に作り，植物上の植食者，捕食者群集の種の多様性を調べた．するとポプラと同様に，セイタカアワダチソウの遺伝的多様性と節足動物群集の多様性には正の相関がみられた．植物集団の遺伝的多様性と，植物体の地上部一次生産の関係を調べた結果でも，多様性が上がるほど生産性も増加することが明らかになった．

これらの研究は，ホスト集団内に保持される遺伝的多様性が，その生物と相互作用をもつ生物群集やその種を取り巻く生態系に，今まで考えられてきたよりもずっと大きな影響を与えていることを実証した．このことは，群集構造や生態系を決定する要因として，群集内の種多様性だけではなく，個々の種の遺伝的多様性も考慮する必要があることを示唆している．

(2) 生物・生態系と相互作用をもつ遺伝子の特定

ポプラ近縁種間では，葉のタンニン濃度に大きな変異が見られ，雑種集団は中間的なタンニン濃度をもつことが知られている（図1b）．葉のタンニン

量は，植食者群集の構成や構造を変化させ，ひいては植食者の捕食者群集にも影響を与える（図1d）．また，ポプラはビーバーのダム作りにも利用される．ビーバーはタンニンが少ない枝を選択して採集するため，ビーバーの嗜好性がポプラ属の群集構造そのものの直接的な淘汰圧となっている（図1c；Bailey et al. 2004）．その一方で，葉のタンニン濃度は落葉の分解速度，窒素無機化速度にも影響するため，生態系サイクルにも間接的に作用することになる（図1e, f；Schweitzer et al. 2005b）．この場合，タンニン濃度はポプラ自身の集団の構造だけなく，種を取り巻く生物群集・生態系にまで影響を及ぼす形質である．こういった形質を司る遺伝子が環境にもたらすすべての効果を"延長された表現型"（Dawkins 1982）ともよぶ．タンニン濃度に関わる量的形質遺伝子座を，雑種戻し交配集団を用いたQTLマッピングで解析したところ，一遺伝子座が同定された（図1a；Whitham et al. 2003）．遺伝子の単離にはまだいたっていないが，こうした生物間の相互作用や生態系に影響を与える遺伝子を同定できれば，将来的にはシロイヌナズナでの例のように自然淘汰を検出することも可能となる．

　この例で示されるように，DNAの変異はタンニン濃度という細胞・個体レベルでの代謝だけでなく，集団・群集・生態系レベルに影響を与えうる（図1）．また逆に，集団・群集・生態系からのフィードバックとして遺伝子に淘汰もかかりうるのだ．タンニン量の多型の維持に自然淘汰が関わっているのかといった問題を考える際にも，複数のレベルでの検討が必要である．

　また，ポプラ（*P. trichocarpa*）では，サビ病（*Melampsora* spp.）に対する抵抗性のQTLマッピングも行われている（Yin et al. 2004）．この種では，トランスジェニック技術が確立されており，遺伝子の発現を抑えることによって，直接的に遺伝子の機能が確認することができる（Whitham et al. 2006）．現在では，サビ病菌の塩基配列解析も進められており，寄生者側の相互作用に関わる遺伝子も特定できる可能性がある（Whitham et al. 2006）．これらの理解が進めば，将来的にはホストと寄生者の共進化のプロセスも明らかになることが期待される．

　これまでモデル生物のみに使われていた技術も，応用可能な生物種の幅が徐々に広がりつつある．手法をうまく取りいれるによって，群集において鍵

●コラム1 生態ゲノミクス●

ゲノムDNA
(a)タンニン濃度のQTLマッピング
染色体上の位置
LOD score

個体
(b)葉のタンニン量の変異
P. fremontii F1 BC *P. angustifolia*
タンニン濃度(mg/g leaf)

集団
(c)ビーバーの嗜好性
採集率(%)
樹皮のタンニン濃度(%)

群集
(d)節足動物群集の多様性
節足動物群集の多様性
タンニン濃度(%)

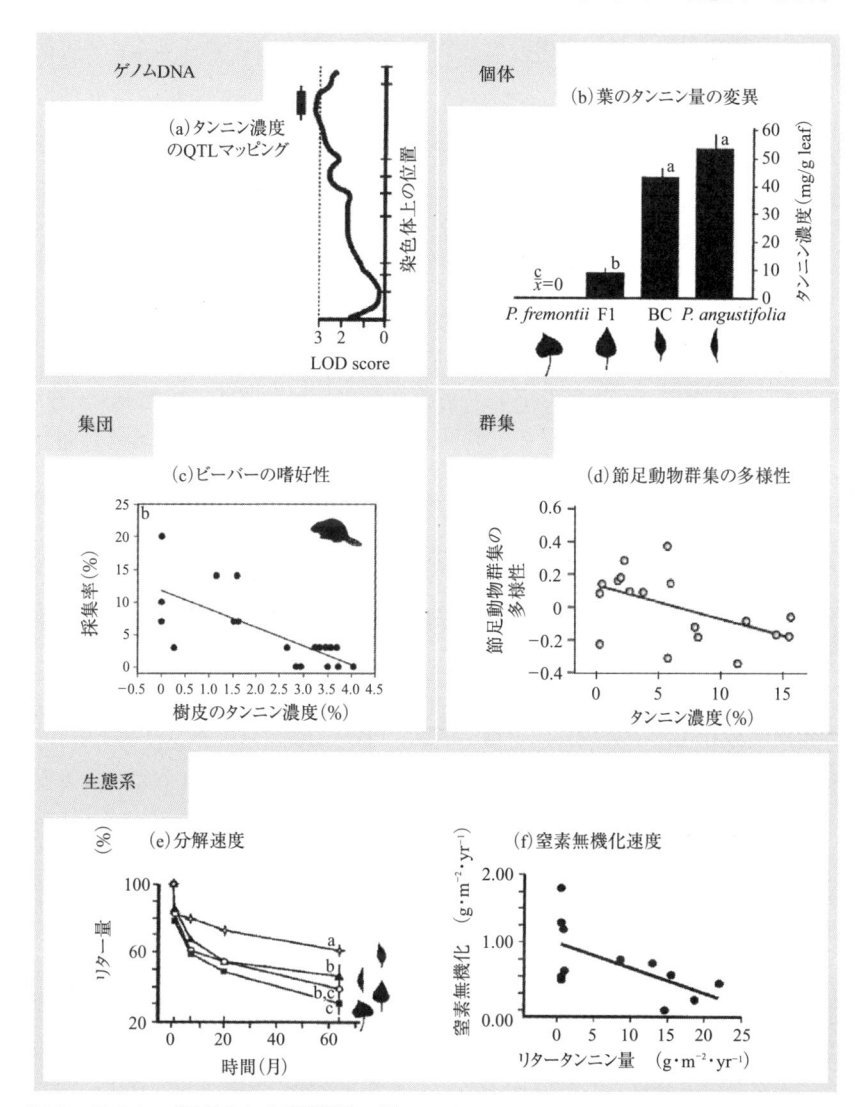

生態系
(e)分解速度
リター量(%)
時間(月)

(f)窒素無機化速度
窒素無機化 $(g \cdot m^{-2} \cdot yr^{-1})$
リタータンニン量 $(g \cdot m^{-2} \cdot yr^{-1})$

図1 ポプラの"延長された表現型"の例.
ゲノムDNAの変異は,RNAから生態系まですべてのレベルに影響し,さらにフィードバックとしてDNAに変異をもたらす.(a) QTLマッピングによる,タンニン濃度と相関のある遺伝子の位置の特定 (b) 四つの交雑タイプ(ポプラ2種:*P. angustifolia, P. fremontii*,雑種(F_1),戻し交配(BC))のタンニン濃度の変異,(c) 枝のタンニン濃度とビーバーの枝採取率,(d) ポプラのタンニン濃度と節足動物群集の構成の多様度,(e) 交雑タイプと分解速度,(f) タンニン量と窒素無機化速度.(a),(b),(e),(f) Whitham et al. (2003),(c) Bailey et al. (2004),(d) Whitham et al. (2006)より.

となる形質を司る遺伝子を探索し，その役割を直接的に評価することも可能となる．

5 群集ゲノミクス
—— 群集構造と機能の把握

　肉眼で見えない微生物群集は，培養や分類が困難であることから，群集の構成そのものさえも明らかにすることが困難であった．しかし近年，群集組成と構造を解明する手法として，ゲノム解析を用いた研究が発展している．群集ゲノミクスとよばれるこの分野は，生物群集全体のダイナミクスを明らかにすることを目的としている．まず，土壌や水のサンプルから，そこに住む微生物群集の DNA をそのまま抽出する．次に，目的に応じてターゲットとする遺伝子座部位を選定する．すべての生物に共通する遺伝子座（たとえば，rDNA の 16S/18S）を解析し，得られた塩基配列を用いてデータベース（BLAST など）で相同性検索を行えば，群集内の分類群を推定することができる．その際に使用する PCR プライマーの設計を工夫すれば，あらかじめ分類群を絞り込んでの解析も可能である．また，ショットガン法のように，群集サンプルのゲノム全体の塩基配列をランダムに決定する場合を，メタゲノム解析とよぶ．この解析では，群集を構成する分類群だけでなく，その機能も明らかにすることができる．

　Tringe et al. (2005) は，群集メタゲノミクスの手法をもちいて，土壌中・海洋中の微生物群集の比較を行った．その結果，それぞれの群集は生化学的にも系統発生的にも異なっていることが明らかになった．たとえば，植物体を分解する酵素は土壌中のみに存在する一方，高度好塩菌がもつタンパク質は海洋中でのみ発見されている．また，イオン成分や無機成分の輸送に関わる遺伝子群もそれぞれで大きく異なっており，土壌ではカリウムイオン，海水ではナトリウムイオン輸送に関わる遺伝子群が高濃度で存在していた．この研究は，環境による微生物群集の組成の違いを示しただけでなく，それぞれの群集が環境に適応して進化したことを明らかにした．

　現在，この手法を用いた研究はとくに微生物学を中心に発展しており，た

●コラム1　生態ゲノミクス●

とえばポプラでも，共生関係を結ぶ菌根菌や病原菌などが解析されはじめている（Martin et al. 2004）．しかしながら，効率よい分類同定のためには，多くの生物のDNAの塩基配列をデータベース化し，蓄積する必要がある．そのための基盤作りも進められている（たとえば，Ribosomal Database Projectなど http://rdp.cme.msu.edu/）．また今後は，次世代塩基配列決定装置を用いた解析が増えるだろう．膨大な配列が解析できることに加えて，配列決定までのステップが短くバイアスが少ないことも利点である．最近では，この装置を用いてセイヨウミツバチ体内の微生物群集を解析した結果，コロニー崩壊症候群の病原ウイルスの有力候補が同定された研究例もある（Cox-Foster et al. 2007）．

　一度に多くの分類群を扱うことができるという群集ゲノミクスの利点を活用し，系統・機能を反映したマーカーをうまく組み合わせるなどの工夫をすれば，微生物群集の機能を定量的に評価し，形質進化の過程も明らかにすることもできる（von Mering et al. 2007）．さらに，それぞれの環境に生息する微生物がもつ特定の機能を担う遺伝子がわかれば，その遺伝子マーカー（Environmental gene tags）を指標として，環境診断にも応用できる可能性もある（Tringe and Rubin 2005）．

6　展望
—— ゲノミクスのインパクト

「ゲノミクスを用いることで生態学のどのような問いに答えることができるのだろうか？」
「生物の進化や適応を知るために，なぜゲノミクスを用いる必要があるのか？」
というのは，多くの生態学者がもつ疑問であろう（たとえば，森長2007による特集記事）．言い換えれば，
「生態学で重要とされる表現型の遺伝的背景はブラックボックスとして扱って問題なかったのに，なぜ開けるのか？」
という疑問である（清水 2005, 2006; 酒井 2007; 矢原 2007）．ここでは，ゲノミ

クスが生態学に貢献しうる点を以下に三つ挙げる．

　まず，ゲノミクスの新しい知見は，現実に即した数理生態モデルの構築に貢献することができる．これまで生態学的研究では，適応などの表現型の遺伝的基盤を還元主義的に調べることなく，おもに個体以上のレベルの観察と数理モデル・シミュレーションによって成功を収めてきた．たとえば，20世紀半ばにつくられた進化の総合説では，表現型の遺伝的基盤がほとんどわかっておらず，表現型進化はそれぞれの効果は小さい多数の遺伝子によって起こる，などの単純な仮定をおいて数理モデルがつくられてきた．しかしながら近年のQTLマッピングの結果から，大きい効果をもったQTLは珍しくないことが明らかになっており，これまでのモデルは軌道修正をしなければならない．還元的情報が得られてはじめて現実的なモデルがつくられるのである．

　つぎに，形質を司る遺伝子を同定して自然淘汰の検出を試みる，という手法を提供することも挙げられる．形質が適応的であった時代は現在であるとは限らない．この手法では，現在のみならず過去の適応進化も明らかにすることができる．こうした意義は，矢原 (2007) が詳述しているほか，Shimizu (2002)，清水 (2006) でも論じたので参照していただきたい．

　筆者らはまた，ゲノミクスの膨大な情報から新しい生態や進化の疑問を発掘できることがもう一つの意義だと考えている．生態学とは，生物と環境の相互作用に関する学問である，と広く定義してよいだろう．すべての生物の歴史は遺伝子情報に組み込まれている．この中から，これまで想像もできなかった新しい疑問を提示し，解決し，さらなる課題に向かっていくことが面白いのではないだろうか．未知の遺伝子どころか未知の微生物も大量に解析できるのである．たとえば，Freeman and Herron (2007) は"New data, new questions"と題する文章でケイソウの研究を取り上げている．この生物のゲノム解読により，光合成生物としてはじめて，尿素代謝系の遺伝子が発見された．尿素は動物では老廃物の排泄を担っているが，ケイソウではエネルギー源や浸透圧調節に用いられているという仮説が立てられた (Armbrust et al. 2004)．

　ここで，発生生物学 (Developmental biology) の歴史を紐といてみたい．現在

の発生生物学は，分子遺伝学の最たる成功例であり，受精後の細胞分化や形態形成を解明しつづけている．しかし，20世紀はじめに，発生学（embryology）とよばれて胚の実験操作をしていた時代には，遺伝学とのあいだに深い溝が存在した．発生生物学の代表的教科書（Gilbert 2006）によれば，1930年代には遺伝学と発生学とは，手法・用語・雑誌・学会・モデル生物・教授職・証拠の用い方などを異にするようになった．現在から見れば想像しがたい状況かもしれないが，現在の生態学と分子生物学・ゲノミクスの関係にも類似点があるだろう．当時知られていた発生に関わる遺伝子は，毛の色など発生現象の中での枝葉末節と見なされうるものばかりであった．発生学者たちは，遺伝学者が次の二つの疑問に答えない限り，遺伝学は発生学には無関係だと主張していた．①同じ遺伝子セットをもちながら違う細胞が作られうる細胞分化のメカニズム，②初期発生に遺伝子が関わるという証拠．これらは当時の手法では答えようもない疑問であった．

　発生研究が劇的に進んだのは，1990年代初頭の分子遺伝学の技術の確立によるところが大きい（Gilbert 2006）．発生の突然変異体から原因遺伝子を単離することで，先の疑問への答えがつぎつぎに得られた．さらに重要なのが，当時想定もできなかった多くの疑問が現れ，解明されていったことである（法則といってもよい）．細胞分化には遺伝子発現調節が重要であること，全動物がホメオボックス遺伝子群という共通のボディプランをもっていること，同じシグナル伝達系が発生を通じて繰り返し使われることなど，枚挙にいとまがない．分野名も発生学（embryology）から発生生物学（developmental biology）へと変わり，研究内容も大きく発展した．新しく分野を構築することの重要性は，未解決問題の解決に脚光が当たりがちな数学分野でも論じられている（深谷 1996）．

　生態学，とくに群集生態学では，数理モデルに基づいた生態現象の定量的解析が行われてきた．しかしながら，それらの生態現象を司る遺伝子は未開拓であり，ゲノミクスは最後のフロンティアといって過言ではないだろう．生態学のブラックボックス，つまりゲノム遺伝子の還元的情報をシステム解析と結びつけることによって，このコラムの読者の皆さん，とくに若い方々が，新たな研究を開拓することを期待している．

コラム2

群集生態モデルと進化動態
資源分割理論を例に

佐々木 顕

Key Word

資源競争　ニッチ分割　種詰め込み　形質置換
Adaptive Dynamics

　生物の多様性は，さまざまな資源を有効に利用するように生物が特殊化してきた結果とみることができる．群集生態学では，捕食者や寄生者によって，群集の種多様性や種構成が制御されるとするトップダウン・コントロールの考え方とともに，資源をめぐる競争が，共存する種数や種の構成を決めるというボトムアップコントロールの考え方も重視されてきた．共通の資源を利用する種はどんなときに共存できるのか．あるニッチ空間のなかに，いったい何種が共存できるのか．群集を構成している種は，どのように資源を分割しているのかという問いは，Elton や Hutchinson，MacArthur の時代から群集生態学者を魅了してきた（その研究の成果の例が，種の詰め込み理論や限界ニッチ重複の理論である）．ここでは，資源をめぐる競争のなかで，種の形質の進化に焦点をあてて，Adaptive Dynamics の理論を適用することによって，形質の分岐（同所的かつ適応的な種分化），形質置換による群集の形成をどう理解するかについて，その手法と重要な成果を紹介する．

1 はじめに

　群集生態学は相互作用する多種の個体群動態を研究する分野であり，進化とは直接関わりがないようにみえる．しかし，たとえ安定な平衡に達しているように見える群集でも，それが成立するまでの経過を見るとき，さまざまな種の侵入と置換の過程，さらにそれぞれの種の形質の進化を無視することはできない．ましてや，現在種の構成やその数が大きく変動しているような群集を考えるときには，形質の進化と種の侵入・置換を考慮することが重要になる．

　たとえば，ビクトリア湖におけるシクリッドの急速な適応放散は，干上がった湖に侵入した祖先種の形質がつぎつぎと多様化し，広大なニッチを埋めていった過程にほかならない (Johnson et al. 1996)．ガラパゴス諸島にたどりついたフィンチが，その嘴サイズを分化させて (Grant and Grant 2002) 異なる種子を利用するように種分化したプロセスも同様に進化によるダイナミックな群集形成の例であろう (図1)．コロラド州のさまざまな長さの花冠をもつ植物に訪花するマルハナバチ属のそれぞれの種は，その口吻の長さをずらすことによって資源を分けあい，共存しているし (Pyke 1982)，コスタリカの熱

図1 4種のダーウィンフィンチ．
1：オオガラパゴスフィンチ *Geospiza magnirostris*，2：ガラパゴスフィンチ *Geospiza fortis*，3：コダーウィンフィンチ *Geospiza parvula*，4：ムシクイフィンチ *Certhidea olivacea*．『ビーグル号航海記』より．

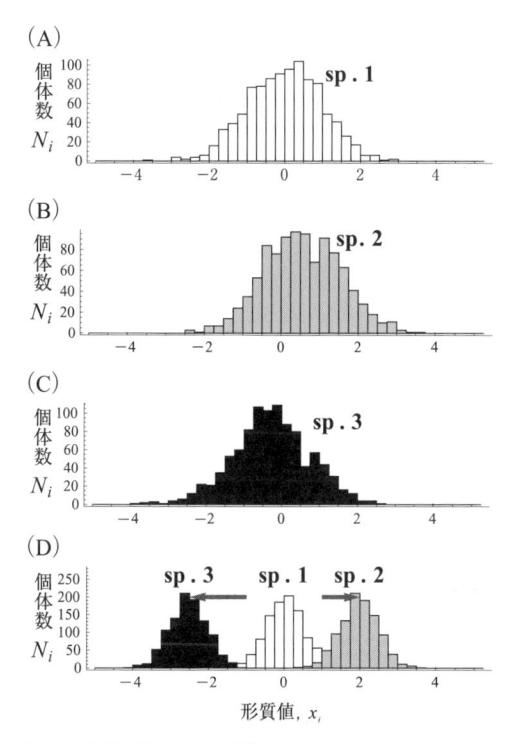

●コラム2　群集生態モデルと進化動態●

図2 形質置換による群集のニッチ分割の概念図.
種1, 2, 3のそれぞれの形質値 (x_i) をもつ個体数 (N_i) の分布は，それぞれの種が単独で生息する場合は似通っているが (A-C)，3種が共存する場所では各種の形質値がずれて，ニッチ重複度が小さくなる (D).

帯雨林のハチドリが蜜資源として利用する植物種の開花時期は，お互いの重複を避けるように均等に分布する (Stiles 1977, 図3). デンマークの汽水域に生息するミズツボ科の巻貝の2種の体サイズは，単独で生息する地域では似通っているのに，共存地域で大きく異なっている (Fenchel 1975). このような形質置換 (character displacement, 図2) による資源分割やニッチ分割による群集の成立過程 (共進化の過程) は，群集生態学において多くの研究者の強い興味を惹き，活発に研究されてきた.

　ここでは，群集生態学と進化動態の接点として，MacArthur, May, Roughgardenらの手によって発展した多種による資源競争モデルを例にと

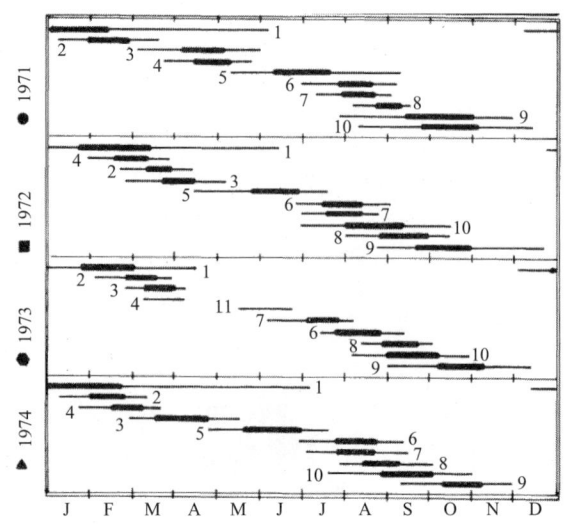

図3 ユミハシハチドリが蜜資源とする 10 種の植物の開花時期.
コスタリカの熱雨林における 1971–1974 年のデータ（Stiles 1977）.

り，形質の進化の議論においてゲーム理論の進化的安定性・収束安定性の概念と，形質の進化と分岐を解析する Adaptive Dynamics の手法がどのように用いられるかを紹介したい．

2　連続ニッチ空間の競争方程式

　一次元ニッチ空間上に分布する資源をめぐる競争を考えよう．たとえばガラパゴス島のフィンチは，餌となる種子のサイズに適応したさまざまな嘴の大きさをもつ種に分化したことが知られている．この場合を例にとると，異なる形質（嘴の大きさ）をもつ 2 種のフィンチを考え，種 i の形質を x_i とする．嘴の大きさが似通った種同士は共通する餌資源を奪いあうことになり，資源をめぐる競争が激しく，嘴の大きさが十分異なっていれば餌に関する競争は弱いと考える．そこで嘴の大きさ x_i の種と x_j の種のあいだの競争係数は，その大きさの差 $x_i - x_j$ で決まるとし $a(x_i - x_j)$ とおこう．ここで $a(d)$ は形質差 d の種のあいだの競争の強さを表し，上で議論したように $|d|$ の減少関数

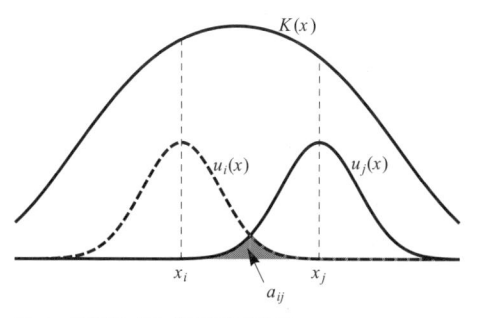

●コラム 2　群集生態モデルと進化動態●

図4　資源分布と資源利用曲線
ニッチ軸上の資源分布 $K(x)$ と形質 x_i, x_j をもつ種 i, j の資源利用曲線 $u_i(x)$, $u_j(x)$. ガラパゴスフィンチの例では, $K(x)$ をフィンチの餌になる種子のサイズ分布, $u_i(x)$ は嘴サイズ x_i をもつフィンチ i が利用する種子サイズの分布を表す. 両種の資源利用曲線の重なり (塗り潰した領域の面積) が種間競争の強さ a_{ij} を表し $(a_{ij} = a(x_i - x_j) = \int u_i(x) u_j(x) dx)$, 種間の形質差 $d = x_i - x_j$ で決まる.

であるとする. それぞれの種の個体数 N_i の時間変化をロトカ-ボルテラ競争方程式で書き下すと

$$\frac{dN_i}{dt} = r \left[1 - \frac{\sum_j a(x_i - x_j) N_j}{K(x_i)} \right] N_i, \tag{1}$$

となる. ここで $K(x_i)$ は形質 x_i をもつ種だけが群集を構成する場合の環境収容力を表す (図4).

(1) 侵入可能性

ここで n 種のフィンチのうち, 種 i のみがまだ侵入しておらず, 残りの $n-1$ 種で構成される群集が平衡状態に達している $(N_j = N_j^*)$ としよう. 実は競争係数が対称であるとき (つまり $a(d) = a(-d)$ のとき) には内部平衡状態 (すべての $N_j^* > 0$ である平衡状態) は存在すれば大域的に安定であることが知られているので (実際, 解軌道に沿って時間とともに常に減少するような関数 (リアプノフ関数) が構成できる —— MacArthur 1970), 元の群集の個体群動態がリミットサイクルやカオス的な変動を示す場合は考えなくてよい. したがってこの群集に新しい種 i が侵入できるかどうかは, 種 i をのぞいた静的な平衡状態にごく少数侵入した種 i の個体数が増加するかどうか, つまり $N_i \to 0$

247

のときの種iの増加率

$$\frac{1}{N_i}\frac{dN_i}{dt} = r\left[1 - \frac{\sum_{j \neq i} a(x_i - x_j) N_j^*}{K(x_i)}\right] \quad (2)$$

の符号で決まる．この右辺が正であれば種iは侵入し，負であれば侵入できない．

(2) 1種群集への侵入可能性と限界類似度

もっとも単純な群集，つまりただ1種jのみで構成される群集が，他の種の侵入を許すかどうかを調べてみよう．種jが1種だけで平衡状態にあるとすると，その平衡個体数は$N_j^* = K(x_j)/a(0)$で与えられることは式(2)の右辺を0と置くことでわかる．したがってこの単独種群集に種iが侵入できるための条件は

$$\frac{1}{N_i}\frac{dN_i}{dt} = r\left[1 - \frac{a(x_i - x_j)}{a(0)}\frac{K(x_j)}{K(x_i)}\right] > 0 \quad (3)$$

となる．つまり種間競争係数 $(a(x_i - x_j))$ と種内競争係数 $(a(0))$ の比と，両種の環境収容力の比とのあいだに

$$\frac{a(x_i - x_j)}{a(0)} < \frac{K(x_i)}{K(x_j)} \quad (4)$$

という不等式が成り立てば，種iは侵入できる．

たとえば，種2単独群集に種1が侵入する場合を考える．2種のニッチが完全に重複している場合は（図5で$d/w = 0$のとき），侵入のためには侵入種の環境収容力が既存種のそれを上回る必要がある（$K_1 > K_2$）．しかし，2種の形質の差d/wが十分大きいため，種間競争と種内競争の強さの比 $(a(x_1 - x_2)/a(0))$ が十分小さくなれば，種1が種2よりも環境収容力で劣っていたとしても（K_1/K_2が小さくても），種1が侵入できるのである（図5：May 1973）．

種iとjの立場を入れ替えて同じ解析をすると，種間の形質の差がある閾値以上に大きくて，

$$\frac{a(x_i - x_j)}{a(0)} < \min\left\{\frac{K(x_i)}{K(x_j)}, \frac{K(x_j)}{K(x_i)}\right\} \quad (5)$$

が満たされれば2種は共存できる（May 1973, 図5の灰色領域）．たとえば$a(d)$

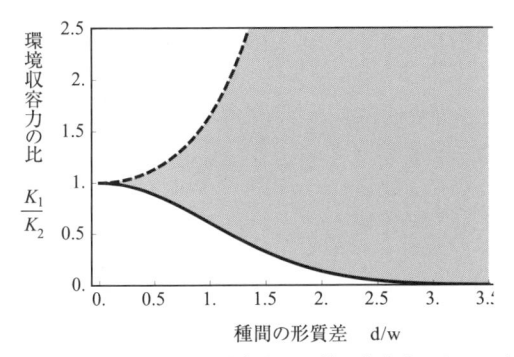

●コラム２　群集生態モデルと進化動態●

図5　共通の資源をめぐって競争する2種が共存するための条件．
2種の形質間の距離 $d = |x_1 - x_2|$ が，それぞれの種の資源利用の幅（$\simeq w$，ただし $a(x_i - x_j) = \exp(-(x_i - x_j)^2/2w^2)$ とした）よりも十分大きければ（灰色領域），両種の環境収容力（$K_1 = K(x_1)$ と $K_2 = K(x_2)$）に差があっても共存できる．実線より上の領域では，種1が種2のみからなる群集に侵入でき，破線より下では，種2が種1のみからなる群集に侵入できる．

$= \exp(-d^2/2w^2)$ とし，2種の環境収容力の比を $K(x_i)/K(x_j) = k(>1)$ とすると，形質差 d が $\sqrt{2}w \log k$ 以上ならば2種は共存できる（図5）．共存のために必要な種間の形質差を限界類似度（limiting similarity）とよぶ（MacArthur and Levins 1967）．形質差が限界類似度より小さな場合には環境収容力の大きな種のみが残り，群集を独占する．

(3) Adaptive Dynamics 入門

以上の議論はそれぞれの種の形質を固定したときの群集の安定性（新しい種の侵入可能性）の解析であった．しかしそれぞれの種の形質には遺伝的変異があり，種の形質分布が変わることによってそれぞれの種の形質の平均値は変化する．では，このような連続形質の進化を含めて群集を構成する種分布の動態を解析するにはどうすればよいのであろうか？　それを可能にするのが Adaptive Dynamics の手法である．

Adaptive Dynamics のもっとも簡単で強力な予測力をもつ解析は，群集を構成する種が無性生殖する場合に得られる（ただし，有性生殖する種の場合でも，形質の遺伝的組み換えや非ランダム交配を考えなくてよい場合には同様の解析が可能になる）．無性生殖をするクローンの競争を考えるとき，種内変異と

種間変異の区別を考えなくてよい．突然変異による形質の遺伝的変異が生まれる確率は（有限集団における遺伝的変異の損失速度に比べて）十分小さいと仮定して，単型的な野生型集団に導入された形質値の異なる突然変異体が侵入し置換できるかどうかを解析する手法を Adaptive Dynamics (Metz et al. 1996; Geritz et al. 1998) という．

Adaptive Dynamics の重要な特徴を二つ挙げると，一つは連続形質を戦略とする進化ゲームにおいて利得の二階偏導関数によって進化的な安定性を分類する理論を，PIP (Pairwise Invasibility Plot, 後述，図 7) とよばれるグラフによる侵入可能の解析法と統合した点が挙げられる．Maynard Smith らにはじまる「古典的」進化ゲーム理論においては，連続形質の進化的平衡状態の安定性は，侵入適応度（形質 x の野生型集団に形質 y の突然変異型がごく少数導入されたときの初期増加率 $s(y|x)$）を，野生型の形質 x と突然変異型の形質値 y の関数として見たときの二階偏導関数の符号で分類できる（後述，表 1）．これは PIP を用いた直感的な収束安定性と進化的安定性解析と 1 対 1 の対応がつくのである．二つ目の特徴は，突然変異の変異幅や有限個体数による遺伝的多様性の制限など集団遺伝学的な背景について思い切った仮定をおき，形質の進化的分岐の条件をより厳密に解析した点が挙げられる (Metz et al. 1996; Geritz et al. 1998; Dieckmann and Law 1996)．

このような Adaptive Dynamics のアプローチの有効性は以下で示すが，これを，より包括的な形質の適応進化モデル "adaptive dynamics" のより制限的な分派だとして，Adaptive Dynamics と大文字で表記して区別する研究者もいる (Abrams 2005)（興味のある方は *J. Evol. Biol.* の特集号（2005, vol. 18 No. 5）を参照されたい）．この特集号は Adaptive Dynamics の有効性に関する批判論文とそれに対する反論を集めたものである．批判の多くが，限られたパラメータ範囲のコンピュータシミュレーションのみに依拠していたり，進化的な分岐に関する重要な論点を見過ごしていたりするし（たとえば Barton の批判，後述），Adaptive Dynamics 学派の論文中の文章表現に対する感情的な非難にすぎないものもあるが，Adaptive Dynamics という理論の到達点を知るにはよい資料である．読者みずから一次情報に基づいて冷静に判断されることをお勧めする．

話を戻して，歴史的な経緯を紐とくと，Adaptive Dynamics にいたる理論の流れは Maynard Smith や Parker が，連続形質を戦略とするゲームを考え，その進化的安定戦略 (ESS) を定式化して，雄間競争による体サイズの進化 (Parker 1983; Maynard Smith and Brown 1986) や，異型配偶子 (卵と精子のように大きくサイズの異なる配偶子) の進化 (Maynard Smith 1982) を論じだしたあたりにはじまる．I. Eshel による収束安定性の概念の発見が次の飛躍であった (Eshel 1983)．これに S. Levin や D. Cohen, D. Ludwig, S. Ellner らコーネル大学 (当時) 周辺の数理生物グループによる「進化的に安定な連合 (多型)」(evolutionarily stable coalition) の発見などが加わって (Levin et al. 1984; Ludwig and Levin 1991, 1992; Cohen and Levin 1991; Ellner and Hairston 1994)，形質の適応的分岐が議論されるようになった (Metz et al. 1996; Geritz et al. 1998; Dieckmann and Law 1996)．

理論進化生物学者が行ってきた解析は，一貫して野生型の形質 x に対して突然変異型の形質 y が侵入できるかどうかを，後述する侵入適応度の地形 $s(y|x)$ の起伏から吟味することであった．とくに競争・捕食・寄生などの個体間相互作用が適応度に影響する頻度依存淘汰のもとでは，「あらかじめ与えられた適応度地形のなかで，適応度がもっとも急激に増加する方向に形質の平均値が変化し，その進化速度は集団の相加遺伝分散に比例する」という古典的な量的形質遺伝学のドグマ (Lande 1979) は崩壊する．古典的な量的形質遺伝モデルは頻度依存淘汰がある場合にもある程度拡張できるが (たとえば Iwasa et al. 1991)，形質が分岐して形質分布が二山やそれ以上に分岐するような進化動態の解析には使えない．Adaptive Dynamics が威力を発揮するのは，このような頻度依存淘汰の支配のもとで (つまり，種間・種内相互作用のもとで) 進化を解析するときである．

3 資源競争による群集の構築と Adaptive Dynamics

資源競争による群集の構築の問題に戻って Adaptive Dynamics を適用してみよう．再び，一次元のニッチ空間に沿った連続形質 x を考え，形質 x に対応する環境収容力 $K(x)$ は形質値 $x = x^*$ で最大であると仮定する．また競争係数は形質値が等しいときに極大になる ($a'(0) = 0$) という自然な仮定を置

く．

野生型の形質値を x，突然変異型の形質値を y とするとき，侵入適応度は式 (2) と同様に

$$s(y|x) = r\left[1 - \frac{a(y-x)}{a(0)}\frac{K(x)}{K(y)}\right] \quad (6)$$

となる．ここで $N(x) = K(x)/a(0)$ が形質 x をもつ野生型による単型集団の平衡密度であることを用いた．

(1) 進化的安定性

x が進化的に安定な形質であるためには，侵入個体の適応度（侵入適応度（invasion fitness））が野生型の形質 x の値において極大になることが必要である（極大でなければ，その勾配に応じて，野生型より大きい，あるいは小さい形質をもつ突然変異体が侵入できる，たとえば図 6A）．つまり

$$\left.\frac{\partial s(y|x)}{\partial y}\right|_{y=x} = r\frac{K'(x)}{K(x)} = 0 \quad (7)$$

なので環境収容力が最大になる $x = x^*$ が進化的に安定な形質の候補になる．さらに，侵入適応度が極小ではなく極大であるためには

$$\left.\frac{\partial^2 s(y|x)}{\partial y^2}\right|_{y=x=x^*} = r\left[-\frac{a''(0)}{a(0)} + \frac{K''(x^*)}{K(x^*)}\right] < 0 \quad (8)$$

が必要である．つまり x^* が進化的に安定になるかどうかは，環境収容力分布 $K(x)$ の $x = x^*$ におけるピークと競争係数曲線 $a(d)$ の $d = 0$ におけるピークのどちらが鋭いかで決まる．

$$\frac{K''(x^*)}{K(x^*)} < \frac{a''(0)}{a(0)} \quad (9)$$

どちらの曲線もピークで極大になるので，二階導関数は負であることに注意すると，環境収容力の分布の方が競争係数曲線より鋭い場合，つまり環境収容力が最大になる形質値 x^* を中心とする安定化淘汰（その淘汰圧は $|K''(x^*)|$ に比例する）の方が，形質の近いものどうしがより強く資源をめぐって争う頻度依存分断淘汰（その淘汰圧は $|a''(0)|$ に比例する）よりも強いとき，環境収容力を最大にする形質値 x^* が進化的に安定になる（図 6B）．逆に，分断淘汰

の方が強いとき（式(9)の逆の不等式が成り立つとき），x^* は進化的に不安定になり，x^* から形質のずれたどんな変異体も侵入可能になる（図6D）．

(2) 到達可能性と進化的安定性は違う

　ある野生型の形質が集団全体を占めるときに，他のどの形質をもつ突然変異体も侵入できないとき，その野生型形質は進化的安定とよばれる（Maynard Smith 1982）．資源をめぐる競争モデルでは式(9)を満たせば形質 x^* は進化的に安定であった．

　到達可能性は収束安定性（convergence stability; Eshel 1983）によって定義される．野生型の形質が進化的な特異点（突然変異型 y の侵入適応度 $s(y|x^*)$ が野生型の形質 x^* に等しいときに極大または極小になるとなるような点）x^* から少しずれているときに，より x^* に近い突然変異型が常に侵入できるならば，x^* は収束安定という．このような場合，突然変異体の侵入と置換の繰り返しによって集団の形質値は x^* にしだいに近づくことになる（図6，図7）．これを式で表現すると

$$\left.\frac{\partial s(y|x)}{\partial y}\right|_{y=x=x^*+\delta} \begin{cases} <0 & (\text{if } \delta >0); \\ >0 & (\text{if } \delta <0). \end{cases} \tag{10}$$

つまり左辺と δ の積がいつも負になることが条件である．δ についてテイラー展開して

$$\left.\frac{\partial s(y|x)}{\partial y}\right|_{y=x=x^*+\delta} \cdot \delta = \left(\frac{\partial^2 s(y|x)}{\partial y^2}+\frac{\partial^2 s(y|x)}{\partial y \partial x}\right)_{y=x=x^*} \cdot \delta^2 <0$$

つまり

$$\left(\frac{\partial^2 s(y|x)}{\partial y^2}+\frac{\partial^2 s(y|x)}{\partial y \partial x}\right)_{y=x=x^*} <0. \tag{11}$$

　収束安定性は突然変異型の形質値 y を変えるときの侵入適応度の勾配や曲率だけでなく，野生型の形質値 x を変えるときのそれらにも依存することが，進化的安定性の条件と大きく異なる点である．資源競争モデルの侵入適応度式(6)に関しては，式(11)の左辺は $rK''(x^*)/K(x^*)$ となり常に負になる．したがって，単型的な種分布は環境収容力を最大にする形質値 x^* に常に接近する．

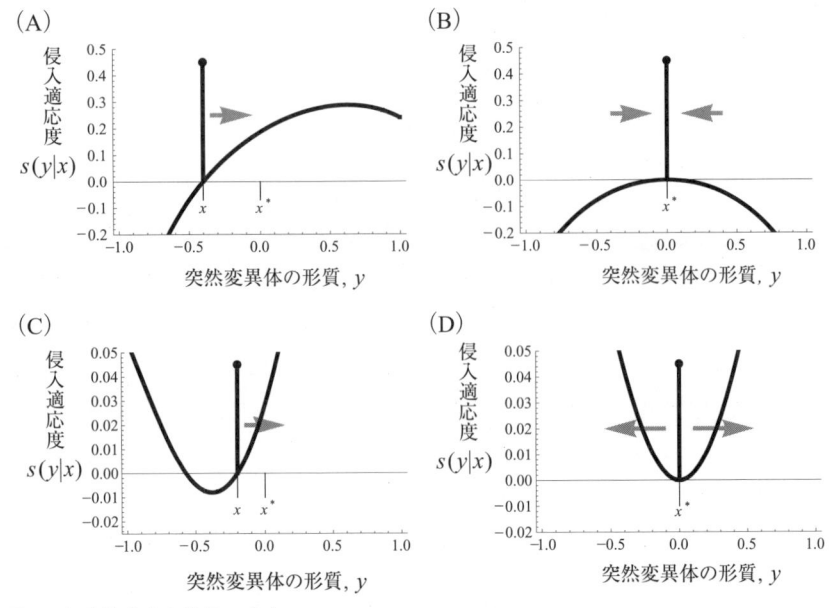

図6 侵入適応度と進化の方向

資源競争モデルにおいて，進化的平衡 x^* が連続安定である場合（A-B）と，進化的分岐をもたらす場合（C-D）．モデル式 (1) で $a(x-y) = \exp[-(x-y)^2]$, $K(x) = \exp[-x^2/2\omega^2 - \gamma x^4]$ を仮定する．つまり資源は $x=0$ を中心として幅 ω でほぼ正規分布し（正規分布からのずれの程度は $\gamma = 0.05$），資源 x と y に特殊化した2種の競争係数 $a(x-y)$ はニッチが完全に重複するとき（$x=y$ のとき）が最大で，ニッチの相違度 $|x-y|$ が増加するとともに幅 $\sigma_a = 1$ の正規分布型で減少するとする．このとき，資源がもっとも多いニッチに特殊化した種が進化的に安定になるための条件は $\omega<1$ となる．つまり資源分布の幅（ω）が競争の及ぶ幅（1）よりも狭ければ，1種が独占する群集が収束安定かつ進化的安定になる（A-B：$\omega = 0.8$）．この場合，野生型の形質値 $x = x^* + \delta$ が x^* のどちらにずれようと（δ の符号がどちらでも），x^* に近い突然変異形質の方が適応度が高く，集団の形質値は x^* に近づく方向に進化し（A），x^* で安定に維持される（B）．一方，資源分布の幅が競争の及ぶ幅より大きいとき（C-D：$\omega = 1.5>1$）も，やはり野生型の形質が x^* からずれているときは x^* に近い突然変異型が有利になり，形質値は x^* に向かって進化するが（C），形質値が x^* に達すると，そこは適応度が最低の点で，まわりのどんな突然変異型の侵入も許してしまう（D）．資源競争の強さは，集団中にどの形質の個体がどれだけいるかに依存する（頻度依存である）ので，突然変異型の形質 y の適応度地形 $s(y|x)$ が野生型の形質 x の進化につれて刻々と変化することに注目されたい．

(3) 進化的分岐

進化的特異点が収束安定であるが，進化的安定でない場合に何が起こるのであろうか？ 形質 z の平均値は特異点に向かって進化するが（図6C，図7B），特異点に到達してみるとそこは不安定であり，まわりの突然変異体の侵入を許すのである（図6D，7B）．適応度の山を登っているつもりが，資源

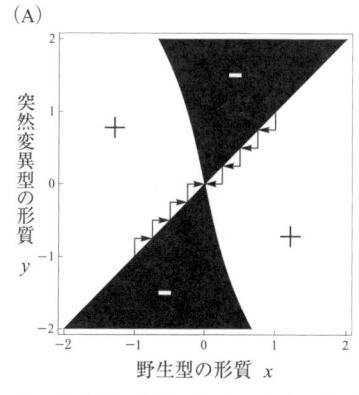

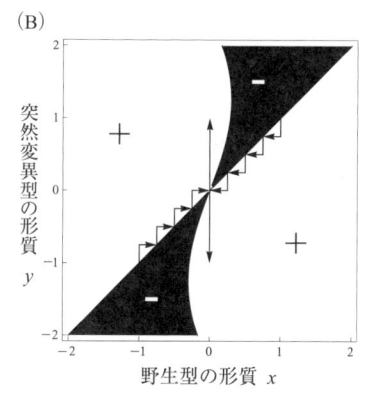

図7　野生型の集団に対する突然変異型の侵入可能性プロット（PIP）．
野生型の形質 x の集団に形質 y をもつ突然変異型が少数侵入するとき，その増加率（侵入適応度）$s(y|x)$ の符号を表示することによって，進化動態の平衡点の収束安定性と進化的安定性を判定する．分布 $K(x)$ で分布する資源をめぐる競争において，2種の形質の差が d であるときの競争係数を $a(d)$ とするとき，侵入適応度は $s(y,\ x) = r\left[1 - \dfrac{a(y-x)}{a(0)}\dfrac{K(y)}{K(x)}\right]$ で表される．資源分布が $K(x) = \exp[-x^2/2\omega^2 - \gamma x^4]$ に従い，競争係数が $a(d) = \exp(-x^2/2)$ とする．以下では，資源分布のガウス分布からのずれの程度を $\gamma = 0.05$ とする．A：資源分布の幅が閾値（$\omega_c = 1$）より小さいとき（$\omega = 0.8$），進化動態の平衡点は収束安定かつ進化的に安定である．B：資源分布の幅が閾値 ω_c より大きいとき（$\omega = 1.5$），進化動態の平衡点は収束安定だが進化的に安定ではない．この場合，群集の形質値の分布は，資源がもっとも豊富なニッチ位置 $x=0$ に近づいた後，二つの形質に分岐し，形質値を十分ずらした2種から構成される群集に進化する．

分布の平坦な「頂上」に到達すると自分の重み（形質の近いもの同士の競争による悪影響）でそこは適応度の谷に変わる．このように，進化的な平衡状態が形質の分岐をもたらす状況は，特殊なパラメータや仮定によるのではなく，適応度が頻度依存であれば，頂上にいたってもなお頂点が適応度の山でありつづける場合（図6A-B）と同程度に起こりうる（表1）．

表1に進化的特異点を進化的安定性と収束安定性で分類した結果をまとめた．特異点が収束安定で，かつ進化的に不安定な場合は進化的分岐が起こる．このような特異点があるため，適応的種分化モデルで種の形質値が勝手に分岐するのである．一方，特異点が進化的に安定だが収束安定でない場合はエデンの園（到達できない理想郷）とよばれる．

資源競争モデルに戻ると，頻度依存分断淘汰が安定化淘汰よりも強いとき（式（9）の逆の不等号が成立するとき）に特異点は収束安定だか進化的安定ではない，すなわち進化的分岐をもたらす．図6C-Dに資源競争モデルにおいて

表1　進化的な平衡状態の分類.

	収束安定 $s_{yy}+s_{xy}<0$	収束安定でない $s_{yy}+s_{xy}>0$
進化的に安定 $s_{yy}<0$	連続安定（CSS）	エデンの園
進化的に安定でない $s_{yy}>0$	進化的分岐	不安定

侵入適応度 $s(y|x)$ に関して $\partial s(y|x)/\partial y)|_{y=x^*,\,x=x^*}=0$ を満たす進化力学系の平衡点 x^* は，進化的安定性（Maynard Smith 1982）と収束安定性（Eshel 1983）という2種類の安定性によって四つ分類できる．平衡点 x^* が進化的に安定かつ収束安定である場合，連続安定（CSS）とよばれ，収束安定だが進化的に安定でない場合は，形質の分岐（Metz et al. 1996; Geritz et al.）により進化的に安定な連合（多型）（Ludwig and Levin 1991）が実現する．ただし $s_{yy}=\dfrac{\partial^2 s(y|x)}{\partial y^2}\bigg|_{y=x^*,\,x=x^*}$, $s_{xy}=\dfrac{\partial^2 s(y|x)}{\partial x\partial y}\bigg|_{y=x^*,\,x=x^*}$

式（9）の逆の不等号が成り立つとき，形質値が特異点に近づくにつれて適応度の地形 $s(y,\,x)$ がどう変化するかを示した．特異点が進化的に不安定であるだけなら，形質値は特異点から遠ざかるだけでもよいはずである．実際，表1の最右列ではこのような挙動がみられる．ところがこの特異点が同時に収束安定である場合には，形質値が特異点から遠ざかろうとしても元に戻らざるをえない．集団の形質が単型である限り，どこにも形質値が落ちつく先がない．このときの無性クローン集団の動態の帰結は進化的に安定な多型（進化的に安定な連合）（Ludwig and Levin 1991）への分岐なのである．

図8，9にロトカ・ボルテラ競争方程式（1）を連続無限個の種に拡張した資源競争モデル

$$\frac{\partial n(x)}{\partial t}=r\left[1-\int a(x-y)n(y)dy/K(x)\right]n(x)+\mu m^2\frac{\partial^2 n}{\partial x^2} \quad (12)$$

のシミュレーションで得られる進化的分岐の例を示した，詳細は図8，9の説明を参照．

(4) 離散原理

さて，どんな単独種の群集も進化的に安定になりえないとしても，群集が形質値のわずかに異なる多数の種で埋めつくされるような連続的な資源分割に向かって進化するわけではない．実は MacArthur（1970）や Roughgarden

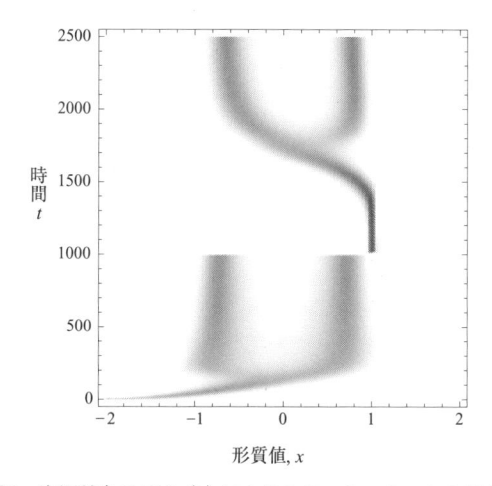

●コラム2　群集生態モデルと進化動態●

図8 資源競争モデル (1) によるシミュレーションの結果.
形質の分岐が起きる（図7Bと同じ a, K の関数形とパラメータを用いた）場合．密度 N_i の高低をグレースケールで表す．$x_i (i=0, 1, \cdots, 101)$ として $x=-2$ から $x=2$ までの100等分した形質値をもつ遺伝子型を考え，その密度 N_i の時間変化を式 (1) に従ってシミュレートした．隣りあう遺伝子型間で単位時間あたり $\mu=10^{-6}$ の突然変異が起こるとした．初期分布は $x=-2$ を中心とする標準偏差0.2の正規分布で与えた（最大密度は0.1）．形質分布は収束安定な点 $x^*=0$ に近づいたのちふた山に分岐する．$t=1000$ の時点で形質値 $x=1$ 以下のすべての系統を取り除くという擾乱を与えると，わずかに生き残った $x>1$ 以上の形質値をもつ種から2型の群集が再構築される．

(1972)，May (1974)らは環境収容力 $K(x)$ と競争係数 $a(x)$ の両方をガウス分布と仮定し，共存する種数には限りがない（つぎつぎに異なる形質値をもつ種が侵入して，最終的に連続無限の種分布に近づく）と主張した（図9A）．しかし，どちらかの関数がガウス分布から少しでもずれれば，これは成り立たず，連続的なニッチ空間上の進化的に安定な形質分布は離散分布（孤立した形質値が飛び飛びに存在する分布）になることが Sasaki and Ellner (1995) によって証明された（図9B）．進化の平衡状態では種の形質が飛び飛びの値しか取りえず，中間形質の抜けた種分布（図9B）が出現するのである（「種の離散原理」，Sasaki and Ellner 1995; Ellner and Sasaki 1996; Sasaki 1997; 佐々木 1997, 1998）．

　この離散的な種分布のもと，孤立して存在する種と種のあいだの形質値の距離は，それぞれの種の資源利用の幅 w 程度ある．したがって，たとえ突然変異や環境分散によって形質分布がなめらかになったとしても，はっきり

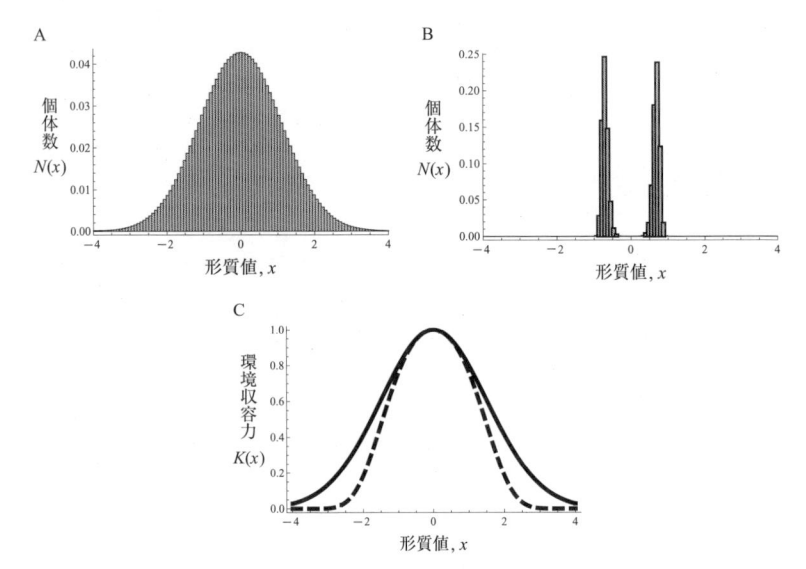

図9 資源競争モデルの十分に時間が経過したのち（$t=1000$）の形質分布．
それぞれの種の資源利用の幅を1とする（$a(x)=\exp(-x^2/2)$）．資源分布 $K(x)=\exp[-x^2/2\omega^2-\gamma x^4]$ の幅を $\omega=1.5$ と，分岐のための閾値 $\omega_c=1$ より大きくとる．A：資源分布 K と競争カーネル a の双方ともがガウス分布である（$\gamma=0$）というきわめて特殊な場合（MacArthur 1970; Roughgarden 1972; May 1974; Slatkin and Lande 1976; Bull 1987）．群集の形質分布は連続分布（分散 ω^2-1 のガウス分布）に収束する．B：しかし，資源分布がガウス分布から少しでもずれると（$\gamma=0.05\neq0$），形質分布ははっきりと大きさの異なる二つの形質グループからなる2峰分布になる（Sasaki and Ellner 1995; Sasaki 1997）．シミュレーションでは $x=-4$ から $x=4$ までの100等分した形質値をもつ遺伝子型を考え，隣りあう遺伝子型間（形質値の差が $m=\Delta x=0.08$）で単位時間あたり $\mu=10^{-6}$ の突然変異が起こるとした．突然変異分散（mutation variance）は $\mu m^2=6.4\times10^{-9}$．$\mu\to0$ の極限で，平衡分布は2点のみに正の確率をもつ離散分布になる．C：シミュレーションで用いたガウス型の資源分布（$\gamma=0$，実線）と非ガウス型の資源分布（$\gamma=0.05$，破線）．

した多峰分布が出現するはずである（図9Bでは，孤立した2形質の頂点のまわりに，突然変異によって裾野ができている）．

　ちなみに Slatkin and Lande (1976) と Bull (1987) も変動環境下の表現型多型の進化（within-family variance の進化）で同じ病的な関数の組み合わせを仮定してしまい，連続な ESS 分布という幻の解を導いてしまった（図9）．

　先に挙げた *Journal of Evolutionary Biology* 2005年特集号で，Nick Barton らは，まさに MacArthur らと同じ伝統的な誤りを犯し，環境収容力 $K(x)$ と競争係数 $a(x)$ の両方をガウス分布と仮定して，Adaptive Dynamics で種の形質の分岐が期待される領域で，形質分布がきれいに二つに分かれないといって Adaptive

Dynamics を批判している (Barton and Polechová 2005).

(5) PIP

　野生型の形質と突然変異型の形質の組み合わせによって，突然変異型が侵入できるかどうかを侵入適応度の符号で表し，野生型の形質と突然変異型の形質の二次元のグラフで表現して進化的安定性を議論する方法を PIP (Pairwise Ivasibility Plot) という．侵入適応度 $s(y|x)$ が定義されれば，すぐに図示でき，進化的特異点の位置，特異点が進化的安定かどうか，収束安定かどうかを瞬時に判断できるので，よく利用されている．PIP の適用例として，やはり資源競争モデルを取り上げた場合を図7に示した．ただ数値的に進化的安定性を解析したいだけなら，偏導関数を使うより数段見通しがよいことがわかるであろう．

(6) 分断淘汰と生殖隔離による種分化

　以上の資源競争モデルによる種分化モデルでは無性生殖を仮定したが，量的形質が複数あるいは多数の遺伝子座からの寄与で決まるとする．分断淘汰によって異なる形質値をもつ遺伝子型グループに集団が分かれようとしても，ランダム交配によるメンデル分離と遺伝的組み換えによって中間的な形質をもつ個体が出現してしまう．

　そこで，形質値の近いものが交配しやすいという同系交配の程度も共進化することを許すと，分断淘汰のもとで生殖隔離と形質の分岐が同時進行して，種分化が起きる (Doebelli and Dieckmann 1999; Dieckmann et al. 2004)．形質に分断淘汰がはたらくときにはランダム交配は不利であるから（どっちつかずの中間型が組み換えによって生じるので），より同系交配を強くすること（この形質に基づく生殖隔離を行うこと）が適応的になり，この結果を理解するのは容易である．しかし，Doebelli and Dieckmann (1999) の同所的種分化モデルの解析は，今のところ個体ベースシミュレーションのみに依存しており，このメカニズムによる生殖隔離と形質分化の起こりやすさについては議論がある．筆者らは，現在，このような頻度依存分断淘汰のもとでの集団遺伝学を入れてそれぞれの種の形質の平均値と分散がどう変化するかについての理論

を構築中である.

4 MacArthurの群集理論と最小原理

MacArthur (1969, 1970) の群集理論は, すでに議論したように, ニッチ空間上の資源分布に沿って, 資源利用が少しずつ異なる有限個の種が競争するというモデルである. しかし MacArthur はこれにとどまらず, ロトカ・ボルテラ競争系に個体の資源利用という微視的な構造を埋め込み, 群集が進化する方向と群集の資源利用効率のあいだに成り立つ「最小原理」を提唱するという野心的な試みを行った. ここでは最後にこの MacArthur の最小原理を紹介する. これは群集のボトムアップ・コントロールに関する普遍的な法則性を探る理論といえよう. この最小原理は種の詰め込み問題の最新の研究に大きな影響を与えることになる.

群集を構成する種 i の個体数を n_i, 資源利用関数を $u_i(x)$ として, 資源の密度の時間変化は, たとえば

$$\frac{dR(x)}{dt} = \left[K(x) - R(x) - \sum_i u_i(x) N_i\right] R(x) \tag{13}$$

と表される. ここで $K(x)$ は資源供給率で, 資源の消失率を1になるように時間を規格化してある. 消費者がいないとき ($N_i = 0$) には $R(x) = K(x)$ が資源分布になるが, 消費者が存在するとき準定常状態にあるとして

$$R(x) = K(x) - \sum_i u_i(x) N_i \tag{14}$$

が資源分布を与える. 種 i の増加率は資源消費量に比例するとし

$$\frac{dN_i}{dt} = \left[\int R(x) u_i(x) dx - d\right] N_i \tag{15}$$

とし, 式 (14) を代入すると, ロトカ・ボルテラ競争方程式の形

$$\frac{dN_i}{dt} = \left[r_i - \sum_j a_{ij} N_j\right] N_i \tag{16}$$

になるが, ここでは内的自然増加率 r_i は種 i による総資源利用で表現され,

●コラム2　群集生態モデルと進化動態●

また種iとjのあいだの競争係数は両種の資源利用関数の重なり（ニッチ重複）として表現される

$$r_i = \int K(x) u_i(x) dx - d, \tag{17}$$

$$a_{ij} = \int u_i(x) u_j(x) dx. \tag{18}$$

こうしてロトカ-ボルテラ方程式における種間の競争係数に，ニッチ軸上の資源利用という意味を与えたMacArthurは，このロトカ-ボルテラ競争系において，時間とともにつねに増加するリアプノフ関数が存在することを示し，さらに群集の進化の方向（資源の利用効率の最大化原理）を議論したのである．

ロトカ-ボルテラ競争方程式（16）において競争係数は式（18）で与えられるから対称である（$a_{ij} = a_{ji}$）．

$$Q = -\sum_i r_i N_i + \frac{1}{2} \sum_i \sum_j a_{ij} N_i N_j \tag{19}$$

とすると，Qは群集の資源利用の効率の悪さを表す．なぜなら式（19）の右辺は

$$Q = \frac{1}{2} \int \left[K(x) - \sum_i u_i(x) N_i \right]^2 dx - \frac{1}{2} \int K(x)^2 dx \tag{20}$$

と書き直すことができ，右辺の第一項は，供給される資源量$K(x)$を群集を構成する種による資源利用の一次結合（$\sum_i u_i(x) N_i$）で近似する際の，残差の二乗和を表すからである（第2項はN_iに依存しないので定数とみなせる）．Qが時間とともに減少することが以下に示されるが，これは，群集はその資源利用によって資源供給を最良近似する方向に進化することを意味する（MacArthur 1970）．ただし最良近似は，MacArthurが思い描いた無限種による形質の連続分布ではなく，数種で構成される離散分布によって達成される（Sasaki 1997）．

最後に，Qが実際に常に減少することを確かめてこのコラムを終わる．まず，式（19）から

$$\frac{\partial Q}{\partial N_i} = -r_i + \frac{1}{2} \sum_j (a_{ij} + a_{ji}) N_j = -r_i + \sum_j a_{ij} N_j \tag{21}$$

となるから，式 (16) と比較して

$$\frac{dN_i}{dt} = -N_i \frac{\partial Q}{\partial N_i} \tag{22}$$

を得る．したがって

$$\frac{dQ}{dt} = \sum_i \frac{\partial Q}{\partial N_i} \frac{dN_i}{dt} = -\sum_i N_i \left(\frac{\partial Q}{\partial N_i}\right)^2 \leq 0. \tag{23}$$

となる．群集によって有効利用されていない資源量（の二乗和）は，群集を構成する種の個体数の増減，あるいは新しい種の侵入，既存種の絶滅という過程を通じて，一貫していつも時間的に減少する．これは種間の競争に任せておけば，群集の資源利用効率が勝手に最適化されるという，「競争万能論」的な状況がロトカ-ボルテラ競争群集系で実現していることを意味するといえるだろう．

5 群集の進化の理論化にむけて

このコラムでは，共通の資源を利用する種間の競争とニッチ分割についての MacArthur，May，Roughgarden らの古典理論を紹介し，種の形質値の進化を導入することによって，群集がどのように進化するかという問題についての最近の理論の発展，とくに Adaptive Dynamics による解析について紹介した．Adaptive Dynamics は，ここで取り上げた競争種の資源競争のみならず，捕食者と被食者，あるいは宿主と寄生者の軍拡競走，生活史戦略の進化，同所的種分化，性的コンフリクト，性淘汰など，およそ適応的あるいはゲーム論的な進化の動態を解析するうえで，なくてはならない手法として大きく発展をとげている．現状では Adaptive Dynamics は，集団遺伝学的なプロセスをうまく取り込めていない面もあるが，今後は，群集を構成する種の相互作用の進化を理解し，群集を進化の軸に沿って理解するうえで，欠かせない理論的枠組に発展するものと期待している．

終　章

群集生態学と進化生物学の融合から見えてくるもの

吉田丈人・近藤倫生・大串隆之

　本巻では，これまで学問的交流がほとんどなかった群集生態学と進化生物学をつなぐことで新しく見えてくる理論やより深く理解できる現象が，さまざまな角度から明らかにされている．群集生態学の中心的な課題である相互作用・個体群動態・群集構成などに対して，表現型可塑性や迅速な進化など短い時間スケールでおこる適応ばかりでなく，種分化や絶滅といった大進化の過程，すなわち長い時間スケールで起こる適応も大きな影響を与えることが近年明らかになりつつある（たとえば，McPeek and Miller 1996; Webb et al. 2006）．群集生態学が解き明かす種々の現象は，このような「適応」を考慮に入れなければ理解が難しいということが，本巻のメッセージである．一方で，「生態学という劇場で演じられる進化という劇」（Hutchinson 1965）にたとえられるように，進化や可塑性などの適応現象は，生態学的な過程によって決められる自然淘汰への応答である．従来の進化生物学にとって「生態学という劇場」は，群集生態学が対象としてきた「劇場」とは必ずしも一致していなかった．そのギャップは，たとえば，自然界の生物群集では多種多様な生き物が複雑な関係をもつことであったり，個体群や群集の空間的な構造により，ある場所の生物群集はいつも他からの移動分散の影響を受けていることであったりする．このような複雑な相互作用や空間構造に代表されるように，群集生態学が明らかにしてきた生態学という劇場の「実態」がどのように自

然淘汰の過程に影響するかを解明することなしには，適応現象を深く理解することはできないだろう．以上のように，群集生態学と進化生物学は相互に深く影響しあっていると考えられてはいるが，両者の関係の全体像の解明はこれからの大きな課題である（たとえば，Hairston et al. 2005; Miner et al. 2005; Fordyce 2006; Whitham et al. 2006, 2008; Agrawal et al. 2007; Johnson and Stinchcombe 2007; Wade 2007）．本巻の内容は，この視点に立って将来の発展を予期させるものとなっている．ここでは，まず各章によって明らかにされた群集生態学と進化生物学のつながりを取り上げ，つぎにそこから見えてくる今後の課題について議論したい．

1 生物群集に対する適応の影響

　世代内で生じる表現型可塑性やわずか数世代で起こる迅速な進化は短い時間スケールで起こる適応であり，この適応による生物の形質の変化がさまざまな種間相互作用に影響することが明らかになりつつある（1章，2章）．たとえば，食う-食われる関係における被食者の防衛形質の変化は，相互作用の強さや方向を変えるという効果をもつ．適応による相互作用の変化が，個体数の変化や種の組成といった群集生態学的な過程に影響することが，少数種からなる単純な実験群集を用いて明らかにされている（1章）．しかし，多種多様な生物からなる自然の生物群集において，適応による形質変化がどのような群集生態学的なパターンを生みだすかは今後明らかにされるべき課題である．多くの種が関わる生物群集では，直接的な相互作用だけでなく，間接的な相互作用も重要になる．2種の生物間の関係が他の生物の影響を受ける間接相互作用では，ある生物の形質変化の影響は他の多くの生物に波及することになり，直接相互作用だけを考えたときより影響の及ぶ範囲は格段に広がる（2章）．このように，短い時間スケールでの適応が生物群集に与える影響を考慮することは，これからの群集生態学にとって不可欠な視点である．

　ニッチ分割などによる種分化は長い時間スケールで起こる適応の一例であり，生物群集における種間相互作用のありかたを決める重要な機構であると

考えられてきた．また，新たな種が生み出される種分化と同様に，種が失われる過程である絶滅も群集を理解するうえで無視することはできない．これら両方のプロセスを含めた大進化の歴史を考慮することなしには，現在見られる生物群集を理解することはできない（3章）．種分化と絶滅の歴史を反映した系統樹は生物群集の構成を決める「原材料」であり，大進化の歴史の上に現在の生物群集が成り立っている．種分化や絶滅により作られる系統樹のパターンが，生物のニッチとどのように関係するかが注目されている（たとえば，Webb et al. 2006による*Ecology*誌の特集を参照）．この系統樹の「原材料」は，生態的に決められた生息条件のフィルターと，異なる場所で進化した生物を混合させる役割をもつ移動分散の影響を受けて，現在の生物群集へと加工されるのである．

以上のように1〜3章では，さまざまな時間スケールで生じる適応が生物群集のあり方を形づくることが示されている．しかし，その関係の解明は最近取り組みはじめられたばかりであり，全体像の理解に向けて魅力的なテーマが山積している．

2 適応に対する生物群集の影響

表現型可塑性の理解は進化生態学の重要なテーマであり，可塑性による適応がさまざまな生物で明らかにされている．その中でも，食う−食われる関係において捕食者や被食者に誘導される攻撃形質や防衛形質は，多くの注目を集めている（2章，4章）．これまでの表現型可塑性の研究では，主に，自然の複雑な生物群集が考慮されることなく，2種の生物間の関係とそれによって引き起こされる適応反応が調べられてきた．しかし，自然界では，たとえばある被食者は多くの捕食者と関係をもっており，2種間で見られた適応反応がそのまま野外での現象を反映するとは限らない．実際，1種の被食者に対して2種の捕食者がいる場合で見られる適応反応は複雑な様相となることが，4章で詳しく述べられている．2種間ではたらく自然淘汰（pairwise selection）は強い適応反応を誘導するが，一方でその適応は，他の形質がより

適応的な状況では不利となる．また，多くの生物から受ける拡散選択 (diffuse selection) に対しての適応反応は，2種間ではたらく自然淘汰に対する適応反応とは異なったものになるだろう．また，生物群集における適応反応は，生物間の直接効果だけでなく，間接効果も考慮に入れなければ理解できない (2章)．多種多様な生物からなる群集における適応過程の理解はまだはじまったばかりであり，今後の発展が期待される課題である．

　短い時間スケールの適応だけでなく，長い時間スケールの適応である大進化もまた，生物群集の影響を受けるのだろうか．ある特定の生物群でのみ見られる多様化や，系統樹に刻まれた種分化の歴史 (系統動態, phylodynamics) は，それらの種が新しく生み出されたときの生物群集に依存するのだろうか．ある特定の形質の獲得や共進化など，特定の系統群で見られる多様化を説明する要因は6章で詳しく紹介されている．しかし，どのような生物群集ではどのような形質をもつ種が進化しやすく，どのような新しい生物間相互作用が生み出されるかは，まだほとんどわかっていない．ある生物群集に含まれるすべての生物がたどった進化の履歴を表した系統樹と，そこから導かれる生物地理の歴史を紐とくことで，生物群集の進化を解明できるかもしれない (6章)．それは将来に残された大きな挑戦である．

　以上のような生物の適応を理解する上で，生物群集の空間構造の重要性が近年注目されている (5章)．空間スケールを取り入れたメタ群集での適応を考えなければならない理由は，少なくとも二つある．一つは，それぞれの局所群集 (地域群集) では生物群集が異なるために (たとえば，強力な捕食者の存否など)，自然淘汰の空間的な違い (地理的モザイク) が生じ，その結果，それぞれの局所集団 (地域集団) では異なる適応反応が見られることによる．もう一つは，局所集団の間で移動分散があるために，遺伝子流動が起こることによる．ある局所集団への外部からの遺伝子の流動は，その局所集団により適応的な遺伝子をもたらすこともあれば，適応的でない遺伝子の流入によりむしろ適応を妨げることもある．このように，空間構造のある生物群集で起こる適応は，空間構造を考慮しなかった従来の理解とは大きく異なるものであると予想され，5章ではその実態が詳しく解説されている．

3 新たな課題

　本巻を通して見てみると，進化生物学と群集生態学のつながりの研究ははじまったばかりであり，これまでのさまざまな試行錯誤や，これから取り組まなければならない課題が随所に見える．ここでは，各章での議論から導かれる将来の課題を整理してみたい．

(1) さまざまな相互作用への適応の影響

　表現型可塑性や迅速な進化による短い時間スケールで起こる適応の研究は，これまでおもに捕食や植食などの「消費」の相互作用を対象にしたものが多かった．これに比べて，競争や共生などの相互作用における表現型可塑性や迅速な進化の報告例は少なく，生物群集において時間スケールの短い適応がどれほど一般的な現象なのかは，まだよくわかっていない．一方，種分化などに見られる長い時間スケールで起こる適応は，「競争」の結果としての形質置換や適応放散の問題として取り上げられてきた．最近では「共生」に関わる適応も注目されているが，食う-食われる関係が原因となった大進化を調べた研究はまだ少ない．このように，適応との関連が調べられた相互作用はまだ特定のものに偏っており，生物群集で見られるさまざまな種類の相互作用に適応が同じように重要な役割を果たすのかどうかは，将来に取り組むべき大きな課題である．

(2) 多種系の動態への適応の影響

　相互作用において見られる適応反応は，これまでおもに少数種を対象にしていたため，少数種間の相互作用の改変とそれに伴う個体群動態の変化が注目されてきた．しかし，野外の生物群集は多くの種から構成されており，少数種で見られた適応による相互作用と個体群動態の改変は，多数種からなる生物群集では異なったものになるだろう．一方，実証研究では取り扱う種数が多くなるほど研究が困難になるので，多数種からなる生物群集において，それぞれの種に見られる適応が群集全体の動態にどのような影響を与えるか

を調べることは難しい．そこで，数理モデルを使った理論研究が大きな役割を果たすことになる．たとえば，多種系の動態に対して適応がどのように影響するかの予測がすでに提示されており（Kondoh 2003a），この数理モデルによる予測をいかにして検証するかが，新しい研究の一つとして求められている．少数種での研究方法をそのまま多種系に拡張するのとは違う新たな方法論の開拓が望まれる．

(3) 系統的・生物地理的な制約と生態的・局所的な制約の相対的な重要性

それぞれの地域に見られる局所群集が，生物間相互作用や環境と生物の関係など生物群集の内部ではたらくメカニズムだけでなく，その地域における過去の系統進化の歴史や他の地域で進化した生物の移動分散にも影響を受けることがわかってきた（たとえば，McPeek and Miller 1996; Webb et al. 2006）．しかし，新しく注目されている系統進化や生物地理による制約と，これまで認識されてきた局所的な生態条件による制約の重要性を比較した研究例は少ない．おそらく，系統的・生物地理的な制約が強くはたらく群集と生態的・局所的な制約が重要な群集は両極端であり，多くの生物群集はその中間に位置しているだろう．しかし，どのような条件ではどちらの制約が強くはたらくかについてはほとんど理解されていない．さらに，これまでの多くの研究では少数の形質だけに注目しており，生物のもつ複数の形質によって決まる表現型あるいはニッチの実態が，系統的・生物地理的な制約と生態的・局所的な制約をどのように受けるのかはわかっていない．このように，今後取り組むべき課題は多い．

(4) 多種系における適応

生物の適応はこれまで，少数種の直接に関係する相互作用において調べられてきた．一方，自然の生物群集では，ある生物は他の多くの生物と相互作用をもっており，少数種としか相互作用しない種はむしろ例外であろう．また，直接相互作用する2種は独立して存在するのではなく，より大きな群集の中で関係をもって共存している．多くの生物と相互作用する場合には，あ

る特定の生物と相互作用する場合に比べて，異なる自然淘汰がはたらくと予想される．多種系では，ある生物に対する適応は，他の生物に対する不適応をもたらすというトレードオフが生じやすいだろう．逆に，多くの種との相互作用に対して，いずれにも適応的な形質があるならば，そのような形質がすみやかに選択されるだろう．このように，多種と関係する生物群集の中で生物がどのような適応反応を見せるのかは，将来に取り組むべき重要な課題の一つである．さらに，多種系においては，ある2種間に生じる効果は直接・間接のさまざまな経路を通って他の種にも伝達される．このような状況では，2種間の関係も生物群集の特徴とともに変化する可能性がある．では，群集構造と淘汰圧のあいだにはどのような関係が生じるのだろうか，そして，どの効果の経路がより強い淘汰圧を与えるのだろうか．これらも将来に解決されるべき重要な課題であろう．

(5) 大進化をもたらした生物群集

　系統樹に刻まれた大進化（種分化と絶滅）が生じた過程については，ある特定の分類群の系統樹において生物の生態的な特徴を代表する少数の形質から解き明かされることが多かった．しかし，生物群集を構成する分類群は数多く，その分類群の内外の種間で見られる生物間相互作用が種分化や絶滅を引き起こすはずである．したがって，大進化が引き起こされた当時の生物群集の実態を明らかにすることなしには，系統樹に刻まれた進化の全体像を理解することは難しい．ゲノミクスに見られる近年の技術発展は，生物群集に属するすべての分類群についての分子系統樹を明らかにできるような研究環境が近い将来にも実現できることを期待させる．生物群集の構成を決定づけるような重要な形質の進化がわかれば，過去の生物群集における生態的条件をある程度再現することができ，その当時に起こった大進化の理解につながる可能性がある．

4 あらためて適応とは?

　本巻では，表現型可塑性や迅速な進化という短い時間スケールでの適応と，種分化や絶滅を含む大進化という長い時間スケールでの適応の両方に注目してきた．進化生物学における適応とは，より大きな生涯繁殖成功（適応度）へ変化することを指す．適応をもたらす形質を獲得することにより，生物はより多くの子孫を残せるのである．ある生態的条件から別の生態的条件へ変化したとき，生物は形質を変化させて適応し，新しい条件で最適な表現型を実現させるだろう．野外の生物は与えられた生態的条件に対して最適な適応を実現させていると仮定しがちだが，実際は必ずしもそうとは限らない．ここでは，そのような観点から，適応についてあらためて議論してみたい．

(1) 変異 —— 適応をもたらす源

　個体群の中に見られる形質の変異は，生物の適応をもたらす源である．形質の変異がなければ，ある生態的条件から別の条件への変化に生物が適応的に対応することはできない．適応進化が起こるためには，個体群の中に遺伝的変異がなくてはならない．また，可塑的に形質を変化させることができなければ，ある遺伝子型の適応度は生態的条件の変化をまともに受けて翻弄されるだろう．このように，遺伝的変異と表現型可塑性は，生物に適応をもたらす原動力なのである．
　適応を理解するためには，遺伝的変異と表現型可塑性が維持されるメカニズムを知ることが重要である．遺伝的変異（すなわち遺伝的な多様性）の維持には，これまで多くの研究により調べられてきた種多様性の維持と同様のメカニズムがはたらく可能性がある．種多様性の維持には，安定化のメカニズムと均等化のメカニズムが知られている（Chesson 2000）．安定化のメカニズムでは，異なるニッチの間にトレードオフがあり，あるニッチだけがいつも有利（適応的）になることはなく，異なるニッチが異なる時間や空間で有利になり共存することができる．さまざまなニッチのトレードオフや，異なる時間や空間で有利になる形質が変わるような，多くの事例が知られている．

一方，均等化のメカニズムでは，ニッチの間に有利さ（適応度）の違いがほとんど（あるいはまったく）なく，そのために競争排除に必要な時間がとても（無限に）長くなり，共存が可能になる．これらの種多様性を維持するのと同じようなメカニズムがはたらいて，遺伝的な多様性が維持されるのかもしれない．

ところで，遺伝的変異の維持と進化による適応は，実は相反している．遺伝的変異がなければ適応進化は起きない．個体群の中に遺伝的変異があれば適応進化は起こりうるが，変異がない場合には組み換えや突然変異，あるいは遺伝子流動によって新しい遺伝子型が供給され変異が生み出されない限り適応進化は起きない．この意味で，遺伝的変異は適応進化の源である．逆に，適応進化はある特定の遺伝子型を選択することにより，遺伝的変異を減少させる．このように，遺伝的変異の維持と進化による適応は相互に影響しあい，それぞれを独立にとらえるのではなく，両者の相互関係を理解する必要がある．

一方，表現型可塑性はどのように維持されるのだろうか．表現型可塑性をもつことが有利になるためには，先に述べた安定化のメカニズムが一世代の中ではたらく必要がある（Adler and Harvell 1990）．ある条件ではある表現型が有利になり，他の条件では別の表現型が有利になるというものである．可塑性による表現型の変異によって生物が適応しているという事例は多くの生物で知られている（たとえば，Tollrian and Harvell 1999）．それに比べて，同一の遺伝子セットをもつ遺伝子型の間で，表現型の差異がどのような発生・生理・認知のメカニズムにより生み出されるかについてはまだ知見が少ない．また，遺伝的同化（genetic assimilation, genetic accommodation）により可塑性が失われたり獲得されたりすることがあり，表現型と遺伝子型の関係は固定されたものではなく，互いに影響しあいながら変化する．近年の進化発生学（いわゆるエボデボ）や神経生理学，あるいは認知科学は，形態や行動に見られる可塑性がどのように生み出されるかを解き明かしつつあり，将来の発展が期待される．

このように，適応をもたらす源である変異が遺伝的にあるいは可塑的にどのように維持されるかを知ることは重要であり，変異（多様性）を生み出す

過程と適応（選択）の過程は相互に影響を与えあう関係として理解することが大事である．

(2) 適応と不適応

可塑性や進化による適応は，生物にとって最適な状態をいつももたらすわけではない．理論的には，生物はそれが生息する場所の生態的条件にうまく適応し，その場所で最適な形質を備えていると予想される．しかし実際には，それぞれの場所での適応がいつも実現しているわけではない（たとえば，Dybdahl and Storfer 2003）．さらに，不適応をもたらすさまざまな要因も知られている．実際の生物で適応と不適応がどのような条件で起こるのかは，今後に残された重要な研究課題である．

ある場所への生物の移入とその後の交配は，遺伝子流動をもたらす．遺伝子流動によって運ばれてくる新しい形質は，しばしば移動先の集団では不適応になる（5章）．一方，遺伝子流動によってより適応的な形質が持ち込まれて，局所適応を促進するはたらきもありうるだろう．さらに，形質間のトレードオフも不適応をもたらすことがある．ある形質については適応的であるが，その形質とトレードオフの関係にある別の形質は不適応になる．トレードオフは，両方の形質がその場所で適応的になることを妨げる．発生的な制約があると，ある生態的条件に適応的な形質をもつ生物は，生態的条件が変化したときに，発生を逆戻りさせて新しい条件に適応的な形質を発達させることができない．このような要因により，可塑性や進化による適応がいつも最適な状態をもたらすわけではないことに注意しなければならない．

(3) 広義の適応

本巻で議論されている形質（性質）の変化は，可塑性や進化による適応がもたらすものであり，個体や個体群レベルでの性質の変化に注目している．しかし，性質の変化はこれらより高次のレベルについても考えることができる．たとえば，同じ餌資源を利用する複数の種からなるギルドを考えてみよう．ギルドレベルでの平均性質はそれぞれの構成種がもつ形質に依存しており，ギルド内の種組成が変われば，当然ギルドレベルでの平均性質も変化す

る．このとき，このギルドとそれが利用する餌生物の相互関係は，ギルドの平均性質に影響を受けて変化するだろう．

同じような理論的枠組みは，異なるギルドから構成されるより高次レベルの生物群集にも適用できる．ギルドの構成が変化すれば，ギルドから構成される生物群集レベルの性質（あるいは機能）も変化し，その結果，生物群集での動態や生態系機能が影響を受けると考えられる．たとえば，有機物の分解を担う細菌の生物群集を考えるとき，異なる有機物を特異的に分解できるギルド（複数の細菌種から構成される）がいくつか存在する．細菌群集の生態系機能（たとえば，全有機物の分解速度）は，細菌群集がどのようなギルドによって構成されるか，言い換えれば，細菌群集の性質やその多様性に大きく依存するだろう．

高次の生物学的レベルにおける生態系過程や群集動態の変化は，種構成やギルド構成といった低次レベルの「要素」が変化することによってもたらされる．構成要素の変化が高次レベルの性質（あるいは機能）を決めるという意味では，個体群レベルにおける形質変化と同様の枠組みは，さまざまな生物学的レベルにおいて広く見出されるだろう．そこには，性質の異なる構成要素がある場合には，生物がおかれた生態的条件に応じて要素の頻度が変化し，高次レベルの特徴を変えてしまうという，共通のメカニズムが浮かび上がってくる．

群集レベルの性質の変化は，個体から個体群レベルの形質変化と比較して，時間のかかる過程であろう．一方，群集の構成種間での性質のばらつきは，種内のばらつきより大きいはずである．したがって，ギルドや生物群集での性質変化をもたらす種構成の変化は，個体や個体群レベルより規模の大きい性質変化をもたらすかもしれない．

5 おわりに

本巻は，群集生態学と進化生物学をつなぐことで生み出されるさまざまな新しい視点を提供している．適応を考えることではじめて見えてくる生物

群集の過程や，逆に生物群集を理解することで見えてくる適応の現象が，それぞれの章で解説されている．しかし，群集生態学と進化生物学の融合への取組みはようやく始まったばかりである．これまで独自に発展してきた分野を融合することで私たちの生物に対する理解がどのくらい深まるのかは，将来の研究が解き明かす内容にかかっている．群集生態学と進化生物学の融合は，生態学の基盤を大きく発展させるだけでなく，新たな生態学の発展は人間社会が直面するさまざまな応用的課題に対してもこれまで以上の大きな貢献を期待することができる．たとえば，外来種の侵入において外来種や在来種に見られる適応が，外来種の侵入成功や在来種への外来種の影響に関係する可能性が指摘されている（たとえば，Sakai et al. 2001; Yoshida et al. 2007）．また，人間活動による急速な環境改変は生物に対して強い淘汰圧をかけるだろう．群集生態学と進化生物学の融合は，基礎科学的にも応用科学的にも群集生態学のフロンティアであり，これまで以上に活発な研究が遂行されることを大いに期待したい．

引用文献

Abrams, P.A. (1983) The theory of limiting similarity. Annual Review of Ecology and Systematics, 14: 359−376.

Abrams, P.A. (1990) Ecological vs. evolutionary consequences of competition. Oikos, 57: 147−151.

Abrams, P.A. (1999) The adaptive dynamics of consumer choice. The American Naturalist, 153: 83−97.

Abrams, P.A. (2000) The evolution of predator-prey interactions: theory and evidence. Annual Review of Ecology and Systematics, 31: 79−105.

Abrams, P.A. (2001) Modelling the adaptive dynamics of traits involved in inter- and intraspecific interactions: an assessment of three models. Ecology Letters, 4: 166−175.

Abrams, P.A. (2005) 'Adaptive Dynamics' vs. 'adaptive dynamics'. Journal of Evolutionary Biology, 18: 1162−1165.

Abrams, P.A. (2007) Defining and measuring the impact of dynamic traits on intraspecific interactions. Ecology, 88: 2555−2562.

Abrams, P.A. and Matsuda, H. (1996) Positive indirect effects between prey species that share predators. Ecology, 77: 610−616.

Abrams, P.A. and Matsuda, H. (1997) Prey adaptation as a cause of predator-prey cycles. Evolution, 51: 1742−1750.

Abrams, P.A. and Matsuda, H. (2004) Consequences of behavioral dynamics for the population dynamics of predator-prey systems with switching. Population Ecology, 46: 13−25.

Abrams, P.A., Matsuda, H. and Harada, Y. (1993) Evolutionarily unstable fitness maxima and stable fitness minima of continuous traits. Evolutionary Ecology, 7: 465−487.

Abrams, P.A., Menge, B.A., Mittelbach, G.G., Spiller, D. and Yodzis, P. (1996) The role of indirect effects in food webs. pp. 371−395. In Polis, G. and Winemiller, K. (eds.), Food Webs: Dynamics and Structure. Chapman and Hall, New York, USA.

Ackerly, D.D. (2003) Community assembly, niche conservatism, and adaptive evolution in changing environments. International Journal of Plant Sciences, 164: S165−S184.

Ackerly, D.D., Schwilk, D.W. and Webb, C.O. (2006) Niche evolution and adaptive radiation: testing the order of trait divergence. Ecology, 87: S50−S61.

Adler, F.R. and Harvell, C.D. (1990) Inducible defenses, phenotypic variability and biotic environments. Trends in Ecology and Evolution, 5: 407−410.

Agrawal, A.A. (2001) Phenotypic plasticity in the interactions and evolution of species. Science, 294: 321−326.

Agrawal, A.A. (2003) Community genetics: new insights into community ecology by integrating population genetics. Ecology, 84: 543−544.

Agrawal, A.A., Ackerly, D.D., Adler, F., Arnold, A.E., Cáceres, C., Doak, D.F., Post, E., Hudson, P. J., Maron, J., Mooney, K.A., Power, M., Schemske, D., Stachowicz, J., Strauss, S., Turner, M.

G. and Werner, E. (2007) Filling key gaps in population and community ecology. Frontiers in Ecology and the Environment, 5: 145-152.

Agrawal, A.A., Laforsch, C. and Tollrian, R. (1999) Transgenerational induction of defences in animals and plants. Nature, 401: 60-63.

Albertson, R.C., Markert, J.A., Danley, P.D. and Kocher, T.D. (1999) Phylogeny of a rapidly evolving clade: the cichlid fishes of Lake Malawi, East Africa. Proceedings of the National Academy of Sciences of the United States of America, 96: 5107-5110.

Allmon, W.D., Rosenberg, G., Portell, R.W. and Schindler, K.S. (1993) Diversity of Atlantic coastal plain mollusks since the Pliocene. Science, 260: 1626-1628.

Alroy, J. (1999) Putting North America's end-Pleistocene megafaunal extinction in context: large-scale analyses of spatial patterns, extinction rates, and size distributions. pp. 105-143. In MacPhee, R.D.E. (ed.), Extinctions in Near Time: Causes, Contexts, and Consequences. Kluwer Academic, New York, USA.

Alroy, J. (2001) A multispecies overkill simulation of the end-Pleistocene megafaunal mass extinction. Science, 292: 1893-1896.

Altwegg, R., Marchinko, K.B., Duquette, S.L. and Anholt, B.R. (2004) Dynamics of an inducible defence in the protist *Euplotes*. Archiv für Hydrobiologie, 160: 431-446.

Alvarez, L.W., Alvarez, W., Asaro, F. and Michel, H.V. (1980) Extraterrestrial cause for the Cretaceous-Tertiary extinction. Science, 208: 1095-1108.

Anderson, L.C. (2001) Temporal and geographic size trends in Neogene Corbulidae (Bivalvia) of tropical America: using environmental sensitivity to decipher causes of morphologic trends. Palaeogeography, Palaeoclimatology, Palaeoecology, 166: 101-120.

Anderson, T.M., Lachance, M.A. and Starmer, W.T. (2004) The relationship of phylogeny to community structure: the cactus yeast community. The American Naturalist, 164: 709-721.

Antonovics, J. (1992) Toward community genetics. pp. 195-215. In Fritz, R.S. and Simms, E.L. (eds.), Plant Resistance to Herbivores and Pathogens: Ecology, Evolution, and Genetics. The University of Chicago Press, Chicago, USA.

青木誠志郎・横山潤（2007）共進化：植物と細菌，真菌，昆虫の相互作用を中心に．『植物の進化』（清水健太郎・長谷部光泰編）pp. 196-205　秀潤社，東京．

Applebaum, S.W. and Heifetz, Y. (1999) Density-dependent physiological phase in insects. Annual Review of Entomology, 44: 317-341.

荒木仁志（2007）シロイヌナズナ：病原菌相互作用にみる自然選択．『植物の進化』（清水健太郎・長谷川光泰編）pp. 124-131　秀潤社，東京．

Archibald, J.D. (1996) Dinosaur Extinction and the End of an Era. Columbia University Press, New York, USA.

Arditi, R. and Michalski, J. (1996) Nonlinear food web models and their responses to increased basal productivity. pp. 122-133. In Polis, G.A. and Winemiller, K.O. (eds.) Food Webs: Integration to Patterns and Dynamics. Chapman and Hall. New York, USA.

Armbrust, E.V., Berges, J.A., Bowler, C., Green, B.R., Martinez, D., Putnam, N.H., Zhou, S.G., Allen, A.E., Apt, K.E., Bechner, M., Brezinski, M.A., Chaal, B.K., Chiovitti, A., Davis, A.K., Demarest, M.S., Detter, J.C., Glavina, T., Goodstein, D., Hadi, M.Z., Hellsten, U., Hildebrand, M., Jenkins, B.D., Jurka, J., Kapitonov, V.V., Kroger, N., Lau, W.W.Y., Lane, T.W., Larimer, F.W., Lippmeier, J.C., Lucas, S., Medina, M., Montsant, A., Obornik, M., Parker, M.S., Palenik, B., Pazour, G.J., Richardson, P.M., Rynearson, T.A., Saito, M.A., Schwartz, D.C., Thamatrakoln, K., Valentin, K., Vardi, A., Wilkerson, F.P. and Rokhsar, D.S. (2004) The genome of the diatom *Thalassiosira pseudonana*: ecology, evolution, and metabolism. Science, 306: 79–86.

Bailey, J.K., Wooley, S.C., Lindroth, R.L. and Whitham, T.G. (2006) Importance of species interactions to community heritability: a genetic basis to trophic-level interactions. Ecology Letters, 9: 78–85.

Bailey, J.K., Schweitzer, J.A., Rehill, B.J., Lindroth, R.L., Martinsen, G.D. and Whitham, T.G. (2004) Beavers as molecular geneticists: a genetic basis to the foraging of an ecosystem engineer. Ecology, 85: 603–608.

Baldwin, B.G. (1997) Adaptive radiation of the Hawaiian silversword alliance: congruence and conflict of phylogenetic evidence from molecular and non-molecular investigations. pp. 103–128. In Givnish, T.J. and Sytsma, K.J. (eds.), Molecular Evolution and Adaptive Radiation. Cambridge University Press, Cambridge, UK.

Bambach, R.K. (1985) Classes and adaptive variety: the ecology of diversification in marine faunas through the Phanerozoic. pp. 191–253. In Valentine, J.W. (ed.), Phanerozoic Diversity Patterns: Profiles in Macroevolution. Princeton University Press, Princeton, USA.

Bambach, R.K., Knoll, A.H. and Wang, S.C. (2004) Origination, extinction, and mass depletions of marine diversity. Paleobiology, 30: 522–542.

Bangert, R.K., Turek, R.J., Rehill, B., Wimp, G.M., Schweitzer, J.A., Allan, G.J., Bailey, J.K., Martinsen, G.D., Keim, P., Lindroth, R.L. and Whitham, T.G. (2006) A genetic similarity rule determines arthropod community structure. Molecular Ecology, 15: 1379–1391.

Barbosa, P. and Castellanos, I. (2005) Ecology of Predator-Prey Interactions. Oxford University Press, Oxford, UK.

Barraclough, T.G. and Nee, S. (2001) Phylogenetics and speciation. Trends in Ecology and Evolution, 16: 391–399.

Barraclough, T.G., Harvey, P.H. and Nee, S. (1995) Sexual selection and taxonomic diversity in passerine birds. Proceedings of the Royal Society, Series B, 259: 211–215.

Barry, M.J. and Bayly, I.A.E. (1985) Further-studies on predator induction of crests in Australian *Daphnia* and the effects of crests on predation. Australian Journal of Marine and Freshwater Research, 36: 519–535.

Barton, N.H. and Polechová, J. (2005) The limitations of adaptive dynamics as a model of evolution. Journal of Evolutionary Biology, 18: 1186–1190.

Bechsgaard, J.S., Castric, V., Charlesworth, D., Vekemans, X. and Schierup, M.H. (2006) The transition to self-compatibility in *Arabidopsis thaliana* and evolution within S-haplotypes over 10 Myr. Molecular Biology and Evolution, 23: 1741-1750.

Beckerman, A.P., Uriarte, M. and Schmitz, O.J. (1997) Experimental evidence for a behavior-mediated trophic cascade in a terrestrial food chain. Proceedings of the National Academy of Sciences of the United States of America, 94: 10735-10738.

Beckerman, A.P., Petchey, O.L. and Warren, P.H. (2006) Foraging biology predicts food web complexity. Proceedings of the National Academy of Sciences of the United States of America, 103: 13745-13749.

Begon, M., Harper, J.L. and Townsend, C.R. (2003)『生態学：個体・個体群・群集の科学（原著第三版）』（堀道雄監訳）京都大学学術出版会，京都．［原著 1996 年］

Beisner, B.E., Ives, A.R. and Carpenter, S.R. (2003) The effects of an exotic fish invasion on the prey communities of two lakes. Journal of Animal Ecology, 72: 331-342.

Bell, G. (2005) The co-distribution of species in relation to the neutral theory of community ecology. Ecology, 86: 1757-1770.

Benard, M.F. (2004) Predator-induced phenotypic plasticity in organisms with complex life histories. Annual Review of Ecology, Evolution, and Systematics, 35: 651-673.

Benderoth, M., Textor, S., Windsor, A.J., Mitchell-Olds, T., Gershenzon, J. and Kroymann, J. (2006) Positive selection driving diversification in plant secondary metabolism. Proceedings of the National Academy of Sciences of the United States of America, 103: 9118-9123.

Benkman, C.W. (1999) The selection mosaic and diversifying coevolution between crossbills and lodgepole pine. The American Naturalist, 153: S75-S91.

Benkman, C.W. (2003) Divergent selection drives the adaptive radiation of crossbills. Evolution, 57: 1176-1181.

Benkman, C.W., Holimon, W.C. and Smith, J.W. (2001) The influence of a competitor on the geographic mosaic of coevolution between crossbills and lodgepole pine. Evolution, 55: 282-294.

Bentley, D.R. (2006) Whole-genome re-sequencing. Current Opinion in Genetics and Development, 16: 545-552.

Benton, M.J. (1990). The causes of the diversification of life. pp. 409-430. In Taylor, P.D. and Larwood, G.P. (eds.), Major Evolutionary Radiations. Clarendon Press, Oxford, UK.

Benton, M.J. (1991) Extinction, biotic replacements, and clade interactions. pp. 89-102. In Dudley, E.C. (ed.), The Unity of Evolutionary Biology. Dioscorides Press, Portland, USA.

Benton, M.J. (2001) Diversity and extinction in the history of life. pp. 52-58. In Briggs, G.E.D. and Crowther, P.R. (eds.), Palaeobiology II. Blackwell Science, Oxford, UK.

Berenbaum, M.R. and Zangerl, A.R. (2006) Parsnip webworms and host plants at home and abroad: trophic complexity in a geographic mosaic. Ecology, 87: 3070-3081.

Berger, J., Swenson, J.E. and Persson, I.-L. (2001) Recolonizing carnivores and naïve prey:

conservation lessons from Pleistocene extinctions. Science, 291: 1036−1039.

Biesmeijer, J.C., Robert, S.P.M., Reemer, M., Ohlemüller, R., Edwards, M., Peeters, T., Schaffers, A.P., Potts, S.G., Kleukers, R., Thomas, C.D., Settle, J. and Kunin, W.E. (2006) Parallel declines in pollinators and insect-pollinated plants in Britain and the Netherlands. Science, 313: 351−354.

Bininda-Emonds, O.R., Cardillo, M., Jones, K.E., MacPhee, R.D., Beck, R.M., Grenyer, R., Price, S.A., Vos, R.A., Gittleman, J.L. and Purvis, A. (2007) The delayed rise of present-day mammals. Nature, 446: 507−512.

Blackledge, T.A. and Gillespie, R.G. (2004) Convergent evolution of behavior in an adaptive radiation of Hawaiian web-building spiders. Proceedings of the National Academy of Sciences of the United States of America, 101: 16228−16233.

Bohannan, B.J.M. and Lenski, R.E. (2000) Linking genetic change to community evolution: insights from studies of bacteria and bacteriophage. Ecology Letters, 3: 362−377.

Böhm, M. and Mayhew. P.J. (2005) Historical biogeography and the evolution of the latitudinal gradient of species richness in the Papionini (Primata: Cercopithecidae). Biological Journal of the Linnean Society, 85: 235−246.

Bolger, T. (2001) The functional value of species biodiversity: a review. Biology and Environment: Proceedings of the Royal Irish Academy, 101B: 199−224.

Bolker, B., Holyoak, M., Křivan, V., Rowe, L. and Schmitz, O. (2003) Connecting theoretical and empirical studies of trait-mediated interactions. Ecology, 84: 1101−1114.

Bolnick, D.I., Svanbäck, R., Fordyce, J.A., Yang, L.H., Davis, J.M., Hulsey C.D. and Forister, M.L. (2003) The ecology of individuals: incidence and implications of individual specialization. The American Naturalist, 161: 1−28.

Boonstra, R. and Boag, P.T. (1987) A test of the Chitty hypothesis: inheritance of life-history traits in meadow voles (*Microtus pennsylvanicus*). Evolution, 41: 929−947.

Borrvall, C., Ebenman, B. and Jonsson, T. (2000) Biodiversity lessens the risk of cascading extinction in model food webs. Ecology Letters, 3: 131−136.

Botkin, D.B., Saxe, H., Araúo, M.B., Betts, R., Bradshow, R.H.W., Cedhagen, T., Chesson, P., Dawson, T.P., Etterson, J.R., Faith, D.P., Ferrier, S., Guisan, A., Hansen, A.S., Hilbert, D.W., Loehle, C., Margules, C., New, C., Sobel, M.J. and Stockwell, D.R.B. (2007) Forecasting the effects of global warming on biodiversity. BioScience, 57: 227−236.

Bottjer, D.J. (2001) Biotic recovery from mass extinctions. pp. 204−208. In Briggs, D. and Crowther, P. (eds.), Palaebiology II. Blackwell Science, Oxford, UK.

Bridle, J.R. and Vines, T.H. (2006) Limits to evolution at range margins: when and why does adaptation fail? Trends in Ecology and Evolution, 22: 140−146.

Brockhurst, M.A., Morgan, A.D., Rainey, P.B. and Buckling, A. (2003) Population mixing accelerates coevolution. Ecology Letters, 6: 975−979.

Brodie Jr., E.D., Ridenhour, B.J. and Brodie III., E.D. (2002) The evolutionary response of predators to dangerous prey: hotspots and coldspots in the geographic mosaic of coevolution between garter snakes and newts. Evolution, 56: 2067–2082.

Brodie III., E.D. and Ridenhour, B.J. (2003) Reciprocal selection at the phenotypic interface of coevolution. Integrative and Comparative Biology, 43: 408–418.

Broman, K.W., Wu, H., Sen, S. and Churchill, G.A. (2003) R/qtl: QTL mapping in experimental crosses. Bioinformatics, 19: 889–890.

Brooks, D.R. and McLennan, D.A. (1991) Phylogeny, Ecology, and Behavior: A Research Program in Comparative Biology. The University of Chicago Press, Chicago, USA.

Brooks, D.R. and McLennan, D.A. (2002) The Nature of Diversity : An Evolutionary Voyage of Discovery. The University of Chicago Press, Chicago, USA.

Brooks, J.L. (1957) The Systematics of North American *Daphnia*. The Academy, New Haven, USA.

Brown, C. and Laland, K. (2001) Social learning and life skills training for hatchery reared fish. Journal of Fish Biology, 59: 471–493.

Bull, J.J. (1987) Evolution of phenotypic variance. Evolution, 41: 303–315.

Bulmer, M. (1994) Theoretical Evolutionary Biology. Sinauer, Sunderland, USA.

Bultman, T.L., Bell, G. and Martin, W.D. (2004) A fungal endophyte mediates reversal of wound-induced resistance and constraints tolerance in a grass. Ecology, 85: 679–685.

Burnham, R.J. and Johnson, K.R. (2004) South American palaeobotany and the origins of neotropical rainforests. Philosophical Transactions of the Royal Society, Series B, 359: 1595–1610.

Caicedo, A.L. and Purugganan, M.D. (2005) Comparative plant genomics. Frontiers and prospects. Plant Physiology, 138: 545–547.

Cardillo, M. (1999) Latitude and rates of diversification in birds and butterflies. Proceedings of the Royal Society, Series B, 266: 1221–1225.

Cardillo, M., Orme, C.D.L. and Owens, I.P.F. (2005) Testing for latitudinal bias in diversification rates: an example using new world birds. Ecology, 86: 2278–2287.

Carsten, L.D., Watts, T. and Markow, T.A. (2005) Gene expression patterns accompanying a dietary shift in *Drosophila melanogaster*. Molecular Ecology, 14: 3203–3208.

Cavender-Bares, J., Ackerly, D.D., Baum, D.A. and Bazzaz, F.A. (2004) Phylogenetic overdispersion in Floridian oak communities. The American Naturalist, 163: 823–843.

Cavender-Bares, J., Keen, A. and Miles, B. (2006) Phylogenetic structure of Floridian plant communities depends on taxonomic and spatial scale. Ecology, 87: S109–S122.

Charnov, E.L. (1976a) Optimal foraging: attack strategy of a mantid. The American Naturalist, 110: 141–151.

Charnov, E.L. (1976b) Optimal foraging: the marginal value theorem. Theoretical Population Biology, 9: 129–136.

Chase, J.M. and Leibold, M.A. (2003) Ecological Niches: Linking Classical and Contemporary Approaches. The University of Chicago Press, Chicago, USA.

Chatterton, B.D.E. and Speyer. S.E. (1989) Larval ecology, life history strategies, and patterns of extinction and survivorship among Ordovician trilobites. Paleobiology, 15: 118−132.

Chesson, P. (2000) Mechanisms of maintenance of species diversity. Annual Review of Ecology and Systematics, 31: 343−366.

Chiba, S. (1998a) A mathematical model for long-term patterns of evolution: effects of environmental stability and instability on macroevolutionary patterns and mass extinctions. Paleobiology, 24: 336−348.

Chiba, S. (1998b) Synchronized evolution in lineages of land snails in an oceanic island. Paleobiology, 24: 99−108.

Chiba, S. (1999) Accelerated evolution of land snails *Mandarina* in the oceanic Bonin Islands: evidence from mitochondrial DNA sequences. Evolution, 53: 460−471.

Chiba, S. (2004) Ecological and morphological patterns in communities of land snails of the genus *Mandarina* from the Bonin Islands. Journal of Evolutionary Biology, 17: 131−143.

Chiba, S. (2007) Species richness patterns along environmental gradients in island land molluscan fauna. Ecology, 88: 1738−1746.

Chitty, D. (1952) Mortality among voles (*Microtus agrestis*) at Lake Vyrnwy, Montgomeryshire, in 1936−1939. Philosophical Transactions of the Royal Society, Series B, 263: 505−552.

Clark, C.W. and Mangel, M. (2000) Dynamic State Variable Models in Ecology. Oxford University Press, Oxford, UK.

Clauss, M.J., Dietel, S., Schubert, G. and Mitchell-Olds, T. (2006) Glucosinolate and trichome defenses in a natural *Arabidopsis lyrata* population. Journal of Chemical Ecology, 32: 2351−2373.

Clay, K., Holah, J. and Rudgers, J.A. (2005) Herbivores cause a rapid increase in hereditary symbiosis and alter plant community composition. Proceedings of the National Academy of Sciences of the United States of America, 102: 12465−12470.

Cohen, D. and Levin, S. (1991) Dispersal in patchy environments: the effect of temporal and spatial structure. Theoretical Population Biology, 39: 63−99.

Cole, L.C. (1954) The population consequences of life history phenomena. Quarterly Review of Biology, 29: 103−137.

Connell, J.H. (1980) Diversity and coevolution of competitors, or the ghost of competition past. Oikos, 35: 131−138.

Coote, T. and Loève, E. (2003) From 61 species to five: endemic tree snails of the Society Islands fall prey to an ill-judged biological control programme. Oryx, 37: 91−96.

Coxall, H.K., d'Hondt, S. and Zachos, J.C. (2006) Pelagic evolution and environmental recovery after the Cretaceous-Paleogene mass extinction. Geology, 34: 297−300.

Cox-Foster, D.L., Conlan, S., Holmes, E.C., Palacios, G., Evans, J.D., Moran, N.A., Quan, P.L., Briese, T., Hornig, M., Geiser, D.M., Martinson, V., Vanengelsdorp, D., Kalkstein, A.L., Drysdale, A., Hui, J., Zhai, J., Cui, L., Hutchison, S.K., Simons, J.F., Egholm, M., Pettis, J.S.

and Lipkin, W.I. (2007) A metagenomic survey of microbes in honey bee colony collapse disorder. Science, 318: 283-287.

Coyne, J.A. and Orr, H.A. (1989) Patterns of speciation in *Drosophila*. Evolution, 43: 362-381.

Coyne, J.A. and Orr, H.A. (1997) 'Patterns of speciation in *Drosophila*' revisited. Evolution, 51: 295-303.

Coyne, J.A. and Orr, H.A. (2004) Speciation. Sinauer, Sunderland, USA.

Craig, T.P. (2007) Evolution of plant-mediated interactions among natural enemies. pp. 331-353. In Ohgushi, T., Craig, T.P. and Price, P.W. (eds.), Ecological Communities: Plant Mediation in Indirect Interaction Webs. Cambridge University Press, Cambridge, UK.

Craig, T.P., Itami, J.K. and Horner, J.D. (2007) Geographic variation in the evolution and coevolution of a tritrophic interaction. Evolution, 61: 1137-1152.

Crame, J.A. (2000) Evolution of taxonomic diversity gradients in the marine realm: evidence from the composition of recent bivalve faunas. Paleobiology, 26: 188-214.

Crame, J.A. (2002) Evolution of taxonomic diversity gradients in the marine realm: a comparison of Late Jurassic and Recent bivalve faunas. Paleobiology, 28: 184-207.

Croll, D.A., Maron, J.L., Estes, J.A., Danner, E.M. and Byrd, G.V. (2005) Introduced predators transform subarctic islands from grasslands to tundra. Science, 307: 1959-1961.

Crutsinger, G.M., Collins, M.D., Fordyce, J.A., Gompert, Z., Nice, C.C. and Sanders, N.J. (2006) Plant genotypic diversity predicts community structure and governs an ecosystem process. Science, 313: 966-968.

Currie, D.J. (1991) Energy and large-scale patterns of animal and plant species richness. The American Naturalist, 137: 27-49.

Currie, D.J., Mittelbach, G.G., Cornell, H.V., Field, R., Guegan, J.F., Hawkins, B.A., Kaufman, D.M., Kerr, J.T., Oberdorff, T., O'Brien, E. and Turner, J.R.G. (2004) Predictions and tests of climate-based hypotheses of broad-scale variation in taxonomic richness. Ecology Letters, 7: 1121-1134.

Currie, C.R., Poulsen, M., Mendenhall, J., Boomsma, J.J. and Billen, J. (2006) Coevolved crypts and exocrine glands support mutualistic bacteria in fungus-growing ants. Science, 311: 81-83.

Dalin, P. and Bjorkman, C. (2003) Adult beetle grazing induces willow trichome defence against subsequent larval feeding. Oecologia, 134: 112-118.

Darwin, C. (1859) On the Origin of Species by Means of Natural Selection, or the Preservation of Favoured Races in the Struggle for Life. John Murray, London, UK.

Darwin, C. (1862) On the Various Contrivances by Which British and Foreign Orchids are Fertilized by Insects. Murray, London, UK.

ダーウィン, C. (2000)『植物の受精』(矢原徹一訳) 文一総合出版, 東京. [原著 1876 年]

Davies, S.J., Lum, S.K.Y., Chan, R. and Wang, L.K. (2001) Evolution of myrmecophytism in western Malesian *Macaranga* (Euphorbiaceae). Evolution, 55: 1542-1559.

Davies, T.J. Savolainen, V., Chase, M.W., Moat, J. and Barraclough, T.G. (2004) Environmental energy and evolutionary rates in flowering plants. Proceedings of the Royal Society, Series B, 271: 2195−2200.

Davis, C.C., Webb, C.O., Wurdack, K.J., Jaramillo, C.A. and Donoghue, M.J. (2005) Explosive radiation of Malpighiales supports a mid-Cretaceous origin of modern tropical rain forests. The American Naturalist, 165: E36−E65.

Dawkins, R. (1982) The Extended Phenotype. Oxford University Press, New York, USA.

Dawkins, R. and Wong, Y. (2004) The Ancestor's Tale: A Pilgrimage to the Dawn of Evolution. Houghton Mifflin, London, UK.

Dawkins, R. and Krebs, J.R. (1979) Arms races between and within species. Proceedings of the Royal Society, Series B, 205: 489−511.

DeAngelis, D.L. (1975) Stability and connectance in food web models. Ecology, 56: 238−243.

Delsuc, F., Vizcaíno, S.F., and Douzery, E.J.P. (2004) Influence of Tertiary paleoenvironnemental changes on the diversification of South American mammals: a relaxed molecular clock study within xenarthrans. BMC Evolutionary Biology, 4: 11.

Denno, R.F., Peterson, M.A., Gratton, C., Cheng, J., Langellotto, G.A., Huberty, A.F. and Finke, D. L. (2000) Feeding-induced changes in plant quality mediate interspecific competition between sap-feeding herbivores. Ecology, 81: 1814−1827.

Denver, D.R., Morris, K., Streelman, J.T., Kim, S.K., Lynch, M. and Thomas, W.K. (2005) The transcriptional consequences of mutation and natural selection in *Caenorhabditis elegans*. Nature Genetics, 37: 544−548.

de Witt, C.T. (1966) Competition between legumes and grasses. Verslagen van Landbouwkundige Onderzoekingen, 687: 3−30.

DeWitt, T.J. (1998) Costs and limits of phenotypic plasticity: tests with predator-induced morphology and life history in a freshwater snail. Journal of Evolutionary Biology, 11: 465−480.

DeWitt, T.J. and Scheiner, S.M. (2004) Phenotypic Plasticity. Oxford University Press, Oxford, UK.

DeWitt, T.J., Sih, A. and Wilson, D.S. (1998) Costs and limits of phenotypic plasticity. Trends in Ecology and Evolution, 13: 77−81.

D'Hondt, S. (2005) Consequences of the Cretaceous/Paleogene mass extinction for marine ecosystems. Annual Reviews of Ecology, Evolution and Systematics, 36: 295−317.

D'Hondt, S., Donaghay, P., Zachos, J.C., Luttenberg, D. and Lindinger, M. (1998) Organic carbon fluxes and ecological recovery from the Cretaceous-Tertiary mass extinction. Science, 282: 276−279.

Dicke, M. and Van Poecke, R.M.P. (2001) Signalling in plant-insect interactions: signal transduction in direct and indirect plant defense. pp. 289−316. In Schell, D. and Wasternack, C. (eds.), Plant Signal Transduction. Oxford University Press, Oxford, UK.

Dickson, L.L. and Whitham, T.G. (1996) Genetically-based plant resistance traits affect arthropods, fungi, and birds. Oecologia, 106: 400−406.

Dieckmann, U. and Doebeli, M. (1999) On the origin of species by sympatric speciation. Nature, 400: 354–357.

Dieckmann, U. and Law, R. (1996) The dynamical theory of coevolution: a derivation from stochastic ecological processes. Journal of Mathematical Biology, 34: 579–612.

Dieckmann, U., Doebeli, M., Metz, J.A.J. and Tautz, D. (2004) Adaptive Speciation. Cambridge University Press, Cambridge, UK.

Dill, L.M., Heithaus, M.R. and Walters, C.J. (2003) Behaviorally mediated indirect interactions in marine communities and their conservation implications. Ecology, 84: 1151–1157.

Dillehay, T.D. (1999) The late Pleistocene cultures of South America. Evolutionary Anthropology, 7: 206–216.

Dodd, M.E., Silvertown, J. and Chase, M.W. (1999) Phylogenetic analysis of trait evolution and species diversity variation among angiosperm families. Evolution, 53: 732–744.

Dodson, S.I. (1989) The ecological role of chemical stimuli for the zooplankton-predator-induced morphology in *Daphnia*. Oecologia, 78: 361–367.

Doebeli, M. (1996) An explicit genetic model for ecological character displacement. Ecology, 77: 510–520.

Doherty Jr., P.F., Sorci, G., Royle, J.A., Hines, J.E., Nichols, J.D. and Bouliner, T. (2003) Sexual selection affects local extinction and turnover in bird communities. Proceedings of the National Academy of Sciences of the United States of America, 100: 5858–5862.

Dornelas, M., Connolly, S.R. and Hughes, T.P. (2006) Coral reef diversity refutes the neutral theory of biodiversity. Nature, 440: 80–82.

Duffy, M.A. and Sivars-Becker, L. (2007) Rapid evolution and ecological host-parasite dynamics. Ecology Letters, 10: 44–53.

Dukas, R. (2004) Evolutionary biology of animal cognition. Annual Review of Ecology, Evolution, and Systematics, 35: 347–374.

Dukas, R. and Bernays, E.A. (2000) Learning improves growth rate in grasshoppers. Proceedings of the National Academy of Sciences of the United States of America, 97: 2637–2640.

Dwyer, G., Levin, S.A. and Buttel, L. (1990) A simulation model of the population dynamics and evolution of myxomatosis. Ecological Monographs, 60: 423–447.

Dybdahl, M.F. and Lively, C.M. (1996) The geography of coevolution: comparative population structures for a snail and its trematode parasite. Evolution, 50: 2264–2275.

Dybdahl, M.F. and Storfer, A. (2003) Parasite local adaptation: Red Queen versus Suicide King. Trends in Ecology and Evolution, 18: 523–530.

Dyke, G.J. (2001) The evolutionary radiation of modern birds: systematics and patterns of diversification. Geological Journal, 36: 305–315.

Ebenman, B. and Jonsson, T. (2005) Using community viability analysis to identify fragile systems and keystone species. Trends in Ecology and Evolution, 20: 568–575.

Ebenman, B., Law, R. and Borrvall, C. (2004) Community viability analysis: the response of ecological communities to species loss. Ecology, 85: 2591-2600.

Ehrlich, P.R. and Raven, P.H. (1964) Butterflies and plants: a study in coevolution. Evolution, 18: 586-608.

Ellner, S. and Hairston Jr., N.G. (1994) Role of overlapping generations in maintaining genetic variation in a fluctuating environment. The American Naturalist, 143: 403-417.

Ellner, S. and Sasaki, A. (1996) Patterns of genetic polymorphism maintained by fluctuating selection with overlapping generations. Theoretical Population Biology, 50: 31-65.

Elton, C. (1924) Periodic fluctuations in the number of animals: their causes and effects. British Journal of Experimental Biology, 2: 119-163.

Elton, C. (1927) Animal Ecology. Sidgwick and Jackson, London, UK.

Elton, C. (1946) Competition and the structure of ecological communities. Journal of Animal Ecology, 15: 54-68.

Emlen, J.M. (1966) The role of time and energy in food preference. The American Naturalist, 100: 611-617.

Endler, J.A. (1986) Natural Selection in the Wild. Princeton University Press, Princeton, USA.

Enquist, B.J., Haskell, J.P. and Tiffney, B.H. (2002) General patterns of taxonomic and biomass partitioning in extant and fossil plant communities. Nature, 419: 610-613.

Erwin, D.H. (1993) The Great Paleozoic Crisis: Life and Death in the Permian. Columbia University Press, New York, USA.

Erwin, D.H. (1998) After the end: recovery from mass extinction. Science, 279: 1324-1325.

Erwin, D.H. (2001) Lessons from the past: biotic recoveries from mass extinctions. Proceedings of the National Academy of Sciences of the United States of America, 98: 5399-5403.

Eshel, I. (1983) Evolutionary and continuous stability. Journal of Theoretical Biology, 103: 99-111.

Estes, J.A. and Palmisano, J.F. (1974) Sea otters: their role in structuring nearshore communities. Science, 185: 1058-1060.

Eveleigh, E.S., McCann, K.S., McCarthy, P.C., Pollock, S.J., Lucarotti, C.J., Morin, B., McDougall, G.A., Strongman, D.B., Huber, J.T., Umbanhowar, J. and Faria, L.D.B. (2007) Fluctuations in density of an outbreak species drive diversity cascades in food webs. Proceedings of the National Academy of Sciences of the United States of America, 104: 16976-16981.

Excoffier, L. and Heckel, G. (2006) Computer programs for population genetics data analysis: a survival guide. Nature Reviews Genetics, 7: 745-758.

Farrell, B.D. (1998) 'Inordinate fondness' explained: why are there so many beetles? Science, 281: 555-559.

Farrell, B.D. and Mitter, C. (1993) Phylogenetic determinants of insect/plant community diversity. pp. 253-266. In Ricklefs, R.E. and Schluter, D. (eds.), Species Diversity in Ecological Communities: Historical and Geographical Perspectives. The University of Chicago Press, Chicago, USA.

Farrell, B.D., Dussourd, D.E. and Mitter, C. (1991) Escalation of plant defense: do latex and resin

canals spur plant diversification? The American Naturalist, 138: 881-900.
Farrell, B.D., Mitter, C. and Futuyma, D.J. (1992) Diversification at the insect/plant interface: insights from phylogenetics. BioScience, 42: 34-42.
Feder, M.E. and Mitchell-Olds, T. (2003) Evolutionary and ecological functional genomics. Nature Reviews Genetics, 4: 651-657.
Feduccia, A. (2003) "Big bang" for tertiary birds? Trends in Ecology and Evolution, 18: 172-176.
Fenchel, T. (1975) Character displacement and coexistence in mud snails (Hydrobiidae). Oecologia, 20: 19-32.
Fine, P.V.A. and Ree, R.H. (2006) Evidence for a time-integrated species-area effect on the latitudinal gradient in tree diversity. The American Naturalist, 168: 796-804.
Fitzpatrick, M.J., Ben-Shahar, Y., Smid, H.M., Vet, L.E., Robinson, G.E. and Sokolowski, M.B. (2005) Candidate genes for behavioural ecology. Trends in Ecology and Evolution, 20: 96-104.
Flessa, K.W. and Jablonski, D. (1996). The geography of evolutionary trunover: a global analysis of extant bivalves. pp. 376-397. In Jablonski, D. Erwin, D.H. and Lipps, J.H. (eds.), Evolutionary Paleobiology. The University of Chicago Press, Chicago, USA.
Flynn, J.J., Kowallis, B.J., Nuñez, C., Carranza-Castañeda, O., Miller, W.E., Swisher III, C.C. and Lindsay, E. (2005) Geochronology of Hemphillian-Blancan aged strata, Guanajuato, Mexico, and implications for timing of the Great American biotic interchange. Journal of Geology, 113: 287-307.
Foote, M. (2000) Origination and extinction components of diversity: general problems. Paleobiology, 26 (sp4): 74-102.
Forde, S.E., Thompson, J.N. and Bohannan, B.J.M. (2004) Adaptation varies through space and time in a coevolving host-parasitoid interaction. Nature, 431: 841-844.
Fordyce, J.A. (2006) The evolutionary consequences of ecological interactions mediated through phenotypic plasticity. Journal of Experimental Biology, 209: 2377-2383.
Fortey, R.A. (1997) Late Ordovician trilobites from southern Thailand. Palaeontology, 40: 397-449.
Freeman, S. and Herron, J.C. (2007) Evolutionary Analysis. 4th edition. Pearson Prentice Hall, Upper Saddle River, USA.
Fukami, T., Wardle, D.A., Bellingham, P.J., Mulder, C.P.H., Towns, D.R., Yeates, G.W., Bonner, K.I., Durrett, M.S., Grant-Hoffman, M.N. and Williamson, W.M. (2006) Above-and below-ground impacts of introduced predators in seabird-dominated island ecosystems. Ecology Letters, 9: 1299-1307.
深谷賢治（1996）『数学者の視点』岩波科学ライブラリー．岩波書店，東京．
Fussmann, G.F., Ellner, S.P. and Hairston Jr., N.G. (2003) Evolution as a critical component of plankton dynamics. Proceedings of the Royal Society, Series B, 270: 1015-1022.
Fussmann, G.F., Loreau, M. and Abrams, P.A. (2007) Eco-evolutionary dynamics of communities and ecosystems. Functional Ecology, 21: 465-477.

Futuyma, D.J. (1998) Evolutionary Biology. Sinauer, Sunderland, USA.
Futuyma, D. J. (2005) Evolution. 3rd edition. Sinauer, Sunderland, USA.
Futuyma, D.J. and Slatkin, M. (1983) Coevolution. Sinauer, Sunderland, USA.
Gandon, S., Capowiez, Y., Dubois, Y., Michalakis, Y. and Olivieri, I. (1996) Local adaptation and gene-for-gene coevolution in a metapopulation model. Proceedings of the Royal Society, Series B, 263: 1003−1009.
Gardezi, T. and Da Silva, J. (1999) Diversity in relation to body size in mammals: a comparative study. The American Naturalist, 153: 110−123.
Gause, G.F. (1934) The Struggle for Existence. Williams and Wilkins, Baltimore, USA.
Gavrilets, S. (2004) Fitness Landscapes and the Origin of Species. Princeton University Press, Princeton, USA.
Geffeney, S.L. Brodie Jr., E.D., Ruben, P.C. and Brodie III., E.D. (2002) Mechanisms of adaptation in a predator-prey arms race: TTX-resistant sodium channels. Science, 297: 1336−1339.
Geffeney, S.L., Fujimoto, E., Brodie, Jr., E.D., Ruben, P.C. and Brodie, III., E.D. (2005) Evolutionary diversification of TTX-resistant sodium channels in a predator-prey interaction. Nature, 434: 759−763.
Genkai-Kato, M. and Yamamura, N. (1999) Unpalatable prey resolves the paradox of enrichment. Proceedings of the Royal Society, Series B, 266: 1215−1219.
Geritz, S.A.H., Kisdi, É., Meszéna, G. and Metz, J.A.J. (1998) Evolutionarily singular strategies and the adaptive grwoth and branching of the evolutionary tree. Evolutionary Ecological Research, 12: 35−67.
Gibson, G. (2002) Microarrays in ecology and evolution: a preview. Molecular Ecology, 11: 17−24.
Gilbert, B. and Lechowicz, M.J. (2004) Neutrality, niches, and dispersal in a temperate forest understory. Proceedings of the National Academy of Sciences of the United States of America, 101: 7651−7656.
Gilbert, S.F. (2006) Developmental Biology. 8th edition. Sinauer, Sunderland, USA.
Giraldeau, L.-A. and Caraco, T. (2000) Social Foraging Theory. Princeton University Press, Princeton, USA.
Gittleman, J.L. and Purvis, A. (1998) Body size and species-richness in carnivores and primates. Proceedings of the Royal Society, Series B, 265: 113−119.
Gomez, J.M. and Zamora, R. (2002) Thorns as induced mechanical defense in a long-lived shrub (*Hormathophylla spinosa,* Cruciferae). Ecology, 83: 885−890.
Gomulkiewicz, R., Drown, D.M., Dybdahl, M.F. Godsoe, W., Nuismer, S.L., Pepin, K.M., Ridenhour, B.J., Smith, C.I. and Yoder, J.B. (2007) Dos and don'ts of testing the geographic mosaic theory of coevolution. Heredity, 98: 249−258.
Gong, Q.Q., Li, P.H., Ma, S.S., Rupassara, S.I. and Bohnert, H.J. (2005) Salinity stress adaptation competence in the extremophile *Thellungiella halophila* in comparison with its relative *Arabidopsis thaliana.* Plant Journal, 44: 826−839.

Gould, S.J. (1982). The meaning of punctuated equilibrium and its role in validating a hierarchical approach to macroevolution. pp. 83–104. In Milkman, R. (ed.), Perspectives on Evolution. Sinauer, Sunderland, USA.

Gould, S.J. (2002) The Structure of Evolutionary Theory. Harvard University Press, Cambridge, USA.

Graham, R.W. and Lundelius, E.L. (1984) Coevolutionary disequilibrium and Pleistocene extinctions. pp. 223–249. In Martin, P.S. and Klein, R.G. (eds.), Quaternary Extinctions: A Prehistoric Revolution. University of Arizona Press, Tucson, USA.

Grant, M.R., Godiard, L., Straube, E., Ashfield, T., Lewald, J., Sattler, A., Innes, R.W. and Dangl, J.L. (1995) Structure of the *Arabidopsis* RPM1 gene enabling dual specificity disease resistance. Science, 269: 843–846.

Grant, P.R. (1986) Ecology and Evolution of Darwin's Finches. Princeton University Press, Princeton, USA.

Grant, P.R. and Grant, B.R. (2002) Unpredictable evolution in a 30-year study of Darwin's finches. Science, 296: 707–711.

Grant, P.R. and Grant, B.R. (2006) Evolution of character displacement in Darwin's finches. Science, 313: 224–226.

Graves, G.R. and Rahbek, C. (2005) Source pool geometry and the assembly of continental avifaunas. Proceedings of the National Academy of Sciences of the United States of America, 102: 7871–7876.

Greenberg, A.J., Moran, J.R., Coyne, J.A. and Wu, C-I. (2003) Ecological adaptation during incipient speciation revealed by precise gene replacement. Science, 302: 1754–1757.

Griffin, C.A.M. and Thaler, J.S. (2006) Insect predators affect plant resistance via density- and trait-mediated indirect interactions. Ecology Letters, 9: 338–346.

Gross, M.R. and Repka, J. (1998) Stability with inheritance in the conditional strategy. Journal of Theoretical Biology, 192: 445–453.

Gyllenberg, M., Parvinen K. and Dieckmann. U. (2002) Evolutionary suicide and evolution of dispersal in structured metapopulations. Journal of Mathematical Biology, 45: 79–105.

Hairston Jr., N.G. (1980) The exponential test of an analysis of field distributions: competition in terrestrial salamanders. Ecology, 61: 817–826.

Hairston Jr., N.G. and Walton, W.E. (1986) Rapid evolution of a life history trait. Proceedings of the National Academy of Sciences of the United States of America, 83: 4831–4833.

Hairston Jr., N.G., Ellner, S.P., Geber, M.A., Yoshida, T. and Fox, J.A. (2005) Rapid evolution and the convergence of ecological and evolutionary time. Ecology Letters, 8: 1114–1127.

Hallam, A. (1987) Radiations and extinctions in relation to environmental change in the marine. Lower Jurassic of northwest Europe. Paleobiology, 13: 152–168.

Hallam, A. and Wignall, P.B. (1997) Mass Extinctions and Their Aftermath. Oxford University Press, Oxford, UK.

Hanifin, C.T., Yotsu-Yamashita, M., Yasumoto, T., Brodie III, E.D. and Brodie Jr., E.D. (1999) Toxicity of dangerous prey: variation of tetrodotoxin levels within and among populations of the newt *Taricha granulosa*. Journal of Chemical Ecology, 25: 2161–2175.

Hanifin, C.T., Brodie Jr., E.D. and Brodie III., E.D. (2008) Phenotypic mismatches reveal escape from arms-race coevolution. PLoS Biology, 6: e60.

Harper, D.A.T. and Rong, J-Y. (2001) Palaeozoic brachiopod extinctions, survival and recovery: patterns within the rhynchonelliformeans. Geological Journal, 36: 317–328.

Harvey, P.H. (1993) The ecology of evolutionary succession. Current Biology, 3: 106–108.

長谷川眞理子（1998）訳者あとがき．『生物はなぜ進化するのか』（ジョージ・ウィリアムズ著，長谷川眞理子訳）pp. 279–285　草思社，東京．

Hewitt, G. (2000) The genetic legacy of the Quaternary ice ages. Nature, 405: 907–913.

Hewzulla, D., Boulter, M.C., Benton, M.J. and Halley, J.M. (1999) Source evolutionary patterns from mass originations and mass extinctions. Philosophical Transactions of the Royal Society, Series B, 354: 463–469.

Higashi, M.G., Takimonoto, G. and Yamamura, N. (1999) Symptric speciation by sexual selection. Nature, 40: 532–526.

Hochberg, M.E. and van Baalen, M. (1998) Antagonistic coevolution over productivity gradients. The American Naturalist, 152: 620–634.

Hodges, S.A. (1997) Rapid radiation due to a key innovation in columbines (Rannculaceaea: Aquilegia). pp. 391–405. In Givinish, T.J. and Systma, K.J. (eds.), Molecular Evolution and Adaptive Radiation. Cambridge University Press, Cambridge, UK.

Holt, R.D. (1977) Predation, apparent competition, and the structure of prey communities. Theoretical Population Biology, 12: 197–229.

Holt, R.D. (1997) Community modules. pp. 333–349. In Gange, A.C. and Brown, V.K. (eds.), Multitrophic Interactions in Terrestrial Ecosystems. Blackwell Science, Oxford, UK.

Holt, R.D. and Lawton, J.H. (1994) The ecological consequences of shared natural enemies. Annual Review of Ecology and Systematics, 25: 495–520.

Holt, R.D. and Polis, G.A. (1997) A theoretical framework for intraguild predation. The American Naturalist, 149: 745–754.

堀道雄（1993）『タンガニイカ湖の魚たち：多様性の謎を探る』平凡社，東京．

Hosokawa, T., Kikuchi, Y., Shimada, M. and Fukatsu, T. (2007) Obligate symbiont involved in pest status of host insect. Proceedings of the Royal Society, Series B, 274: 1979–1984.

Houston, A.I., McNamara, J.M. (1999) Models of Adaptive Behaviour. Cambridge University Press, Cambridge, UK.

Howe, G.A., Lightner, J., Browse, J. and Ryan, C.A. (1996) An octadecanoid pathway mutant (JL5) of tomato is compromised in signaling for defense against insect attack. Plant Cell, 8: 2067–2077.

Huang, C. and Sih, A. (1990) Experimental studies on behaviorally mediated indirect interactions

through a shared predator. Ecology, 71: 1515-1522.
Hubbel, S.P. (2001) The Unified Neutral Theory of Biodiversity and Biogeography. Princeton University Press, Princeton, USA.
Huey, R.B. and Ward, P.D. (2005) Hypoxia, global warming, and terrestrial late Permian extinctions. Science, 308: 398-401.
Huffaker, C.B., Shea, K.P. and Herman, S.G. (1983) Experimental studies on predation: complex dispersion and levels of food in an acarine predator-prey interaction. Hilgardia, 34: 305-330.
Hughes, R.N. and Croy, M.I. (1993) An experimental analysis of frequency-dependent predation (switching) in the 15-spined stickleback, *Spinachia spinachia*. Journal of Animal Ecology, 62, 341-352.
Hutchinson, G.E. (1965) The Ecological Theater and the Evolutionary Play. Yale University Press, New Haven, USA.
Hutchinson, G.E. and MacArthur, R.H. (1959) A theoretical ecological model of size distributions among species of animals. The American Naturalist, 93: 117-125.
今西錦司（1979）ダーウィンと進化論．『世界の名著50　ダーウィン』（今西錦司編）中央公論社，東京．
井上民二（1998）『生命の宝庫・熱帯雨林』日本放送出版協会，東京．
井上民二（2001）『熱帯雨林の生態学：生物多様性の世界を探る』八坂書房，東京．
Ishihara, M. and Ohgushi, T. (2006) Reproductive inactivity and prolonged developmental time induced by seasonal decline in host plant quality in the willow leaf beetle *Plagiodera versicolora* (Coleoptera: Chrysomelidae). Environmental Entomology, 35: 524-530.
石井弓美子・嶋田正和（2007）スイッチング捕食は多種共存を促進するか？　理論とその実証．日本生態学会誌，57: 183-188.
Isozaki, Y. (1997) Permo-Triassic boundary superanoxia and stratified superocean: records from lost deep sea. Science, 276: 235-238.
Itino, T. (2005). Coevolution of ants and plants. pp. 172-177. In Roubik, D.W., Sakai, S. and Hamid, A.A. (eds.), Pollination Ecology and the Rain Forest. Springer, New York, USA.
Itino, T. and Itioka, T. (2001) Interspecific variation and ontogenetic change in anti-herbivore defense in myrmecophytic *Macaranga* species. Ecological Research, 16: 765-774.
市野隆雄・市岡孝朗（2001）生物間相互作用の歴史的過程：アリ植物をめぐる生物群集の共進化．『群集生態学の現在』（佐藤宏明・安田弘法・山本智子編）pp. 353-370　京都大学学術出版会，京都．
Itino, T., Davies, S.J., Tada, H., Hieda, O., Inoguchi, M., Itioka, T., Yamane, S. and Inoue, T. (2001a) Cospeciation of ants and plants. Ecological Research, 16: 787-793.
Itino, T., Itioka, T., Hatada, A. and Hamid, A.A. (2001b) Effects of food rewards offered by ant-plant *Macaranga* on the colony size of ants. Ecological Research, 16: 775-786.
Itino, T., Itioka, T. and Davies, S.J. (2003) Coadaptation and coevolution of *Macaranga* trees and their symbiotic ants. pp. 283-294. In Kikuchi, T., Higashi, S. and Azuma, N. (eds.), Genes,

Behaviors and Evolution of Social Insects. Hokkaido University Press, Sapporo, Japan.

市野隆雄・Swee-Peck Quek・上田昇平（2008）アリ植物とアリ：共多様化の歴史を探る．『共進化の生態学：生物間相互作用が織りなす多様性』（種生物学会編），pp. 119-150，文一総合出版，東京．

Ives, A.R. and Cardinale, B.J. (2004) Food-web interactions govern the resistance of communities to non-random extinctions. Nature, 429: 174-177.

Iwami, T., Kishida, O. and Nishimura, K. (2007) Direct and indirect induction of a compensatory phenotype that alleviates the costs of an inducible defense. PLoS ONE, 2: e1084.

巌佐　庸（1987）有性生殖の進化に関する理論的諸研究．Networks in Evolutionary Biology, 4: 39-49.

Iwasa, Y., Higashi, M. and Yamamura, N. (1981) Prey distribution as a factor determining the choice of optimal foraging strategy. The American Naturalist, 117: 710-723.

Iwasa, Y., Pomiankowski, A. and Nee, S. (1991) The evolution of costly mate preferences, II. The 'handicap' principle. Evolution, 45: 1431-1442.

Jablonski, D. (1986a) Larval ecology and macroevolution in marine invertebrates. Bulletin of Marine Science, 39: 565-587.

Jablonski, D. (1986b) Background and mass extinctions: the alternation of macroevolutionary regimes. Science, 231: 129-133.

Jablonski, D. (1996) Body size and macroevolution. pp. 256-289. In Jablonski, D., Erwin, D.H. and Lipps, J.H. (eds.), Evolutionary Paleobiology. The University of Chicago Press, Chicago, USA.

Jablonski, D. (1998) Geographic variation in the molluscan recovery from the end-Cretaceous extinction. Science, 279: 1327-1330.

Jablonski, D. (2004) The evolutionary role of mass extinctions: disaster, recovery and something in-between. pp. 151-177. In Taylor, P.D. (ed.), Extinction in the History of Life. Cambridge University Press, Cambridge, UK.

Jablonski, D. (2005) Mass extinctions and macroevolution. Paleobiology, 31: 192-210.

Jablonski, D. and Lutz, R.A. (1983) Larval ecology of marine benthic invertebrates: paleobiological implications. Biological Review, 58: 21-89.

Jablonski, D. and Raup, D.M. (1995) Selectivity of end-Cretaceous marine bivalve extinctions. Science, 268: 389-391.

Jablonski, D. and Roy, K. (2003) Geographical range and speciation in fossil and living molluscs. Proceedings of the Royal Society, Series B, 270: 401-406.

Jablonski, D., Roy, K. and Valentine, J.W. (2006) Out of the tropics: evolutionary dynamics of the latitudinal diversity gradient. Science, 314: 102-106.

Jackson, J.B.C., Kirby, M.X., Berger, W.H., Bjorndal, K.A., Botsford, L.W., Bourque, B.J., Bradbury, R.H., Cooke, R., Evlandson, J., Estets, J.A., Hughes, T.P., Kidwell, S., Lange, C.B., Lenihan, H.S., Pandlfi, J.M., Peterson, C.H., Steneck, R.S., Tegner, M.J. and Warner, R.R.

(2001) Historical overfishing and the recent collapse of coastal ecosystems. Science, 293: 629–638.

Jackson, R.B., Linder, C.R., Lynch, M., Purugganan, M., Somerville, S. and Thayer, S.S (2002) Linking molecular insight and ecological research. Trends in Ecology and Evolution, 17: 409–414.

Jansen, V.A.A. and Stumpf, M.P.H. (2005) Making sense of evolution in an uncertain world. Science, 309: 2005–2007.

Janson, E.M., Stireman, John III, O., Singer, M.S. and Abbot, P. (2008) Perspective: phytophagous insect-microbe mutualisms and adaptive evolutionary diversification. Evolution, 62: 997–1012.

Janzen, D.H. (1980) When is it coevolution? Evolution, 34: 611–612.

Johansson, F. and Samuelsson, L. (1994) Fish-induced variation in abdominal spine length of *Leucorrhinia dubia* (Odonata) larvae. Oecologia, 100: 74–79.

Johnson, M.T.J. and Agrawal, A.A. (2005) Plant genotype and environment interact to shape a diverse arthropod community on evening primrose (*Oenothera biennis*). Ecology, 86: 874–885.

Johnson, M.T.J. and Stinchcombe, J.R. (2007) An emerging synthesis between community ecology and evolutionary biology. Trends in Ecology and Evolution, 22: 250–257.

Johnson, M.T.J., Lajeunesse, M.J. and Agrawal, A.A. (2006) Additive and interactive effects of plant genotypic diversity on arthropod communities and plant fitness. Ecology Letters, 9: 24–34.

Johnson, M.T.J. and Stinchcombe, J.R. (2007) An emerging synthesis between community ecology and evolutionary biology. Trends in Ecology and Evolution, 22: 250–257.

Johnson, T.C., Scholz, C.A., Talbot, M.R., Kelts, K., Ricketts, R.D., Ngobi, G., Beuning, K., Ssemmanda, I. and McGill, J.W. (1996) Late Pleistocene desiccation of Lake Victoria and rapid evolution of cichlid fishes. Science, 273: 1091–1093.

Kammenga, J.E., Herman, M.A., Ouborg, N.J., Johnson, L. and Breitling, R. (2007) Microarray challenges in ecology. Trends in Ecology and Evolution, 22: 273–279.

Kaplan, I. and Denno, R.F. (2007) Interspecific interactions in phytophagous insects revisited: a quantitative assessment of competition theory. Ecology Letters, 10: 977–994.

Karban, R. and Baldwin, I.T. (1997) Induced Responses to Herbivory. The University of Chicago Press, Chicago, USA.

Karban, R. and Myers, J.H. (1989) Induced plant responses to herbivory. Annual Review of Ecology and Systematics, 34: 331–348.

Karkkainen, K., Loe, G. and Agren, J. (2004) Population structure in *Arabidopsis lyrata*: evidence for divergent selection on trichome production. Evolution, 58: 2831–2836.

粕谷英一（1990）『行動生態学入門』東海大学出版会，東京．

Kauffman, S.A. (1993) The Origins of Order: Self-Organization and Selection in Evolution. Oxford University Press, New York, USA.

河田雅圭（1987）種選択は進化の原因となりうるか？ Networks in Evolutionary Biology, 4: 55–59.

河田雅圭（1989）『進化論の見方』紀伊国屋書店，東京．

Kawata, M. (1996) The effects of ecological and genetic neighborhood size on the evolution of two competing species. Evolutionary Ecology, 10: 609–630.

Kawata, M. (2002) Invasion of vacant niches and subsequent sympatric speciation. Proceedings of the Royal Society, Series B, 269: 55–63.

Kawata, M., Shoji, A., Kawamura, S. and Seehausen, O. (2007) A genetically explicit model of speciation by sensory drive within a continuous population in aquatic environments. BMC Evolutionary Biology, 7: 99.

Kearns, C.A., Inouye, D.W. and Waser, N.M. (1998) Endangered mutualisms: the conservation of plant-pollinator interactions. Annual Review of Ecology and Systematics, 29: 83–112.

Kembel, S.W. and Hubbell, S.P. (2006) The phylogenetic structure of a neotropical forest tree community. Ecology, 87: S86–S99.

Kerfoot, W.C. and Sih, A. (1987) Predation: Direct and Indirect Impacts on Aquatic Communities. University Press of New England, New England, USA.

Kessler, A. and Baldwin, I.T. (2002) Plant responses to insect herbivory: the emerging molecular analysis. Annual Review of Plant Biology, 53: 299–328.

Kidder, D.L. and Worsley, T.R. (2004) Causes and consequences of extreme Permo-Triassic warming to globally equable climate and relation to the Permo-Triassic extinction and recovery. Palaeogeography, Palaeoclimatology, Palaeoecology, 203: 207–237.

Kieffer, J.M. and Colgan, P.W. (1992) The role of learning in fish behaviour. Reviews in Fish Biology and Fisheries, 2: 125–143.

Kiessling, W., Aberhan, M., Brenneis, B. and Wagner, P.J. (2007) Extinction trajectories of benthic organisms across the Triassic-Jurassic boundary. Palaeogeography, Palaeoclimatology, Palaeoecology, 244: 201–222.

Kirchner, J.W. and Weil, A. (1998) No fractals in fossil extinction statistics. Nature, 395: 337–338.

Kishida, O. and Nishimura, K. (2004) Bulgy tadpoles: inducible defense morph. Oecologia, 140: 414–421.

Kishida, O. and Nishimura, K. (2005) Multiple inducible defences against multiple predators in the anuran tadpole, *Rana pirica*. Evolutionary Ecology Research, 7: 619–631.

Kishida, O. and Nishimura, K. (2006) Flexible architecture of inducible morphological plasticity. Journal of Animal Ecology, 75: 705–712.

Kishida, O., Mizuta, Y. and Nishimura, K. (2006) Reciprocal phenotypic plasticity in a predator-prey interaction between larval amphibians. Ecology, 87: 1599–1604.

Kishida, O., Trussell, G.C. and Nishimura, K. (2007) Geographic variation in a predator-induced defense and its genetic basis. Ecology, 88: 1948–1954.

Kitano, H. (2004) Biological robustness. Nature Review Genetics, 5: 826–837.

Kivimaki, M., Karkkainen, K., Gaudeul, M., Loe, G. and Agren, J. (2007) Gene, phenotype and function: GLABROUS1 and resistance to herbivory in natural populations of *Arabidopsis lyrata*. Molecular Ecology, 16: 453–462.

Klaper, R. and Thomas, M.A. (2004) At the crossroads of genomics and ecology: the promise of a canary on a chip. BioScience, 54: 403–412.

Kliebenstein, D., Pedersen, D., Barker, B. and Mitchell-Olds, T. (2002) Comparative analysis of quantitative trait loci controlling glucosinolates, myrosinase and insect resistance in *Arabidopsis thaliana*. Genetics, 161: 325–332.

Knouft, J.H., Losos, J.B., Glor, R.E. and Kolbe, J.J. (2006) Phylogenetic analysis of the evolution of the niche in lizards of the *Anolis sagrei* group. Ecology, 87: S29–S38.

Koh, L.P., Dunn R.R., Sodhi, N.S., Colwell, R.K., Proctor, H.C. and Smith, V.S. (2004) Species coextinctions and the biodiversity crisis. Science, 305: 1632–1634.

甲山隆司（1998）生物多様性の空間構造と生態系における機能.『生物多様性とその保全』（井上民二・和田英太郎編）pp. 65-96　岩波書店，東京.

Kondoh, M. (2003a) Foraging adaptation and the relationship between food-web complexity and stability. Science, 299: 1388–1391.

Kondoh, M. (2003b) Response to comment on "foraging adaptation and the relationship between food-web complexity and stability". Science, 301: 918c.

Kondoh, M. (2005) Is biodiversity maintained by food-web complexity? — the adaptive food-web hypothesis. pp. 130–142. In Belgrano, A., Scharler, U., Dunne, J. and Ulanowicz B. (eds.), Aquatic Food Webs: An Ecosystem Approach, Oxford University Press, Oxford, UK.

Kondoh, M. (2007) Anti-predator defence and the complexity-stability relationship of food webs. Proceedings of the Royal Society, Series B, 274: 1617–1624.

Kondrashov, A.S. and Kondrashov, F.A. (1999) Interactions among quantitative traits in the course of sympatric speciation. Nature, 400: 351–354.

Kopp, M. and Tollrian, R. (2003a) Trophic size polyphenism in *Lembadion bullinum*: costs and benefits of an inducible offense. Ecology, 84: 641–651.

Kopp, M. and Tollrian, R. (2003b) Reciprocal phenotypic plasticity in a predator-prey system: inducible offences against inducible defences? Ecology Letters, 6: 742–748.

Koricheva, J. (2002) Meta-analysis of sources of variation in fitness costs of plant antiherbivore defenses. Ecology, 83: 176–190.

Koricheva, J., Nykänen, H. and Gianoli, E. (2004) Meta-analysis of trade-offs among plant antiherbivore defenses: are plants jacks-of-all-trades, masters of all? The American Naturalist, 163: E64-E75.

Krebs, J.R. and Davies, N.B. (1987) An Introduction to Behavioural Ecology. Science, Blackwell Oxford, UK.

クレブス, J.R., デイビス, N.B.（1991）『進化からみた行動生態学（原著第3版）』（山岸哲・巌佐庸 監訳）蒼樹書房，東京.［原著 1987 年］

Krebs, J.R. and Davies, N.B. (1997) Behavioural Ecology: An Evolutionary Approach, 4th edition. Blackwell Science, Oxford, UK.

Křivan, V. (2000) Optimal intraguild foraging and population stability. Theoretical Population Biology, 58: 79−94.

Kroymann, J., Donnerhacke, S., Schnabelrauch, D. and Mitchell-Olds, T. (2003) Evolutionary dynamics of an *Arabidopsis* insect resistance quantitative trait locus. Proceedings of the National Academy of Sciences of the United States of Amercia, 100: 14587−14592.

Krug, A.Z. and Patzkowsky, M.E. (2007) Geographic variation in turnover and recovery from the Late Ordovician mass extinction. Paleobiology, 33: 435−454.

Kubo, T. and Iwasa, Y. (1995) Inferring the rates of branching and extinction from molecular phylogenies. Evolution, 49: 694−704.

Kuhlmann, H., Kusch, J. and Heckmann, K. (1999) Predator-induced defenses in ciliated protozoa. pp. 142−159. In Tollrian, R., and Harvell, C.D., (eds.), The Ecology and Evolution of Inducible Defenses. Princeton University Press, Princeton, USA.

Kusaba, M., Dwyer, K., Hendershot, J., Vrebalov, J., Nasrallah, J.B. and Nasrallah, M.E. (2001) Self-incompatibility in the genus *Arabidopsis*: characterization of the S locus in the outcrossing *A. lyrata* and its autogamous relative *A. thaliana*. Plant Cell, 13: 627−643.

Labandeira, C.C. and Sepkoski Jr, J.J. (1993) Insect diversity in the fossil record. Science, 261: 310−315.

Lack, D. (1947) The significance of clutch size. Ibis, 89: 302−352.

Lack, D. (1971) Ecological Isolation in Birds. Blackwell Science, Oxford, UK.

Lande, R. (1979). Quantitative geneticanalysis of multivariate evolution, applied to brain-body size allometry. Evolution, 33: 402−416.

Lardner, B. (1998) Plasticity or fixed adaptive traits? Strategies for predation avoidance in *Rana arvalis* tadpoles. Oecologia, 117: 119−126.

Lass, S. and Spaak, P. (2003) Chemically induced anti-predator defences in plankton: a review. Hydrobiologia, 491: 221−239.

Latham, R.E. and Ricklefs, R.E. (1993) Global patterns of tree species richness in moist forests: energy-diversity theory does not account for variation in species richness. Oikos, 67: 325−333.

Lau, J.A. (2006) Evolutionary responses of native plants to novel community members. Evolution, 60: 56−63.

Lau, J.A. (2008) Beyond the ecological: biological invasions alter natural selection on a native plant species. Ecology, 89: 1023−1031.

Lawlor, L.R. (1978) A comment on randomly constructed model ecosystems. The American Naturalist, 112: 445−447.

Leather, S.R. (1993) Early season defoliation of bird cherry influences autumn colonization by the bird cherry aphid, *Rhopalosiphum padi*. Oikos, 66: 43−47.

Leimar, O. (2005) The evolution of phenotypic polymorphism: randomized strategies versus evolutionary branching. The American Naturalist, 165: 669−681.

Leimu, R. and Koricheva, J. (2006) A meta-analysis of genetic correlations between plant resistances to multiple enemies. The American Naturalist, 168: E15−E37.

Levin, S.A., Cohen, D. and Hastings, A. (1984). Dispersal strategies in patchy environment. Theoretical Population Biology 19: 169−200.

Levins, R. (1962) Theory of fitness in a heterogeneous environment. I. The fitness set and adaptive function. The American Naturalist, 96: 361−378.

Levins, R. (1968) Evolution in Changing Environments. Princeton University Press, Princeton, USA.

Levinton, J. (1988) Geneics, Paleontology, and Macroevolution, Cambridge University Press, Cambridge, UK.

Lewontin, R.C. (1970) The units of selection. Annual Review of Ecology and Systematics, 1: 1−18.

Li, J., Wang, S. and Zeng, Z.B. (2006) Multiple-interval mapping for ordinal traits. Genetics, 173: 1649−1663.

Lidgard, S., McKinney, F.K. and Taylor, P.D. (1993) Competition, clade replacement, and a history of cyclostome and cheilostome bryozoan diversity. Paleobiology, 19: 352−371.

Lima, S.L. (1992) Life in a multi-predator environment: some considerations for antipredatory vigilance. Annales Zoologici Fennici, 29: 217−226.

Lima, S.L. and Dill, L.M. (1990) Behavioral decisions made under the risk of predation: a review and prospectus. Canadian Journal of Zoology, 68: 619−640.

Lively, C.M. (1986) Predator-induced shell dimorphism in the acorn barnacle *Chthamalus anisopoma*. Evolution, 40: 232−242.

Lively, C.M. and Raimondi, P.T. (1987) Desiccation, predation, and mussel-barnacle interactions in the northern Gulf of California. Oecologia, 74: 304−309.

Lloyd, E.A. (1988) The Structure and Confirmation of Evolutionary Theory. Greenwood, New York, USA.

Lockwood, R. (2003) Abundance not linked to survival across the end-Cretaceous mass extinction: patterns in North American bivalves. Proceedings of the National Academy of Sciences of the United States of America, 100: 2478−2482.

Lockwood, R. (2005) Body size, extinction events, and the early Cenozoic record of venerid bivalves: a new role for recoveries? Paleobiology, 31: 578−590.

Long, J.D., Hamilton, R.S. and Mitchell, J.L. (2007a) Asymmetric competition via induced resistance: specialist herbivores indirectly suppress generalist preference and populations. Ecology, 88: 1232−1240.

Long, J.D., Smalley, G.W., Barsby, T., Anderson, J.T. and Hay, M.E. (2007b) Chemical cues induce consumer-specific defenses in a bloom-forming marine phytoplankton. Proceedings of the National Academy of Sciences of the United States of America, 104: 10512−10517.

Loreau, M., Naeem, S., Inchausti, P., Bengtsson, J., Grime, J.P., Hector, A., Hooper, D.U., Huston,

M.A., Raffaelli, D., Schmid, B., Tilman, D. and Wardle, D.A. (2001) Biodiversity and ecosystem functioning: current knowledge and future challenges. Science, 294: 804–808.

Losos, J.B. (1996) Phylogenetic perspectives on community ecology. Ecology, 77: 1344–1354.

Losos, J.B. and Schluter, D. (2000) Analysis of an evolutionary species-area relationship. Nature, 408: 847–850.

Losos, J.B., Jackman, T.R., Larson, A., de Queiroz, K. and Rodriguez-Schettino, L. (1998) Contingency and determinism in replicated adaptive radiations of island lizards. Science, 279: 2115–2118.

Lovette, I.J. and Hochachka, W.M. (2006) Simultaneous effects of phylogenetic niche conservatism and competition on avian community structure. Ecology, 87: S14–S28.

Ludwig, D. and Levin, S.A. (1991) Evolutionary stability of plant communities and the maintenance of multiple dispersal types. Theoretical Population Biology, 40: 285–307.

Ludwig, D. and Levin, S.A. (1992) Erratum. Theoretical Population Biology, 42: 104–105.

Lukhtanov, V.A., Kandul, N.P., Plotkin, J.B., Dantchenko, A.V., Haig, D. and Pierce, N.E. (2005) Reinforcement of pre-zygotic isolation and karyotype evolution in *Agrodiaetus* butterflies. Nature, 436: 385–389.

Lydeard, C., Cowie, R.H., Ponder, W.F., Bogan, A.E., Bouchet, P., Clark, S.A., Cummings, K.S., Frest, T.J., Gargominy, O., Herbert, D.G., Hershler, R., Perez, K., Roth, B., Seddon, M., Strong, E.E. and Thompson, F.G. (2004) The global decline of nonmarine mollusks. BioScience, 54: 321–330.

MacArthur, R.H. (1958) Population ecology of some warblers of northeastern coniferous forests. Ecology, 39: 599–619.

MacArthur, R.H. (1969) Species packing, or what competition minimizes. Proceedings of the National Academy of Sciences of the United States of America, 64: 1369–1375.

MacArthur, R.H. (1970) Species packing and competitive equilibrium for many species. Theoretical Population Biology, 1: 1–11.

MacArthur, R.H. (1972) Geographical Ecology. Harper and Row, New York, USA.

MacArthur, R.H. and Levins, R. (1967) The limiting similarity, convergence, and divergence of coexisting species. The American Naturalist, 101: 377–385.

MacArthur, R.H. and Pianka, E.R. (1966) On optimal use of a patchy environment. The American Naturalist, 100: 603–609.

MacArthur, R.H. and Wilson, E.O. (1967) The Theory of Island Biogeography. Princeton University Press, Princeton, USA.

MacFadden, B.J. (2006) Extinct mammalian biodiversity of the ancient New World tropics. Trends in Ecology and Evolution, 21: 157–165.

Maddison, W.P. and Maddison, D.R. (2007) Mesquite: a modular system for evolutionary analysis. Version 2.0. http://mesquiteproject.org.

Maherali, H. and Klironomos, J.N. (2007) Influence of phylogeny on fungal community assembly and ecosystem functioning. Science, 316: 1746-1748.

Mangel, M. and Clark, C.W. (1988) Dynamic Modeling in Behavioral Ecology. Princeton University Press, Princeton, USA.

Manos, P.S. and Donoghue, M.J. (2001) Progress in northern hemisphere phytogeography: an introduction. International Journal of Plant Sciences, 162: S1-S2.

Martin, F., Tuskan, G.A., DiFazio, S.P., Lammers, P., Newcombe, G. and Podila, G.K. (2004) Symbiotic sequencing for the *Populus mesocosm*. New Phytologist, 161: 330-335.

Martin, P.S. (1984) Prehistoric overkill: the global model. pp. 354-403. In Martin, P. S. and Klein, R.G. (eds.), Quaternary Extinctions: A Prehistoric Revolution. University of Arizona Press, Tucson, USA.

Martin, P.S. (1986) Refuting late Pleistocene extinction models. pp. 107-130. In Elliott, D. K. (ed.), Dynamics of Extinction. John Wiley and Sons, New York, USA.

Martinez, N.D. (1991) Artifacts or attributes? Effects of resolution on the Little Rock Lake food web. Ecological Monographs, 61: 367-392.

Masel, J., King. O.D. and Maughan, H. (2007) The loss of adaptive plasticity during long periods of environmental stasis. The American Naturalist, 169: 38-46.

松田裕之（2000）『環境生態学序説』共立出版，東京．

Matsuda, H. and Abrams, P.A. (1994) Runaway evolution to self-extinction under asymmetrical competition. Evolution, 48: 1764-1772.

Matsuda, H. and Namba, T. (1991) Food web graph of a coevolutionarily stable community. Ecology, 72: 267-276.

Matsuda, H. Abrams, P.A. and Hori, M. (1993) The effect of adaptive antipredator behavior on exploitative competition and mutualism between predators. Oikos, 68: 549-559.

Matsuda, H., Hori, M. and Abrams, P.A. (1996) Effects of predator-specific defense on biodiversity and community complexity in two-trophic-level communities. Evolutionary Ecology, 10: 13-28.

Mauricio, R. and Rausher, M.D. (1997) Experimental manipulation of putative selective agents provides evidence for the role of natural enemies in the evolution of plant defence. Evolution, 51: 1435-1444.

May, R.M. (1973) Stability and Complexity in Model Ecosystems. Princeton University Press, Princeton, USA.

May, R.M. (1974) On the theory of niche overlap. Theoretical Population Biology, 5: 297-332.

May, R.M. (1988) How many species are there on earth? Science, 241: 1441-1449.

Maynard Smith, J. (1982) Evolution and the Theory of Games. Cambridge University Press, Cambridge, UK.

Maynard Smith, J. (1986) The Problems of Biology. Oxford University Press, Oxford, UK.

Maynard Smith, J. and Brown, R.L.W. (1986) Competition and body size. Theoretical Population Biology, 30: 166-179.

McCann, K. and Hastings, A. (1997) Re-evaluating the omnivory-stability relationship in food webs. Proceedings of the Royal Society, Series B, 264: 1249−1254.

McCann, K., Hastings, A. and Huxel, G.R. (1998) Weak trophic interactions and the balance of nature. Nature, 395: 794−798.

McCollum, S.A. and VanBuskirk, J. (1996) Costs and benefits of a predator-induced polyphenism in the gray treefrog *Hyla chrysoscelis*. Evolution, 50: 583−593.

McGrady-Steed, J. and Morin, P.J. (2000) Biodiversity, density compensation and the dynamics of populations and functional groups. Ecology, 81: 361−373.

McKinney, F.K. (1995) One hundred million years of competitive interactions between bryozoan clades: asymmetrical but not escalating. Biological Journal of the Linnean Society, 56: 465−481.

McKinney, M.L. (1997) Extinction vulnerability and selectivity: combining ecological and paleontological views. Annual Review of Ecology and Systematics, 28: 495−516.

McKinney, M.L. (2001) Selectivity during extinctions. pp. 198−202. In Briggs, G.E.D. and Crowther, P.R. (eds.), Palaeobiology II. Blackwell Science, Oxford, UK.

McKinney, M.L. and Lockwood, J.L. (1999) Biotic homogenization: a few winners replacing many losers in the next mass extinction. Trends in Ecology and Evolution, 14: 450−453.

McPeek, M. and Miller, T.E. (1996) Evolutionary biology and community ecology. Ecology, 77: 1319−1320.

Menge, B.A. (1995) Indirect effects in marine rocky intertidal interaction webs: patterns and importance. Ecological Monographs, 65: 21−74.

Menge, B.A., Berlow, E.L., Blanchette, C.A., Navarrete, S.A. and Yamada, S.B. (1994) The keystone species concept: variation in interaction strength in a rocky intertidal habitat. Ecological Monographs, 64: 249−286.

Metz, J.A.J., Geritz, S.A.H., Meszéna, G., Jacobs, F.J.A. and van Heerwaarden, J.S. (1996). Adaptive dynamis: a geometrical study of the consequences of nearly faithful reproduction. pp. 183−231. In van Strien, S.J. and Verduyn Lunel, S.M.(eds.), Stochastic and Spatial Structures of Dynamical Systems. North-Holland Puplishing, Dordrecht, Netherlands.

Meyer, J.R., Ellner, S.P., Hairston Jr., N.G., Jones, L.E. and Yoshida, T. (2006) Prey evolution on the time scale of predator-prey dynamics revealed by allele-specific quantitative PCR. Proceedings of the National Academy of Sciences of the United States of America, 103: 10690−10695.

Michimae, H. (2006) Differentiated phenotypic plasticity in larvae of the cannibalistic salamander *Hynobius retardatus*. Behavioral Ecology and Sociobiology, 60: 205−211.

Michimae, H. and Wakahara, M. (2002) A tadpole-induced polyphenism in the salamander *Hynobius retardatus*. Evolution, 56: 2029−2038.

Michimae, H., Nishimura, K. and Wakahara, M. (2005) Mechanical vibrations from tadpoles' flapping tails transform salamander's carnivorous morphology. Biology Letters, 1: 75−77.

Miles, D.B. and Dunham, A.E. (1993) Historical perspectives in ecology and evolutionary biology:

the use of phylogenetic comparative analyses. Annual Review of Ecology and Systematics, 24: 587–619.

Milewski, A.V., Young, T.P. and Madden, D. (1991) Thorns as induced defenses: experimental evidence. Oecologia, 86: 70–75.

Miller A.I. and Sepkoski, J.J. (1988) Modeling bivalve diversification: the effect of interaction on a macroevolutionary system. Paleobiology, 14: 364–369.

Miller, C.H., Magee, J.W., Johnson, B.J., Fogel, M.L., Spooner, M.A., McCullock, M.T. and Ayliffe, L.K. (1999) Pleistocene extinction of *Genyornis newtoni*: human impact on Australian megafauna. Science, 283: 205–208.

Miner, B.G., Sultan, S.E., Morgan, S.G., Padilla, D.K. and Relyea, R.A. (2005) Ecological consequences of phenotypic plasticity. Trends in Ecology and Evolution, 20: 685–692.

Mira, A., Ochman, H. and Moran, N.A. (2001) Deletional bias and the evolution of bacterial genomes. Trends in Genetics, 17: 589–596.

Mitchell-Olds, T. and Schmitt, J. (2006) Genetic mechanisms and evolutionary significance of natural variation in *Arabidopsis*. Nature, 441: 947–952.

Mitra, S., Landel, H. and PruettJones, S. (1996) Species richness covaries with mating system in birds. Auk, 113: 544–551.

Mittelbach, G.G., Schemske, D.W., Cornell, H.V., Allen, A.P., Brown, J.M., Bush, M.B., Harrison, S.P., Hurlbert, A.H., Knowlton, N., Lessios, H.A., McCain, C.M., McCune, A.R., McDade, L.A., McPeek, M.A., Near, T.J., Price, T.D., Ricklefs, R.E., Roy, K., Sax, D.F., Schluter, D., Sobel, J.M. and Turelli, M. (2007) Evolution and the latitudinal diversity gradient: speciation, extinction and biogeography. Ecology Letters, 10: 315–331.

Mitter, C., Farrell, B. and Wiegmann, B. (1988) The phylogenetic study of adaptive zones: has phytophagy promoted insect diversification? The American Naturalist, 132: 107–128.

Miyazawa, Y. and Kikuzawa, K. (2005) Physiological basis of seasonal trend in leaf photosynthesis of five evergreen broad-leaved species in a temperate deciduous forest. Tree Physiology, 26: 249–256.

Mizutani, H, and Wada, E. (1988) Nitrogen and carbon isotope ratios in sea bird rookeries and their ecological implications. Ecology, 69: 340–349.

Möller, A.P. and Cuervo, J.J. (1998) Speciation and feather ornamentation in birds. Evolution, 52: 859–869.

Moran, N.A. (1992) The evolutionary maintenance of alternative phenotypes. The American Naturalist, 139: 971–989.

Mori, T., Hiraka, I., Kurata, Y., Kawachi, H., Kishida, O. and Nishimura, K. (2005) Genetic basis of phenotypic plasticity for predator-induced morphological defenses in anuran tadpole, *Rana pirica*, using cDNA subtraction and microarray analysis. Biochemical and Biophysical Research Communications, 330: 1138–1145.

Morris, R.J., Lewis, O.T. and Godfray, H.C.J. (2004) Experimental evidence for apparent competition in a tropical forest food web. Nature, 428: 310-313.

Mougi, A., Nishimura, K. (2007) A resolution of the paradox of enrichment. Journal of Theoretical Biology, 248: 194-201.

森長真一（2007）エコゲノミクス：ゲノムから生態学的現象に迫る．日本生態学会誌, 57: 71-74.

Muir, W.M. and Howard, R.D. (1999) Possible ecological risks of transgenic organism release when transgenes affect mating success: sexual selection and the trojan gene hypothesis. Proceedings of the National Academy of Sciences of the United States of America, 96: 13853-13856.

Murdoch, W.W. (1969) Switching in general predators: experiments on predator specificity and stability of prey populations. Ecological Monograph, 39: 335-354.

Murdoch, W.W., Kendall, B.E., Nisbet, R.M., Briggs, C.J., McCauley, E. and Bolser, R. (2002) Single-species models for many-species food webs. Nature, 417: 541-543.

Myers, R.A. and Worm, B. (2003) Rapid worldwide depletion of predatory fish communities. Nature, 423: 280-283.

Naeem, S., Thompson, L.J., Lawler, S.P., Lawton, J.H. and Woodfin. R.M. (1994) Declining biodiversity can alter the performance of ecosystems. Nature, 368: 734-737.

Nakamura, M. and Ohgushi, T. (2003) Positive and negative effects of leaf shelters on herbivorous insects: linking multiple herbivore species on a willow. Oecologia, 136: 445-449.

Nakamura, M., Miyamoto, Y. and Ohgushi, T. (2003) Gall initiation enhances the availability of food resources for herbivorous insects. Functional Ecology, 17: 851-857.

Nakamura, M., Kagata, H. and Ohgushi, T. (2006) Trunk cutting initiates bottom-up cascades in a tri-trophic system: sprouting increases biodiversity of herbivorous and predaceous arthropods on willows. Oikos, 113: 259-268.

Nasrallah, M.E., Liu, P. and Nasrallah, J.B. (2002) Generation of self-incompatible *Arabidopsis thaliana* by transfer of two S locus genes from *A. lyrata.* Science, 297: 247-249.

Nee, S., May, R.M. and Harvey, P.H. (1994a) The reconstructed evolutionary process. Philosophical Transactions of the Royal Society, Series B, 344: 305-311.

Nee, S., Holmes, E.C., May, R.M. and Harvey, P.H. (1994b) Extinction rates can be estimated from molecular phylogenies. Philosophical Transactions of the Royal Society, Series B, 344: 77-82.

Nehm, R.H. and Geary, D. (1994) A gradual morphologic transition during a rapid speciation event in marginellid gastropods (Neogene; Dominican Republic). Journal of Paleontology, 68: 787-795.

Neuhauser, C., Andow, D.A., Heimpel, G.E., May, G., Shaw, R.G. and Wagenius, S. (2003) Community genetics: expanding the synthesis of ecology and genetics. Ecology, 84: 545-558.

Neutel, A., Heesterbeek, J.A.P. and de Ruiter, P.C. (2002) Stability in real food webs: weak links in long loops. Science, 296: 1120-1123.

Newman, J.A., Recer, G.M., Zwicker, S.M. and Caraco, T. (1988) Effects of predation hazard on foraging constraints - patch-use strategies in grey squirrels. Oikos, 53: 93-97.

Nilsson, L.A. (1998) Deep flowers for long tongues. Trends in Ecology and Evolution, 13: 259–260.

Nishimura, K. (1994) Decision-making of a sit-and-wait forager in an uncertain environment-learning and memory load. The American Naturalist, 143: 656–676.

Nishimura, K. (2006) Inducible plasticity: optimal waiting time for the development of an inducible phenotype. Evolutionary Ecology Research, 8: 553–559.

Nishimura, K. and Isoda, Y. (2004) Evolution of cannibalism: referring to costs of cannibalism. Journal of Theoretical Biology, 226: 293–302.

Nordborg, M., Hu, T.T., Ishino, Y., Jhaveri, J., Toomajian, C., Zheng, H., Bakker, E., Calabrese, P., Gladstone, J., Goyal, R., Jakobsson, M., Kim, S., Morozov, Y., Padhukasahasram, B., Plagnol, V., Rosenberg, N.A., Shah, C., Wall, J.D., Wang, J., Zhao, K., Kalbfleisch, T., Schulz, V., Kreitman, M. and Bergelson, J. (2005) The pattern of polymorphism in *Arabidopsis thaliana*. PLoS Biology, 3: e196.

Norris, R.D. (1996) Symbiosis as an evolutionary innovation in the radiation of Paleocene planktic foraminifera. Paleobiology, 22: 461–480.

Norris, R.D. (2001) Impact of K-T Boundary events on marine life. pp. 229–231. In Briggs, G.E.D. and Crowther, P.R. (eds.), Palaeobiology II. Blackwell Science, Oxford, UK.

Novotny, V., Miller, S.E., Hulcr, J., Drew, R.A.I., Basset, Y., Janda, M., Setliff, G.P., Darrow, K., Stewart, A.J.A., Auga, J., Isua, B., Molem, K., Manumbor, M., Tamtiai, E., Mogia, M. and Weiblen, G.D. (2007) Low beta diversity of herbivorous insects in tropical forests. Nature, 448: 692–695.

Nozawa, A. and Ohgushi, T. (2002a) How does spittlebug oviposition affect shoot growth and bud production in two willow species. Ecological Research, 17: 535–543.

Nozawa, A. and Ohgushi, T. (2002b) Indirect effects mediated by compensatory shoot growth on subsequent generations of a willow spittlebug. Population Ecology, 44: 235–239.

Nuismer, S.L. and Doebeli, M. (2004) Genetic correlations and the coevolutionary dynamics of three-species systems. Evolution, 58: 1165–1177.

Nuismer, S.L., Thompson, J.N. and Gomulkiewicz, R. (2000) Coevolutionary clines across selection mosaics. Evolution, 54: 1102–1115.

Nunney, L. (1980) The stability of complex model ecosystems. The American Naturalist, 115: 639–649.

Nykänen, H. and Koricheva, J. (2004) Damage-induced changes in woody plants and their effects on insect herbivore performance: a meta-analysis. Oikos, 104: 247–268.

大串隆之（1992）個体群から種間関係へ．『地球共生系とは何か』（安部琢哉・東正彦編）pp. 200–217　平凡社，東京．

Ohgushi, T. (1995) Adaptive behavior produces stability in herbivorous lady beetle populations. pp. 303–319. In Cappuccino, N. and Price, P.W. (eds.), Population Dynamics: New Approaches and Synthesis. Academic Press, San Diego, USA.

Ohgushi, T. (2005) Indirect interaction webs: herbivore-induced effects through trait change in plants. Annual Review of Ecology, Evolution, and Systematics, 36: 81–105.

Ohgushi, T. (2007) Nontrophic, indirect interaction webs of herbivorous insects. pp. 221–245. In Ohgushi, T., Craig, T.P. and Price, P.W. (eds.), Ecological Communities: Plant Mediation in Indirect Interaction Webs. Cambridge University Press, Cambridge, UK.

Ohgushi, T. (2008) Herbivore-induced indirect interaction webs on terrestrial plants: the importance of non-trophic, indirect, and facilitative interactions. Entomologia Experimenalis et Applicata, 128: 217–229.

Oji, T. (1996) Is predation intensity reduced with increasing depth? Evidence from the west Atlantic stalked crinoid *Endoxocrinus parrae* (Gervais) and implications for the Mesozoic marine revolution. Paleobiology, 22: 339–351.

Okamoto, M. (1988) Interactions between *Camellia japonica* and its seed predator *Curculio camelliae*. I. Observations on morphology, phenology and oviposition behaviors in Kinki District, Japan. Bulletin of the Osaka Museum of Natural History, 43: 15–37.

Olden, J.D., Poff, N.L., Douglas, M.R., Douglas, M.E. and Fausch, K.D. (2004) Ecological and evolutionary consequences of biotic homogenization. Trends in Ecology and Evolution, 19: 18–24.

Oleksiak, M.F., Churchill, G.A. and Crawford, D.L. (2002) Variation in gene expression within and among natural populations. Nature Genetics, 32: 261–266.

Olsen, P.E., Kent, D.V., Sues, H.-O., Koeberl, C., Huber, C., Montanari, A., Rainforth, E.C., Fowell, S.J., Szajna, M.J. and Hartline, B.W. (2002) Ascent of dinosaurs linked to an iridium anomaly at the Triassic-Jurassic boundary. Science, 296: 1305–1307.

Ouborg, N.J. and Vriezen, W.H. (2007) An ecologist's guide to ecogenomics. Journal of Ecology, 95: 8–16.

Owens, I.P.F., Bennett, P.M. and Harvey, P.H. (1999) Species richness among birds: body size, life history, sexual selection or ecology? Proceedings of the Royal Society, Series B, 266: 933–939.

Pace, M.L., Cole, J.J., Carpenter, S.R. and Kitchell, J.F. (1999) Trophic cascades revealed in diverse ecosystems. Trends in Ecology and Evolution, 14: 483–488.

Padilla, D.K. (2001) Food and environmental cues trigger an inducible offence. Evolutionary Ecology Research, 3: 15–25.

Paine, R.T. (1966) Food web complexity and species diversity. The American Naturalist, 100: 65–75.

Paine, R.T. (1969) A note on trophic complexity and species diversity. The American Naturalist, 103: 91–93.

Palumbi, S.R. (1992) Marine speciation on a small planet. Trends in Ecology and Evolution 7: 114–118.

Palumbi, S.R. (2001) The Evolution Explosion: How Humans Cause Rapid Evolutionary Change.

W.W. Norton and Company, New York, USA.

Parchman, T.L., Benkman, C.W. and Mezquida, E.T. (2007) Coevolution between Hispaniolan crossbills and pine: does more time allow for greater phenotypic escalation at lower latitude? Evolution, 61: 2142−2153.

Parker, G.A. (1983). Arms races in evolution-an ESS to the opponent-independent costs of game. Journal of Theoretical Biology, 101: 619−648.

Parker, G.A. and Stuart, R.A. (1976) Animal behavior as a strategy optimizer: evolution of resource assessment strategies and optimal emigration thresholds. The American Naturalist, 110: 1055−1076.

Pavia, H. and Toth, G.B. (2000) Inducible chemical resistance to herbivory in the brown seaweed *Ascophyllum nodosum*. Ecology, 81: 3212−3225.

Payne, J.L. and Finnegan, S. (2007) The effect of geographic range on extinction risk during background and mass extinction. Proceedings of the National Academy of Sciences of the United States of America, 104: 10506−10511.

Peacor, S.D. and Werner, E.E. (2001) The contribution of trait-mediated indirect effects to the net effects of a predator. Proceedings of the National Academy of Sciences of the United States of America, 98: 3904−3908.

Peckarsky, B.L., Bolnick, D.I., Dill, L.M., Grabowski, J.H., Luttbeg, B.L., Orrock, J.L., Peacor, S.D., Preisser, E.L., Schmitz, O.J. and Trussell, G.C. (2008) Revisiting the classics: considering non-consumptive effects in textbook examples of predator-prey interactions. Ecology, 89: 2416−2425.

Pelletier, J.D. (2000) Are large complex ecosystems more unstable? A theoretical reassessment with predator switching. Mathematical Biosciences, 163: 91−96.

Peterson, A.T., Soberon, J. and Sanchez-Cordero, V. (1999) Conservatism of ecological niches in evolutionary time. Science, 285: 1265−1267.

Petranka, J.W. (2007) Evolution of complex life cycles of amphibians: bridging the gap between metapopulation dynamics and life history of evolution. Evolutionary Ecology, 21: 751−764.

Pfennig, D.W. (1992) Polyphenism in spadefoot toad tadpoles as a locally adjusted evolutionarily stable strategy. Evolution 46: 1408−1420.

Pigliucci, M. (2001) Phenotypic Plasticity: Beyond Nature and Nurture. The Johns Hopkins University Press, Bultimore, USA.

Pigliucci, M. and Preston, K. (2004) Phenotypic Integration: Studying the Ecology and Evolution of Complex Phenotypes. Oxford University Press, Oxford, UK.

Pimentel, D. (1961) Animal population regulation by the genetic feed-back mechanism. The American Naturalist, 95: 65−79.

Pimentel, D. (1968) Population regulation and genetic feedback. Science, 159: 1432−1437.

Pimentel, D., Nagel, W.P. and Madden, J.L. (1963) Space-time structure of the environment and the survival of parasite-host systems. The American Naturalist, 97: 141−167.

Pimm, S.L. (1979) Complexity and stability: another look at MacArthur's original hypothesis. Oikos, 33: 351–357.

Pimm, S.L. (1991) The Balance of Nature? : Ecological Issues in the Conservation of Species and Communities. The University of Chicago Press, Chicago, USA.

Pimm, S.L., Jones, H. and Diamond, J. (1988) On the risk of extinction. The American Naturalist, 132: 757–785.

Plotnick, R.E. and Sepkoski Jr., J.J. (2001) A multiplicative multifractal model for originations and extinctions. Paleobiology, 27: 126–139.

Podos, J. (2001) Correlated evolution of morphology and vocal signal structure in Darwin's finches. Nature, 409: 185–188.

Polis, G.A. (1991) Complex desert food webs: an empirical critique of food web theory. The American Naturalist, 138: 123–155.

Polis, G.A. (1999) Why are parts of the world green? Multiple factors control productivity and the distribution of biomass. Oikos, 86: 3–15.

Polis, G.A. and Hurd, S.D. (1996) Linking marine and terrestrial food webs: allochthonous input from the ocean supports high secondary productivity on small islands and coastal land communities. The American Naturalist, 147: 396–423.

Polis, G.A. and Winemiller, K.O. (1996) Food Webs. Chapman and Hall, New York, USA.

Polis, G.A., Sears, A.L.W., Huxel, G.R., Strong, D.R. and Maron, J. (2000) When is a trophic cascade a trophic cascade? Trends in Ecology and Evolution, 15: 473–475.

Pope, K.O., D'Hondt, S.L. and Marshall, C.R. (1998) Meteorite impact and the mass extinction of species at the Cretaceous/Tertiary boundary. Proceedings of the National Academy of Sciences of the United States of America, 95: 11028–11029.

Preisser, E.L. and Bolnick, D.I. (2008) When predators don't eat their prey: nonconsumptive predator effects on prey dynamics. Ecology, 89: 2414–2415.

Preisser, E.L., Orrock, J.L. and Schmitz, O.J. (2007) Predator hunting mode and habitat domain alter nonconsumptive effects in predator-prey interactions. Ecology, 88: 2744–2751.

Preszler, R.W. and Price, P.W. (1993) The influence of *Salix* leaf abscission on leaf-miner survival and life history. Ecological Entomology, 18: 150–154.

Prinzing, A., Durka, W., Klotz, S. and Brandl, R. (2001) The niche of higher plants: evidence for phylogenetic conservatism. Proceedings of the Royal Society, Series B, 268: 2383–2389.

Prud'homme, B., Gompel, N., Rokas, A., Kassner, V.A., Williams, V.A., Yeh, S.-D., True, J.R. and Carroll, S.B. (2006) Repeated morphological evolution through cis-regulatory changes in a pleiotropic gene. Nature, 444: 1050–1053.

Pyke, G.L. (1982) Local geographic distributions of bumblebees near Crested Butte, Colorado: competition and community structure. Ecology, 63: 555–573.

Pyke, G.H. (1984) Optimal foraging theory: a critical review. Annual Review of Ecology and Systematics, 15: 523–575.

Qian, H. and Ricklefs, R.E. (2000) Large-scale processes and the Asian bias in species diversity of temperate plants. Nature, 40: 180–182.

Quek, S.P., Davies, S.J., Itino, T. and Pierce, N.E. (2004) Codiversification in an ant-plant mutualism: stem texture and the evolution of host use in *Crematogaster* (Formicidae: Myrmicinae) inhabitants of *Macaranga* (Euphorbiaceae). Evolution, 58: 554–570.

Quek, S.P., Davies, S.J., Ashton, P.S., Itino, T. and Pierce, N.E. (2007) The geography of diversification in mutualistic ants: a gene's-eye view into the Neogene history of Sundaland rain forests. Molecular Ecology, 16: 2045–2062.

Raimondi, P.T., Forde, S.E., Delph, L.F. and Lively, C.M. (2000) Processes structuring communities: evidence for trait-mediated indirect effects through induced polymorphisms. Oikos, 91: 353–361.

Ramos-Jiliberto, R. (2003) Population dynamics of prey exhibiting inducible defenses: the role of associated costs and density-dependence. Theoretical Population Biology, 64: 221–231.

Rankin, D.J. and Lopez-Sepulcre, A. (2005) Can adaptation lead to extinction? Oikos, 111: 616–619.

Ranz, J.M. and Machado, C.A. (2006) Uncovering evolutionary patterns of gene expression using microarrays. Trends in Ecology and Evolution, 21: 29–37.

Rapoport, E.H. (1994) Remarks on marine and continental biogeography: an aerographical viewpoint. Philosophical Transactions of the Royal Society, Series B, 343: 71–78.

Raup, D.M. (1994) The role of extinction in evolution. Proceedings of the National Academy of Sciences of the United States of America, 91: 6758–6763.

Raup, D.M. and Sepkoski, J.J. (1982) Mass extinctions in the marine fossil record. Science, 215: 1501–1503.

Rees, D.J., Emerson, B.C. Oromi, P. and Hewitt, G.M. (2001) Reconciling gene trees with organism history: the mtDNA phylogeography of three *Nesotes* species (Coleoptera: Tenebrionidae) on the western Canary Islands. Journal of Evolutionary Biology, 14: 139–147.

Relyea, R.A. (2001) Morphological and behavioral plasticity of larval anurans in response to different predators. Ecology, 82: 523–540.

Relyea, R.A. (2002) Costs of phenotypic plasticity. The American Naturalist, 159: 272–282.

Reymond, P., Bodenhausen, N., Van Poecke, R.M.P., Krishnamurthy, V., Dicke, M. and Farmer, E.E. (2004) A conserved transcript pattern in response to a specialist and a generalist herbivore. Plant Cell, 16: 3132–3147.

Rezende, E., Lavabre, J., Guimaraes, P., Jordano, P. and Bascompte, J. (2007). Non-random coextinctions in phylogenetically structured mutualistic networks. Nature, 448: 925–928.

Ricklefs, R.E. (2005) Phylogenetic perspectives on patterns of regional and local species richness. pp. 16–40. In Bermingham, E., Dick, C.W. and Moritz, C. (eds.), Tropical Rainforests: Past, Present, and Future. The University of Chicago Press, Chicago, USA.

Ricklefs, R.E. (2006a) Evolutionary diversification and the origin of the diversity-environment

relationship. Ecology, 87: S3–S13.
Ricklefs, R.E. (2006b) Global variation in the diversification rate of passerine birds. Ecology, 87: 2468–2478.
Ricklefs, R.E. and Latham, R.E. (1993) Global patterns of diversity in mangrove floras. pp. 215–229. In Ricklefs, R.E. and Schluter, D. (eds.), Species Diversity in Ecological Communities: Historical and Geographical Perspectives. The University of Chicago Press, Chicago, USA.
Ricklefs, R.E. and Schluter, D. (1993) Species diversity: regional and hisrical influences. pp. 350–363. In Ricklefs, R.E. and Schulter, D. (eds.), Species Diversity in Ecological Communities: Historical and Geographical Perspectives. The Univeristy of Chicago Press, Chicago, USA.
Rivadeneira, M.M. and Marquet, P.A. (2007) Selective extinction of late Neogene bivalves on the temperate Pacific coast of South America. Paleobiology, 33: 455–468.
Roff, D.A. (1992) The Evolution of Life Histories. Chapman and Hall, New York, USA.
Root, R.B. (1967) The niche exploitation pattern of the blue-gray gnatcatcher. Ecological Monographs, 37: 317–350.
Rosenzweig, M.L. (1971) Paradox of enrichment: destabilization of exploitation ecosystem in ecological time. Science, 171: 385–387.
Rosenzweig, M.L. and MacArthur, R.H. (1963) Graphical representation and stability conditions of predator-prey interactions. The American Naturalist, 97: 209–223.
Rosenzweig, M.L. and McCord, R.D. (1991) Incumbent replacement: evidence for long-term evolutionary progress. Paleobiology, 17: 202–213.
Rothberg, J.M. and Leamon, J.H. (2008) The development and impact of 454 sequencing. Nature Biotechnology, 26: 1117–1124.
Rothley, K.D., Schmitz, O.J. and Cohon, J.L. (1997) Foraging to balance conflicting demands: novel insights from grasshoppers under predation risk. Behavioral Ecology, 8: 551–559.
Roughgarden, J. (1972) Evolution of niche width. The American Naturalist, 106: 683–718.
Roy, K. (1994) Effects of the Mesozoic marine revolution on the taxonomic, morphologic, and biogeographic evolution of a group: aporrhaid gastropods during the Mesozoic. Paleobiology, 20: 274–296.
Roy, K. (1996) The roles of mass extinction and biotic interaction in large-scale replacements: a reexamination using the fossil record of stromboidean gastropods. Paleobiology, 22: 436–452.
Roy, K., Valentine, J.W., Jablonski, D. and Kidwell, S.M. (1996) Scales of climatic variability and time averaging in Pleistocene biotas: implications for ecology and evolution. Trends in Ecology and Evolution, 11: 458–463.
Roy, M.S. (1997) Recent diversification in African greenbuls (Pycnonotidae: *Andropadus*) supports a montane speciation model. Proceedings of the Royal Society, Series B, 264: 1337–1334.
Rozas, J., Sanchez-DelBarrio, J.C., Messeguer, X. and Rozas, R. (2003) DnaSP, DNA polymorphism analyses by the coalescent and other methods. Bioinformatics, 19: 2496–2497.
Rudolf, V.H.W. and Rodel, M.O. (2007) Phenotypic plasticity and optimal timing of metamorphosis

under uncertain time constraints. Evolutionary Ecology, 21: 121-142.

Rundle, H.D. and Nosil, P. (2005) Ecological speciation. Ecology Letters, 8: 336-352.

Rundle, H.D., Nagel, L., Boughman, J.W. and Schluter, D. (2000) Natural selection and parallel speciation in sticklebacks. Science, 287: 306-308.

Ruxton, G.D., Sherratt, T.N. and Speed, M.P. (2004) Avoiding Attack: The Evolutionary Ecology of Crypsis, Warning Signals and Mimicry. Oxford University Press, Oxford, UK.

Ryu, H.S., Han, M., Lee, S.K., Cho, J.I., Ryoo, N., Heu. S., Lee, Y.H., Bhoo, S.H., Wang. G.L., Hahn, T.R. and Jeon, J.S. (2006) A comprehensive expression analysis of the WRKY gene superfamily in rice plants during defense response. Plant Cell Reports, 25: 836-847.

Sakai, A.K., Allendorf, F.W., Holt, J.S., Lodge, D.M., Molofsky, J., With, K.A., Baughman, S., Cabin, R.J., Cohen, J.E., Ellstrand, N.C., McCauley, D.E., O'Neil, P., Parker, I.M., Thompson, J.N. and Weller, S.G. (2001) The population biology of invasive species. Annual Review of Ecology and Systematics, 32: 305-332.

酒井聡樹（2007）エコゲノミクス：アクションシーンが退屈な人の場合．日本生態学会誌，57: 107-110.

Sanders, N.J. and Gordon, D.M. (2000) The effects of interspecific interactions on resource use and behavior in a desert ant. Oecologia, 125: 436-443.

Santoni, V., Bellini, C. and Caboche, M. (1994) Use of 2-dimensional protein-pattern analysis for the characterization of *Arabidopsis thaliana* Mutants. Planta, 192: 557-566.

佐々木顕（1997）種は連続ニッチ空間で離散分布する：種詰め込み理論の新しい展開．『数理生態学』（巌佐庸編）pp. 80-94. 共立出版，東京．

Sasaki, A. (1997) Clumped distribution by neighborhood competition. Journal of Theoretical Biology, 186: 415-430.

佐々木顕（1998）種の離散的詰め込み：Discrete Packing of Species. 数理科学，420: 61-68.

Sasaki, A. (2000) Host-parasite coevolution in a multilocus gene-for-gene system. Proceedings of the Royal Society, Series B, 267: 2183-2188.

佐々木顕（2006）軍拡競走の実証にむけて：3つのケーススタディ．日本生態学会誌, 56: 73-77.

Sasaki, A. and Ellner, S. (1995) The evolutionarily stable phenotype distribution in a random environment. Evolution, 49: 337-350.

Sasaki, A. and Godfray, H.C.J. (1999) A model for the coevolution of resistance and virulence in coupled host-parasitoid interactions. Proceedings of the Royal Society, Series B, 266: 455-463.

佐々木顕・東樹宏和・井磧直行（2007）ヤブツバキとシギゾウムシの軍拡競走．日本生態学会誌，57: 174-182.

Sato, A., O'hUigin, C., Figueroa, F., Grant, P.R., Grant, B.R., Tichy, H. and Klein, J. (1999) Phylogeny of Darwin's finches as revealed by mtDNA sequences. Proceedings of the National Academy of Sciences of the United States of America, 96: 5101-5106.

Sato, A., Tichy, H., O'hUigin, C., Grant, P.R., Grant, B.R. and Klein, J. (2001) On the origin of Darwin's Finches. Molecular Biology and Evolution, 18: 299−311.

Scheiner, S.M. and Berrigan, D. (1998) The genetics of phenotypic plasticity. VIII. The cost of plasticity in *Daphnia pulex*. Evolution 52: 368−378.

Schemske, D. (2002). Ecological and evolutionary perspectives on the origins of tropical diversity. pp. 163−173. In Chazdon, R.L. and Whitmore, T.C. (eds.), Foundations of Tropical Forest Biology: Classic Papers with Commentaries. The University of Chicago Press, Chicago, USA.

Schlichting, C.D. and Pigliucci, M. (1998) Phenotypic evolution: a reaction norm perspective. Sinauer, Sunderland, USA.

Schulter, D. (1998) Ecological causes of speciation. pp. 114−129. In Howard, D.J. and Berlocher, S.H. (eds.), Endless Forms: Species and Speciation. Oxford University Press, New York, USA.

Schluter, D. (2000) The Ecology of Adaptive Radiation. Oxford University Press, Oxford, UK.

Schluter, D. (2001) Ecology and the origin of species. Trends in Ecology and Evolution, 16: 372−380.

Schluter, D. and Grant, P.R. (1984) Determinants of morphological patterns in communities of Darwin finches. The American Naturalist, 123: 175−196.

Schluter, D., Price, T.D. and Grant, P.R. (1985) Ecological character displacement in Darwin finches. Science, 227: 1056−1059.

Schmitz, O.J. (1998) Direct and indirect effects of predation and predation risk in old-field interaction webs. The American Naturalist, 151: 327−342.

Schmitz, O.J. (2008) Effects of predator hunting mode on grassland ecosystem function. Science, 319: 952−954.

Schmitz, O.J., Křivan, V. and Ovadia, O. (2004) Trophic cascades: the primacy of trait-mediated indirect interactions. Ecology Letters, 7: 153−163.

Schoener, T.W. (1969) Models of optimal size for solitary predators. The American Naturalist, 103: 277−313.

Schoener, T.W. (1993) On the relative importance of direct versus indirect effects in ecological communities. pp. 365−411. In Kawanabe, H., Cohen, J.E. and Iwasaki, K. (eds.), Mutualism and Community Organization: Behavioral, Theoretical, and Food-Web Approaches. Oxford University Press, Oxford, UK.

Schoeppner, N.M. and Relyea, R.A. (2005) Damage, digestion, and defence: the roles of alarm cues and kairomones for inducing prey defences. Ecology Letters, 8: 505−512.

Schweitzer, J.A., Bailey, J.K., Hart, S.C. Wimp, G.M., Chapman, S.K. and Whitham, T.G. (2005a) The interaction of plant genotype and herbivory decelerate leaf litter decomposition and alter nutrient dynamics. Oikos, 110: 133−145.

Schweitzer, J.A., Bailey, J.K., Hart, S.C. and Whitham, T.G. (2005b) Nonadditive effects of mixing cottonwood genotypes on litter decomposition and nutrient dynamics. Ecology, 86: 2834−2840.

Seehausen, O. (2006) African cichlid fish: a model system in adaptive radiation research. Proceedings of the Royal Society, Series B, 273: 1987-1998.

Seger, J. and Brockmann, H.J. (1987) What is bet-hedging? pp. 182-211. In Seger, J., Brockmann, H.J., Harvey, P.H. and Partridge, L. (eds.), Oxford Surveys in Evolutionary Biology, vol. 4. Oxford University Press, Oxford, UK.

Sepkoski Jr., J.J. (1984) A kinetic model of Phanerozoic taxonomic diversity. III. Post-Paleozoic families and mass extinctions. Paleobiology, 10: 246-267.

Sepkoski Jr., J.J. (1996). Competition in macroevolution: the double wedge revisited. pp. 211-255. In Jablonski, D., Erwin, D.H. and Lipps, J. (eds.), Evolutionary Paleobiology. University of Chicago Press, Chicago, USA.

Sepkoski Jr., J.J. (2001) Competition in evolution. pp. 171-176. In Briggs, D.E.G., and Crowther, P.R. (eds.), Palaeobiology II. Blackwell Science, Oxford, UK.

Sepkoski Jr., J.J., McKinney, F.K. and Lidgard, S. (2000) Competitive displacement among post-Paleozoic cyclostome and cheilostome bryozoans. Paleobiology, 26: 7-18.

Sheldon, P.R. (1993) Making sense of micro-evolutionary patterns. pp. 19-31. In Lees, D.R. and Edwards, D. (eds.), Evolutionary Patterns and Processes. Academic Press, London, UK.

Shimizu, K.K. (2002) Ecology meets molecular genetics in *Arabidopsis*. Popululation Ecology, 44: 221-233.

清水健太郎（2005）進化ゲノム学によるダーウィンの自殖モデルの検証：DNA から適応をさぐる．蛋白質核酸酵素 PNE, 50: 966-977.

清水健太郎（2006）進化ゲノム学（進化生態機能ゲノム学）：シロイヌナズナの適応を中心に．日本生態学会誌, 56: 28-43.

清水健太郎・長谷部光泰（2007）『植物の進化』秀潤社，東京．

Shimizu, K.K. and Purugganan, M.D. (2005) Evolutionary and ecological genomics of *Arabidopsis*. Plant Physiology, 138: 578-584.

Shimizu, K.K., Shimizu-Inatsugi, R., Tsuchimatsu, T. and Purugganan, M.D. (2008) Independent origins of self-compatibility in *Arabidopsis thaliana*. Molecular Ecology, 17: 704-714.

Shiojiri, K., Kishimoto, K., Ozawa, R., Kugimiya, S., Urashimo, S., Arimura, G., Horiuchi, J., Nishioka, T., Matsui, K. and Takabayashi, J. (2006) Changing green leaf volatile biosynthesis in plants: an approach for improving plant resistance against both herbivores and pathogens. The Proceedings of the National Academy of Sciences of the United States of America, 103: 16672-16676.

Shultz, S., Bradbury, R.B., Evans, K.L., Gregory, R.D. and Blackburn, T.M. (2005) Brain size and resource specialization predict long-term population trends in British birds. Proceedings of the Royal Society, Series B, 272: 2305-2311.

Shuster, S.M., Lonsdorf, E.V., Wimp, G.M., Bailey, J.K. and Whitham, T.G. (2006) Community heritability measures the evolutionary consequences of indirect genetic effects on community structure. Evolution, 60: 991-1003.

Siepielski, A.M. and Benkman, C.W. (2004) Interactions among moths, crossbills, squirrels, and lodgepole pine in a geographic selection mosaic. Evolution, 58: 95–101.

Signor, P.W. (1990) The geologic history of diversity. Annual Review of Ecology and Systematics, 21: 509–539.

Sih, A., Bell, A. and Johnson, J.C. (2004) Behavioral syndromes: an ecological and evolutionary overview. Trends in Ecology and Evolution, 19: 372–378.

Silvertown, J., Dodd, M., Gowing, D., Lawson, C. and Mcconway, K. (2006) Phylogeny and the hierarchical organization of plant diversity. Ecology, 87: S39–S49.

Simpson, G.G. (1944) Tempo and Mode in Evolution. Columbia University Press, New York, USA.

Simpson, G.G. (1953) The Major Features of Evolution. Columbia University Press, New York, USA.

Sinervo, B., Svensson, E. and Comendant, T. (2000) Density cycles and an offspring quantity and quality game driven by natural selection. Nature, 406: 985–988.

Slatkin, M. (1980) Ecological character displacement. Ecology, 61: 163–167.

Slatkin, M. and Hudson, R.R. (1991) Pairwise comparisons of mitochondrial DNA sequences in stable and exponentially growing populations. Genetics, 129: 555–562.

Slatkin, M. and Lande, R. (1976) Niche width in a fluctuating environment: density independent model. The American Naturalist, 110: 31–55.

Slobodkin, L.B. (1980) Growth and Regulation of Animal Populations. Dover, New York, USA.

Ślusarczyk, M. (1995) Predator-induced diapause in *Daphnia*. Ecology, 76: 1008–1013.

Ślusarczyk, M. (1999) Predator-induced diapause in *Daphnia magna* may require two chemical cues. Oecologia, 119: 159–165.

Smith, A.B. and Jeffery, C.H. (1998) Selectivity of extinction among sea urchins at the end of the Cretaceous Period. Nature, 392: 69–71.

Smith, J.T. and Roy, K. (2006) Selectivity during background extinction: Plio-Pleistocene scallops in California. Paleobiology, 32: 408–416.

Smith, J.W. and Benkman, C.W. (2007) A coevolutionary arms race causes ecological speciation in crossbills. The American Naturalist 169, 455–465.

Smith, S.A., Montes de Oca A.N., Reeder, T.W. and Wiens, J.J. (2007) A phylogenetic perspective on elevational species richness patterns in middle American treefrogs: why so few species in lowland tropical rainforests? Evolution, 61: 1188–1207.

Snoeren, T.A.L., De Jong, P.W. and Dicke, M. (2007) Ecogenomic approach to the role of herbivore-induced plant volatiles in community ecology. Journal of Ecology, 95: 17–26.

Sober, E. (1984) The Nature of Selection. The MIT Press, Cambridge, USA.

Sol, D., Duncan, R.P., Blackburn, T.M., Cassey, P. and Lefebvre, L. (2005) Big brains, enhanced cognition, and response of birds to novel environments. Proceedings of the National Academy of Sciences of the United States of America, 102: 5460–5465.

Solan, M., Cardinale, B.J., Downing, A.L., Engelhardt, K.A.M., Ruesink, J.L. and Srivastava, D.S.

(2004) Extinction and ecosystem function in the marine benthos. Science, 306: 1177−1180.

Sole, R.V., Manrubia, S.C., Benton, M.J. and Bak, P. (1997) Self- similarity of extinction statistics in the fossil record. Nature, 388: 764−767.

Sole, R.V., Montoya, J.M. and Erwin, D.H. (2002) Recovery after mass extinction: evolutionary assembly in large-scale biosphere dynamics. Philosophical Transactions of the Royal Society, Series B, 357: 697−707.

Soler, J.J., Martínez, J.G., Soler, M. and Møller, A.P. (1999) Genetic and geographic variation in rejection behavior of cuckoo eggs by European magpie populations: an experimental test of rejector-gene flow. Evolution 53, 947−956.

Soler, J.J., Martínez, J.G., Soler, M. and Møller, A.P. (2001) Coevolutionary interactions in a host-parasite system. Ecology Letters, 4: 470−476.

Stahl, E.A., Dwyer, G., Mauricio, R., Kreitman, M. and Bergelson, J. (1999) Dynamics of disease resistance polymorphism at the Rpm1 locus of *Arabidopsis*. Nature, 400: 667−671.

Stanley, S.M. (1979) Macroevolution: Pattern and Process. W.H. Freeman, San Francisco, USA.

Stanley, S.M. and Newman, W.A. (1980) Competitive exclusion in evolutionary time: the case of acorn barnacles. Paleobiology, 6: 173−183.

Steadman, D.W. (2006) Extinction and Biogeography of Tropical Pacific Birds. The University of Chicago Press, Chicago, USA.

Steadman, D.W., Pregill, G.K. and Burley, D.V. (2002) Rapid prehistoric extinction of birds and iguanas in Polynesia. Proceedings of the National Academy of Sciences of the United States of America, 99: 3673−3677.

Stearns, S.C. (1992) The Evolution of Life Histories. Oxford University Press, Oxford,UK.

Stearns, S.C. and Magwene, P. (2003) The naturalist in a world of genomics. The American Naturalist, 161: 171−180.

Stebbins, G.L. (1950) Variations and Evolution in Plants. Columbia University Press, New York, USA.

Stehli, F.G. and Wells, J.W. (1971) Diversity and age patterns in hermatypic corals. Systematic Zoology, 20: 115−126.

Stehli, F.G., Douglas, R.G. and Newell, N.D. (1969) Generation and maintenance of gradients in taxonomic diversity. Science, 164: 947−949.

Stephens, D.W. (1987) On economically tracking a variable environment. Theoretical Population Biology, 32: 15−25.

Stephens, D.W. (1990) Change, regularity, and value in the evolution of animal learning. Behavioral Ecology, 2: 77−89.

Stephens, D.W. and Krebs, J.R. (1986) Foraging Theory. Princeton University Press, Princeton, USA.

Stephens, P.R. and Wiens, J.J. (2003) Explaining species richness from continents to communities: the time-for-speciation effect in emydid turtles. The American Naturalist, 161: 112−128.

Sterns, S.C. (1986) Natural selection and fitness, adaptation and constraint. pp. 23–44. Jablonski, D. and Raup, D.M. (eds.), In Patterns and Processes in the History of Life: Report of the Dahlem Workshop. Springer-Verlag, Berlin, Germany.

Stevens, G.C. (1989) The latitudinal gradient in geographical range: how so many species coexist in the tropics. The American Naturalist, 133: 240–256.

Stewart, F.M. and Levin, B.R. (1973) Partitioning of resources and the outcome of interspecific competition: a model and some general considerations. The American Naturalist, 107: 171–198.

Stiles, F.G. (1977) Coadapted competitors: the flowering seasons of hummingbird pollinated plants in a tropical forest. Science, 198: 1177–1178.

Strachan, T. and Read, A.P. (2004) Human Molecular Genetics. Garland Publishing, New York, USA.

Strauss, S.Y., Sahli, H. and Conner, J. K. (2005) Toward a more trait-centered approach to diffuse (co)evolution. New Phytologist, 165: 81–90.

Stuart, A.J. (1991) Mammalian extinctions in the Late Pleistocene of northern Eurasia and North America. Biological Revew, 66: 453–562.

種生物学会（2001）『森の分子生態学』．文一総合出版，東京．

Takimoto, G. (2003) Adaptive plasticity in ontogenetic niche shifts stabilizes consumer-resource dynamics. The American Naturalist, 162: 93–109.

Tang, C., Toomajian, C., Sherman-Broyles, S., Plagnol, V., Guo, Y.L., Hu, T.T., Clark, R.M., Nasrallah, J.B., Weigel, D. and Nordborg, M. (2007) The evolution of selfing in *Arabidopsis thaliana*. Science, 317: 1070–1072.

Tansky, M. (1978) Switching effect in prey-predator system. Journal of Theoretical Biology, 70: 263–271.

Taper, M.L. and Case T.J. (1992) Models of character displacement and the theoretical robustness of taxon cycles. Evolution, 46: 317–333.

Tarchini, B., Duboule, D. and Kmita, M. (2007) Regulatory constraints in the evolution of the tetrapod limb anterior-posterior polarity. Nature, 443: 985–988.

Temple, S.A. (1977) Plant-animal mutualism: coevolution with Dodo leads to near extinction of plant. Science, 197: 885–886.

Teramoto, E., Kawasaki, K. and Shigesada, N. (1979) Switching effect of predation on competitive prey species. Journal of Theoretical Biology, 79: 305–315.

Thomas, M.A. and Klaper, R. (2004) Genomics for the ecological toolbox. Trends in Ecology and Evolution, 19: 439–445.

Thompson, J.N. (1988) Variation in interspecific interactions. Annual Review of Ecology and Systematics, 19: 65–87.

Thompson, J.N. (1994) The Coevolutionary Process. The University of Chicago Press, Chicago, USA.

Thompson, J.N. (1996) Evolutionary ecology and the conservation of biodiversity. Trends in Ecology and Evolution, 11: 300–303.

Thompson, J.N. (1998) Rapid evolution as an ecological process. Trends in Ecology and Evolution, 13: 329–332.

Thompson, J.N. (1999) Specific hypotheses on the geographic mosaic of coevolution. The American Naturalist, 153: S1–S14.

Thompson, J.N. (2005a) The Geographic Mosaic of Coevolution. The University of Chicago Press, Chicago, USA.

Thompson, J.N. (2005b) Coevolution: the geographic mosaic of coevolutionary arms races. Current Biology, 15: R992–R994.

Thompson, J.N. and Cunningham, B.M. (2002) Geographic structure and dynamics of coevolutionary selection. Nature, 417: 735–738.

Thrall, P.H. and Burdon, J.J. (2003) Evolution of virulence in a plant host-pathogen metapopulation. Science, 299: 1735–1737.

Thrall, P.H., Burdon, J.J. and Young, A. (2001) Variation in resistance and virulence among demes of a plant host-pathogen metapopulation. Journal of Ecology, 89: 736–748.

Thrall, P.H., Burdon, J.J. and Bever, J.D. (2002) Local adaptation in the *Linum marginale-Melampsora lini* host-pathogen interaction. Evolution, 56: 1340–1351.

Thrall, P.H., Hochberg, M.E., Burdon, J.J. and Bever, J.D. (2007) Coevolution of symbiotic mutualists and parasites in a community context. Trends in Ecology and Evolution, 22: 120–126.

Tian, D., Traw, M.B., Chen, J.Q., Kreitman, M. and Bergelson, J. (2003) Fitness costs of R-gene-mediated resistance in *Arabidopsis thaliana*. Nature, 423: 74–77.

Tilman, D. (1996) Biodiversity: population versus ecosystem stability. Ecology, 77: 350–363.

Tilman, D. and Downing, J.A. (1994) Biodiversity and stability in grasslands. Nature, 367: 363–365.

Tilman, D., May, R.M., Lehman, C. and Nowak, M. (1994) Habitat destruction and the extinction debt. Nature, 371: 65–66.

Toju, H. (2007) Interpopulation variation in predator foraging behaviour promotes the evolutionary divergence of prey. Journal of Evolutionary Biology, 20: 1544–1553.

Toju, H. (2008) Fine-scale local adaptation of weevil mouthpart length and camellia pericarp thickness: altitudinal gradient of a putative arms race. Evolution, 62: 1086–1102.

東樹宏和（2008a）ツバキとゾウムシの共進化：厚い果皮と長い口吻の軍拡競走．『共進化の生態学：生物間相互作用が織りなす多様性』（種生物学会編）．文一総合出版，東京．

東樹宏和（2008b）ツバキとゾウムシの進化のレース．自然保護，503: 40–42.

東樹宏和・曽田貞滋（2006）ツバキとゾウムシの軍拡競走：自然選択の地理的勾配と適応的分化．日本生態学会誌，56: 46–52.

Toju, H. and Sota, T. (2006a) Adaptive divergence of scaling relationships mediates the arms race between a weevil and its host plant. Biology Letters, 2: 539−542.

Toju, H. and Sota, T. (2006b) Imbalance of predator and prey armament: geographic clines in phenotypic interface and natural selection. The American Naturalist, 167: 105−117.

Toju, H. and Sota, T. (2006c) Phylogeography and the geographic cline in the armament of a seed-predatory weevil: effects of historical events vs. natural selection from the host plant. Molecular Ecology, 15: 4161−4173.

Tokeshi, M. (1999) Species Coexistence: Ecological and Evolutionary Perspectives. Blackwell Science, Oxford, UK.

Tollrian, R. and Dodson, S.I. (1999) Inducible defenses in Cladocera: constraints, costs, and multipradator environments. pp. 177−202. In Tollrian, R. and Harvell, C.D. (eds.) The Ecology and Evolution of Inducible Defenses. Princeton University Press, Princeton, USA.

Tollrian, R. and Harvell, C.D. (1999) The Ecology and Evolution of Inducible Defenses. Princeton University Press, Princeton, USA.

Toth, A.L., Varala, K., Newman, T.C., Miguez, F.E., Hutchison, S.K., Willoughby, D.A., Simons, J.F., Egholm, M., Hunt, J.H., Hudson, M.E. and Robinson, G.E. (2007) Wasp gene expression supports an evolutionary link between maternal behavior and eusociality. Science, 318: 441−444.

Travers, S.E., Smith, M.D., Bai, J.F., Hulbert, S.H., Leach, J.E., Schnable, P.S., Knapp, A.K., Milliken, G.A., Fay, P.A., Saleh, A. and Garreff, K.A. (2007) Ecological genomics: making the leap from model systems in the lab to native populations in the field. Frontiers in Ecology and the Environment, 5: 19−24.

Travis, J. (1984) Anuran size at metamorphosis: experimental test of a model based on intraspecific competition. Ecology, 65: 1155−1160.

Tringe, S.G. and Rubin, E.M. (2005) Metagenomics: DNA sequencing of environmental samples. Nature Reviews Genetics, 6: 805−814.

Tringe, S.G., von Mering, C., Kobayashi, A., Salamov, A.A., Chen, K., Chang, H.W., Podar, M., Short, J.M., Mathur, E.J., Detter, J.C., Bork, P., Hugenholtz, P. and Rubin, E.M. (2005) Comparative metagenomics of microbial communities. Science, 308: 554−557.

Trussell, G.C. (1996) Phenotypic plasticity in an intertidal snail: the role of a common crab predator. Evolution, 50: 448−454.

Trussell, G.C. (2000) Predator-induced plasticity and morphological trade-offs in latitudinally separated populations of *Littorina obtusata*. Evolutionary Ecology Research, 2: 803−822.

Trussell, G.C. and Smith, L.D. (2000) Induced defenses in response to an invading crab predator: an explanation of historical and geographic phenotypic change. Proceedings of the National Academy of Sciences of the United States of America, 97: 2123−2127.

Trussell, G.C. and Nicklin, M.O. (2002) Cue sensitivity, inducible defense, and trade-offs in a marine snail. Ecology, 83: 1635−1647.

Trussell, G.C., Ewanchuk, P.J., and Bertness, M.D. (2002) Field evidence of trait-mediated indirect interactions in a rocky intertidal food web. Ecology Letters, 5: 241-245.

Trussell, G.C., Ewanchuk, P.J., Bertness, M.D. and Silliman, B.R. (2004) Trophic cascades in rocky shore tide pools: distinguishing lethal and nonlethal effects. Oecologia, 139: 427-432.

Trussell, G.C., Ewanchuk, P.J. and Matassa, C.M. (2006) Habitat effects on the relative importance of trait- and density-mediated indirect interactions. Ecology Letters, 9: 1245-1252.

Tsuchida, T., Koga, R., Shibao, H., Matsumoto, T. and Fukatsu, T. (2002) Diversity and geographic distribution of secondary endosymbiotic bacteria in natural populations of the pea aphid, *Acyrthosiphon pisum*. Molecular Ecology, 11: 2123-2135.

Tsuchida, T., Koga, R. and Fukatsu, T. (2004) Host plant specialization governed by facultative symbiont. Science, 303: 1989.

Tuda, M. (1998) Evolutionary character changes and population responses in an insect host-parasitoid experimental system. Researches on Population Ecology, 40: 293-299.

Tuda, M. and Iwasa, Y. (1998) Evolution of contest competition and its effect on host-parasitoid dynamics. Evolutionary Ecology, 12: 855-870.

Tuomi, J., Niemelä, P., Haukioja, E., Sirén, S. and Neuvonen, S. (1984) Nutrient stress: an explanation for plant anti-herbivore responses to defoliation. Oecologia, 61: 208-210.

Turlings, T.C.J., Gouinguené, S., Degan, T. and Fritzsche-Hoballah, M.E. (2002) The chemical ecology of plant-caterpillar-parasitoid interactions. pp.148-173. In Tscharntke, T. and Hawkins, B.A. (eds.), Multitrophic Level Interactions. Cambridge University Press, Cambridge, UK.

Turner, A.M. (1997) Contrasting short-term and long-term effects of predation risk on consumer habitat use and resources. Behavioral Ecology, 8: 120-125.

Turner, A.M. and Mittelbach, G.G. (1990) Predator avoidance and community structure: interactions among piscivores, planktivores, and plankton. Ecology, 71: 2241-2254.

Tuskan, G.A., DiFazio, S., Jansson, S., Bohlmann, J., Grigoriev, I., Hellsten, U., Putnam, N., Ralph, S., Rombauts, S., Salamov, A., Schein, J., Sterck, L., Aerts, A., Bhalerao, R.R., Bhalerao, R.P., Blaudez, D., Boerjan, W., Brun, A., Brunner, A., Busov, V., Campbell, M., Carlson, J., Chalot, M., Chapman, J., Chen, G.L., Cooper, D., Coutinho, P.M., Couturier, J., Covert, S., Cronk, Q., Cunningham, R., Davis, J., Degroeve, S., Dejardin, A., Depamphilis, C., Detter, J., Dirks, B., Dubchak, I., Duplessis, S., Ehlting, J., Ellis, B., Gendler, K., Goodstein, D., Gribskov, M., Grimwood, J., Groover, A., Gunter, L., Hamberger, B., Heinze, B., Helariutta, Y., Henrissat, B., Holligan, D., Holt, R., Huang, W., Islam-Faridi, N., Jones, S., Jones-Rhoades, M., Jorgensen, R., Joshi, C., Kangasjarvi, J., Karlsson, J., Kelleher, C., Kirkpatrick, R., Kirst, M., Kohler, A., Kalluri, U., Larimer, F., Leebens-Mack, J., Leple, J.C., Locascio, P., Lou, Y., Lucas, S., Martin, F., Montanini, B., Napoli, C., Nelson, D.R., Nelson, C., Nieminen, K., Nilsson, O., Pereda, V., Peter, G., Philippe, R., Pilate, G., Poliakov, A., Razumovskaya, J., Richardson, P., Rinaldi, C., Ritland, K., Rouze, P., Ryaboy, D., Schmutz, J., Schrader, J., Segerman, B., Shin, H., Siddiqui, A., Sterky, F., Terry, A., Tsai, C.J., Uberbacher, E., Unneberg, P., Vahala, J., Wall, K., Wessler,

S., Yang, G., Yin, T., Douglas, C., Marra, M., Sandberg, G., de Peer, Y.V. and Rokhsar, D. (2006) The genome of black cottonwood, *Populus trichocarpa* (Torr. and Gray). Science, 313: 1596–1604.

Twitchett, R.J. (2006) The palaeoclimatology, palaeoecology and palaeoenvironmental analysis of mass extinction events. Palaeogeography, Palaeoclimatology, Palaeoecology, 232: 190–213.

Ueda, S., Quek, S.-P., Itioka, T., Murase, K. and Itino, T. (in press) Phylogeography of the *Coccus* scale insects inhabiting myrmecophytic *Macaranga* plants in Southeast Asia. Population Ecology.

Urban, M.C. and Skelly, D.K. (2006) Evolving metacommunities: toward an evolutionary perspective on metacommunities. Ecology, 87: 1616–1626.

Vázquez, D.P. and Simberloff, D. (2003) Changes in interaction biodiversity induced by an introduced ungulate. Ecology Letters, 6: 1077–1083.

Van Buskirk, H.A. and Thomashow, M.F. (2006) *Arabidopsis* transcription factors regulating cold acclimation. Physiologia Plantarum, 126: 72–80.

Van Buskirk, J. (2002) A comparative test of the adaptive plasticity hypothesis: relationships between habitat and phenotype in anuran larvae. The American Naturalist, 160: 87–102.

Van Buskirk, J. and McCollum, S.A. (2000) Functional mechanisms of an inducible defence in tadpoles: morphology and behaviour influence mortality risk from predation. Journal of Evolutionary Biology, 13: 336–347.

van der Pouw Kraan, T.C.T.M, van Gaalen, F., Huizinga, T.W.J., Pieterman, E., Breedveld, F.C. and Verweij, C.L. (2003) Discovery of distinctive gene expression profiles in rheumatoid synovium using cDNA microarray technology: evidence for the existence of multiple pathways of tissue destruction and repair. Genes and Immunity, 4: 187–196.

van Straalen, N.M. and Roelofs, D. (2006) An Introduction to Ecological Genomics. Oxford University Press, Oxford, UK.

van Valen, L. (1973) A new evolutionary law. Evolutionary Theory, 1: 1–30.

van Valen, L. (1994) Concepts and the nature of selection by extinction: is generalization possible? pp. 200–216. In Glen, W. (ed.), Mass-Extinction Debates: How Science Works in a Crisis. Stanford University Press, Stanford, USA.

Verheyen, E., Salzburger, W., Snoeks, J. and Meyer, A. (2003) Origin of the superflock of cichlid fishes from Lake Victoria, East Africa. Science, 300: 325–329.

Vermeij, G.J. (1977) The Mesozoic marine revolution: evidence from snails, predators, and grazers. Paleobiology, 3: 245–258.

Vermeij, G.J. (1978) Biogeography and Adaptation: Patterns of Marine Lōfe. Harvard University Press, Cambridge, USA.

Vermeij, G.J. (1987) Evolution and Escalation. Princeton University Press, Princeton, USA.

Verschoor, A.M., Vos, M. and van der Stap, I. (2004) Inducible defences prevent strong population fluctuations in bi- and tritrophic food chains. Ecology Letters, 7: 1143–1148.

Vet, L.E.M. and Dicke, M. (1992) Ecology of infochemical use by natural enemies in a tritrophic context. Annual Review of Entomology, 37: 141–172.

Voelckel, C. and Baldwin, I.T. (2004) Generalist and specialist lepidopteran larvae elicit different transcriptional responses in *Nicotiana attenuata*, which correlate with larval FAC profiles. Ecology Letters, 7: 770–775.

Volkov, I., Banavar, J.R., He, F., Hubble, S.P. and Maritan, A. (2005) Density and frequency dependence explains tree species abundance and diversity in tropical forests. Nature, 438: 658–661.

Volkov, I., Banavar, J.R., Hubble, S.P. and Maritan, A. (2007) Patterns of relative species abundance in rainforests and coral reefs. Nature, 405: 45–49.

von Mering, C., Hugenholtz, P., Raes, J., Tringe, S.G., Doerks, T., Jensen, L.J., Ward, N. and Bork, P. (2007) Quantitative phylogenetic assessment of microbial communities in diverse environments. Science, 315: 1126–1130.

Vos, M., Flik, B.J.G., Vijverberg, J., Ringelberg, J. and Mooij, W.M. (2002) From inducible defences to population dynamics: modelling refuge use and life history changes in *Daphnia*. Oikos, 99: 386–396.

Vos, M., Kooi, B.W., DeAngelis, D.L. and Mooij, W.M. (2004) Inducible defences and the paradox of enrichment. Oikos, 105: 471–480.

Vrba, E.S. (1984) What is species selection? Systematic Zoology, 33: 318–328.

Wade, M.J. (2003) Community genetics and species interactions. Ecology, 84: 583–585.

Wade, M.J. (2007) The co-evolutionary genetics of ecological communities. Nature Reviews Genetics, 8: 185–195.

Wall, R. and Begon, M. (1987) Population density, phenotype and reproductive output in the grasshopper *Chorthippus brunneus*. Ecological Entomology, 12: 331–339.

Wallace, A.R. (1878) Tropical Nature and Other Essays. Macmillan, New York, USA.

Warren, P.H. (1989) Spatial and temporal variation in tropical fish trophic networks. Oikos, 55: 299–311.

Washitani, I. (1996) Predicted genetic consequences of strong fertility selection due to pollinator loss in an isolated population of *Primula sieboldii*. Conservation Biology, 10: 59–64.

Watanabe, S., Ayta, W.E.F., Hamaguchi, H., Guidon, N., Salvia, E.S., La Maranca, S. and Baffa, O. (2003) Some evidence of a date of first humans to arrive in Brazil. Journal of Archaeological Science, 30: 351–354.

Waxman, D. and Gavrilets, S. (2005) 20 questions on adaptive dynamics. Journal of Evolutionary Biology, 18: 1139–1154.

Webb, C.O. (2000) Exploring the phylogenetic structure of ecological communities: an example for rain forest trees. The American Naturalist, 156: 145–155.

Webb, C.O., Ackerly, D.D., McPeek, M.A. and Donoghue, M.J. (2002) Phylogenies and community ecology. Annual Review of Ecology and Systematics, 33: 475–505.

Webb, C.O., Losos, J.B. and Agrawal, A.A. (2006) Integrating phylogenies into community ecology. Ecology, 87: S1-S2.

Webb, C.T. (2003) A complete classification of Darwinian extinction in ecological interactions. The American Naturalist, 161: 181-205.

Webb, S.D. (1991) Ecogeography and the Great American Interchange. Paleobiology, 17: 266-280.

Weiblen, G.D., Webb, C.O., Novotny, V., Basset, Y. and Miller, S.E. (2006) Phylogenetic dispersion of host use in a tropical insect herbivore community. Ecology, 87: S62-S75.

Weiher, E. and Keddy, P. (1999) Ecological Assembly Rules: Perspectives, Advances, Retreats. Cambridge University Press, Cambridge, UK.

ワイナー, J. (2001)『フィンチの嘴：ガラパゴスで起きている種の変貌 (ハヤカワ・ノンフィクション文庫)』(樋口広芳・黒沢令子訳) 早川書房 [原著 1995 年].

Weir, J.T. (2006) Divergent timing and patterns of species accumulation in lowland and highland neotropical birds. Evolution, 60: 842-855.

Weir, J.T. and Schluter, D. (2007) The latitudinal gradient in recent speciation and extinction rates of birds and mammals. Science, 315: 1574-1576.

Weis, A.E. (1996) Variable selection on *Eurosta*'s gall size. III: Can an evolutionary response to selection be detected? Journal of Evolutionary Biology, 9: 623-640.

Weis, A.E. and Abrahamson, W.G. (1985) Potential selective pressures by parasitoids on a plant-herbivore interaction. Ecology, 66: 1261-1269.

Weis, A.E. and Abrahamson, W.G. (1986) Evolution of host-plant manipulation by gall makers: ecological and genetic factors in the *Solidago-Eurosta* system. The American Naturalist, 127: 681-695.

Weis, A.E. and Gorman, W.L. (1990) Measuring selection on reaction norms: an exploration of the *Eurosta-Solidago* system. Evolution, 44: 820-831.

Weis, A.E. and Kapelinski, A. (1994) Variable selection on *Eurosta*'s gall size. II. A path analysis of the ecological factors behind selection. Evolution, 48: 734-745.

Weis, A.E., Abrahamson, W.G. and Andersen, M.C. (1992) Variable selection on *Eurosta*'s gall size. I. The extent and nature of variation in phenotypic selection. Evolution, 46: 1674-1697.

Werner, E.E. (1986) Amphibian metamorphosis-growth-rate, predation risk, and the optimal size at transformation. The American Naturalist, 128: 319-341.

Werner, E.E. and Hall, D.J. (1979) Foraging efficiency and habitat switching in competing sunfishes. Ecology, 60: 256-264.

Werner, E.E. and Peacor, S.D. (2003) A review of trait-mediated indirect interactions in ecological communities. Ecology, 84: 1083-1100.

West, K., Cohen, A. and Maron, M. (1991) Morphology and behavior of crabs and gastropods from Lake Tangayika, Africa: implications for lacustrine predator-prey coevolution. Evolution, 45: 589-607.

Whitham, T.G. (1989) Plant hybrid zones as sinks for pests. Science, 244: 1490-1493.

Whitham, T.G., Young, W.P., Martinsen, G.D., Gehring, C.A., Schweitzer, J.A., Shuster, S.M., Wimp, G.M., Fischer, D.G., Bailey, J.K., Lindroth, R.L., Woolbright, S. and Kuske, C.R. (2003) Community and ecosystem genetics: a consequence of the extended phenotype. Ecology, 84: 559–573.

Whitham, T.G., Bailey, J.K., Schweitzer, J.A., Shuster, S.M., Bangert, R.K., Leroy, C.J., Lonsdorf, E.V., Allan, G.J., DiFazio, S.P., Potts, B.M., Fischer, D.G., Gehring, C.A., Lindroth, R.L., Marks, J.C., Hart, S.C., Wimp, G.M. and Wooley, S.C. (2006) A framework for community and ecosystem genetics: from genes to ecosystems. Nature Reviews Genetics, 7: 510–523.

Whitham, T.G., DiFazio, S.P., Schweitzer, J.A., Shuster, S.M., Allan, G.J., Bailey, J.K. and Woolbright, S.A. (2008) Extending genomics to natural communities and ecosystems. Science, 320: 492–495.

Wiens, J.J. (2007) Global patterns of diversification and species richness in amphibians. The American Naturalist, 179: S86–S106.

Wiens, J.J. and Graham, C.H. (2005) Niche conservatism: integrating evolution, ecology, and conservation biology. Annual Review of Ecology and Systematics, 36: 519–539.

Wignall, P.B. (2004) Cause of mass extinctions. pp. 119–150. In Taylor, P. D. (ed.) Extinction in the History of Life. Cambridge University Press, Cambridge, UK.

Wignall, P.B. and Twitchett, R.J. (1996) Oceanic Axoxia and the End Permian Mass Extinction. Science, 272: 1155–1158.

Wilbur, H.M. (1980) Complex life-cycles. Annual Review of Ecology and Systematics, 11: 67–93.

Wilbur, H.M. (1997) Experimental ecology of food webs: complex systems in temporary ponds. Ecology, 78: 2279–2302.

Wilf, P., Labandeira, C.C., Johnson, K.R. and Ellis, B. (2006) Decoupled plant and insect diversity after the end-Cretaceous extinction. Science, 313: 1112–1115.

Wilkins, A.S. (2007) Between "desing" and "bricolage": genetic networks, levels of selction, and adaptive evolution. Proceedings of the National Academy of Sciences of the United States of America, Suppliment 1. 104: 8590–8596.

Williams, A.G. and Whitham, T.G. (1986) Premature leaf abscission: an induced plant defense against gall aphids. Ecology, 67: 1619–1627.

Williams, G.C. (1974) Adaptation and Natural Selection. Princeton University Press, Princeton, USA.

Williams, G.C. (1992) Natural Selection: Domains, Levels, and Challenges. Oxford University Press, Oxford, UK.

Williams, R.J. and Martinez, N.D. (2004) Limits to trophic levels and omnivory in complex food webs: theory and data. The American Naturalist, 163: 458–468.

Willig, M.R., Kaufman, D.M. and Stevens, R.D. (2003) Latitudinal gradients of biodiversity: pattern, process, scale, and synthesis. Annual Review of Ecology, Evolution, and Systematics, 34: 273–309.

Wilson, D.S. and Yoshimura, J. (1994) On the coexistence of specialists and generalists. The American Naturalist, 144: 692−707.

Wilson, E.O. (1992) The Diversity of Life. Harvard University Press, Cambridge, USA.

Wilson, K., Thomas, M.B., Blanford, S., Doggett, M., Simpson, S.J. and Moore, S.L. (2002) Coping with crowds: density-dependent disease resistance in desert locusts. Proceedings of the National Academy of Sciences of the United States of America, 99: 5471−5475.

Wimp, G.M., Young, W.P., Woolbright, S.A. Martinsen, G.D., Keim, P. and Whitham, T.G. (2004) Conserving plant genetic diversity for dependent animal communities. Ecology Letters, 7: 776−780.

Winemiller, K.O. (1990) Spatial and temporal variation in tropical fish trophic networks. Ecological Monographs, 60: 331−367.

Wissinger, S. and McGrady, J. (1993) Intraguild predation and competition between larval dragonflies: direct and indirect effects on shared prey. Ecology, 74: 207−218.

Witmer, L.M. and Rose, K.D. (1991) Biomechanics of the jaw apparatus of the gigantic Eocene bird *Diatryma*: implications for diet and mode of life. Paleobiology, 17: 95−120.

Wootton, J.T. (1992) Indirect effects, prey susceptibility, and habitat selection: impacts of birds on limpets and algae. Ecology, 73: 981−991.

Wootton, J.T. (1994) The nature and consequences of indirect effects in ecological communities. Annual Review of Ecology and Systematics, 25: 443−466.

Wootton, J.T. (2002) Indirect effects in complex ecosystems: recent progress and future challenges. Journal of Sea Research, 48: 157−172.

Wroe, S., Field, J., Fullagar, R. and Jermiin, L. (2004) Megafaunal extinction in the late Quaternary and the global overkill hypothesis. Alcheringa, 28: 291−331.

矢原徹一（2007）エコゲノミクスは進化生態学をどう変えるか？ 日本生態学会誌, 57: 111−119.

Yamamoto, N., Yokoyama, J. and Kawata, M. (2007) Relative resource abundance explains butterfly biodiversity in island communities. Proceedings of the National Academy of Sciences of the Untited States of America, 104: 10524−10529.

Yamauchi, A. and Yamamura, N. (2005) Effects of defense evolution and optimal diet choice on population dynamics in a one predator-two prey system. Ecology, 86: 2513−2524.

Yin, T.M., DiFazio, S.P., Gunter, L.E., Jawdy, S.S., Boerjan, W. and Tuskan, G.A. (2004) Genetic and physical mapping of *Melampsora rust* resistance genes in *Populus* and characterization of linkage disequilibrium and flanking genomic sequence. New Phytologist, 164: 95−105.

Yodzis, P. (1981) The stability of real ecosystems. Nature, 289: 674−676.

Yodzis, P. (1988) The indeterminacy of ecological interactions as perceived through perturbation experiments. Ecology, 69: 508−515.

Yoshida, T., Jones, L.E., Ellner, S.P., Fussmann, G.F. and Hairston Jr., N.G. (2003) Rapid evolution drives ecological dynamics in a predator-prey system. Nature, 424: 303−306.

Yoshida, T., Goka, K., Ishihama, F., Ishihara, M. and Kudo, S. (2007) Biological invasion as a natural experiment of the evolutionary processes: introduction of the special feature. Ecological Research, 22: 849-854.

湯本貴和（1999）『熱帯雨林』岩波書店，東京．

Zavaleta, E.S. and Hulvey, K.B. (2004) Realistic species losses disproportionately reduce grassland resistance to biological invaders. Science, 306: 1175-1177.

索　引

[あ行]

赤の女王仮説　155, 174
空きニッチでの適応放散　207
アソシエーションマッピング　226 → LD マッピング
頭でっかち形態　111, 115, 121, 133-139, 147-149
安定化淘汰　56-57, 75, 168, 229
安定化メカニズム　270-271
安定性　26-29, 39, 67, 75, 77, 79, 81, 176, 194, 249-250, 256
　収束 ——　246, 250-251, 253, 255-256
意思決定　119, 131, 139
遺伝子型　viii, 3-4, 11-12, 14, 30-32, 55, 57, 61-63, 113, 129, 157-159, 179-180, 257-259, 270-271
「遺伝子型 x 遺伝子型 x 環境」相互作用　157-158, 180
遺伝子制御ネットワーク　75-76
「遺伝子対遺伝子」相互作用　173
遺伝子発現調節　143, 241
遺伝子プロファイル　144
遺伝子流動　33, 68, 75, 82, 154, 168-174, 266, 271-272
遺伝的多様性　180, 223, 234-235, 250
遺伝的同化　271
遺伝的浮動　82, 168-170, 190-195, 197
遺伝的変異　61, 67-69, 73, 75-76, 78, 82-83, 106, 109, 168, 170, 176, 179-181, 249-250, 270-271
移動分散　vii-viii, 33-34, 65, 69, 77-80, 84, 168-169, 263, 265-266, 268
隕石衝突説　86
栄養カスケード　43
栄養段階　27-28, 37, 104-105, 163
栄養モジュール　20-21, 26, 28
エコゲノミクス　142, 224 → ゲノミクス
エデンの園　255-256
エボデボ　271 → 進化発生学
遠隔的手がかり　122
塩基多様度　230-232
塩基配列決定装置　227-228, 239 → 次世代シークエンサー
延長された表現型　57, 62, 179, 236-237 → 表現型

[か行]

外来種　59, 102, 106-107, 274
カイロモン　3
可逆性　130-133, 146
拡散共進化　58, 177, 179
拡散淘汰　266 → 自然淘汰
学習　1-4, 8-10, 13-14, 26, 30-33, 35-36, 39, 49, 129, 169
隔離集団　141
化石　65, 84-85, 87-92, 94-99, 101-102, 198-199, 201, 214, 221
可塑性　i-vi, 8-9, 14, 30-36, 39, 113-114, 116-117, 126, 129-130, 136-137, 142, 145-147, 150, 263, 265, 271-272 → 表現型
　—— の共進化　136
可変性　130-133, 146
カラシ油配糖体　233-234
環境フィルタリング　78
頑健性　105, 107
間接効果　15, 25, 28, 43-44, 46-54, 62, 104, 266
　形質介在型の ——　44-45, 50-51, 53-55
　密度介在型の ——　44, 53-55
間接相互作用　24, 41-50, 52-63, 264
キーストン種　43, 61-62, 67
キーストン捕食　22
機能的対応関係　135
強化　68
共進化　viii, 55-58, 66-68, 79, 88-89, 135-138, 151-163, 165-168, 170-177, 179-184, 198-199, 202, 208, 210-213, 218-220, 236, 245, 259, 266
　—— 遺伝学　180
　—— の空間モザイク　58 → 地理的モザイク
　—— のコールドスポット　153, 157, 166, 181
　—— の地理的モザイク　153-154, 158, 166, 174, 176, 181-183, 215, 218
　—— のホットスポット　153, 157, 166, 181
共生　267

共生菌　47
競争　vii-viii, 2, 5, 11, 18, 41, 43-44, 58, 66, 68, 70, 72-73, 75, 77-78, 94-96, 101, 105, 188, 195-196, 199, 203, 207, 214, 243, 246, 249, 251, 255, 262, 267
　―― 係数　246-248, 251-252, 254-255, 257-258, 261
　　性的 ――　88-89
　　見かけの ――　21, 23
局所群集　66-72, 77-81, 187, 206, 221, 266, 268
局所適応　156, 166, 168-172, 272
ギルド　18, 272-273
　―― 内捕食　19, 21, 28
近接的手がかり　122
均等化メカニズム　270-271
空間スケール　v, 33, 35, 39-40, 66, 68, 171, 206, 266
軍拡競走　154-155, 159-161, 173, 181, 183-184, 199, 211, 232-233, 262
群集遺伝学　61-62, 179-180, 224, 234
群集構成　65-66, 68, 71, 77, 109, 150, 189-190, 197-198, 263
群集の進化　viii, 84, 88-89, 185, 189-190, 205-206, 215, 218, 261-262, 266
　―― 的遷移　185, 190, 202, 205-207, 210, 213-215, 217, 221
群集の多様化プロセス　220
群集の歴史　186, 188-189, 210
群集メタゲノミクス　224, 228, 238
形質　vi, viii, 2-9, 11-12, 14-16, 29-33, 36, 39, 44-45, 48, 53-61, 65-67, 69-70, 72-79, 83-84, 89, 109, 113-114, 124, 129-130, 135-136, 146, 152, 154-157, 164, 166-168, 171, 174, 176-177, 182-183, 185, 194, 199, 204, 208-209, 213-214, 223-224, 226, 228, 230, 232, 234, 236, 238, 240, 243-244, 246-252, 256-257, 259, 261, 266, 269-270, 272 →ニッチ形質
　―― 置換　67, 73, 165, 218, 243, 245, 267
　―― 転換技術　227 →トランスジェニック技術
　―― の分岐　203-204, 243, 255-259
　―― の変化　v, 2, 4-5, 8, 10, 13-14, 20, 30, 32-37, 39-41, 44-45, 47, 49-50, 52, 54-55, 63, 113, 199, 202, 264
　―― 分布　249, 251, 257-258
　　進化的に安定な ――　252
継世代効果　3

系統関係　66, 68-72, 77, 84, 109, 188, 214
系統樹　vii, 70, 185, 187-188, 191, 193, 198-199, 201-202, 204-205, 211, 214-215, 217, 220-221, 265-266, 269
　仮想 ――　190, 214
　最尤 ――　216
　三次元 ――　220
　ダーウィンの ――　214-215, 221
　分子 ――　viii, 96, 185, 188, 214, 220, 269
　分子地理 ――　viii, 185, 190, 214-218
系統進化　189-193, 197-198, 202-203, 215, 268
系統の近縁　70
系統の遠縁　70
系統的浮動　192-193, 197
系統淘汰　185, 189, 191-198, 200, 202, 207, 215, 219
系統動態　266
ゲノミクス　viii, 63, 113-114, 142-144, 223-225, 227-228, 230, 232, 234-235, 239-241, 269
　群集 ――　223, 238-239
　進化 ――　viii, 224, 229, 231-232
　生態 ――　viii, 223-224 →エコゲノミクス
ゲノム　viii, 109, 180, 223-229, 231, 234, 237-238, 240-241
　―― 学　109, 224
限界値理論　18
限界類似度　248-249
交雑系統　140, 142
高次分類群　102-103, 202, 213-214
行動の変化　3, 49-50, 53-54, 184
高尾形態　111, 117, 124-128, 130-132, 137
個体群動態　v-vi, 1, 8-14, 16, 19-24, 26-28, 33-37, 39-40, 145, 174, 244, 247, 263, 267

[さ行]

最適採餌　17, 25
ジェネラリスト　37, 51, 89, 103, 162, 233
自家不和合性　230-231
時間スケール　v-vi, 4, 12, 19-21, 28, 32-36, 62, 78, 97, 102, 107-108, 170, 185, 197-198, 203, 206-207, 263-267, 270
資源競争モデル　245, 253-259
資源利用曲線　247
次世代シークエンサー　227 →塩基配列決定装置
自然淘汰　vii-viii, 11, 18, 55, 59, 61-63, 68, 72,

索　引

78, 83, 112, 129, 136, 139, 151-154, 156-161, 169-171, 173-174, 176, 180, 182, 190-198, 203, 223, 228-231, 233, 236, 240, 263, 265-266, 269
　　拡散的な──　38
　　2種間ではたらく──　265-266
姉妹群比較　189, 198-199, 201, 208-210, 213, 215, 217
種淘汰概念　193
『種の起源』　185-186, 190, 202-205, 214
種の分岐　203-204, 219-220
種の離散原理　257
種分化　viii, 65-69, 79-84, 96, 109, 136, 166, 176, 200, 206, 208, 213, 215, 243-244, 259, 263-267, 269-270
　　──率　80-83, 90, 109, 201-202, 208, 210
　　生態学的──　82
　　適応的──　255
　　同所的──　67-68, 83, 259, 262
純系系統　140
上位捕食者　6, 97, 104-105, 112, 116, 139, 147-148, 150
生涯繁殖成功　2, 270 →適応度
消費の相互作用　267
植食者　38-39, 43, 45-47, 49-51, 53-54, 59-62, 67, 142, 144, 162, 179, 200, 212, 235-236
食物網　5, 16, 18-20, 24, 26-30, 34, 37, 60, 96, 98-99, 105-106, 108, 111, 114, 116, 124, 139, 176
進化　v-viii, 1-2, 4-6, 8, 10-14, 30-35, 39, 55-56, 58, 61-63, 65-69, 72-81, 83-84, 109, 113, 133, 143, 146, 168, 170, 174, 187-191, 195, 197-199, 202, 204, 206-207, 209, 213-214, 218, 224, 232, 239-240, 243-244, 246, 249-251, 257-258, 260-264, 266-267, 269-272
　　──史イベント　vii, 65, 84, 109
　　──しやすさ　109
　　──的安定性　246, 250, 252-253, 255-256, 259
　　──的増加率　80-81, 109
　　──的特異点　254-255, 259
　　──的に安定な多型　256 →形質
　　──的に安定な連合　251, 256
　　──的分岐　250, 254-256
　　──発生学　271 →エボデボ
　　系統レベルの──　189-190, 197
　　小──　v, 68-69, 189-194, 197-198
　　大──　v, vii-viii, 68-69, 197, 263, 265-267,

269-270
水域生態系　50
スイッチング捕食　10, 21-22, 26-29
数理モデル　ix, 8-13, 22-23, 26, 34, 37, 39, 146, 161, 240-241, 268
スペシャリスト　37, 47, 51, 88-89, 233
生殖隔離　67-69, 82, 166, 208-209, 213, 259
生殖的形質置換　218, 220
生態系遺伝学　224, 234
生態系機能　61, 79, 100, 104, 106-108, 273
生態系の復帰　98
正の淘汰　141, 229-230
生物間相互作用　v-vi, 2, 5, 10, 33, 61, 63, 112-113, 136, 138, 145, 147-148, 150, 198, 266, 268-269
生物群集　v-ix, 1, 14-16, 19, 27-28, 34, 36-37, 39-44, 46-48, 52-53, 55, 60-63, 65-66, 84-85, 87, 99, 108-109, 111-114, 116, 137-139, 145-148, 150-151, 153-154, 176, 180, 188, 202, 205, 209, 211-212, 221, 223-224, 234-236, 238, 263-269, 273-274
生物地理　vii, 215, 266, 268
　　──学　viii, 140, 175-176, 187
生物多様性　v, vii, 27, 53, 60, 63, 72, 79, 109, 198-199, 209
世代時間　22, 28, 32-36, 103, 173, 226, 234
絶滅　26, 28-29, 65-69, 73, 77-82, 84-96, 99-108, 155, 168-169, 175-176, 188-189, 191, 193, 198, 213-214, 263, 265, 269-270
　　──サイズ分布　87
　　──の選択性　87, 93, 103, 107-108
　　──率　80-82, 87, 89-93, 100-103, 108, 193-194, 197, 201-202, 208-210
　　大──　198-199
　　大量──　vii, 68, 85-93, 95-99, 102, 107-109
　　二次的──　105
　　背景──　68, 85, 88-95, 108
選択因子　137
相互作用ネットワーク　15
相互反応　136, 138, 148-150
相利関係　16, 189-190, 202, 208-213, 217
相利多様化仮説　211
相利的な相互作用　155

[た行]

ダーウィンの分岐の原理　203
対捕食者防御　12, 21, 24-25, 29-30, 38, 112,

117-118
多種系　15, 37, 39, 267-269
多世代効果　3
多様化淘汰　82, 229
多様化率　viii, 80, 96-98, 185, 201, 208, 210-211, 217-219
多様性の復帰　97-98, 100
単系統群　97, 189, 191
タンニン　51, 61-62, 98, 235-237
地域群集　67-68, 78-79, 104, 151, 153-154, 157-163, 166, 168-169, 172, 174-176, 179-180, 182-183, 266
窒素循環　62
中間捕食者　6, 147
中立説　72, 78-80
調節性　130, 132-133, 146
直接相互作用　41-43, 57, 62-63, 264, 268
地理的分布　140, 176
―― 域　188
地理的モザイク　153-154, 157-159, 161, 166, 174, 266
適応　v-ix, 1-2, 10, 12, 14, 16, 18, 20-22, 24, 26, 29, 38-39, 58-59, 62, 67, 69, 76-78, 80, 82-83, 129, 152, 165-166, 171-172, 182, 184, 190-191, 197, 224, 227-228, 238-240, 246, 263-274
―― 進化　viii, 19, 39, 41-42, 55-56, 59-63, 68-69, 88-89, 155, 161, 165, 168, 224, 240, 250, 270-271 →進化
―― 帯　211, 213
―― 放散　83, 96, 199, 201, 203, 207, 211, 244, 267
鍵 ――　185, 199, 201-202, 204, 207, 211, 221
適応度　2, 4, 9, 14, 22, 24, 30, 55, 59, 88, 128-129, 148, 156, 158-159, 167, 183, 194-195, 233, 251-252, 254-256, 270-271 →生涯繁殖成功
―― 関数　14
―― 地形　14, 251, 254
―― の勾配　13
侵入 ――　250-256, 259
敵対的な相互作用　155
転写因子　142-144
淘汰圧　vii-viii, 8, 14, 32-33, 41-42, 56-57, 61-62, 138, 140, 165, 236, 269, 274
負の　141
逃避・放散仮説　153
突然変異　69, 76, 83, 141, 183, 191, 194, 229-230, 241, 250-255, 257-259, 271 →変異
共食い　116, 148
トライコーム　233-234
トランスジェニック技術　226-227, 233, 236
トレードオフ　9, 12, 24, 37-39, 172, 269-270, 272

[な行]

内生菌　47-48
二次的接触　68, 213
ニッチ　28, 72-74, 76-83, 89, 94, 96-97, 185, 188, 190, 194-195, 199-205, 211, 214, 218, 221, 243-245, 247-248, 254-255, 261, 265, 268, 270-271 →空きニッチでの適応放散
―― 空間　72, 243, 246, 251, 257, 260
―― 形質　72-75, 77-78, 81, 84 →形質
―― の保守性　74
―― 分化　vii, 18-19, 96, 185, 187, 214, 218, 220-221
―― 分割　ix, 245, 262, 264
二枚貝　89-90, 92

[は行]

白亜紀末期（K/T境界）　85-86, 89, 93, 97-100
パッチ利用理論　17, 19, 21-22
非消費効果　7
非対称的な競争関係　51
表現型　v-vii, 3-4, 10, 31, 39, 75-76, 95-96, 112-113, 116, 118, 126, 129, 136, 142, 144-145, 147, 159, 226-227, 232, 239-240, 268, 270-271
―― 可塑性　vi-vii, 1, 35, 44, 60-61, 63, 111, 113-114, 129, 136, 138, 140, 145-148, 150, 263-265, 267, 270-271 →可塑性
―― 多型　258
可塑的 ――　118, 148
常備的 ――　118
頻度依存淘汰　251
頻度依存分断淘汰　252, 255, 259
不均一性　33-34, 36
複雑性−安定性関係　28-29
父性効果　3
不適応　viii, 168, 183, 269, 272
プロテオミクス　142
分断淘汰　82, 252, 259
分布域　67, 69, 91-93, 98, 103, 176, 187, 208-

326

209, 231
平衡淘汰　229-230, 232-233
ペルム紀末期（P/T 境界）　85-86, 91-92, 97
変異　viii, 5, 31, 68-69, 75, 113, 138, 140, 156-157, 159, 166, 169, 171-172, 181-182, 194-195, 197, 203, 218, 224-226, 228-229, 231-232, 234-237, 270-271　→突然変異
方向性進化　136
方向性淘汰　57-58, 138, 157-158, 229
膨満形態　111, 117-118, 120-128, 130-132, 136-138, 140-144, 149
ポジショナルクローニング　226, 232-233
補償反応　45-47
母性効果　3

[ま行]

マイクロアレイ　143-144, 227-228
メタ群集　viii, 40, 77-78, 80, 166, 168, 171-172, 266
メタ個体群　viii, 33, 88, 103, 168, 171
メニュー選択理論　17, 19
モザイク　viii, 151

[や行]

有孔虫　92-93, 97, 99-100
有性生殖　191-192, 197, 249
誘導攻撃形態　115, 134, 136, 138, 148-150
誘導防御形質の遺伝的基盤　140, 142
誘導防御形態　115, 123-126, 128, 130-133, 136-138, 140-141, 145-146, 149-150

誘導防御反応　41, 44-48, 50-52

[ら行]

陸域生態系　45
量的形質遺伝学　251
量的形質遺伝子座マッピング　225
連鎖不平衡マッピング　225-226
連続安定　254, 256
連続無限の種分布　257
ロトカ−ボルテラ競争方程式　247, 256, 260-261

[A − Z]

Adaptive Dynamics　243, 246, 249-251, 258, 262
diffuse selection　266
genetic accommodation　271
genetic assimilation　271
K 戦略　11
LD マッピング　226 →アソシエーションマッピング
MacArthur の最小原理　260
pairwise selection　265
PCR　178, 226, 238
PIP (Pairwise Invasibility Plot)　250, 255, 259
QTL マッピング　225-226, 232-233, 236-237, 240 →量的形質遺伝子座マッピング
r 戦略　11
Tajima's D　230, 232
time-for-speciation effect　81
tropical conservatism　78, 81

著者一覧（50音順，＊は編者）

石原　道博（いしはら　みちひろ）　大阪府立大学大学院理学系研究科・講師
専門分野：進化生態学，個体群生態学，昆虫生態学
主著：『休眠の昆虫学』東海大学出版会（分担執筆），『これからの進化生態学』共立出版（共訳）
http://www.b.s.osakafu-u.ac.jp/~mishiha/

市野　隆雄（いちの　たかお）　信州大学理学部・教授
専門分野：進化生物学，生物多様性科学，群集生態学
主著：『Pollination Ecology and the Rain Forest』Springer（分担執筆），『Genes, Behaviors and Evolution of Social Insects』Hokkaido University Press（分担執筆），『共進化の生態学』文一総合出版（分担執筆），『生物多様性とその保全』岩波書店（分担執筆），『群集生態学の現在』京都大学学術出版会（分担執筆），『花に引き寄せられる動物』平凡社（分担執筆），『ハチとアリの自然史』北海道大学図書刊行会（分担執筆），『昆虫個体群生態学の展開』京都大学学術出版会（分担執筆）
http://science.shinshu-u.ac.jp/~bios/Evo/itino/itinotakao.html

＊大串　隆之（おおぐし　たかゆき）　京都大学生態学研究センター・教授
専門分野：進化生態学，個体群生態学，群集生態学，生態系生態学，生物多様性科学
主著：『Effects of Resource Distribution on Animal-Plant Interactions』Academic Press（編著），『Ecological Communities: Plant Mediation in Indirect Interaction Webs』Cambridge University Press（編著），『Galling Arthropods and Their Associates: Ecology and Evolution』Springer（編著），『生物多様性科学のすすめ』丸善（編著），『さまざまな共生』平凡社（編著），『動物と植物の利用しあう関係』平凡社（編著），『生態系と群集をむすぶ』［シリーズ群集生態学4］京都大学学術出版会（編著），『メタ群集と空間スケール』［シリーズ群集生態学5］京都大学学術出版会（編著）
http://www.ecology.kyoto-u.ac.jp/~ohgushi/index.html

河田　雅圭（かわた　まさかど）　東北大学大学院生命科学研究科・教授
専門分野：生態学，進化生物学
主著：『はじめての進化論』講談社，『進化論の見方』紀伊国屋書店，『講座進化　第一巻』東京大学出版会（分担執筆）『Macroecology: Concept and Consequences』Blackwell（分担執筆），『シリーズ進化学6　行動・生態の進化』岩波書店（分担執筆）
http://meme.biology.tohoku.ac.jp/kawata/index.html

岸田　治（きしだ　おさむ）　京都大学生態学研究センター・日本学術振興会特別研究員
専門分野：群集生態学，進化生態学

＊近藤　倫生（こんどう　みちお）　龍谷大学理工学部・准教授，科学技術振興機構・さきがけ研究員
専門分野：理論生態学，群集生態学，進化生態学
主著：『Dynamic Food Webs: Multispecies Assemblages, Ecosystem Development, and Environmental Change』Academic Press（分担執筆），『Aquatic Food Webs: an Ecosystem Approach』Oxford University Press（分担執筆），『生態系と群集をむすぶ』［シリーズ群集生態学4］京都大学学術出版会（編著），『メタ群集と空間スケール』［シリーズ群集生態学5］京都大学学術出版会（編著）

佐々木　顕（ささき　あきら）　総合研究大学院大学・教授
専門分野：理論生態学・集団遺伝学・進化生物学
主著：『感染症の数理モデル』培風館 (2008)（分担執筆），『Disease evolution: Models, concepts, and data analyses』American Mathematical Society (2006)（分担執筆），『生態・行動の進化学』岩波書店 (2006)（分担執筆），『Adaptive Dynamics of Infectious Diseases: In pursuit of virulence management』Cambridge University Press (2002)（分担執筆），『数理生態学』共立出版 (1997)（分担執筆）

清水　健太郎（しみず　けんたろう）　チューリヒ大学理学部・准教授
専門分野：進化生態ゲノミクス，分子遺伝学
主著：『植物の進化』［植物細胞工学シリーズ 23］ 秀潤社（編著），『Evolutionary Genetics』Oxford University Press（分担執筆），「生物の形の多様性と進化」裳華房（分担執筆），「花：性と生殖の分子生物学」学会出版センター（分担執筆）
http://botserv1.uzh.ch/home/shimizu/index.html

曽田　貞滋（そた　ていじ）　京都大学大学院理学研究科・教授
専門分野：進化生態学，群集生態学
主著：『オサムシの春夏秋冬：生活史の進化と種多様性』京都大学学術出版会，『動物の多様性』［シリーズ 21 世紀の動物科学 2］培風館（分担執筆），『群集生態学の現在』京都大学学術出版会（分担執筆）
http://ecol.zool.kyoto-u.ac.jp/homepage/sota/index.html

竹内　やよい（たけうち　やよい）　京都大学農学研究科・特別研究員
専門分野：植物生態学，分子生態学

千葉　聡（ちば　さとし）　東北大学大学院生命科学研究科・准教授
専門分野：進化生物学，個体群生態学，群集生態学，古生物学
主著：『生態学入門』東京化学同人（分担執筆），『古生物の進化』朝倉書店（分担執筆），『脱環境ホルモンの社会』三学出版（分担執筆）
http://www12.ocn.ne.jp/~mand/labJ.html

東樹　宏和（とうじゅ　ひろかず）　日本学術振興会特別研究員（SPD）
専門分野：進化生物学，生態学
主著：『共進化の生態学：生物間相互作用が織りなす多様性』（分担執筆）
http://mywiki.jp/curculio/Hirokazu%20TOJU/

西村　欣也（にしむら　きんや）　北海道大学大学院水産科学研究院・准教授
専門分野：進化生態学，行動生態学
主著：『水生生物の卵サイズ』海游社（分担執筆）
http://aleph.fish.hokudai.ac.jp

*吉田　丈人（よしだ　たけひと）　東京大学大学院総合文化研究科・准教授
専門分野：湖沼生態学，個体群生態学
主著：『Population Dynamics and Laboratory Ecology』Elsevier（分担執筆），『陸水の事典』講談社（分担執筆）
http://park.itc.u-tokyo.ac.jp/yoshidalab

進化生物学からせまる		シリーズ群集生態学2
2009年3月20日　初版第一刷発行		

編　者	大　串　隆　之
	近　藤　倫　生
	吉　田　丈　人
発行者	加　藤　重　樹
発行所	京都大学学術出版会

京都市左京区吉田河原町 15-9
京 大 会 館 内（606-8305）
電　話　075-761-6182
ＦＡＸ　075-761-6190
振　替　01000-8-64677
http://www.kyoto-up.or.jp/

印刷・製本　㈱クイックス東京

ISBN978-4-87698-344-5　　　ⓒ T. Ohgushi, M. Kondoh, T. Yoshida 2009
Printed in Japan　　　　　定価はカバーに表示してあります